全国高等教育自学考试指定教材

操作系统

（2023 年版）

（含：操作系统自学考试大纲）

全国高等教育自学考试指导委员会　组编

陈向群　孙卫真　编著

机 械 工 业 出 版 社

本书是根据高等教育自学考试指导委员会制定的《操作系统自学考试大纲》，为参加全国自学考试的考生编写的指定教材。本书从计算机系统资源管理的角度，系统阐述了操作系统的基本概念、基本结构、基本工作原理、运行机制、典型实现技术和算法。本书共分为8章，包括操作系统概论、操作系统运行环境与运行机制、进程/线程模型、进程/线程调度、存储管理、文件系统、设备管理、进程同步机制与死锁。

本书每章一开始有学习目标、建议学时、教师导读，每一章最后都有小结、知识点和习题，便于考生自学。本书也可作为高等院校计算机类专业教材和教学参考书，以及有兴趣了解和学习计算机操作系统原理的读者的入门教程。

本书配有电子课件、习题解答等教辅资源，需要的老师可登录 www.cmpedu.com 免费注册，审核通过后下载；或扫描关注机械工业出版社计算机分社官方微信订阅号——身边的信息学，回复73898即可获取本书配套资源链接。

图书在版编目（CIP）数据

操作系统：2023年版/全国高等教育自学考试指导委员会组编；陈向群，孙卫真编著．—北京：机械工业出版社，2023.10（2026.1重印）
全国高等教育自学考试指定教材
ISBN 978-7-111-73898-5

Ⅰ.①操… Ⅱ.①全… ②陈… ③孙… Ⅲ.①操作系统-高等教育-自学考试-教材 Ⅳ.①TP316

中国国家版本馆CIP数据核字（2023）第176859号

机械工业出版社（北京市百万庄大街22号 邮政编码100037）
策划编辑：王 斌　　责任编辑：王 斌 马 超
责任校对：牟丽英 李小宝　　责任印制：张 博
北京机工印刷厂有限公司印刷
2026年1月第1版第8次印刷
184mm×260mm · 18.25印张 · 449千字
标准书号：ISBN 978-7-111-73898-5
定价：65.00元

电话服务
客服电话：010-88361066
010-88379833
010-68326294

网络服务
机 工 官 网：www.cmpbook.com
机 工 官 博：weibo.com/cmp1952
金 书 网：www.golden-book.com
机工教育服务网：www.cmpedu.com

组编前言

21 世纪是一个变幻莫测的世纪，是一个催人奋进的时代。科学技术飞速发展，知识更替日新月异。希望、困惑、机遇、挑战，随时随地都有可能出现在每一个社会成员的生活之中。抓住机遇，寻求发展，迎接挑战，适应变化的制胜法宝就是学习——依靠自己学习、终生学习。

作为我国高等教育组成部分的自学考试，其职责就是在高等教育这个水平上倡导自学、鼓励自学、帮助自学、推动自学，为每一个自学者铺就成才之路。组织编写供读者学习的教材就是履行这个职责的重要环节。毫无疑问，这种教材应当适合自学，应当有利于学习者掌握和了解新知识、新信息，有利于学习者增强创新意识，培养实践能力，形成自学能力，也有利于学习者学以致用，解决实际工作中所遇到的问题。具有如此特点的书，我们虽然沿用了“教材”这个概念，但它与那种仅供教师讲、学生听，教师不讲、学生不懂，以“教”为中心的教科书相比，已经在内容安排、编写体例、行文风格等方面都大不相同了。希望读者对此有所了解，以便从一开始就树立起依靠自己学习的坚定信念，不断探索适合自己的学习方法，充分利用自己已有的知识基础和实际工作经验，最大限度地发挥自己的潜能，达到学习的目标。

欢迎读者提出意见和建议。

祝每一位读者自学成功。

全国高等教育自学考试指导委员会

2022 年 8 月

目录

全国高等教育自学考试

操 作 系 统
自学考试大纲

全国高等教育自学考试指导委员会 制定

大纲前言

为了适应社会主义现代化建设事业的需要，鼓励自学成才，我国在20世纪80年代初建立了高等教育自学考试制度。高等教育自学考试是个人自学、社会助学和国家考试相结合的一种高等教育形式。应考者通过规定的专业课程考试并经思想品德鉴定达到毕业要求的，可获得毕业证书；国家承认学历并按照规定享有与普通高等学校毕业生同等的有关待遇。经过40多年的发展，高等教育自学考试为国家培养造就了大批专门人才。

课程自学考试大纲是规范自学者学习范围、要求和考试标准的文件。它是按照专业考试计划的要求，具体指导个人自学、社会助学、国家考试及编写教材的依据。

为更新教育观念，深化教学内容方式、考试制度、质量评价制度改革，更好地提高自学考试人才培养的质量，全国考委各专业委员会按照专业考试计划的要求，组织编写了课程自学考试大纲。

新编写的大纲，在层次上，本科参照一般普通高校本科水平，专科参照一般普通高校专科或高职院校的水平；在内容上，及时反映学科的发展变化以及自然科学和社会科学近年来研究的成果，以更好地指导应考者学习使用。

全国高等教育自学考试指导委员会

2023年5月

Ⅰ. 课程性质与课程目标

一、课程性质和特点

操作系统是高等教育自学考试计算机科学与技术（专升本）、软件工程（专升本）等专业的一门课程，是为满足计算机科学与技术、软件工程等人才培养需求而设置的专业课。设置本课程的目的是使考生掌握计算机操作系统的基本概念、基本结构、工作原理和实现技术，熟悉计算机操作系统与硬件的关系，掌握并发、共享、虚拟和异步等操作系统的基本特征，具备一定的解决在实际工作和生活中使用计算机以及软件开发所遇到的各种问题的能力，为今后从事计算机领域的工作储备必要的基础知识和打下扎实的理论基础。

二、课程目标

本课程是一门理论和实践相结合的专业基础课，要求考生掌握计算机操作系统中的各种基本概念、工作原理、各类数据结构与算法、运行机制和应用领域。通过本课程的学习，应达到的目标如下。

1）理解操作系统的地位和作用、发展及演化历史、特征、分类、结构。

2）理解操作系统的运行环境和运行机制。

3）理解操作系统中进程/线程模型的设计思想。理解进程的基本概念、进程的状态及状态转换、进程的组成、进程控制操作，以及线程的概念、线程机制的实现。

4）理解各类调度算法的设计思想及应用。

5）理解操作系统内存管理的基本概念：存储体系、地址转换、内存保护、内存共享。了解分区管理方案。掌握虚拟内存管理技术的设计思想及虚拟页式内存管理方案。

6）理解文件系统的基本概念和实现机制。理解文件、目录的概念，掌握文件的逻辑结构和物理结构、文件目录的实现、文件及目录的操作、文件系统的性能、文件的共享保护。

7）理解 I/O 系统的概念，掌握 I/O 硬件、I/O 软件的层次结构、设备的分配和回收、缓冲技术和虚拟设备的概念，以及磁盘结构和各种磁盘调度算法。

8）理解进程的同步与互斥、信号量及 PV 操作、经典的进程同步与互斥问题；理解死锁的概念，掌握死锁产生的原因及条件，以及死锁的处理方法。

三、与相关课程的联系与区别

本课程的学习需要考生具备一定的计算机软硬件基础知识，以及基本的程序设计能力。本课程的先修课程是数据结构与算法、高级语言程序设计、计算机系统原理。本课程可以为计算机科学与技术（专升本）、软件工程（专升本）等专业的后续课程计算机网络与信息安全提供知识基础。

四、课程的重点和难点

本课程的重点包括：操作系统的特征、功能和作用；中断和异常处理及系统调用机制；进程和线程的概念；进程的组成、进程控制操作、进程状态及状态转换的概念；线程的基本概念、线程的实现机制；进程调度算法及其实现；内存管理的基本功能；虚拟页式内存管理的工作原理、页面分配、置换和回收方法；文件的逻辑结构和文件的物理结构；文件和目录的实现；文件系统的性能；I/O 系统的联机方式和控制方式；I/O 软件的层次结构、设备的独立性和缓冲技术；进程的同步与互斥；死锁的概念及解决死锁的对策。

难点包括：操作系统与硬件的关系、操作系统与应用程序的关系；内核态与用户态的关系及相互转换；进程的并发执行；进程与线程的关系；线程的实现技术；各种调度算法以及适用条件；可变分区内存管理方案；虚拟内存技术；虚拟页式内存管理中多级页表及其实现；快表、页面、页框及文件块的对应关系；文件的链接结构、索引结构及多级索引结构；文件系统的实现；文件系统的性能；I/O 系统的分配、回收以及控制方式；通道技术和虚拟设备的实现；采用信号量及 PV 操作解决进程的同步与互斥问题；经典的进程同步问题的解决方案；银行家算法及死锁预防的各种方法。

Ⅱ. 考核目标

本大纲在考核目标中，按照识记、领会、简单应用和综合应用四个层次规定考生应达到的能力层次要求。四个能力层次是递升的关系，后者必须建立在前者的基础上。各能力层次的含义如下。

识记（Ⅰ）：要求考生能够识别和记忆本课程中有关计算机操作系统的概念性内容（如各种相关的术语、定义、特点、分类、功能组成、执行过程、算法等），并能够根据考核的不同要求，做出正确的表述、选择和判断。

领会（Ⅱ）：要求考生能够领悟计算机操作系统运行的机制，掌握进程、线程与程序的对应关系，进程、线程状态及其转换，内存使用和分配的机制，虚拟内存的实现方式以及各种算法和策略等，并能够根据考核的不同要求，做出正确的推断、描述和解释。

简单应用（Ⅲ）：要求考生根据已知的计算机操作系统的基本概念、基本原理等基础知识，分析和解决一般的应用问题，如编码、计算、分析和操作等。例如银行家算法、页面置换算法等。

综合应用（Ⅳ）：要求考生能够综合运用计算机操作系统的原理、方法和技术，分析或解决较为复杂的问题，如系统调用机制、同步机制的应用、虚拟内存技术、处理器调度算法的设计等。

Ⅲ. 课程内容与考核要求

第一章 操作系统概论

一、课程内容

1）操作系统的概念。
2）操作系统的发展。
3）操作系统分类。
4）操作系统设计。
5）操作系统启动。

二、学习目的与要求

本章的学习目的是要求考生理解计算机系统的组成；熟悉操作系统的基本概念、作用和特征；掌握操作系统的体系结构和基本功能；理解计算机操作系统按照不同应用方式进行的种类划分；了解操作系统的发展过程；熟悉常用操作系统的结构设计方法；了解操作系统的启动过程。

本章的重点是掌握操作系统的定义要点以及操作系统在计算机系统中的地位和作用，熟悉其特征；难点是对操作系统体系结构的理解。

三、考核知识点与考核要求

1）操作系统的概念，要求达到“识记”层次；操作系统的特征，要求达到“领会”层次。

- 计算机系统的组成。
- 操作系统的定义。
- 操作系统在计算机系统中的地位和作用。
- 并发性、共享性、虚拟性和异步性是操作系统的特征。

2）操作系统的发展，要求达到“识记”层次。

- 多道批处理操作系统。
- 分时与实时操作系统。
- 通用操作系统。
- 个人计算机操作系统。

3）操作系统分类，要求达到“识记”层次。

- 批处理操作系统。
- 分时操作系统。

- 实时操作系统。
- 个人计算机操作系统。
- 网络操作系统。
- 分布式操作系统。
- 嵌入式操作系统。
- 其他类型操作系统。

4）操作系统设计，要求达到“领会”层次。

- 操作系统设计的复杂度。
- 操作系统的设计过程。
- 操作系统的设计目标。
- 操作系统的结构设计。
- 操作系统的体系结构：整体式、层次式、客户/服务器（微内核）和外核。

5）操作系统启动，要求达到“领会”层次。

- 操作系统的引导方式。
- 操作系统的引导过程。
- 操作系统的启动机制。

第二章　操作系统运行环境与运行机制

一、课程内容

1）计算机系统的层次结构。
2）中央处理器。
3）存储系统。
4）中断机制。
5）I/O 技术。
6）时钟。
7）系统调用。

二、学习目的与要求

本章的学习目的是要求考生熟悉处理器的状态及其转换，理解处理器设置状态的目的以及应用方法，区分特权指令和非特权指令的意义；理解中断/异常的概念、类型和响应过程；理解相关硬件部件的组成；理解系统调用的作用、机制和执行过程。

本章的重点是处理器的状态及其转换，系统调用的实现机制及其执行过程，以及系统调用和一般过程调用的区别与联系；难点是特权指令和非特权指令的不同意义。

三、考核知识点与考核要求

1）计算机系统的层次结构，要求达到“识记”层次。
2）CPU 的构成与基本工作方式，要求达到“领会”层次。

- CPU 的结构。
- 特权指令和非特权指令。
- 处理器的状态及其转换。
- 程序状态字（PSW）。

3）存储系统，要求达到“识记”层次。

- 存储器的类型和分块。
- 存储器的层次结构。
- 存储保护。

4）中断机制，要求达到“领会”层次。

- 中断的基本概念。
- 中断系统。
- 中断优先级、中断屏蔽与中断嵌套。

5）I/O 技术，要求达到“识记”层次。

- I/O 结构。
- 通道。
- DMA 技术。
- 缓冲技术。

6）时钟，要求达到“识记”层次。

7）系统调用。

- 系统调用的概念，要求达到“领会”层次。
- 系统调用与一般过程调用的关系，要求达到“领会”层次。
- 系统调用处理过程，要求达到“综合应用”层次。

第三章　进程/线程模型

一、课程内容

1）进程的基本概念。
2）进程控制。
3）线程的引入及基本概念。
4）线程的实现和实例。

二、学习目的与要求

本章是操作系统课程的重点，学习目的是要求考生理解多道程序顺序执行和并发执行的不同特点，进程和线程的基本概念；要求考生熟练掌握进程的组成和特征、进程状态及其转换和进程控制块的基本原理，掌握进程控制的原语，理解线程机制及其实现方式，线程的基本概念，线程的状态转换以及线程控制块的基本原理，掌握线程的实现方式以及相关实例，能够理解进程与线程的联系和区别。

本章的重点是进程与线程的各种概念和基本原理，多道程序并发所引起的各种进程与线程的控制方法和相关队列；难点是进程与线程的相互关系以及线程包的使用。

三、考核知识点与考核要求

1）进程的基本概念，要求达到“简单应用”层次。
- 进程的定义。
- 进程状态及其转换。
- 进程控制块。

2）进程控制，要求达到“简单应用”层次。
- 进程控制方式：原语。
- Linux 操作系统有关进程控制的系统调用。

3）线程的引入及基本概念，要求达到“领会”层次。
- 线程的引入及基本属性。
- 线程的组成。
- 线程与进程的关系。

4）线程的实现和实例，要求达到“综合应用”层次。
- 线程的实现方式：用户级线程、内核级线程和混合方式。
- Pthreads 线程库。
- 协程。

第四章　进程/线程调度

一、课程内容

1）进程调度的基本概念。
2）进程调度算法的设计思路。
3）经典进程调度算法。
4）其他进程调度算法。
5）操作系统调度算法实例。
6）多处理器调度算法。
7）实时调度算法。

二、学习目的与要求

本章的学习目的是要求考生理解、掌握操作系统进程调度、进程调度时机、进程调度算法等基本概念；理解选择进程调度方式和算法的若干准则；熟练掌握先来先服务调度算法、时间片轮转调度算法、优先级调度算法、最短作业优先调度算法、多级队列调度算法、多级反馈队列调度算法的思想和程序实现方式；理解抢占式调度和非抢占式调度策略，以及抢占式调度策略实现时的抢占时机；了解实时系统调度的特殊要求，以及限期调度、速率单调调度算法；了解多处理器的粒度和多处理器调度的设计问题。

本章的重点是理解为什么要进行进程线程调度、操作系统在什么时候会进行进程线程调度、进程线程调度功能由哪部分程序完成、不同的系统下要求实现进程线程调度的算法有哪些。

本章的难点是理解进程线程调度算法的思想与进程线程调度算法的程序实现之间的关系；掌握使用不同进程调度算法时 CPU 利用率、系统吞吐量和平均周转时间的计算。

三、考核知识点与考核要求

1）进程调度的基本概念，要求达到“领会”层次。
- 进程调度的主要功能。
- 进程调度的时机。
- 两级调度模型。
- 三级调度模型。

2）进程调度算法的设计思路，要求达到“识记”层次。
- 调度策略的选择。
- 性能评价标准：CPU 利用率、系统吞吐量和平均周转时间。

3）经典进程调度算法，要求达到“简单应用”层次。
- 先来先服务调度算法。
- 时间片轮转调度算法。
- 优先级调度算法。
- 最短作业优先调度算法。
- 最短剩余时间优先调度算法。
- 多级队列调度算法。
- 多级反馈队列调度算法。

4）其他进程调度算法，要求达到“识记”层次。
- 公平共享调度算法。
- 保证调度算法。
- 彩票调度算法。

5）操作系统调度算法实例，要求达到“简单应用”层次。
- BSD 多级反馈队列调度算法。
- UNIX SVR4 调度算法。
- Linux 抢占式调度算法。
- Windows 调度算法。

6）多处理器调度算法，要求达到“识记”层次。
- 多处理器调度算法的设计问题。
- 多处理器调度的进程调度。
- 多处理器调度的线程调度。

7）实时调度算法，要求达到“领会”层次。
- 实时调度算法概述。
- 限期调度算法。
- 速率单调调度算法。
- 优先级反转问题。

第五章　存储管理

一、课程内容

1）存储管理概述。

2）分区管理方案。

3）覆盖与交换技术。

4）虚拟页式存储管理方案。

二、学习目的与要求

本章的学习目的是要求考生熟悉存储管理的基本原理及任务；掌握内存空间的划分、分配和回收方法，理解内存共享与保护原理；熟悉程序地址转换技术；掌握可变分区内存方案、内存移动技术、交换和覆盖技术；理解虚拟页式存储管理方案，掌握虚拟页式存储管理方案中的页表、页表项、缺页异常处理、内存的分配与回收、快表的使用等；熟悉典型的页面置换算法。

本章的重点是可变分区内存分配方案和虚拟页式存储管理方案，页表和页表项的意义及应用，以及页面置换算法的实现；难点是链接和地址转换技术、页表、快表，以及缺页异常处理的关联关系。

三、考核知识点与考核要求

1）存储管理概述，要求达到“识记”层次。

- 存储体系。
- 存储管理的任务。
- 地址转换。

2）分区管理方案，要求达到“简单应用”层次。

- 固定分区。
- 可变分区。
- 分区管理方案的优缺点。

3）覆盖与交换技术，要求达到“领会”层次。

- 覆盖技术。
- 交换技术。

4）虚拟页式存储管理方案，要求达到“简单应用”层次。

- 虚拟存储技术。
- 虚拟页式存储管理。
- 页式存储管理物理内存的分配与回收。
- 虚拟页式存储地址转换过程：地址转换、页表项、页表、转换检测缓冲区（TLB）、缺页异常处理、页面调度策略、页面置换算法（Belady 异常现象）和缺页率。
- 虚拟页式存储管理的优缺点。

- 虚拟存储管理的性能问题：颠簸和工作集。

第六章 文件系统

一、课程内容

1）文件管理的基本概念。
2）文件的逻辑结构和物理结构。
3）文件目录。
4）文件存储空间管理。
5）实现文件系统的表目。
6）文件及文件目录的操作。
7）文件系统的性能。
8）文件共享、保护。

二、学习目的与要求

本章的学习目的是理解文件、目录和文件系统的概念；掌握文件管理的任务、文件的分类、文件的逻辑结构和物理结构；熟悉文件目录的构成和实现，掌握磁盘空间的管理及其分配和回收算法；熟悉文件的操作和控制，以及改善文件系统性能的方法；理解文件的共享与保护，以及权限管理方案。

本章的重点是文件和目录的基本概念、文件控制块的结构和组织方式、文件的逻辑结构和物理结构及其实现方法、磁盘空间管理技术；文件和目录的实现方法。本章的难点是文件的物理结构、UNIX 文件目录的实现和 FAT 文件系统的实现。

三、考核知识点与考核要求

1）文件管理的基本概念，要求达到“领会”层次。
- 文件管理的任务。
- 文件的存储介质及存取方式。
- 文件的分类。

2）文件的逻辑结构和物理结构，要求达到“简单应用”层次。
- 文件的逻辑结构。
- 文件的物理结构。
- UNIX 的三级索引结构。

3）文件目录，要求达到“综合应用”层次。
- 文件控制块。
- 文件目录和当前目录。
- 目录项和目录文件。
- 目录项分解法。
- UNIX 的文件目录实现。

- FAT 文件系统的实现。

4）文件存储空间管理，要求达到“领会”层次。

- 磁盘空间管理。
- 磁盘空间的分配回收算法：位示图、空闲块表和空闲块链表。
- UNIX 系统的空闲块成组链接法。

5）实现文件系统的表目，要求达到“领会”层次。

- 系统打开文件表。
- 用户打开文件表。

6）文件及文件目录的操作，要求达到“领会”层次。

- 典型的文件操作。
- 典型的目录操作。

7）文件系统的性能，要求达到“领会”层次。

- 磁盘高速缓存。
- RAID 技术。

8）文件共享、保护，要求达到“领会”层次。

- 文件共享。
- 文件存取控制。
- UNIX 的文件使用权限管理方案。

第七章　设 备 管 理

一、课程内容

1）设备管理的基本概念。

2）设备硬件和设备管理软件的组成。

3）I/O 设备的控制方式。

4）设备的分配与回收。

5）磁盘驱动调度。

6）缓冲技术。

7）虚拟设备技术。

二、学习目的与要求

本章的学习目的是要求考生熟悉设备管理的基本概念、I/O 设备硬件的组成和控制方式、I/O 设备管理软件的构成及各部分的功能和层次关系、设备独立性的意义，理解 I/O 设备分配和回收的功能；熟悉磁盘的结构和移臂调度算法；理解缓冲技术的功能和作用；理解虚拟设备和 SPOOLing 技术。

本章的重点是 I/O 设备控制方式和 I/O 设备软件的功能与作用；虚拟设备的实现；磁盘调度算法。本章的难点是对 I/O 设备管理软件中涉及的数据结构、设备分配过程、设备独立性、虚拟设备、缓冲技术实现等概念和技术的理解与掌握。

三、考核知识点与考核要求

1）设备管理的基本概念，要求达到“识记”层次。

● 设备管理的任务。

● 输入输出设备的分类。

● 设备管理与文件管理的关系。

2）设备硬件和设备管理软件的组成，要求达到“领会”层次。

● 设备硬件的组成。

● 设备管理软件的组成。

● 设备独立性。

3）I/O 设备的控制方式，要求达到“领会”层次。

● 程序控制方式。

● 中断控制方式。

● DMA 控制方式。

● 通道控制方式。

4）设备的分配与回收，要求达到“识记”层次。

● 设备分配的相关数据结构和策略。

● 独占设备的分配。

● 共享设备的分配。

5）磁盘驱动调度，要求达到“简单应用”层次。

● 信息传输时间。

● 移臂调度及其调度算法。

● 旋转调度优化。

● 磁盘信息的优化分布。

6）缓冲技术，要求达到“领会”层次。

7）虚拟设备技术，要求达到“领会”层次。

● 虚拟设备的实现原理——SPOOLing 系统工作原理。

● SPOOLing 系统的组成和实现。

第八章　进程同步机制和死锁

一、课程内容

1）进程的同步与互斥。

2）经典的进程同步问题。

3）死锁。

4）哲学家就餐问题及其他实例。

二、学习目的与要求

本章的学习目的是要求理解进程间的相互作用，理解同步和互斥的概念、临界区的定义及使用规则；掌握信号量及 P、V 操作的基本方法，熟悉经典的同步与互斥问题；理解死锁的基本概念；掌握死锁产生的原因和必要条件；熟悉常见的死锁预防策略和死锁避免策略，熟悉死锁检测与解除技术，掌握哲学家就餐这类经典死锁问题的解决方法。

本章的重点是进程的同步与互斥及其实现方法和典型应用场景；死锁产生的原因和必要条件、死锁预防的方法、死锁避免的银行家算法、死锁检测的方法。本章的难点是信号量在进程同步与互斥中的应用；死锁以及死锁定理，安全和不安全状态的判定与推导。

三、考核知识点与考核要求

1）进程的同步与互斥，要求达到“综合应用”层次。
- 与时间有关的错误。
- 进程的同步与互斥。
- 信号量（Semaphore）和 P、V 原语。

2）经典的进程同步问题，要求达到“综合应用”层次。
- 简单生产者-消费者问题。
- 多个生产者-消费者问题。
- 读者-写者问题。

3）死锁，要求达到“综合应用”层次。
- 死锁的定义。
- 死锁产生的原因。
- 死锁产生的必要条件。
- 死锁发生后的处理方法：预防、避免、检测与解除、忽略。

4）哲学家就餐问题及其他实例，要求达到“综合应用”层次。
- 哲学家就餐问题。
- 其他实例。

Ⅳ. 关于大纲的说明与考核实施要求

一、自学考试大纲的目的和作用

课程自学考试大纲是根据专业自学考试计划的要求，结合自学考试的特点而确定的。其目的是对个人自学、社会助学和课程考试命题进行指导与规定。

课程自学考试大纲明确了课程学习的内容以及深广度，规定了课程自学考试的范围和标准。因此，它是编写自学考试教材和辅导书的依据，是社会助学组织进行自学辅导的依据，是自学者学习教材、掌握课程知识范围和程度的依据，也是进行自学考试命题的依据。

二、课程自学考试大纲与教材的关系

课程自学考试大纲是学习和考核的依据，教材是课程知识的基本内容与范围，教材的内容是大纲所规定的课程知识和内容的扩展与发挥。课程内容在教材中可以体现一定的深度或难度，但在大纲中对考核的要求一定要适当。

大纲与教材所体现的课程内容应基本一致；大纲里面的课程内容和考核知识点，教材里一般也要有。反过来，教材里有的内容，大纲里就不一定体现。（注：如果教材是推荐选用的，其中有的内容与大纲要求不一致，则应以大纲规定为准。）

三、关于自学教材

《操作系统》，全国高等教育自学考试指导委员会组编，陈向群、孙卫真编著，机械工业出版社出版，2023 年版。

四、关于自学方法的指导

操作系统作为计算机科学与技术（专升本）、软件工程（专升本）等专业的专业课，内容多，难度大，对考生的问题分析与逻辑思维能力有比较高的要求，要取得较好的学习效果，请注意以下事项。

1）在学习本课程教材之前，应仔细阅读本大纲的第Ⅰ部分，了解本课程的性质、特点和目标，熟知本课程的基本要求和与相关课程的关系，使接下来的学习紧紧围绕本课程的基本要求。

2）在学习每一章内容之前，先认真了解本自学考试大纲对该章知识点的考核要求，做到在学习时心中有数。

3）按照大软件的思想理解计算机操作系统的结构、功能、作用、进程管理、存储管理、文件系统和外设管理等课程核心内容。本课程的难点是对并发、共享、虚拟等各种操作系统概念的抽象理解，以及在实际操作系统中的应用。

4）在自学过程中，考生应制订良好的学习计划。可以通过“学习进度表”来监控和管理自己的学习进展，定期做出调整；在学习时，应做好读书笔记，及时进行课后练习，准备好习题册和错题本，对学习时的错误及时反馈和纠正。举一反三，掌握其中的重点和难点。

五、考试指导

在考试过程中，应做到卷面整洁、书写工整、段落与间距合理。赏心悦目的卷面有助于教师评分，因为阅卷者只能为他看得懂的内容打分，书写不清楚会导致不必要的丢分。回答试卷所提出的问题，不要所答非所问，避免超出问题的范围。

考试时应保持心态稳定，建立自信心，相信自己经过一系列的学习能够掌握课程的内涵，对知识体系有了相当的认知水平。临考前，合理膳食，保持大脑处于最佳的活跃状态，适度兴奋。考试时，应首先全面阅读考卷，与自己大脑中的知识点建立链路，找出答题的思路。对于陌生的考题，不要急于寻找解题的方法，可以先放下，按自己的步调进行答卷，先易后难，为每个考题或单元分配合理的时间，最后解答难题，争取获得最大的得分效益。

六、对社会助学的要求

1）要熟知考试大纲对本课程总的要求和各章的知识点，准确理解对各知识点要求达到的认知层次和考核要求，并在辅导过程中帮助考生牢记这些要求，不要随意增删内容和提高或降低要求。

2）要按大纲要求系统地讲解计算机操作系统的核心知识单元和知识点，特别是重点章节，鼓励考生独立思考、勤加练习。把握计算机操作系统的基本原理，辅导编写经典程序代码，指明相关数据结构及算法，掌握解决应用问题的思路和技巧，帮助考生真正达到考核要求，并培养良好的学风，提高自学能力。不要猜题、押题。

3）助学单位在安排本课程辅导时，授课时间建议不少于 64 学时。

七、关于考核内容及考核要求的说明

1）课程中各章的内容均由若干知识点组成，在自学考试命题中，知识点就是考核点。因此，课程自学考试大纲中规定的考核内容是以分解为考核知识点的形式给出的。因为各知识点在课程中的地位、作用，以及知识自身的特点不同，所以自学考试将对各知识点分别按四个认知层次确定考核要求（认知层次的具体描述参见“考核目标”）。

2）按照重要性程度，考核内容分为重点内容和一般内容。为有效指导个人自学和社会助学，本大纲已指明了课程的重点和难点，在各章的“学习目的与要求”中也指明了各章的重点和难点。在本课程试卷中，重点内容所占分值一般不少于 60%。

本课程共 4 学分。

八、关于考试命题的若干规定

1）考试方式为闭卷、笔试，考试时间为 150 分钟。考试时只允许携带笔、橡皮和直尺，涂写部分、画图部分必须使用 2B 铅笔，书写部分必须使用黑色字迹签字笔。

2）本大纲各章所规定的基本要求、知识点及知识点下的知识细目，都属于考核的内容。考试命题时要注意突出课程的重点，难易结合，比例恰当；操作系统是一个硬件平台上综合的大型软件系统，命题时应考虑各部分的相互关系，做到既体现出系统的复杂性，又具有解题的简洁性。

3）不应命制超出大纲中考核知识点范围的题目，考核目标不得高于大纲中所规定的相应的最高能力层次要求。命题应着重考核自学者对基本概念、基本知识和基本理论是否了解或掌握，对基本方法是否会用或熟练。不应命制与基本要求不符的偏题或怪题。

4）本课程在试卷中对不同能力层次要求的分数比例大致为识记占25%，领会占40%，简单应用占20%，综合应用占15%。

5）要合理安排试题的难易程度，试题的难度可分为易、较易、较难和难四个等级。试卷中不同难度试题的分数比例一般为3:3:3:1。

必须注意，试题的难易程度与能力层次有一定的联系，但二者不是等同的概念，在各个能力层次上都有不同难度的试题。

6）本课程考试命题的主要题型有单项选择题、填空题、简答题和综合题。

V. 题型举例

一、单项选择题

1. 在下列操作系统的功能中，________不需要硬件的支持。

   A. 进程调度　　　　B. 时钟管理

   C. 虚存管理　　　　D. 中断异常机制

2. 一个进程可以包含多个线程，各线程________。

   A. 必须串行工作

   B. 共享分配给进程的地址空间

   C. 共享进程的进程控制块（PCB）

   D. 是资源分配的独立单位

二、填空题

1. 一个进程通常由代码、数据和________三部分组成。
2. 以较小的内存容量配合较大的磁盘运行程序的内存管理方式称为________管理。
3. ________是文件的符号标识，在同一目录内具有唯一性。

三、简答题

1. 简述死锁产生的必要条件。
2. 列举在虚拟存储管理方案中采用的典型页面置换算法。
3. 线程和进程之间有什么相同点与不同点？

四、综合题

在一个多道程序系统中有一个 CPU 和二个外部设备，有三个程序几乎同时创建成为进程，分别为 P1、P2 和 P3。若它们单独运行时依次分别需要使用 CPU 和 I/O1 及 I/O2 设备如下所述，假设 CPU 和 I/O1、I/O2 设备可以并发，P3 的优先级最高，然后依次为 P2、P1。高优先级的进程可以抢夺 CPU，但是不能抢夺 I/O 设备。

P1：CPU（30 ms）→I/O1（20 ms）→CPU（10 ms）→I/O1（10 ms）

P2：I/O1（20 ms）→CPU（20 ms）→I/O2（40 ms）

P3：I/O2（30 ms）→CPU（10 ms）→I/O1（30 ms）→CPU（10 ms）→I/O2（20 ms）

请画出每个进程使用 CPU、I/O1、I/O2 的甘特图，以说明各阶段各进程的状态；计算出 I/O1、I/O2 以及 CPU 的利用率。

参考答案

一、单项选择题

1. A　　2. B

二、填空题

1. 进程控制块
2. 虚拟存储
3. 文件名

三、简答题

1. 答案要点：①互斥；②部分分配（保持并请求）；③非剥夺；④环路。

2. 答案要点：①理想页面置换算法；②先进先出页面置换算法；③第二次机会页面置换算法；④时钟页面置换算法；⑤最近最少使用页面置换算法。

3. 答案要点：①调度和资源分配；②粒度；③控制块表项；④并发度。

四、综合题

根据给定的条件画出如下甘特图，从图中可知：

<table>
<tr><th>进程</th><th>10 ms</th><th>10 ms</th><th>10 ms</th><th>10 ms</th><th>10 ms</th><th>10 ms</th><th>10 ms</th><th>10 ms</th><th>10 ms</th><th>10 ms</th><th>10 ms</th></tr>
<tr><td>P3</td><td colspan="3">I/O2</td><td>CPU</td><td colspan="3">I/O1</td><td>CPU</td><td>等待</td><td colspan="2">I/O2</td></tr>
<tr><td>P2</td><td colspan="2">I/O1</td><td>CPU</td><td>等待</td><td>CPU</td><td colspan="4">I/O2</td><td></td><td></td></tr>
<tr><td>P1</td><td colspan="2">CPU</td><td colspan="3">等待</td><td>CPU</td><td>等待</td><td colspan="2">I/O1</td><td>CPU</td><td>I/O1</td></tr>
</table>

1）P3 的周转时间为 110 ms，P2 的周转时间为 90 ms，P1 的周转时间为 110 ms；

2）I/O1 的利用率为 80/110≈73%；

3）I/O2 的利用率为 90/110≈82%；

4）CPU 的利用率为 80/110≈73%。

后　　记

《操作系统自学考试大纲》是根据《高等教育自学考试专业基本规范（2021 年）》的要求，由全国高等教育自学考试指导委员会电子、电工与信息类专业委员会组织制定的。

全国考委电子、电工与信息类专业委员会对本大纲组织审稿，根据审稿会意见由编者做了修改，最后由电子、电工与信息类专业委员会定稿。

本大纲由北京大学陈向群教授和首都师范大学孙卫真副研究员负责编写；参加审稿并提出修改意见的有重庆邮电大学李伟生教授、上海交通大学刘功申教授。

对参与本大纲编写和审稿的各位专家表示感谢。

全国高等教育自学考试指导委员会

电子、电工与信息类专业委员会

2023 年 5 月

全国高等教育自学考试指定教材

操 作 系 统

全国高等教育自学考试指导委员会　组编

编 者 的 话

操作系统作为系统软件，将计算机的硬件和软件组织到一起，形成了一个完整的计算机系统，提供了从人工智能到生活娱乐的各个方面的服务，加速了科学技术的发展，丰富了人们的生活。最近几年，从协程调度算法的出现到用户级设备调用的应用，操作系统的新技术和新应用层出不穷，如何把握时代的脉搏，将这些新知识、新技术更快、更好地引入操作系统课程的学习中，从而提升计算机专业的教学质量，是本书在编写时思考的重点。本课程的先行课程是数据结构与算法、高级程序设计语言、计算机系统原理。与操作系统相关的知识将在本课程中加以阐述。本课程的后继课程为计算机网络与信息安全及相关课程。

本书的内容安排如下。

1）第一章介绍操作系统的概念，操作系统的发展、分类和操作系统的设计与启动。

2）第二章详细阐述操作系统的运行环境与运行机制。

3）第三章介绍进程/线程模型的概念、进程控制方式、线程概念和线程实例。

4）第四章围绕进程/线程调度对调度算法进行重点讲述，包括调度的概念、调度的算法、多处理器调度和实时调度算法等。

5）第五章介绍存储管理的概念、分区管理方案、覆盖与交换技术等，重点介绍虚拟页式存储管理方案。

6）第六章介绍文件管理的概念、文件的结构、目录的概念，以及文件系统及其实现原理。

7）第七章介绍设备管理的原理及其软件的实现方法和层次结构，设备的分配和回收准则，磁盘驱动调度，缓冲技术及虚拟设备技术。

8）第八章以经典实例的形式讲述操作系统中的进程同步机制和死锁的若干问题。

本书主要面向参加高等教育自学考试的考生，同时也适合高等学校计算机、软件工程、信息安全等专业本科、专科学生学习使用，还可作为相关专业师生和技术人员学习、研究操作系统的参考用书。

本书由陈向群教授统稿。陈向群教授编写了第一～四章，孙卫真副研究员编写了第五～八章。

全国高等教育自学考试指导委员会电子、电工与信息类专业委员会组织了本书的审稿工作。参与本书审稿并提出修改意见的有重庆邮电大学李伟生教授、上海交通大学刘功申教授。上海交通大学韩韬教授做了大量细致周到的组织工作。在此向他们表示衷心的感谢！

编　者

2023 年 5 月

第一章　操作系统概论

学习目标：

1. 理解操作系统的定义、特征和研究观点。
2. 掌握操作系统的进程管理、存储管理、文件管理等核心功能。
3. 了解从早期操作系统到现今操作系统的发展历程。
4. 掌握批处理操作系统的工作方式、特点、分类、设计思想和 SPOOLing 技术。
5. 理解分时操作系统、嵌入式操作系统和其他类型操作系统的概念与特点。
6. 理解操作系统设计的难点、过程和目标。
7. 掌握操作系统体系结构中的整体式结构、层次式结构、客户/服务器结构和外核结构。
8. 理解 UNIX、Linux、鸿蒙、openEuler 等典型操作系统实例的体系结构。
9. 掌握操作系统的引导方式、引导过程和启动机制。

建议学时： 4 学时

教师导读：

1. 本章介绍操作系统的基本概念、核心功能、发展历程、分类、特点、体系结构和引导方式，帮助考生对操作系统知识体系有一个大致的了解。
2. 本章介绍并发性、共享性、虚拟性、异步性四大特征，以及进程管理、存储管理、文件管理、设备管理、用户接口功能。
3. 本章介绍从手工操作、多道批处理、分时与实时系统到现今操作系统的发展历程，以及不同类型操作系统的特点和设计思想。
4. 本章介绍操作系统的功能设计、算法设计、结构设计，以及可靠性、高效性、安全性等设计目标，还介绍整体式、层次式、客户/服务器、外核体系结构及其典型实例。
5. 本章介绍操作系统的引导方式、引导过程和启动机制。

本章对操作系统进行概括性介绍，使读者在深入学习和理解操作系统基本原理之前，能够对操作系统这门课程有一个整体上的认识和了解。

本章首先阐述操作系统的基本概念，分别介绍了计算机系统、操作系统的定义及功能、操作系统的特征和研究操作系统的几种观点。为了使读者对操作系统的基本概念有较为具体的认识，本章按照时间顺序介绍了操作系统的由来和发展历史。对于各种重要类别操作系统的工作原理和特点，本章进行了概要性介绍。然后本章简要讨论了操作系统设计中的一些问题，并且介绍了多种不同类型的操作系统体系结构，给出了一些著名的操作系统实例，如 UNIX、Linux、Windows、Android（安卓）、鸿蒙、openEuler 等。最后，本章简要介绍了操作系统的引导方式、引导过程和启动机制。

第一节　操作系统的概念

本节首先介绍计算机系统，然后分别叙述操作系统的定义、功能、特征，以及研究操作系统的几种观点。

一、计算机系统

计算机系统是一种可以按用户的要求接收和存储信息、自动进行数据处理并输出结果信息的系统。广义的计算机系统包含机械式系统和电子式系统两类。电子式系统还可以划分为模拟式和数字式两种计算机系统。这里讨论的是数字电子计算机系统，简称计算机系统。

计算机系统包括硬件（子）系统和软件（子）系统。硬件系统是计算机系统赖以工作的实体。软件系统保证计算机系统按用户指定的要求协调工作。这两部分构成了计算机系统的资源。因此，计算机系统的资源包括两大类：硬件资源和软件资源。

中央处理器（CPU）、内存、外存储器（磁盘、磁带等）以及各种类型的输入输出设备（键盘、鼠标、显示器、打印机等）组成了计算机硬件系统；各种程序和数据则组成了计算机的软件系统，如图 1-1 所示。

- 计算机系统
  - 软件系统（程序、数据）
    - 应用软件：文字处理、图形图像处理、科学计算、MIS等
    - 支撑软件：数据库、网络、多媒体等
    - 系统软件：操作系统、编译程序等
  - 硬件系统：中央处理器（CPU）、内存、外存储器（磁盘、磁带等）、输入输出设备（键盘、鼠标、显示器、打印机等）

图 1-1　计算机系统

在利用计算机系统处理各种问题之前，首先要有用于处理、解决相关问题的程序。这些程序的来源可以多种多样，比如自行开发、购买等。任何一个程序在计算机系统中执行前，必须先得到计算机系统的内存空间才能被装入内存。这些程序的执行要依靠中央处理器。程序在执行的过程中需要调用公共服务子程序和共享文件，还要使用各种计算机外部设备，用以完成信息的输入和输出。这里的中央处理器、内存空间、公共服务子程序、共享文件和计算机外部设备等都是计算机系统中的资源。可见，任何程序的执行都要占用计算机系统的资源。

各个程序对计算机资源的要求和使用是不同的。不同用户在对计算机资源的请求和使用中还可能会发生冲突，比如，当一个用户正在使用打印机时，另一个用户也要求使用这台打印机。可以想象，如果没有一种方法或规则对用户使用打印机的要求进行管理，则肯定会引起混乱。对一台打印机的使用需要进行管理，同样，对计算机系统中其他资源的使用也需要进行管理。适当地控制和协调计算机资源的分配是必要的。

用户在使用计算机系统时，当然希望计算机能够按照用户的要求工作，控制程序按照用户的意愿执行。所以，计算机系统必须有识别用户要求的能力，还必须具有对不同用户进行不同控制执行的能力。

在计算机系统中，集中了资源管理功能和控制程序执行功能的一种软件称为操作系统。

二、操作系统的定义

操作系统是计算机系统中的一个系统软件，它是这样一些程序模块的集合——它们能有效地组织和管理计算机系统中的硬件及软件资源，合理地组织计算机工作流程，控制程序的执行，并向用户提供各种服务功能，使得用户能够灵活、方便、有效地使用计算机，并使整个计算机系统高效运行。

从操作系统的表现形式上来看，操作系统是一个大型软件程序，其中有大量是实现操作系统各项功能的软件程序，从设计和结构角度来看，这些软件程序通常是模块化的。有些操作系统带有内核，其内核也由各种程序模块组成。有些操作系统本身是层次化的，每一个层次的程序通常也是模块化的。还有些操作系统是客户机/服务器结构的，而服务器或客户机内部程序一般也是模块化的。总结起来，操作系统这样一个大型软件程序，是大量具有各种功能的程序模块的集合。

操作系统的任务之一是组织和管理计算机系统中的硬件及软件资源。在操作系统内部，为了掌握整个计算机系统的硬件和软件资源，设计了各种不同类型的表格或数据结构，将所有的硬件和软件资源一一加以登记，资源的名称、类型、数量、用途、完好状态以及目前使用状态等所有信息，均在有关数据结构中保存，并动态、实时地不断更新着这些数据。记录数据的目的是让操作系统根据用户对各种资源的需求情况、资源的当前分配和使用情况以及有关的资源调度策略，对资源进行有效的组织和管理。

这里，“有效”是指面向用户的各种需求，对所有资源尽可能充分利用，最大限度地减少浪费。

在计算机系统中，不同的用户有不同的要求，系统中的作业有大有小。有些作业需要运算时间长，有些作业有大量的信息需要输出，有些作业需要立即处理。比如，笔记本计算机的电池还有 30 秒就没电了，需要立即通知用户，用户要么给计算机提供新的电源，要么赶紧保存重要的文档。而有些作业即使推迟一段时间处理，也不会引起什么大的乱子，比如，通知用户信箱中刚刚收到一封电子邮件，早 10 秒发出通知或晚 10 秒发出通知，估计都不会对用户造成多大的影响。操作系统应该根据用户的不同要求：作业的各自特点及紧急程度等，合理地组织计算机的工作流程，控制程序的执行。

这里“合理”是指操作系统要“公平”地对待不同的用户程序，保证系统不发生“死锁”和“饥饿”的现象。

操作系统的另一项重要任务是向用户提供各种服务功能。一方面，向程序开发和设计人员提供高效的程序设计接口；另一方面，向使用计算机系统的用户提供接口，使得用户能够灵活、方便、有效地使用计算机。

这里“方便”是指操作系统的人机界面设计要考虑到用户使用界面和程序设计接口两个方面的易用性、易学性和易维护性。

三、操作系统的特征

作为一种系统软件，操作系统有着与其他软件不同的特征。

1. 并发性

并发性是指在计算机系统中同时存在若干正在运行的程序，从宏观上来看，这些程序在同时向前推进。

进一步分析，计算机程序的并发性体现在如下两个方面：用户程序与用户程序之间并发执行；用户程序与操作系统程序之间并发执行。

实际上，从微观上来看，在单处理器的环境下，这些同时运行着的程序是交替在 CPU 上运行的。在多处理器系统的环境中，多个程序不仅在宏观上是并发的，而且在微观上，即在处理器一级上，也是并发执行的。而在分布式系统中，多台计算机的并存，使得程序的并发特征得到了更充分的体现，因为每台计算机上都可以有程序执行，它们共同构造了程序并发执行的图景。

需要强调的是，无论是哪一种计算环境，这里所指的并发都是在操作系统的统一指挥下的并发。在两个独立的操作系统控制下的机器中，它们的程序也在并行运行，但这种情况不属于本书所讨论的并发性范畴。

并行性和并发性这两个概念是有区别的。并行性是指两个或者多个事件在同一时刻发生，这是一个具有微观意义的概念，即这些事件在物理上是同时发生的。而并发性是指两个或者多个事件在同一给定的时间间隔内发生，它是一个较为宏观的概念，与所使用的时间间隔相对应，有某种程度的统计意义。换句话说，并行的若干事件一定是并发的，反之则不真。在单处理器系统中，多个程序的并发执行不具有任何的并行性，因为它们在微观上确实是顺序执行的，没有任何两条指令是并行执行的。

2. 共享性

共享性是指操作系统程序与多个用户程序共用系统中的各种资源。这种共享性是在操作系统控制下实现的。资源的共享性主要针对计算机系统中的如下几项重要资源。

1）中央处理器。中央处理器是所有程序都必须使用的最重要的资源之一，操作系统必须采用恰当的调度策略，对多个并发程序分配处理器资源。

2）内存储器。任何一个程序必须在调入内存之后才能执行。管理内存的公共使用是操作系统的重要功能之一。

3）外存储器。外存储器主要用来保存各种程序和数据。这些程序和数据一般以文件的形式存放在外存储器上。外存储器有多种类型，如硬盘、软盘、磁带、可读写光盘等，这些外存储器都是为所有程序和数据共享的，操作系统同样必须对外存储器的共享进行管理，并且保证外存储器中所有程序和数据的完整性与正确性。

4）外部设备。计算机系统中的外部设备是供所有用户使用的，这些用户包括操作系统、系统用户（如管理员）和普通用户。操作系统必须对这些用户对外部设备的使用进行管理，使所有的外部设备能够按照一定的策略被全部用户共享。

在计算机系统中，对资源的共享一般有两种形式：互斥共享和同时共享。

1）互斥共享。系统中的有些资源，比如打印机、磁带机、扫描仪等，虽然可供多个用户程序同时使用，但是在一段特定的时间内只能由某一个用户程序使用。当这个资源正在被使用的时候，其他请求该资源的程序必须等待，并且在这个资源被使用完了以后才由操作系统根据一定的策略再选择一个用户程序占有该资源。通常把这样的资源称为临界资源。许多操作系统维护的重要系统数据都是临界资源，它们都要求被互斥共享。

2）同时共享。系统中还有一类资源，它们在同一段时间内可以被多个程序同时访问。需要说明的一点是，这种同时访问是指宏观上的同时，而在微观上，这些程序访问这个资源有可能还是交替进行的，而且它们交替访问这个资源的顺序对访问结果没有什么影响。一个典型的可以同时共享的资源就是硬盘，当然，那些可以重入的操作系统代码也是可以被同时共享的。

3. 虚拟性

操作系统的虚拟性是一种管理技术，是把物理上的一个实体变成逻辑上的多个对应物，或把物理上的多个实体变成逻辑上的一个对应物的技术。采用虚拟技术的目的是为用户提供易于使用、方便高效的操作环境。例如，分时系统将一机虚拟为多机，使得未来用户资源共享更加方便。具体表现为下列两种虚拟。

1）虚拟内存：当前要处理的作业所占的内存比计算机的内存大时，先调入部分作业，当这部分作业处理完之后，再调入接下来要处理的部分作业，因而程序认为计算机内存足够大，此即虚拟了更大内存。

2）虚拟外设：当计算机连接多个外部设备时，让多个外设工作的时间差处在可接受范围内，近似于同时工作，此即虚拟外设。

4. 异步性

操作系统的运行是在一种随机的环境下进行的。这种随机环境的含义是，操作系统不能对所运行的程序的行为以及硬件设备的情况做出任何事先的假定。显然，一个设备可能在任何时候向处理器发出中断请求，而用户提交的、运行着的程序要做什么事情也无法事先知道。因而，一般来说，操作系统正处于什么样的状态之中是无法确切知道的，在多道程序环境下，允许多个程序并发执行，但由于资源有限，进程的执行不是一贯到底，而是走走停停，以不可预知的速度向前推进，也就是进程的执行顺序和执行时间不确定，这就是进程的异步性。

四、研究操作系统的观点

我们已经知道，操作系统是计算机系统中一个极为重要的部分，担负着非常重大的职责，可以说操作系统身兼数职。要理解操作系统，有必要深入了解和认识操作系统的本质，即操作系统究竟是什么。

对操作系统本质的不同看法，会影响操作系统的设计思想。本节介绍研究操作系统的几种观点。

1. 进程的观点

这里简单叙述一下什么是进程，进程可以看作运行中的程序，在以后的章节中将会详细讨论。采用进程的观点，则把操作系统看作由多个可以同时独立运行的程序和一个对这些程序进行协调的核心所组成。每个进程都完成某一特定任务，任务可以来自用户提交的作业，也可来自操作系统（如控制用户作业的运行、处理某个设备的输入/输出……）。可见，进程可以分为用户进程和系统进程两大类，而操作系统则控制和协调这些进程的运行。

采用进程的观点时，侧重于分析系统各部分的并行工作，研究处理各项管理任务的分割以及这些管理任务相互之间的关系。进程在共享资源时所产生的竞争问题，通过进程之间的通信来解决。

2. 资源管理的观点

计算机系统中的硬件和软件资源可以分成以下几部分：中央处理器（CPU）、存储器

(内存和外存)、外部设备和信息（文件）。现代计算机系统支持多个用户、多道作业，那么，面对众多用户程序、作业争夺处理器、存储器、设备和共享软件资源的情况，如何进行协调以便有条不紊地进行资源分配呢？

操作系统就是负责登记谁在使用什么样的资源，系统中还有哪些资源空闲，当前响应了谁对资源的要求，以及收回哪些不再使用的资源等。操作系统要提供一些机制去协调程序间的竞争与同步，通过机制对资源进行合理使用，施加保护，以及采取虚拟技术来“扩充”资源，等等。图 1-2 示意了操作系统管理的基本资源。

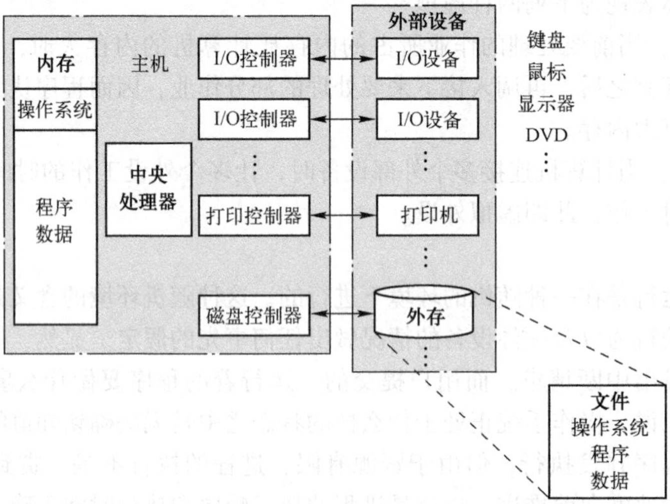

图 1-2　操作系统管理的基本资源

3. 虚机器的观点

在操作系统的支持下，用户不需要直接使用硬件机器（称为裸机），而是通过操作系统提供的各种手段来控制和使用计算机。操作系统把原来的计算机（裸机）扩充成为功能强大、使用方便的计算机系统，把这种计算机系统称为虚拟计算机，而把操作系统的全部功能，包括系统调用、命令、作业控制语言等，统称为操作系统虚机器。

虚机器的观点是从系统功能分解的角度提出的，考虑了操作系统的结构。这种观点将操作系统的功能分成若干层次，每一层次完成特定的功能，从而构成一个虚机器，并为上一层次提供支持，构成它的运行环境。通过逐个层次的功能扩充，最终完成整个操作系统虚机器的构造，向用户提供各种服务，完成用户的作业要求。

4. 服务提供者的观点

操作系统提供了一系列功能和便利的工作环境为用户服务，所以可以把操作系统看作服务提供者。从用户的角度，站在操作系统之外观察操作系统，则可以认为该服务提供者为用户提供了比裸机功能更强、服务质量更高、更方便灵活的虚拟机。为了用户使用上的便利，该服务提供者提供了一组功能强大、方便、易用的广义指令（称为系统调用）。

五、操作系统的功能

我们已经知道，操作系统在计算机系统中具有非常重要的地位，承担着计算机系统中全部的管理功能。按照资源管理的观点，操作系统的这些功能主要可以分为进程管理（处理器管理）、存储管理、文件管理、设备管理和用户接口。下面分别对它们进行简要的分析介绍。

1. 进程管理

进程管理的实质是对中央处理器进行管理，所以进程管理往往又被称为处理器管理。CPU 是计算机系统中最宝贵的硬件资源之一，为了提高 CPU 的利用率，现代操作系统都采用了多道程序技术。如果一个程序因等待某一条件而不能运行下去，就把处理器占用权转交给另一个可运行程序。或者，当出现了一个比当前运行的程序更重要的可运行程序时，后者应能抢占 CPU。为了描述多道程序的并发执行，就要引入进程的概念。通过对进程的管理，协调多道程序之间的关系，解决有关处理器分配调度策略、分配的实施和回收等问题，以使 CPU 资源得到最充分的利用。

操作系统对处理器管理策略的不同，操作系统对其作业的处理方式也就不同，例如有批处理方式、分时处理方式和实时处理方式等，从而有各种不同性质的操作系统呈现在用户面前。

进程管理主要包括进程控制、进程同步、进程间通信和进程调度等方面的内容，其中进程控制主要处理进程的创建、状态转换、进程撤销以及相关的进程资源的分配与回收等事务；进程同步主要处理进程之间的关系，包括进程的同步和互斥；进程间通信主要处理相互协作进程之间信息的交换问题；而进程调度则是按照一定的算法从就绪队列中挑选一个进程，并在处理器中真正执行它。下面分别叙述进程管理的主要内容。

（1）进程控制

在多道程序环境下，进程是操作系统进行资源分配的单位。在进程创建时，系统要为进程分配各种资源，例如内存、外设等；在进程退出的时候，系统要从进程空间中回收分配给它的资源。进程控制的主要任务就是创建进程、撤销结束的进程以及控制进程运行时的各种状态转换。

（2）进程同步

多个进程的执行是并发的，它们以异步方式运行，它的执行进度也是不可预知的。为了使多个进程可以有条不紊地运行，操作系统要提供进程同步机制，以协调进程的执行。一般有两种协调方式：互斥和同步。互斥是指多个进程对临界资源访问时采用互斥的形式；同步则是指在相互协作共同完成任务的进程之间，用同步机制协调它们之间的执行顺序。

最简单的实现互斥的方法就是给资源加锁，并提供操纵锁变量的原语，包括开锁和关锁原语。原语就是指具有某种功能、运行时有“原子性”的小段程序。原子性保证这一段程序要么全部被执行，要么全部不起作用，即这一操作不可以被进一步分割或者打断，如同人们一度认为原子是物质的最小单位，不可再分割一样。有关进程同步与互斥等内容将在后面的章节中详细讲述。

（3）进程间通信

进程间通信主要发生在相互协作的进程之间。既然需要协作，那么协作的进程之间，就存在着信息或数据的交换。由操作系统提供的进程间通信机制是协作的进程之间相互交换数据和消息的手段。一个比较典型的例子是通过网络的在线流媒体播放。流媒体源获取线程（线程是现代操作系统中处理器时间分配的基本单位，它代表一个指令的执行流及执行的上下文环境，一个进程可以包含多个线程，这个概念将在后面的章节中详细描述）负责将媒体数据从远端的服务站点下载到本地的数据缓存中；流媒体的播放线程负责对缓存中的数据作流媒体数据分离（视频流和音频流）和解码，还原成实际的图像帧和声音数据；然后渲染线程将把前面的数据送往显示设备和声音设备。整个播放过程中，为了保证播放的流畅，这三个线程的执行是有一定关系的，原始数据获取的速度要比解码的速度快，解码又要和渲染输出的速度匹配。这种执行速度的协调以及数据在不同线程之间的传递就需要进程间通信和进程同步机制来共同保证。

（4）调度

调度又称为处理器调度，通常包括线程调度、进程调度和作业调度等。进程（线程）调度的任务就是按照一定的算法把处理器资源分配给就绪队列中的一个进程（线程），并准备好特定的执行上下文让它执行起来。作业调度的基本任务则是从作业后备队列中按照一定的算法挑出若干个作业，并依照作业说明书为它们分配一定的资源，把它们装入内存并为每个作业建立相应的进程。

2. 存储管理

存储管理的任务是管理计算机内存的资源。在现代计算机系统中，计算机内存空间越来越大，8 GB 的内存空间已是很普通的容量。虽然内存空间可以扩充，但是内存空间再大也跟不上运行程序对内存空间的巨大需求。而且内存空间还受到 CPU 寻址能力的限制，内存的容量不能无限扩充。

概括地说，存储管理有三个方面的任务。首先，当多个程序共享有限的内存资源时，要考虑如何为多个程序分配有限的内存空间；其次，存放在内存中的多个程序和数据应该彼此隔离、互不侵扰；最后，解决内存扩充的问题，即将内存和外存结合起来管理，为用户提供一个容量比实际内存大得多的虚拟存储器。下面就这三项存储管理功能分别做进一步的叙述。

（1）内存的分配与回收

操作系统要为每个进程分配内存空间，在分配的过程中还要尽可能提高内存资源的使用效能。对于已经退出运行的进程所占据的内存空间，操作系统还要把它们加以回收，重新使用。人们在使用计算机时经常会发现，原本很大的内存在使用一段时间以后，似乎丢失了一部分空间，经过仔细检查，会看到空间使用图中有一大堆空间碎片，这种现象就是由于内存的分配与回收算法中的缺陷造成的。可见，内存的分配与回收对计算机系统有效运行的影响是很大的。

（2）存储保护

由于内存是供多个程序共享的，因此，从理论上来讲，每个程序都应该在分配给自己的内存区中运行。但是，从实际来看，必须考虑某个程序可能发生越界的情况。这是因为，首先，程序自身可能存在一些错误或隐患，造成程序的突然越界运行，不仅自身发生问题，而且影响或破坏了其他用户程序的运行。如果发生故障的程序越界到操作系统运行的内存空间，那么受到的危害将更加严重，整个计算机系统有可能崩溃。其次，如果某个程序具有恶意，比如是病毒程序，或者是外界的入侵程序，那么就更有必要防止它们危害其他用户和整个计算机系统了。

在现代计算机系统中，通常提供由硬件实现的存储保护机制，操作系统则利用这一机制实现进程的地址保护。

（3）内存扩充

我们已经知道物理内存的大小总是有限的，各种程序对运行空间的需求经常超过实际内存的大小。内存扩充功能就是借助于虚拟存储技术在逻辑上增加进程运行空间的大小，这个大小比实际的物理内存要大得多。例如，在 x86 系统中，目前常见的台式个人计算机系统的物理内存的大小不超过 4 GB，而一个进程的地址空间可能有 4 GB 大小，各个进程空间总和则可以达到 64 TB，远远大于 4 GB 的物理内存。

在虚拟存储技术中，操作系统通常将空间划分为 4 KB 大小的页面，并且以页面为单位进行存储空间的调度。进程所需的总页面数对应的空间可以超出实际物理空间。但是操作系统只把正在使用的页面保持在内存中或把即将使用的页面调入内存中，而将不用的页面调换到外存上，用户感受不到实际内存对使用空间的限制，仿佛有一个虚拟的大容量内存存在。当然，系统要实现这一机制，必须提供请求页面调入和页面置换的功能。

3. 文件管理

计算机系统中的信息资源（如程序和数据）是以文件的形式存放在外存储器（如磁盘、磁带）上的，需要时再把它们装入内存。操作系统一般都会提供很强大的文件系统。文件管理的任务是有效地支持文件的存储、检索和修改等操作，解决文件的共享、保密和保护问题，以使用户方便、安全地访问文件。

（1）文件存储空间的管理

任何文件存放在外存储器上，都需要以某种形式占据外存储器的空间。文件系统的一个很重要的功能就是为每个文件分配一定的外存空间，并且尽可能提高外存空间的利用率和文件访问的效能。文件系统设置专门的数据结构记录文件存储空间的使用情况。为了提高空间利用率，存储空间的分配通常采用离散分配方式，以 512 B 或者几 KB 的块为基本单位进行分配。

（2）目录管理

目录管理的主要任务就是给出组织文件的方法，它为每个文件建立目录项，并对众多的目录项加以有效的组织，以便为用户提供方便的按名存取。

（3）文件系统的安全性

安全性包括文件的读写权限管理以及存取控制，用以防止未经核准的用户存取文件，防止越权访问文件，防止使用不正确的方式访问文件。

4. 设备管理

在现代计算机系统中，通常存在着大量的外部设备，如键盘、鼠标、显示器、彩色打印机、数字音响设备和 DVD 等。这些外部设备的种类繁多，功能差异很大。如果要求每个用户亲自对连接到计算机系统中的各种不同的外部设备进行控制操作，实际是行不通的。

操作系统应该向用户提供设备管理功能。这里的设备管理是指计算机系统中除了 CPU 和内存以外的所有输入、输出设备的管理。由操作系统的设备管理功能负责外部设备的分配、启动和故障处理，用户不必详细了解设备及接口的技术细节，就可以方便地通过操作系统提供的设备管理手段，对设备进行操作。

在操作系统中，为了提高设备的使用效率和整个系统的运行速度，需要采用一系列技术，包括中断技术、通道技术、虚拟设备技术和缓冲技术等，尽可能发挥设备和主机的并行工作能力。此外，设备管理应为用户提供一个良好的界面，使用户不必涉及具体设备的物理特性即可方便灵活地使用这些设备。

除此之外，操作系统还要具备中断处理、错误处理等功能。操作系统的各功能之间并非是完全独立的，它们之间存在着相互依赖的关系。

5. 用户接口

操作系统除了对计算机系统的软硬件资源进行管理以外，还提供面向用户使用的交互接口。

（1）命令接口

用户通过外设等输入设备对计算机发出指令，控制程序的运行，命令接口分为联机用户接口（交互式用户接口）和脱机用户接口两大类。其中联机用户接口通过键盘、鼠标等外设发出操作命令，形式上可以分为两种，一种是命令行终端，用户通过输入字符与计算机系统交互，另一种是图形交互界面，用户通过操作系统提供的对话框、程序图标等图形用户界面与计算机系统交互。脱机用户接口（批处理用户接口）则通过一系列操作系统指令完成脱机作业控制。

（2）应用程序接口

应用程序接口（API）是系统提供的一系列广义指令（系统调用），应用程序通过这种接口访问系统资源，是获得操作系统内核服务的唯一渠道，其中每个系统调用与操作系统内核实现的特定子程序相对应，提供特定的服务。

第二节　操作系统的发展

操作系统如同任何其他事物一样，也有它的诞生、成长和发展的过程。为了更清楚地把握操作系统的实质，了解操作系统的发展是很有必要的。操作系统的许多基本概念，都是在操作系统的发展过程中出现并逐步得到发展和成熟的。了解操作系统发展的历史，有助于我们更深刻地认识操作系统基本概念的内在含义。下面看一看操作系统的发展过程。

一、操作系统发展历史

操作系统是硬件系统的首次扩充，提高其利用率和系统的吞吐量，最早的计算机并没有操作系统的概念。那时使用计算机的用户是研究、设计、开发计算机系统的专家，它们对计算机硬件系统以及各部件之间如何配合工作非常熟悉。开机后再启动计算机，由计算机自动执行程序。当时，计算机运行一次只能执行一个程序，即处理一个任务，处理完后就会停下来等待工作人员为它加载下一个待处理的任务并安排所需的资源。这样使用计算机非常麻烦，对用户掌握计算机技术的要求非常高，并且用计算机处理问题的效率非常低。这就促使人们考虑如何使计算机系统能够自动地管理好硬件资源，屏蔽硬件复杂性，降低对用户使用计算机的技术要求。

为了实现这个目标，人们开始开发一些系统软件，用来控制和管理计算机硬件与软件资源，合理地组织和调度计算机的工作与资源的分配，以提供给用户和其他软件方便的接口与环境。这些系统软件就是操作系统的雏形。操作系统是计算机系统中最基本的、最接近系统硬件的系统软件，位于计算机硬件和应用软件之间，是用户和计算机硬件之间的接口。操作系统可以提供命令接口、程序接口和图形用户界面等，让用户直接或间接地使用操作系统提供的服务。操作系统也可以实现对硬件机器的扩展，将裸机改造成功能更强、使用更方便的虚拟机。

从历史时期来看，计算机的发展经历了第一代电子管时代（1946 年~1957 年）、第二代晶体管时代（1958 年~1964 年）、第三代集成电路时代（1965 年~1970 年），以及第四代大规模/超大规模集成电路时代（1971 年起至今）4 个阶段。

操作系统的发展同样可分为 4 个阶段，第一代电子管计算机诞生于 20 世纪 40 年代，当时并未出现操作系统，而是由操作员使用卡片或打孔纸带来操作计算机。第二代晶体管计算机诞生于 20 世纪 50 年代，该时期提出的单道批处理系统大大提高了计算资源的利用率，缩短了计算机的空闲时间。第三代小规模集成电路始于 20 世纪 60 年代，此时出现了多道批处理系统，输入/输出操作和 CPU 操作的并行处理进一步提升了计算资源的使用效率。到 20 世纪七八十年代，随着大规模集成电路的快速发展，诞生了两款著名的个人计算机操作系统，分别是微软公司的 MS-DOS 操作系统和 AT&T 公司的 UNIX 操作系统，从此个人计算机的时代拉开序幕。1981 年 8 月，IBM 公司推出 MS-DOS 1.0 个人计算机；1985 年 11 月，微软公司推出第一款图形界面操作系统 MS-Windows 1.0；1991 年，芬兰赫尔辛基大学的 Linus Torvalds 发布 Linux 内核源码，于 1994 年 3 月发布 Linux 1.0 版本，Linux 系列操作系统成为使用最为广泛的操作系统之一；1993 年，微软公司发布 Windows NT 3.1 操作系统，Windows 系统逐渐开始流行于全球；1995 年 8 月，微软公司发布 Windows 95 操作系统，成为有史以来最成功的操作系统之一。

二、不同时期的操作系统

不同时期诞生的操作系统具备不同的特征，接下来，沿着历史的线索，对各个时期出现的操作系统做一个简单的介绍。

1. 手工操作

由于第二次世界大战对武器装备设计的需要，因此美国、英国和德国等国家陆续开始使用真空管建造数字电子计算机。在这个阶段，通过在一些插板上的硬连线来控制计算机的基本功能，程序设计全部采用机器语言，没有程序设计语言（甚至没有汇编语言），更谈不上操作系统。这时实际上所有的题目都是数值计算问题。到了 20 世纪 50 年代早期，出现了穿孔卡片，可以将程序写在卡片上。

在一个程序员上机期间，整台计算机连同附属设备全被其占用。程序员兼职操作员，效率低下。其特点是手工操作、独占方式。后来人们开发了汇编语言及相应的汇编程序，以及其他一些控制外设的程序等。

2. 监控程序（早期批处理）

20 世纪 50 年代，晶体管的发明极大地改变了工作的方式，提高了工作的效率。计算机比较可靠，厂商可以成批地生产并销售计算机给用户，用户可以指望计算机长时间运行，完成一些有用的工作。出现了 FORTRAN、ALGOL 以及 COBOL 等高级语言。此时要运行一个作业（Job，即一个或一组程序），程序员首先将程序写在纸上（用高级语言或汇编语言），然后穿孔成卡片。再将卡片盒带到输入室，交给操作员（见图 1-3）。计算机运行完当前任务后，其计算结果从打印机上输出，操作员到打印机上取下运算结果并送到输出室，程序员稍后就可取到结果。然后，操作员从已经送到输入室的卡片盒中读入另一个任务。如果需要 FORTRAN 编译器，则操作员还要从文件柜中把它取来并读入计算机。

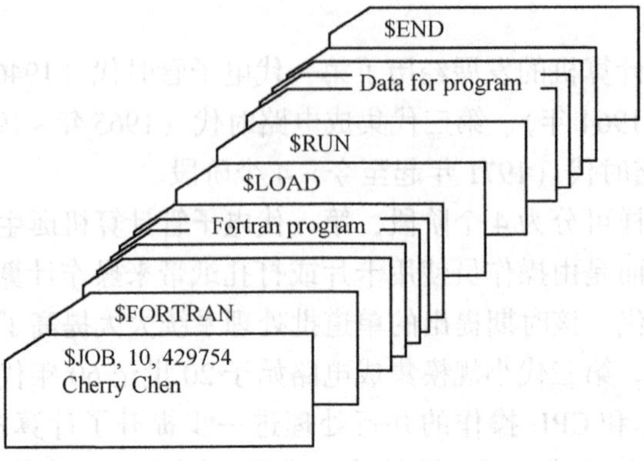

图 1-3　作业卡片示意图

随着处理器处理速度的提高，导致手工操作设备输入/输出信息与计算机计算速度不匹配。因此，人们设计了监控程序（或管理程序），实现作业的自动转换处理。操作员将作业“成批”地输入计算机中，由监控程序识别一个作业，进行处理后再取下一个作业。这种自动定序的处理方式称为“批处理”（Batch Processing）方式。而且，由于是串行执行作业，因此称为单道批处理。

3. 多道批处理

进入第三代计算机时代以后，硬件有了很大发展，通道使得输入/输出操作与 CPU 操作并行处理成为可能。与此同时，软件系统也随之相应变化，实现了在硬件提供并行处理之上的多道程序设计。

所谓多道是指它允许多个程序同时存在于内存之中，由中央处理器以切换方式为之服务，使得多个程序可以同时执行，如图 1-4 所示。计算机资源不再“串行”地被一个个用户独占，而是可以同时为几个用户共享，从而极大地提高了系统在单位时间内处理作业的能力。这时管理程序已迅速发展成为一个重要的软件分支——操作系统。

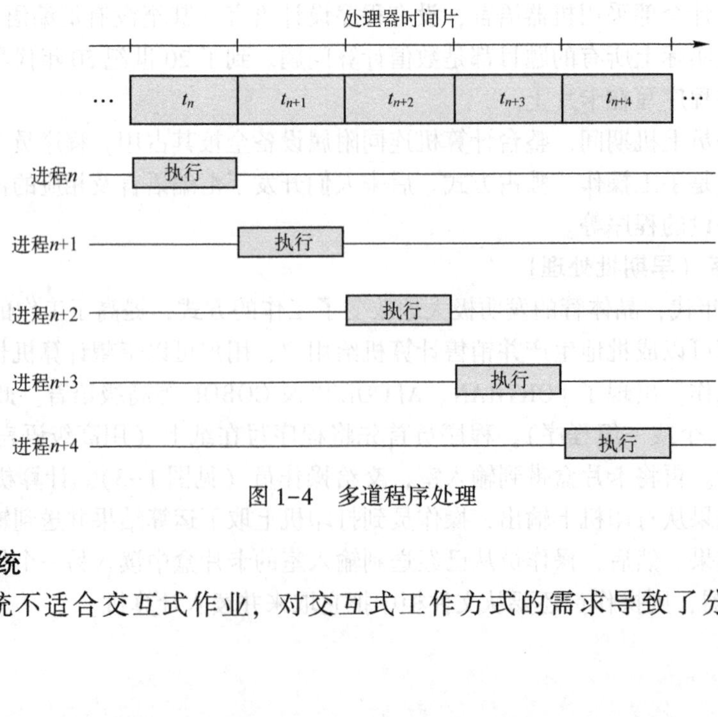

图 1-4　多道程序处理

4. 分时系统

批处理系统不适合交互式作业，对交互式工作方式的需求导致了分时系统（Time

Sharing System）的出现。所谓分时系统是指多个用户通过终端设备与计算机交互作用来运行自己的作业，并且共享一个计算机系统而互不干扰，就好像自己有一台计算机。由于调试程序的用户常常只发出简短的命令（如编译一个五页的源文件），而很少有长的费时命令（如上百万条记录的文件排序），因此计算机能够为许多用户提供交互式快速服务，同时在CPU 空闲时还能运行大的后台作业。

5. UNIX 通用操作系统

20 世纪 60 年代末，贝尔实验室的 Ken Thompson 和 Dennis M. Ritchie 设计了 UNIX 操作系统。它是现代操作系统的代表，显示出了强大的生命力。

UNIX 是用 C 语言编写的，因此它是可移植的。UNIX 是世界上唯一在笔记本计算机、PC、工作站直至巨型机上都能运行的操作系统。UNIX 系统源代码非常有效，系统容易适应特殊的需求。UNIX 是一个良好的、通用的、多用户、多任务、分时操作系统。UNIX 有树形文件系统和一定的安全机制；有简洁的字符流文件和文件保护机制；UNIX 有功能强大的 Shell，它既是命令解释器，又是编程用高级语言，还可用于扩充系统的功能。

UNIX 不但在理论界有着广泛而深入的影响，而且因为其出色的设计思想与实现技术，在产业界同样掀起了一场革命，许多重要的软件公司相继推出了自己的 UNIX 版本，这进一步推动了操作系统的发展。

6. 个人计算机操作系统

20 世纪 70 年代末期出现了面向个人计算机的操作系统，例如微软公司的 MS-DOS 操作系统。MS-DOS 属于单用户单任务操作系统。

1984 年，出现了具有交互式图形功能的苹果操作系统。1992 年，微软公司推出了有交互式图形功能的操作系统 Windows 3.1。Windows 95 在 1995 年 8 月正式登台亮相，从此，Windows 成为个人计算机平台的主流操作系统。

1991 年，Linus 在 Internet 上公布了 Linux 操作系统，于是，Linux 从最开始的一个人的产品逐渐演变成一个成功的操作系统。Linux 遵从国际 UNIX 标准 POSIX，继承了 UNIX 的全部优点，而且还开放全部源码，并能在网上自由下载。Linux 极其健壮，世界上很多 Linux 连续不停机运行一年以上而不曾崩溃过。Linux 是 UNIX 操作系统家族中，具有自由版权的 UNIX 类操作系统中一个较突出的代表。

7. 现代操作系统的两大发展方向——宏观应用与微观应用

在当代，从规模上来看，操作系统正向着大型和微型两个不同的方向发展。大型系统的典型是分布式操作系统和机群操作系统，而微型系统的典型则是嵌入式操作系统。

分布式操作系统和机群操作系统是为了适应计算平台向异构、网络化演变而出现的。分布式系统是由多个连接的处理资源组成的计算系统，它们在整个系统的控制下可合作执行一个共同任务，最少依赖于集中的程序、数据或硬件。这些资源可以是物理上相邻的，也可以是在地理上分散的。机群操作系统适用于由多台计算机构成的机群。较典型的有利用商业化的微型计算机、Linux 和以太网设备等产品构造的机群，如 Beowulf 系统，现在已有分布在世界各地的近百所大学和研究机构在使用它。

在现代电子、电器和智能机械设备上，除了传统的工业控制、航空航天和武器制导等领域以外，嵌入式操作系统正在向各类家电、智能电器渗透。VxWorks、pSOS、eCOS、QNX、RTEMS 以及嵌入式 Linux（如 RTLinux、KURT 等）都是较为突出的嵌入式操作系统。图 1-5

是 VxWorks 系统在美国火星探测项目中的一个应用。

图 1-5　火星着陆探测器“火星极地着陆者”采用了 VxWorks 嵌入式操作系统

第三节　操作系统分类

在叙述操作系统的发展历史的章节中，沿着时间的前后顺序，向考生介绍了不少类型的操作系统。本节从另外一种角度，根据操作系统在用户界面的使用环境和功能特征，对操作系统进行分类。分类的目的是便于读者更好地理解和掌握操作系统的本质与特征。

按照用户界面的使用环境和功能特征，一般可以把操作系统分为三种基本类型，即批处理操作系统、分时操作系统和实时操作系统。随着计算机体系结构的发展，又出现了许多类型的操作系统，包括个人计算机操作系统、网络操作系统、分布式操作系统、嵌入式操作系统和其他类型操作系统。本节将对这些不同类型的操作系统进行简要的介绍和分析。

一、批处理操作系统

从操作系统的发展历史中可以知道，批处理操作系统（Batch Processing Operating System）是一种早期的操作系统。在本节中，首先概要地叙述批处理操作系统的基本工作方式，然后分析它的特点、分类、设计思想，介绍作业控制说明书和 SPOOLing 技术，最后分析批处理操作系统对操作系统发展的贡献。

1. 基本工作方式

批处理操作系统的基本工作方式是：用户将作业交给系统操作员，系统操作员在收到作业后，并不立即将作业输入计算机，而是在收到一定数量的用户作业之后，组成一批作业，再把这批作业输入计算机中；这批作业可在系统中形成一个连续的、自动转接的作业流；系统操作员然后启动操作系统，系统自动、依次执行每个作业。最后由操作员将执行完毕的作业结果交给用户。

2. 特点与分类

批处理操作系统的特点是成批处理。在批处理操作系统中，用户不能干预自己作业的运行。显然，在用户提交的作业投入运行之后，如果发现错误则无法及时改正，需要重新提交一份经过改正的作业，再次排队运行。这种处理方式延长了软件开发时间，所以批处理更适用于成熟的程序。

批处理操作系统追求的目标是系统资源利用率高，作业吞吐率高。作业吞吐率是指单位时间内计算机系统处理作业的个数。批处理操作系统的优点是作业流程自动化较高，资源利用率较高，作业吞吐量大，从而提高了整个系统的效率。其缺点是用户不能直接与计算机交互，不适合调试程序。

依据系统的复杂程度和出现时间的先后，可以把批处理操作系统分为简单批处理系统和多道批处理系统。

3. 设计思想

简单批处理系统是在操作系统发展的早期出现的，因此它有时被称为早期批处理系统，也被称为监控程序。其设计思想：在监控程序启动之前，操作员有选择地把若干作业合并成一批作业，将这批作业安装在输入设备上。然后启动监控程序，监控程序将自动控制这批作业的执行。系统的运行过程是：先把第一个作业调入内存，运行之；等这个作业运行结束之后，再把下一个作业调入内存并运行之；如此往复，直到这一批所有的作业都处理完毕为止。在全部作业运行结束之后，操作员把运行的结果一起交给用户。可以看到，在这种系统工作方式下，作业的运行以及作业之间的衔接都由监控程序自动控制，从而有效地提高了作业运行的效率。

4. 作业控制说明书

下面更具体地分析批处理操作系统的工作原理。在简单批处理系统中，作业的运行步骤是由作业控制说明书传递给监控程序的。作业控制说明书是由作业控制语言编写的一段程序，它通常存放在被处理作业的前面。在运行过程中，监控程序读入并解释作业前面的这段作业控制说明书中的语句，以控制各个作业步的执行。

这里举一个作业控制说明书的例子。某用户的作业包括 A、B 两个程序段，A 由汇编语言编写，B 由 FORTRAN 编写。用户要求把两段程序分别汇编、编译之后链接成一个程序并运行它。这个作业控制说明书可以采取如下编写形式：

```
.STEP1      ASM     A
.STEP2      FTN     B
.STEP3      LINK    A,B,C
.STEP4      RUN     C
```

在这段作业控制说明书中，.STEP n 指定了第 n 步作业，ASM 表示进行汇编，FTN 表示进行 FORTRAN 编译，LINK 表示进行链接装配，而 RUN 表示执行。A、B、C 分别代表各个不同的程序段。

在作业运行后，监控程序将逐条解释每一行语句。

第一个作业步，指示监控程序调入汇编程序源程序 A 并得到相应的目标代码。汇编结束之后，控制权转回监控程序。

第二个作业步，指示监控程序把 FORTRAN 的编译程序调入内存，启动编译程序编译源程序 B，从而得到程序 B 的目标代码。

第三个作业步，监控程序调入链接装配程序，将前面两个作业步得到的目标代码装配成可执行的程序 C。

最后一步，监控程序启动执行程序 C。

5. SPOOLing 技术

简单批处理系统的监控程序犹如一个系统操作员，它负责批处理作业的输入输出，自动根据作业控制说明书以串行方式运行各个作业，并且提供一些基本的系统功能。但是，它并不具有并发能力，即不能实现多个程序的同时运行。真正引入并发机制的是多道批处理系统。

为了提高硬件资源的利用率，人们在监控程序中间引入了缓冲技术和多道程序设计的概念，批处理系统发展为更加高级的多道批处理系统。在多道批处理系统中，关键技术就是多道程序运行、假脱机（SPOOLing）技术等。

在简单批处理系统中，作业是串行的，作业的执行速度受到各种慢速设备的制约，系统有很多时候（尤其在操纵慢速外设时）只能忙等待，处理器利用率难以提高。为了解决这个问题，出现了脱机输入输出技术。为主机配备相对高速的磁带设备，主机的所有输入输出操作在磁带机上完成，另外配备若干卫星机，它们负责将用户作业从卡片传输到磁带上，执行时，由操作员负责把成卷记录了若干用户作业的磁带装到主机上去处理。这种技术通过使输入输出与计算在不同的设备上并行操作，从而有效地提高了处理器的利用率。

不过这种脱机输入输出技术并没有从根本上解决输入输出缓慢的问题，于是出现了假脱机技术，借助硬件通道技术，实现了输入输出操作和处理器动作的自动并行处理。通道是指专门用来控制输入输出的硬件设备，可以看作专门的 I/O 处理机。通道基本上是自主控制外设的，可以与 CPU 并行工作。

假脱机（Simultaneous Peripheral Operating On Line，SPOOLing）技术的全称是“同时的外部设备联机操作”。这种技术的基本思想是用磁盘设备作为主机的直接输入输出设备，主机直接从磁盘上选取作业运行，作业的执行结果也存在磁盘上；相应地，通道则负责将用户作业从卡片机上动态写入磁盘，而这一操作与主机并行。类似的操作也用于输出用户作业运行结果。SPOOLing 技术示意图如图 1-6 所示。

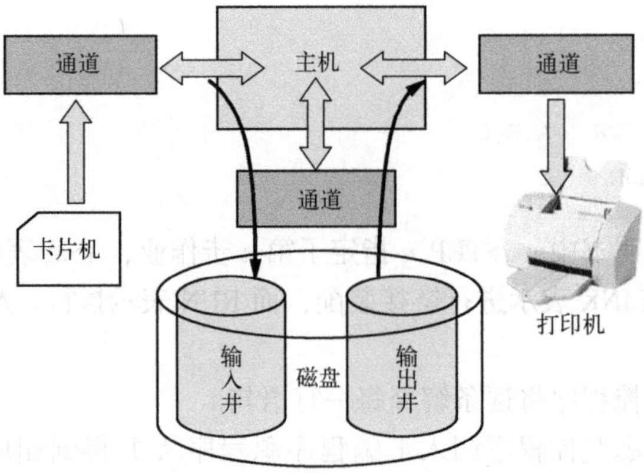

图 1-6　SPOOLing 技术示意图

这里需要指出的是，通道直接受主机控制，它们之间通过中断方式实现相互通信。假脱机技术为实现多道批处理系统中的多道程序设计思想提供了重要的基础。

多道程序设计的基本思想是在内存中同时保持多个作业，主机可以以交替的方式同时处理多个作业。一般来说，任何一道作业的运行总是交替使用处理器和外设资源，而不同的作业一般也不会在相同时段内要求使用同一台外设或者处理器，如果通过合理的调度，让多个作业交替地同时使用不同的资源，那么就可以大大提高各种外部设备的利用率。这一简单思想通过多道批处理系统得以具体实现。

二、分时操作系统

从操作系统的发展历史来看，分时操作系统（Time-sharing Operating System）出现在批处理操作系统之后。它是为了弥补批处理方式不能向用户提供交互式快速服务的不足而发展起来的。

1. 基本工作方式

在分时操作系统中，一台计算机主机连接了若干个终端，每个终端可由一个用户使用。用户通过终端向系统交互式地提出命令请求，系统接受用户的命令之后，采用时间片轮转方式处理服务请求，并通过交互方式在终端上向用户显示结果。用户根据系统送回的处理结果发出下一道交互命令。

2. 设计思想

分时操作系统将 CPU 的时间划分成若干个小片段，称为时间片。操作系统以时间片为单位，轮流为每个终端用户服务。由于计算机处理速度远比人的反应速度快得多，因此尽管所有的用户在轮流使用一个处理器；但这些时间片轮回的速度远比用户敲击键盘的速度快，通常处理器总是在一个极短的时间片内先于人的反应而处理完用户发出的交互请求，并在终端屏幕上发出相应的回应，所以每个用户并不会感到有别的用户存在而影响了他对计算机的使用效率，用户似乎感觉到系统是被他独占的。

3. 特点

从总体上来看，分时操作系统具有多路性、交互性、独占性和及时性特点。

“多路性”是指有多个用户在同时使用一台计算机。从宏观上来看，是多个人同时使用一个处理器；从微观上来看，是多个人在不同时刻轮流使用一个处理器。

“交互性”是指用户根据系统响应的结果提出下一个请求。用户直接干预操作每一步的进行。

“独占性”是指每个用户感觉不到计算机在为其他人服务，就好像整个系统为他个人所独占。

“及时性”是指系统能够对用户提出的请求及时给予响应。

分时操作系统追求的目标是及时响应用户输入的交互命令。用来衡量系统响应速度的指标是响应时间，即系统对一个输入的反应时间。在一个交互式系统中，通常把用户从终端发出命令到系统给予回答所经历的时间定义为响应时间。显然，响应时间越短越好。

一般通用操作系统结合了分时操作系统与批处理操作系统两种系统的特点。典型的通用操作系统是 UNIX 操作系统。在通用操作系统中，对于分时与批处理的处理原则：分时优先，批处理在后。

在通用操作系统中，一般把系统的分时和批处理运行状态分别称为前台与后台。把处理终端用户的、交互式的、比较小的、需要及时处理的作业，即分时作业，称为前台作业；而把那些需要运行时间较长、要调用其他外部设备的、比较大的、无须终端用户干预的，且不需要立即处理的作业，即可以批量处理的作业，称为后台作业。换句话说，在系统的“前台”响应需要频繁交互的作业，如大量终端的处理要求；而“后台”则处理对时效性要求不强的作业。

三、实时操作系统

实时操作系统（Real Time Operating System，RTOS）是指，使计算机能在规定的时间内，及时响应外部事件的请求，同时完成对该事件的处理，并能够控制所有实时设备和实时任务协调一致地开展工作的操作系统。实时操作系统的主要目标是：在严格的时间范围内，对外部请求做出反应，系统具有高度可靠性。实时操作系统主要有下列两类。

第一类是硬实时系统。硬实时系统对关键外部事件的响应和处理时间有着极为严格的要求，系统必须满足这种严格的时间要求，否则会产生严重的不良后果。火箭和导弹控制、机器人控制、核反应堆控制等都是硬实时系统应用的典型领域。飞行控制系统就是硬实时的，它对飞行数据和外部数据采集与处理时机的把握非常严格，否则就有可能造成飞机碰撞这样的灾难性后果。这种时间精确度的要求通常会在微秒以下。

第二类是软实时系统。软实时系统对事件的响应和处理时间有一定的时间范围要求，不能满足相关的要求会影响系统的服务质量，但是通常不会引发灾难性后果，如视频（信息）处理、电信（自动交换机）、银行、飞机订票等领域的信息处理。在一个网络视频服务中心中，如果不能将视频信息连续、定期地（如每秒钟 25 帧图像）传送给多个用户，用户将会感觉到影像的停滞、跳动或变形。这种后果，虽然通常不会引发致命或灾难性的后果，但是影响了系统服务质量的提高。所以良好的定时特性也是软实时系统的要求。

实时操作系统为了能够实现硬实时或软实时的要求，除了具有多道程序系统的基本能力以外，还需要有以下几方面的能力。

1. 实时时钟管理

实时操作系统的主要设计目标是对实时任务能够进行实时处理。实时任务根据时间要求可以分为两类：第一类是定时任务，它依据用户的定时启动并按照严格的时间间隔重复运行；第二类是延时任务，它非周期地运行，允许被延后执行，但是往往有一个严格的时间界限。依据功能的不同，任务还可以分为主动式任务和从动式任务，前者依据时间间隔主动运行，多用于实时监控；后者的运行依赖于外部事件的发生，当外部事件出现时（例如某个中断），这种实时任务应尽可能快地进行处理，并且尽量保证不丢失事件。绝大多数实时任务均与时间相关，良好的实时时钟管理能力就成为实时操作系统的一个关键能力。

2. 过载防护

实时操作系统中的实时任务往往与环境的依赖关系很大。实时任务的启动时间和数量具有很大的随机性，突发的大量实时任务极有可能超出系统的处理能力，从而发生过载。实时操作系统在出现过载现象时，要有能力在大量突发的实时任务中，迅速分析判断并找出最重要的实时任务，然后通过抛弃或者延后次要任务以保证最重要的任务成功执行。

3. 高可靠性

高可靠性是实时操作系统的设计目标之一。由于实时操作系统往往用在一些关键应用上，如航空控制、工业机器人等领域，因此，其任何故障都有可能对整个应用系统带来极大的危害。所以，实时操作系统需要有很强的健壮性和坚固性。当然，高可靠性的要求不仅是对软件系统的要求，也是对硬件系统的要求。

四、个人计算机操作系统

个人计算机操作系统（Personal Computer Operating System）是一种单用户的操作系统。个人计算机操作系统主要供个人使用，功能强，价格便宜，在几乎任何地方都可安装使用。它能满足一般人在操作、学习、游戏等方面的需求。个人计算机操作系统的主要特点是：计算机在某一时间内为单个用户服务；采用图形界面人机交互的工作方式，界面友好；使用方便，用户无须具备专门知识，也能熟练地操纵系统。

五、网络操作系统

为计算机网络配置的操作系统称为网络操作系统（Network Operating System）。网络操作系统是基于计算机网络的、在各种计算机操作系统之上按网络体系结构协议标准设计开发的软件，它包括网络管理、通信、安全、资源共享和各种网络应用。

网络操作系统把计算机网络中的各个计算机有机地连接起来，其目标是相互通信及资源共享。通过网络操作系统，用户可以使用网络中其他计算机的资源，实现计算机相互间的信息交换，从而扩大了计算机的应用范围。

计算机网络有不同的模式。在集中式模式中，运算处理在主计算机里发生，终端仅作为输入输出设备使用，通过连接两台或更多主机的方式构成计算机网络。在分布式模式中，每台计算机都有运算处理能力，多台计算机通过网络交换数据并共享资源和服务。在分布式模式中，网络环境中的计算机不仅能共享数据、资源及服务，还能够共享运算处理能力。

六、分布式操作系统

将大量的计算机通过网络联结在一起，可以获得极高的运算能力及实现广泛的数据共享。这样一种系统称为分布式系统（Distributed System）。为分布式系统配置的操作系统称为分布式操作系统（Distributed Operating System）。

分布式操作系统是网络操作系统的更高级形式，它除保持了网络操作系统的各种功能之外，还具备如下特征。

- 分布式操作系统是一个统一的操作系统，系统中的所有主机使用的是同一个操作系统。
- 实现资源的深度共享。在网络操作系统中，由于各个主机使用不同的操作系统，因此不能随意地将一个计算任务从一台主机迁移到另一台主机执行。而在分布式系统中，通过统一的操作系统的调度，在某台主机上执行的一个计算任务可以迁移到另一台主机上执行，真正实现了处理机资源的共享。
- 透明性，即在用户眼里，整个分布式系统像一个具有强大功能的计算机系统。用户并不知道该分布式系统运行在多少台计算机上，各个主机地理位置上的差异对用户来讲是透明的，分布式操作系统屏蔽了这种差异。相应地，在网络操作系统中，用户能够清晰地感觉到本地主机和非本地主机之间的区别。
- 自治性，即处于分布式系统中的各个主机都处于平等的地位，各个主机之间没有主从关系。一个主机的失效一般不会影响整个分布式系统。

分布式系统把系统中的所有计算机构成一个完整的、功能更加强大的计算机系统。分布式操作系统可以使系统中的计算机相互协作，共同完成一个大型计算任务，即把一个计算任务分解成若干可以并行执行的子任务，让每个子任务分别在不同的计算机上执行。可见，分布式操作系统可以充分利用各种资源，从而使计算机系统处理能力增强，速度更快，可靠性更高。

分布式系统的一个优点在于它的分布式，它可以以较低的成本获得较高的运算性能。分布式系统的另一个优点是它的可靠性。由于有多个计算机系统，当一个计算机系统发生故障时，整个分布式系统仍旧能够工作。对于高可靠的环境，如核电站等，分布式系统是有其用武之地的。

机群（Cluster）是分布式系统的一种，一个机群通常由一群处理器密集构成，机群操作系统专门服务于这样的机群。在机群操作系统的指挥下，可以用低成本的微型计算机和以太网设备等产品，构造出性能相当于超级计算机运算性能的机群。

网络操作系统与分布式操作系统在概念上的主要不同之处在于，网络操作系统可以构架于不同的操作系统之上，也就是说，它可以在不同的本机操作系统上通过网络协议实现网络资源的统一配置。在网络操作系统中，并不要求透明地访问网络资源，即需要显式地指明资源位置与类型，对本地资源和异地资源访问区别对待。分布式操作系统强调单一操作系统对整个分布式系统的管理、调度。在这种操作系统中，网络的概念在应用层被淡化了，对于所有资源，无论是本地的还是异地的，都用统一方式管理与访问，用户不必关心资源所在的真正物理位置，或者是如何存储的。

七、嵌入式操作系统

嵌入式操作系统是一种用于嵌入式系统的操作系统，它通常被设计得非常紧凑和高效，只保留运行在其上的特定应用程序所需的功能。嵌入式操作系统是一种实时操作系统，能够满足严格的时间限制和性能要求。嵌入式操作系统的应用领域非常广泛，包括工业控制、交通管理、信息家电等。

嵌入式操作系统的特点有以下几个方面。

- 系统内核小。由于嵌入式系统的资源有限，因此嵌入式操作系统的内核要比传统的操作系统小得多，有些只有几千字节。
- 专业性强。嵌入式操作系统要与硬件紧密结合，针对不同的任务和设备进行定制与移植，不能通用。
- 系统精简。嵌入式操作系统不需要过于复杂的功能设计和实现，这样可以降低系统成本和提高系统安全性。
- 高实时性。嵌入式操作系统要能够及时响应外部事件和中断，保证任务的执行顺序和完成时间。
- 多任务的操作系统。嵌入式操作系统要能够支持多任务的调度和管理，合理地分配和利用系统资源。

八、其他类型操作系统

除上述类型以外，操作系统还包括以下几类。

- 大型机操作系统是运行在大型机上的操作系统，其特点是有较高的安全性、可靠性和可伸缩性，通常用于银行、保险等行业。
- 服务器操作系统是运行在服务器上的操作系统，其特点是支持多个用户和多个任务，提供网络服务和资料共享，通常用于互联网、企业等领域。
- 多处理操作系统是运行在多处理机上的操作系统，其特点是多个处理器并行执行任务，通常用于科学计算、图形处理等领域。
- 移动计算操作系统是运行在移动设备上的操作系统，其特点是支持移动通信、定位、传感等功能，通常用于智能手机、平板电脑等设备。
- 传感器节点操作系统是运行在传感器节点上的操作系统，其特点是支持传感器数据采集、处理和传输，通常用于物联网、环境监测等领域。
- 智能卡操作系统是运行在智能卡上的操作系统，其特点是支持智能卡的存储、计算和安全功能，通常用于金融、交通等领域。

第四节　操作系统设计

我们已经知道，操作系统是一个极其复杂和庞大的软件系统，操作系统本身以及它所管理的对象都是并发的系统，因而操作系统设计有着不同于一般应用系统设计的特征。那么，一个操作系统的设计开发会有什么问题呢？在本节中，就操作系统的设计难点、操作系统的设计过程、操作系统的设计目标以及操作系统的结构设计做一些探讨，对操作系统的设计开发问题的探讨，有助于考生全面地理解并掌握操作系统的本质。

一、操作系统的设计难点

首先讨论操作系统在其设计过程中面临的主要困难。在操作系统设计的过程中，主要的困难有设计复杂程度高、正确性难以保证和研发周期长等。下面分别进行简要分析。

1. 设计复杂程度高

操作系统复杂程度高的主要表现在：程序长，有些功能模块包含数百万条指令；接口信息多，各个组成部分之间的信息交换很多，而且错综复杂；动态性强，程序本身包含较多的动态部分；并行性强，不同部分之间可以同时操作。下面简要叙述操作系统可能面临的各种复杂问题。

操作系统是一个很大的程序，现代 UNIX 操作系统有超过 100 万行的代码，Windows 2000 有超过 2900 万行的代码。在操作系统中，各种子系统（如文件系统）与内存系统之间的相互作用是不可预测的。操作系统必须处理同步机制，管理同步比管理顺序执行要难得多，而且会产生死锁等一系列问题。操作系统要提供用户之间共享信息和资源的机制，同时还要保证共享的安全。而在应用程序的设计中，就不会有这类问题。

一个操作系统存在的时期非常长，UNIX 操作系统已经存在超过 50 年，Windows 操作系统也已经存在了将近 40 年。因此，操作系统的设计者必须考虑将来硬件等情况的变化，并为这些变化做好准备，以支持不断推陈出新的各种I/O设备，同时还要解决可能出现的硬件冲突问题。而这些问题在应用程序中是不必考虑的。

另外，操作系统必须有一定的通用性和对以前版本的兼容性，即新版本要支持老版本原有的一些功能。不能因为操作系统的版本上的一点更新，就要求用户把计算机硬件和应用软件也都升级。这样，考虑到操作系统的通用性，以及对以前的版本兼容性，系统就可能对字长、文件名或其他各方面都有严格的限制。

操作系统的设计者无法详细知道系统在用户中将被如何使用，所以操作系统要具有一定的适应性，以此满足每个用户的需求。

操作系统还是防止外部用户入侵的屏障，必须采取措施防止来自外部的入侵，而一些应用软件通常就不必考虑这些问题。

2. 正确性难以保证

操作系统包含的功能成分很多，各种外部设备的接口复杂，导致操作系统源代码的正确性较难以保证。尽管有不少机构在进行软件正确性证明的研究，而且取得了不少进展，但是从实践上来看，操作系统的正确性主要还是依靠软件工程的规范来保证。

由于操作系统是一个大型软件，因此参与开发的人员的基数较大，这也加大了保证整个软件的正确性的难度。

解决这一问题的途径就是发展良好的操作系统结构，采用先进的开发技术、工程化的管理方法，并使用高效的开发工具。

3. 研发周期长

一般的软件研制开发周期包括：需求分析，由用户提供软件的需求，并根据需求制作软件规格说明书；设计者根据软件规格说明书进行软件设计；实现者编写程序，并调试、测试，同时整理各种开发文档，然后提交给用户使用，在应用的过程中不断改进和提高软件的品质。

操作系统的研发也基本遵从这样的过程范式，但是因为上述两个原因，操作系统的研发周期比较长。一个操作系统的研发周期一般为5年左右。例如，微软的Windows NT从1988年提出设计目标到1993年第一个可用的版本Windows NT 3.1发布，经历了将近5年的时间，而它的第一个被广泛应用的版本Windows NT 4.0则到1996年后半年才正式发布。操作系统的开发难度可见一斑。

二、操作系统的设计过程

操作系统的设计过程一般可分为三个部分：功能设计、算法设计和结构设计。操作系统的三方面设计是互相渗透的，不能截然分开。在任何一个方面中，其总的目标是不变的，即要求能够设计出一个既具有好结构、高功效，又具有所需功能的操作系统。

1. 功能设计

功能设计指的是根据系统的设计目标和使用要求，确定所设计的操作系统应具备哪些功能，以及操作系统的类型。

2. 算法设计

算法设计是指根据计算机的性能和操作系统的功能，选择和设计满足系统功能的算法与策略，并分析和估算其效能。

3. 结构设计

结构设计则是指按照系统的功能和特性要求，选择合适的结构，使用相应结构设计方法将系统逐步分解、抽象和综合，使操作系统结构清晰、简明、可靠、易读、易修改，而且使用方便，适应性强。

三、操作系统设计目标

操作系统是计算机系统的重要组成部分，是计算机系统工作时经常起作用的程序。同时，它又是一种复杂程度高的大型程序，为使计算机系统可靠而有效地工作，必须配置一个高质量的操作系统。

一个高质量的操作系统应具有可靠性、高效性、易维护性、可移植性、安全性等特征。

1. 可靠性

可靠性包含了正确性和健壮性两个方面的含义。

操作系统是计算机系统中最基本、最重要的软件之一。随着计算机应用范围的日益扩大，对操作系统的可靠性要求也越来越高。可靠性低的操作系统将严重影响使用效果。例如，用于导弹控制的操作系统必须绝对可靠，否则所造成的后果将不堪设想。

影响操作系统正确性的因素有很多，主要包括并发、共享以及随之带来的不确定性。并发使得系统中各条指令流的执行次序可以任意交叉；而共享导致进程对系统资源的竞争，使不同的指令执行序列之间产生直接和间接的相互制约；以上两点原因又会引起系统的不确定性。这种不确定性要求系统能动态地应付随时发生的各种内部和外部事件。因此，研究操作系统的结构是相当必要的。

可靠性除了正确性这一基本要求以外，还应包括能在预期的环境条件下完成所期望的功能的能力。在发生硬件故障或某种意外的环境下，操作系统应该仍能做出适当的处理，避免造成严重损失，这就是对操作系统健壮性或鲁棒性的要求。

2. 高效性

操作系统的一个重要目标是提高系统中各种资源的利用率，即提高系统的运行效率。一个计算机系统在其运行过程中或者处于目态，或者处于管态。处于目态的时候为用户服务，处于管态时既可能为用户服务（如为进程打开文件或完成打印工作），又可能做系统维护工作（如进程切换、页面调度、死锁检测等）。

假定一个计算机系统，在一段时间 T 之内，在目态下运行程序所用的时间为 T_u，管态下运行程序为用户服务所用的时间为 T_{su}，管态下运行程序做系统管理工作所用的时间为 T_{sm}，则可定义系统运行效率 η 为

$$\eta = (T_u + T_{su})/(T_u + T_{su} + T_{sm}) \times 100\%$$

显然，η 越大，系统运行效率越高。为了提高系统运行效率，应当尽量减少用于系统管理所需的时间 T_{sm}，亦把 T_{sm} 称为系统开销（时间开销）。

3. 易维护性

在大型程序系统的设计中，参加设计和开发的人员比较多，人员变动频繁。系统设计完成之后，运行寿命一般也比较长，相关的系统维护人员随着时间的流逝，也在不断变动中。有经验的大型程序系统设计人员都知道，尽管有程序的源代码和各种程序文档，但是最忌讳的是，某个程序设计人员为了显示他的聪明才智，绞尽脑汁地编写了一段具有某种高超技巧

的程序代码。在一段时间之后，这段程序代码的设计人员自己对照源代码，翻看当时的程序文档，可能已经无法理解代码的实际含义，更不用说其他程序维护人员了。因此，操作系统需要具备一定的易维护性，易维护性包括易读性、易扩充性、易剪裁性、易修改性等。一个操作系统投入实际运行后，有时会希望增加新的功能，删去不需要的功能，或修改在运行过程中所发现的错误。为了对操作系统实施增、删、改等维护操作，必须首先了解系统，为此要求操作系统具有良好的可读性。其他有关易扩充性、易剪裁性、易修改性的必要性，是显而易见的。

4. 可移植性

可移植性是指把一个程序系统从一个计算机系统环境中移到另一个计算机系统环境中并能正常运行的特性。操作系统的设计开发是一项庞大的工程，人们为了更好地利用研制成果，避免重复性的工作，都将可移植性作为操作系统的一个重要设计目标。

在操作系统的设计中，影响可移植性的最大因素就是系统和计算机硬件有关的部分的处理。为了提高设计完成的操作系统的可移植性，应当在设计时就考虑把操作系统程序中与硬件相关的部分与操作系统的其他部分相对独立。通常，操作系统与硬件有关的部分被设计在操作系统程序的底层，在进行操作系统的移植时，只需修改操作系统的底层这一部分。

5. 安全性

操作系统的安全性是整个计算机系统安全性的基础，它为保护用户的程序和数据提供了最基本的安全机制。在网络环境中，操作系统的安全性更为重要。如果操作系统出现了安全漏洞，那么整个计算机系统的安全性就不存在了。

四、操作系统结构设计

任何事物都有其内部的结构。结构是构成一个事物内部的各种基本成分以及这些基本成分之间的关系。

软件同样有内部结构。为了设计和掌握一个复杂的大型软件系统，设计者总是要将它分解成若干个小的相对独立的成分。这样，对每一个成分就比较容易掌握，而且这种分解往往使得各个成分之间的联系较为简单。

软件结构的研究对象主要是组成软件的各部分划分的原则以及它们之间的关系（即通信），简言之，就是软件的构成法则和组合方法。对软件结构的探讨是从 1972 年 Dijkstra 提出的结构化程序设计思想开始的，经过了几十年的研究及实践，已经取得了很大的进展。其中对于操作系统结构的认识也经历了一个漫长的过程。

1. 操作系统结构设计的重要性

操作系统是一种大型软件，为了研制操作系统，必须研究分析它的结构，也就是要考虑如何把一个大型软件划分成若干较小的模块，以及这些模块之间的接口方式。操作系统是一个具有并发特性的大型程序，模块间的接口是相当复杂的，信息交换也是十分频繁的，因而对结构的研究就显得更加重要了。而任何一个软件开发出来并投入运行之后，就进入了系统维护阶段。只有易读、易懂，维护人员才能真正了解操作系统的结构和工作原理，从而做好系统维护工作。

操作系统的结构是指操作系统各部分程序的存在方式及相互关系。若操作系统的各部分程序以程序模块方式存在，相互之间通过调用建立联系，那么这种操作系统具有模块接口结构。若各部分程序以进程的方式存在，相互之间通过通信建立联系，那么这种操作系统具有进程结构。若操作系统能按照诸模块的调用顺序或主进程的信息发送顺序把模块进程分层，则各层之间只能单向依赖，这样就分别产生了模块层次结构的操作系统和进程层次结构的操作系统。

在早期的操作系统设计中，由于计算机结构比较简单，系统规模也较小，逻辑关系较简单，设计者往往只注重功能设计和效率，而忽视了结构设计。但随着计算机结构的复杂化、应用范围的不断扩大，以及使用要求的不断提高，人们不仅要求系统有较强的功能，而且要求系统有较强的可适应性和可靠性。比如，在容错的概念出现之后，人们希望设计一种在部分硬、软件失效的情况下仍能正常工作的系统，从事这种容错操作系统的设计，更加需要对操作系统的结构有深入的研究和认识。

可见，无论设计哪一种操作系统，都需要对操作系统的结构和结构设计方法进行研究。近年来，对操作系统的结构和结构设计方法的研究，已成为软件领域的一个重要研究方面。

2. 操作系统结构研究的目标

可以用下面三条来概括操作系统结构研究的目标：

- 系统模块化；
- 模块标准化；
- 通信规范化。

前面已经叙述，对一个大型系统来说，为了分解其复杂性，总是把它分解为相对独立的成分，这样对每一个小的成分就比较容易掌握（必要时再分解），而且要使每个成分之间的联系尽量简单，这些成分就是构成系统的“模块”。

究竟什么是模块呢？非形式化、直觉的认识就是具有一定功能的程序块，这个定义并不严格。把程序分解成模块是很自然的想法，一个模块中可以包含一个或多个程序段，但是什么算一个模块，怎样分解系统为模块，定义中并没有进一步说明。

随着研究的深入，模块的概念也进一步严格化，新的理解将模块看作一组数据结构以及定义在这组数据结构上的一组操作。对模块的访问只能通过这些操作来完成，这称为信息隐蔽。如果模块具有并发特性，那么这些操作将要互斥地执行。

具体来讲，模块内的操作对象就是模块内的数据结构，如同加减乘除一样，它们操作的对象不同，含义也不尽相同。从结构化方法的角度来看，操作就是对一组数据进行加工，成为一组输出数据，所以一般来讲操作只有一个入口和一个出口。例如一个管理缓冲的模块，有两个操作：送操作和取操作。

目前的计算机语言大都是模块化的，它们反映了程序和数据的局部化、强调了功能对实现的抽象，模块的调用者只需要知道模块的功能，而不需要知道模块的实现细节。

模块标准化包含两方面的内容：一是标准设计，做到模块规格划一，遵循相同的模块构造准则，符合一定的模块（构件）标准；二是需要总结、提炼操作系统的基本成分，然后把这些基本成分定型化、模块化，即把反映操作系统本质的一些程序成分固定下来，变成“标准件”“构件”或者构建操作系统的“积木”。

通信规范化主要是指模块之间的接口应该清晰划一，模块的联系方式要统一，这是标准化的一种方式。例如，若模块间存在顺序关系，则通信方法一般是直接调用；而在并行的模块之间，通信通常使用原语。通信的规范化表明系统各个并行的模块之间的通信联系只通过数目有限的原语来实现。

五、操作系统的体系结构

常见的操作系统体系结构有整体式结构、层次式结构、客户/服务器（微内核）结构、外核结构等。本节将对这些常见的操作系统体系结构做简要的介绍，并给出常见的操作系统实例，如UNIX、Linux、Windows、Android、鸿蒙、openEuler、麒麟等。

1. 整体式结构

整体式结构是早期操作系统设计中所采用的方法，即首先确定操作系统的总体功能，然后将总体功能分解为若干个子功能，实现每个子功能的程序称为模块。再按照功能将上述每个大模块分解为若干个较小的模块，如此下去，直至每个模块仅包含单一功能或联系紧密的小功能为止，即分解为最基本的模块为止。最后通过接口将所有模块连接起来形成一个整体。把这种操作系统的结构称为模块组合结构。它的主要优点：结构紧密、接口简单直接、系统效率较高。此时，操作系统是一个有多种功能的系统程序，可以看成一个整体模块，也可看成由若干个模块按一定的结构方式组成的。

在模块组合法（或称无序模块法、模块接口法等）中，系统中的模块不是根据程序和数据本身的特性而是根据它们完成的功能来划分的，数据基本上作为全程量使用。在系统内部，不同模块的程序之间可以不加控制地互相调用和转移，信息的传递方式也可以根据需要随意约定，因而可能造成模块间的循环调用。

模块组合法的缺点有以下三个。

1）模块间转接随意，各模块互相牵连，独立性差，系统结构不清晰。

2）数据基本上作为全程量处理，系统内所有模块的任一程序均可对其进行存取和修改，从而造成各模块间有着更为隐蔽的关系。要更换一个模块或修改一个模块都比较困难，因为要弄清各模块间的接口，一个模块需要按当初设计时随意约定的格式来给对方模块提供信息，这是一件相当复杂的事。

3）模块组合结构常以大型表格为中心，为保证数据完整性，往往采用全局中断办法，从而限制了系统的并发性。系统中实际存在的并发性也未能抽象出明确的概念，缺乏规范的描述方法。所以，这种结构的可适应性比较差。

模块组合法的关键在于“接口”，因为把各基本模块之间的有机联结都推到“接口”上去了，所以不需要太多的结构设计工作，很快就可进入编码阶段，而且模块之间转接的灵活性使得系统具有效率高的优点。但是，由于各基本模块之间可以任意相互调用，因此各模块之间会相互依赖，甚至可能构成循环，形成一个复杂的网络。这种网络实际上是一种相当复杂的有向图，它使得人们难以对结构做出综合性的观察，也难以对系统做局部性修改，因而可靠性、易读性和可适应性都很难得到保证。随着系统规模的不断扩大，采用这种结构构造的系统的复杂性迅速增加，以致人们难以驾驭，这就促使人们去寻求新的结构概念和新的结构设计方法。

2. 层次式结构

从对整体式结构缺点的分析可以看出，要克服整体式结构的缺点，就必须减少各模块之间毫无规则地互相调用、相互依赖的关系，特别是循环调用现象。层次式结构正是从这点出发，力求使模块间调用的无序性变为有序性。因此，层次式结构就是把操作系统的所有功能模块，按功能流图的调用次序，分别排列成若干层，各层之间的模块只能是单向依赖或单向调用（如只允许上层或外层模块调用下层或内层模块）关系。这样，不但操作系统的结构清晰，而且不会构成循环。

在一个层次式结构的操作系统中，若各层之间是单向调用的关系，但每一层中的同层模块之间不存在互相调用的关系，则称这种层次结构关系为全序的层次关系。

但是在实际的大型操作系统中，要建成一个全序的层次结构关系是十分困难的，往往无法完全避免循环现象，此时应使系统中的循环现象尽量减少。

层次式结构的优点是，它既具有模块组合法的优点——把复杂的整体问题分解成若干个比较简单的相对独立的成分，即把整体问题局部化，使得一个复杂的操作系统分解成许多功能单一的模块，又具有模块组合法不具有的优点，即各模块之间的组织结构和依赖关系清晰明了。这不但增加了系统的可读性和可适应性，而且还使用户对操作系统的每一层都建立在可靠的基础上。

层次式结构是单向依赖的，上一层各模块所提供的功能（以及资源）是建立在下一层的基础上的，或者说上一层功能是下一层功能的扩充和延续。最内层是硬件基础——裸机，裸机的外层是操作系统的最下面（或内层）的第一层。按照分层虚拟机的观点，每加上一层软件，就构成了一个比原来机器功能更强的虚拟机，也就是说，进行了一次功能扩充。而操作系统的第一层是在裸机基础上进行第一次扩充后形成的虚拟机，以后每增加一层软件就是在原虚拟机上的又一次扩充，又成为一个新的虚拟机。因此，只要下层的各模块设计是正确的，就为上层功能模块的设计提供了可靠的基础，从而增加了系统的可靠性。

层次式结构的优点还在于很容易对操作系统增加或替换一层而不影响其他层次。不难理解，采用层次式结构设计的操作系统具有易于调试、易于修改、易于扩充、易于维护、易于保证正确性等优点，因而被广泛采用。

层次式结构的操作系统的各功能模块应放在哪一层，以及系统一共应有多少层，都是很自然会提出的问题。但对这些问题的解答通常并没有一成不变的规律可循，必须要依据总体功能设计和结构设计中的功能流图与数据流图进行分层，大致的分层原则如下。

为了增加操作系统的可适应性，并且便于将操作系统移植到其他机器上，必须把与机器特点紧密相关的软件，如中断处理、输入输出管理等放在紧靠硬件的底层。这样经过这一层软件扩充后的虚拟机，硬件的特性就被隐藏起来了，方便了操作系统的移植。为了便于修改移植，它把与硬件有关和与硬件无关的模块截然分开，而把与硬件有关的 BIOS（基本输入输出系统）放在最内层。所以，当硬件环境改变时，只需要修改这一层模块。

对于一个计算机系统，往往具有多种操作方式（例如，可在前台处理分时作业，又可在后台以批处理方式运行作业，也可进行实时控制），为了便于操作系统从一种操作方式转变到另一种操作方式，通常把三种操作方式共同要使用的基本部分放在内层，而把随三种操作方式而改变的部分放在外层，如批作业调度程序和联机作业调度程序，键盘命令解释程序和作业控制语言解释程序等，这样操作方式改变时仅需改变外层，内层部分保持不变。

当前操作系统的设计都是基于进程的概念，进程是操作系统的基本成分。为了给进程的活动提供必要的环境和条件，必须要有一部分软件——系统调用的各功能，为进程提供服务，通常这些功能模块（各系统调用功能）构成操作系统内核，放在系统的内层。内层中又分为多个层次，通常将各层均要调用的那些功能放在更内层，参见图 1–7。

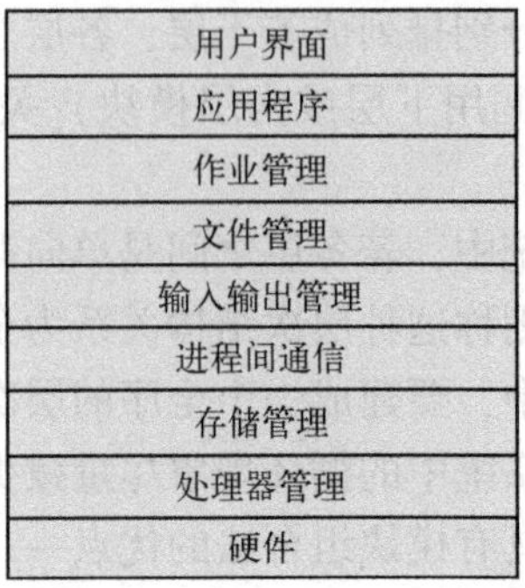

图 1-7　一种操作系统的层次式结构示意图

在对操作系统的层次式结构的研究和应用中，还演化出了几种不同的层次式结构，如进程分层结构、层次管程结构、虚拟机结构等，限于篇幅，就不在这里介绍了。

3. 客户/服务器（微内核）结构

当前计算机技术发展的突出特点是要求广泛的信息和资源的共享，所以，分布式处理合乎客观实际和新的应用需要。

在这样的应用环境下，操作系统的体系结构也在发展和变化。采用客户/服务器结构的操作系统就适合应用在网络环境下分布式处理的计算环境中。由于这种体系结构具有的一些微内核特征，因此它又称为微内核结构。

采用客户/服务器结构模式的典型操作系统有卡内基梅隆大学研制的 Mach 操作系统和 Windows NT 的早期版本。它们的共同特点如下。

1）运行在内核态的内核：内核提供所有操作系统基本都具有的操作，如线程调度、虚拟存储、消息传递、设备驱动，以及内核的原语操作集和中断处理等。这些部分通常采用层次式结构并构成了基本操作系统。因为这时的内核只提供了一个很小的功能集合，所以通常又称为微内核。

2）运行在用户态并以客户/服务器方式运行的进程层：除内核部分以外，操作系统所有其他部分被分成若干个相对独立的进程，每一个进程实现一组服务，称为服务进程（用户应用程序对应的进程，虽然也以客户/服务器方式活动于该层，但不作为操作系统的功能构成成分看待）。这些服务进程可以提供各种系统功能、文件系统服务以及网络服务等。服务进程的任务是检查是否有客户机提出要求服务的请求，并在满足客户机进程的请求后将结果返回。而客户机可以是一个应用程序，也可以是另一个服务进程。客户机进程与服务器进程之间的通信是采用发送消息方式进行的，这是因为每个进程属于不同的虚拟地址空间，它们之间不能直接通信，必须通过内核进行，而内核则是被映射到每个进程的虚拟地址空间内，它可以操纵所有进程。客户机进程发出消息，内核将消息传给服务进程，服务进程执行相应的操作，其结果又通过内核用发消息方式返回给客户机进程，这就是客户/服务器的运行模式。

这种模式的优点在于，它将操作系统分成若干个小的并且自包含的分支（服务进程），每个分支运行在独立的用户进程中，相互之间通过规范一致的方式接收发送消息而联系起来。操作系统在内核中建立了最小的机制，而把策略留给用户空间中的服务进程，这带来了很大的灵活性，直接的好处如下。

1）可靠：由于每个分支都是独立且自包含的（分支之间耦合最为松散），因此，即使某个服务器失败或产生问题，也不会引起系统其他服务器和系统其他组成部分的损坏或崩溃。

2）灵活：便于操作系统增加新的服务功能，因为它们是自包含的，且接口规范。同时，修改一个服务器的代码不会影响系统其他部分，可维护性好。

3）适合分布式处理的计算环境：因为不同的服务可以运行在不同的处理器或计算机上，所以使操作系统自然地具有分布式处理的能力。

当然，这种体系结构也有它的缺陷，主要是对于效率的考虑。因为所有用户进程只能通过微内核相互通信，微内核本身就成为系统的瓶颈，在一个通信很频繁的系统中，微内核往往不能提供很高的效率。例如高性能的图形用户界面系统中经常有大量的数据在不同的进程中来回复制，那么，对于一个有着高性能图形需求的系统，把图形引擎作为一个运行在用户态的服务进程将是不明智的选择。

4. 外核结构

外核（Exokernel）结构是一种操作系统结构。在这种结构中，内核负责的主要工作仅仅为简单的申请操作以及释放和复用硬件资源，以往操作系统提供的抽象全部在用户空间中运行。这种方式实现了应用级资源管理，即由应用程序而不是操作系统管理硬件资源。

外核系统由 exokernel 内核和 library OS 组成。应用程序与 library OS 编译、链接在一起，由此，应用程序和 library OS 共用一个地址空间，应用程序可以有限制地访问系统资源（网络 Socket、内存 VMA 等）。

5. 典型实例

（1）UNIX

UNIX 是一种多用户、多任务的操作系统，具有很强的可移植性和开放性。它采用分层结构，内核负责管理硬件资源，提供系统调用接口给上层应用程序。

UNIX 体系结构的最内层为硬件，是这个操作系统的基础，然后是操作系统的内核，包括进程管理、存储器管理、设备管理和文件管理四个资源管理功能，再往外一层是系统调用接口、操作系统与用户接口 Shell 以及编译程序等，最外层为应用程序。

（2）Linux

Linux 是一种类似于 UNIX 的操作系统，它采用了模块化的设计方法，内核负责硬件驱动、进程调度、内存管理等基本功能，而其他功能则通过模块化的方式实现。

Linux 体系结构由四个部分组成：内核、Shell、文件系统和用户应用程序。其中，Linux 内核是操作系统的核心，包含系统调用、内存管理、进程管理、设备驱动、文件系统和网络管理等基本功能。Shell 是 Linux 系统的用户交互界面，提供用户与系统内核交互的接口。Linux 文件系统中的文件是数据的集合，文件系统包含文件中的数据和文件系统的结构，所有 Linux 用户和程序看到的文件、目录、软连接及文件保护信息等都存储在其中。Linux 系统提供了一套称为应用程序的程序集，包括文本编辑器、编程语言、办公套件、Internet 工具和数据库等。

（3）Windows

Windows 是微软公司推出的一种操作系统，它采用了混合内核结构，内核负责硬件驱动、进程调度、内存管理等基本功能，同时也提供了图形用户界面和丰富的应用程序接口。

Windows 体系结构是分层的模块化系统结构，主要层次有硬件抽象层（HAL）、内核、执行体和大量的子系统集合。其中，硬件抽象层为运行在 Windows 操作系统上的硬件平台提供低端接口，隐藏各种与硬件相关的细节。内核执行 Windows 操作系统中最基本的操作，主要提供线程调度、陷入处理和异常调度等功能。执行体是从用户态导出并可以调用的函数，系统进程是一种特殊的、只运行在内核态的系统线程宿主，系统线程没有用户进程地址空间，因此必须从系统内存堆中分配动态存储区。

（4）Android

Android 是谷歌公司推出的一款基于 Linux 内核的移动操作系统，采用虚拟机技术来运行应用程序，并提供了丰富的应用程序接口和开发工具。

Android 体系结构的最下层是 Linux 内核，它为上层提供核心系统服务，如内存管理、进程管理、驱动模型、安全等。Android 在 Linux 内核上层包含一个 C/C++库的集合，如系统 C 语言库、3D 库、SQLite、媒体库等，供各种系统组件使用。Android 的应用程序框架提供了视图系统、内容提供者、资源管理器、包管理器等，开发人员可以完全使用核心应用程序使用的框架 API。最上层是 Android 的用户应用程序，如 Email 客户端、浏览器、地图等。

（5）鸿蒙操作系统

鸿蒙操作系统（HarmonyOS）是华为推出的一款面向万物互联的全场景分布式操作系统，支持手机、平板电脑、智能穿戴设备、智慧屏等多种终端设备运行，是提供应用开发、设备开发的一站式服务平台。它采用微内核设计，仅包括操作系统必要的功能模块（任务管理、内存分配等），具有低延时特点，精度可到毫秒级乃至亚毫秒级。

鸿蒙系统体系结构实现模块化解耦合，分别为内核层、系统服务层、应用框架层、应用层。同时实现四个子系统集，分别为系统基本能力子系统集、基础软件服务子系统集、增强软件服务子系统集、硬件服务子系统集，开发者通过拉取不同子系统，可以完成对应的 APP 开发。

（6）openEuler 操作系统

openEuler 是开放原子开源基金会（OpenAtom Foundation）孵化及运营的开源项目，由华为公司研发并于 2021 年捐赠给开放原子开源基金会。openEuler 是一款面向数字基础设施的操作系统，支持服务器、云计算、边缘计算、嵌入式等应用场景，支持多样性计算，致力于提供安全、稳定、易用的操作系统。

openEuler 体系结构包括系统内核、虚拟化组件及容器、运行时、加速库、应用中间件、工具链和应用程序。其中，系统内核提供进程管理、内存管理、芯片/外设驱动、虚拟化系统等核心功能。虚拟化组件包含虚拟机监视器 StratoVirt，是面向云数据中心的企业级 VMM（Virtual Machine Monitor），可实现一套架构对虚拟机、容器、Serverless 三种场景的统一支持。容器组件包含 iSulad 通用容器引擎，提供统一的架构设计来满足 CT 和 IT 领域的不同需求。运行时组件包含毕昇 JDK，为 Java 开发者提供了一款稳定可靠、高性能、易调测的 JDK。工具链包含 A-Tune 自动调优工具，利用人工智能技术，对运行在操作系统上的业务建立精准模型，动态感知业务特征并推理出具体应用，根据业务负载情况动态调节并给出最佳的参数配置组合，从而使业务处于最佳运行状态。

（7）银河麒麟操作系统

银河麒麟是由天津麒麟信息技术有限公司（现已与中标软件有限公司合并为麒麟软件

有限公司）开发和维护的一款国产操作系统。它支持以 x86、x86_64、PowerPC、SPARC 为代表的国际主流 CPU 和以飞腾为代表的国产 CPU，并已经广泛应用于政务、电力、航天、金融、电信、教育等行业或领域。

第五节　操作系统启动

一、引导方式

1. BIOS 引导

BIOS 是一个程序，存储在 BIOS 芯片中。当计算机启动时，BIOS 会执行硬件自检并初始化硬件配置。接下来，BIOS 会根据 CMOS 中用户指定的硬件启动顺序，读取相应设备的启动或引导记录，引导相应设备上的操作系统启动。BIOS 引导使用 MBR（主引导记录）分区方案，且只能在 16 位实模式下运行。

2. UEFI 引导

UEFI 是一种新型固件接口，它是采用模块化、高级语言（主要是 C 语言）构建的一个小型化系统。它直接利用加载 EFI 驱动的方式，识别系统硬件并完成硬件初始化。UEFI 引导使用 GPT（GUID 磁盘分区表）分区方案，且可以在 32 位或 64 位模式下运行。

二、操作系统的引导过程

操作系统的引导过程是指将存放在硬盘上的静态的操作系统装载到内存中，并开始执行操作系统的过程。

简单来说，当计算机开机时，BIOS 会进行自检并检测出第一个能够引导系统的设备，比如硬盘或光驱。然后运行放在 MBR 扇区里的启动程序，例如 GRUB 引导程序。GRUB 引导程序通过读取配置文件来获取内核和镜像文件系统的设置及路径位置。接着把内核和镜像文件系统加载到内存中，最后加载硬件驱动程序，以及初始化进程。

三、操作系统的启动机制

操作系统的启动过程可以简单地分为四个部分：BIOS 自检、系统引导、启动内核、初始化系统。

当计算机开机时，BIOS 程序首先将存储设备的引导记录（Boot Record）载入内存，并执行引导记录中的引导程序（Boot）。引导程序会将存储设备中的操作系统内核载入内存，并进入内核的入口点开始执行。然后由操作系统内核完成系统的初始化，并允许用户与操作系统进行交互。

四、典型程序执行流程

一个程序的典型执行流程通常包括以下步骤。

1）用户通过操作系统启动程序。

2）操作系统将程序从磁盘加载到内存中。

3）操作系统为程序分配资源，如 CPU 时间、内存空间和输入输出设备。

4）程序开始执行，由 CPU 按顺序执行指令。

5）程序可能会与操作系统交互，请求服务，如读写文件或访问网络。

6）程序执行完毕后，操作系统回收其占用的资源。

本章小结

计算机系统包括硬件和软件两个部分，操作系统属于系统软件，是扩充硬件功能、提供软件运行环境的一类重要系统软件，通过组织和管理计算机系统中的硬件及软件资源，合理地组织计算机工作流程，帮助计算机系统高效运行，此外向用户提供各种方便的服务功能。

一般来说，操作系统具有并发、共享、虚拟、异步四个主要特征。根据用户界面的使用环境和功能特征的不同，操作系统又可以分为多种类型。

1）批处理操作系统分为简单批处理系统和多道批处理系统两种类型，优点是成批处理，其追求的目标是系统资源利用率高，作业吞吐率高；缺点是用户不能直接与计算机交互。随着 SPOOLing 技术的产生，诞生了真正具有并发机制的高效多道程序设计系统。

2）分时操作系统则克服了批处理无法提供交互式快速服务的缺点，系统采用时间片轮转方式处理服务请求，并通过交互方式在终端上显示结果，用户根据结果发出下一道交互命令。

3）实时操作系统使计算机能在规定的时间内，及时响应外部事件的请求并处理，控制所有实时设备和实时任务协调一致地开展工作。实时操作系统主要有两类：硬实时系统和软实时系统。

4）个人计算机操作系统是一种单用户的操作系统，为单个用户服务，提供交互式、友好的图形界面，使用方便，用户不需要专门知识也能使用系统。

5）网络操作系统基于计算机网络，网络有集中式模式和分布式模式，在各种计算机操作系统之上按网络体系结构协议标准设计开发，包括网络管理、通信、安全、资源共享和各种网络应用。

6）分布式操作系统是网络操作系统的更高级形式，除了有网络操作系统的功能之外，还有系统中所有主机使用同一个操作系统、资源深度共享、透明性和自治性等功能或特征。

总而言之，操作系统设计的难点在于系统复杂度高、正确性难以保证以及研发周期长。一个高质量的操作系统应具有可靠性、高效性、易维护性等特征。常见的操作系统体系结构有整体式结构、层次式结构、客户/服务器结构和外核结构等。

知识点

- 计算机系统、硬件系统、软件系统
- 资源、资源管理的观点
- 操作系统、操作系统的地位和作用、操作系统的特征
- 操作系统的发展历程
- 研究操作系统的观点
- 操作系统分类（工作方式、特点、追求目标、与其他类型的区别）

- 吞吐量、SPOOLing 技术、时间片、响应时间
- 操作系统的功能
- 操作系统设计目标（可靠性、高效性、易维护性、可移植性、安全性）
- 操作系统体系结构设计方法（整体式结构、层次式结构、客户/服务器结构、外核结构）

习　　题

1. 什么是计算机系统？计算机系统是怎样构成的？
2. 什么是操作系统？请说明操作系统在计算机系统中的作用和地位。
3. 操作系统管理计算机系统的哪些资源？
4. 请从资源管理的角度说明操作系统的主要功能。
5. 操作系统有哪些基本特征？
6. 请叙述各类操作系统的工作方式及特点。
7. 请比较批处理操作系统、分时操作系统以及实时操作系统之间的相同点和不同点。
8. 请描述分时操作系统下响应时间的含义。
9. 在什么情况下应该采用批处理方式？在什么情况下应该考虑分时策略？
10. 现代通用操作系统把批处理方式和分时方式二者结合起来，为什么要这样做？这样的结合有什么特点？
11. 实时操作系统有什么主要特征？
12. 在如下应用场合中，应该选用什么类型的操作系统？请说明理由。

1）国家统计局软件。

2）汽车发动机点火控制。

3）火车订票系统。

4）互联网电子游戏。

13. 什么是 SPOOLing 技术？在现代操作系统中有没有使用 SPOOLing 技术？
14. 网络操作系统和分布式操作系统都是配置在计算机网络上的操作系统，它们之间有什么本质上的不同？
15. 操作系统的设计过程包括哪些方面？在每个方面都要考虑什么问题？
16. 操作系统开发过程中面临的主要问题是什么？
17. 操作系统的设计目标是什么？
18. 影响操作系统正确性的因素有哪些？
19. 在进行操作系统结构设计时应考虑哪些问题？
20. 请说明整体式结构、层次式结构、客户/服务器结构和外核结构等操作系统结构设计方法的基本思想以及优缺点。

第二章　操作系统运行环境与运行机制

学习目标：

1. 理解与操作系统相关的计算机硬件系统基本概念。
2. 理解内核态与用户态的区别。
3. 掌握重要寄存器的作用。
4. 理解中断/异常的概念和分类。
5. 掌握中断/异常处理过程。
6. 掌握中断响应过程和中断处理程序工作过程。
7. 能够分析特定体系结构的中断响应过程。
8. 能够分析特定操作系统下系统调用的工作过程。
9. 能够运用典型系统调用进程编程。

建议学时： 8 学时

教师导读：

1. 本章介绍操作系统运行的硬件环境，是理解操作系统如何与计算机系统中的硬件进行交互的重要知识单元。

2. 计算机硬件系统对操作系统的支持：计算机系统组成、寄存器、高速缓存、特权指令与非特权指令、内核态与用户态、重要寄存器的作用。

3. 中断的基本知识：中断/异常的概念、中断的设置、中断/异常分类、中断/异常处理过程。

4. 中断机制的实现：中断/异常机制工作原理、中断向量表、中断响应过程、中断处理程序、特定体系结构的中断机制。

5. 系统调用：系统调用的作用、系统调用与库函数或 API 的关系、系统调用机制的设计及实现、访管指令、系统调用号、参数传递、系统调用表、系统调用内核实现函数。

任何程序在计算机上运行都需要一定的条件，或者说需要一定的运行环境，操作系统也不例外。为了实现操作系统预定的各种管理功能，同样需要有运行环境来支持其工作。操作系统的运行环境主要包括计算机系统的硬件环境和由其他系统软件形成的软件环境。本章主要讨论操作系统运行的硬件环境。

操作系统屏蔽了计算机系统中硬件的具体细节，用户不需要直接使用硬件，也无须了解这些硬件的具体功能和细节，而是通过操作系统提供的各种方便手段来控制和使用计算机。而学习和认识操作系统的过程恰好相反，需要了解操作系统与硬件交互的具体细节。另外，在操作系统中，无论是处理器管理、存储管理还是输入输出管理，都与计算机硬件和外部设备的联系非常密切。显然，为了分析、理解和掌握操作系统，也必须了解与操作系统有密切联系的这些硬件环境。

本章首先阐述计算机系统的层次结构，然后分别叙述操作系统硬件运行环境中的中央处理器、存储系统、中断机制、I/O 技术和时钟等方面的基本原理，最后讲解系统调用的工作过程。

第一节 计算机系统的层次结构

一个计算机系统由许多子系统组成，其中有软件也有硬件。在总体上，可以把计算机系统看成一个层次式结构。在计算机系统的层次结构中，所有子系统都可以包括在硬件（子）系统和软件（子）系统这两个层次中。

硬件系统包括中央处理器、内存、外存储器（磁盘、磁带等）以及各种类型的输入输出设备（键盘、鼠标、显示器、打印机等）。从操作系统运行环境的角度来看，硬件系统中最重要的是中央处理器、存储系统、中断机制、I/O 技术和时钟等。硬件系统是计算机系统赖以工作的实体，可以把硬件系统看作计算机系统层次结构中的底层。

软件系统可以进一步划分为系统软件、支撑软件和应用软件三个层次。

系统软件是计算机系统中的基础软件系统，包括操作系统、编译系统和数据库等。其中操作系统在软件系统的最下层，邻接底层硬件。操作系统的主要功能是实现资源的管理和控制程序的运行。常用的操作系统有 Windows、UNIX 和 Linux 等。编译系统的功能则是把由高级语言编写的程序翻译为计算机可以直接执行的目标代码。目前常见的高级语言编译系统有 C/C++、VB 语言的编译系统等。数据库主要提供对大量数据的管理功能，包括对数据的分类、存储、加工、删除以及检索等操作。常见的大型数据库管理系统有 SQL Server、Oracle、Sybase 和 IBM DB 等。

支撑软件包括网络通信程序、多媒体支持软件、硬件接口程序、实用软件工具以及软件开发工具等。网络通信程序实现计算机网络通信的功能。多媒体支持软件协助计算机系统实现对图形、图像、语音和视频等多媒体信息的处理。硬件接口程序提供与各种计算机外部设备的连接支持。实用软件工具则提供了多种系统维护和操作的手段，如磁盘整理工具、文件修复工具等。而软件开发工具为程序设计人员编写代码提供了友好、便捷的环境。应用软件的种类和用途极其广泛，这里就不再列举它们的例子了。

第二节 中央处理器

本节叙述中央处理器（CPU，简称处理器）的基本工作原理，首先介绍 CPU 的构成与基本工作方式，然后介绍指令执行的基本过程、特权指令、非特权指令和处理器工作状态，最后介绍程序状态字。操作系统作为一个程序要在处理器上执行。如果一个计算机系统只有一个处理器，就称之为单机系统；如果有多个处理器，则称之为多处理器系统。每个计算机微处理器都有自己的指令系统。早期中央处理器的指令系统的功能相对来说比较简单。随着大规模集成电路技术的飞速发展，现今的微处理器的结构和指令系统已经变得更加丰富和复杂，特别是在各种 RISC 处理器出现之后，微处理器技术的发展进入了新阶段。

一、CPU 的构成与基本工作方式

CPU 一般由运算器、控制器、一系列的寄存器以及高速缓存构成。其中运算器实现指

令中的算术和逻辑运算，是计算机的计算核心。控制器负责控制程序的运行流程，包括取指令、维护 CPU 状态、CPU 与内存的交互等。寄存器是一种暂时存储器件，用于在 CPU 执行指令过程中暂存数据、地址以及指令信息。在计算机的存储系统中，寄存器具有最快的访问速度。寄存器为处理器本身提供了一定的存储能力，其速度比内存快得多，但是因为寄存器集成在微处理器芯片中，所以它的造价较高，存储容量一般也比较小。高速缓存处于 CPU 和物理内存之间，一般由控制器中的内存管理单元（Memory Management Unit，MMU）管理，它的访问速度快于内存，低于寄存器，它利用程序局部性原理使得高速指令处理和低速内存访问得以匹配，从而大大提高了 CPU 的效率。

1. 处理器中的寄存器

处理器内通常有两类寄存器：一类称为用户可见寄存器，对于高级编程语言，编译器通过一定的算法分配并使用这些寄存器，以最大限度地减少程序运行时访问内存的次数，这对程序的运行速度影响很大；另一类称为控制和状态寄存器，它用于控制处理器的操作，一般由具有特权的操作系统代码使用，以控制其他程序的执行。

用户可见寄存器通常对所有程序都是可用的，由机器语言直接引用。它一般包括数据寄存器（Data Register）、地址寄存器（Address Register）以及条件码寄存器。数据寄存器有时又称为通用寄存器，主要用于各种算术逻辑指令和访存指令，对具有浮点能力和多媒体能力的处理器来说，浮点处理过程的数据寄存器和整数处理时的数据寄存器一般是分离的。地址寄存器用于存储数据及指令的物理地址、线性地址或者有效地址，用于某种特定方式的寻址。条件码寄存器保存 CPU 操作结果的各种标记位，例如算术运算产生的溢出、符号等，这些标记在条件分支指令中被测试，以控制程序指令的流向。一般来讲，条件码可以被隐式访问，但不能通过显式方式修改。

处理器中有很多寄存器用于控制其操作，在多数处理器上，这些寄存器中的大部分对用户是不可见的，有一部分可以在某种特权模式（由操作系统使用）下访问。最常见的控制和状态寄存器有：程序计数器（Program Counter，PC），记录了将要取出的指令的地址；指令寄存器（Instruction Register，IR），包含了最近取出的指令；程序状态字（Program Status Word，PSW），记录了处理器的运行模式信息，在有些处理器中，还包含了条件码，等等。

2. 指令执行的基本过程

最简单的指令处理方式包括两个步骤：首先，处理器每次从存储器中读取一条指令，并在取指令完成后，根据指令类别自动将程序计数器的值变成下一条指令的地址，通常是自增1；其次，取到的指令被放在处理器的指令寄存器中，处理器于是解释并执行这条指令。一个这样的单条指令处理过程称为一个指令周期。程序的执行就是由不断取指令和执行指令的指令周期组成的。只有机器关机、发生某些未发现的错误或者遇到停机相关的指令，程序才会停止。基本的指令周期如图 2-1 所示。

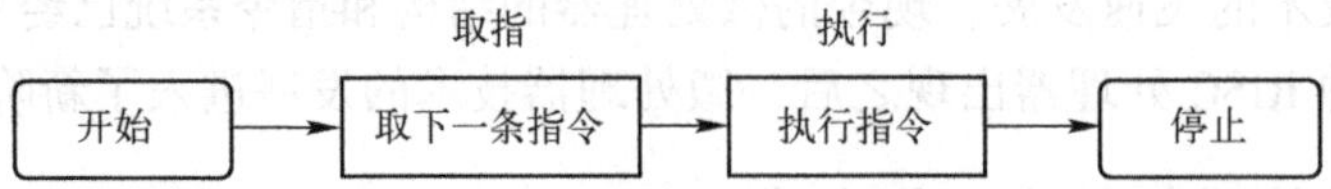

图 2-1　基本的指令周期

指令大致可以分成五类：访问存储器指令，负责处理器和存储器之间的数据传送；I/O指令，负责处理器和I/O模块之间的数据传送与命令发送；算术逻辑指令，有时又称为数据处理指令，用以执行有关数据的算术和逻辑操作；控制转移指令，这种指令可以指定一个新指令的执行起点；处理器控制指令，这种指令用于修改处理器状态，改变处理器工作方式。

如下面一段汇编程序，它将3340h地址单元的一个数自增1，假设那个地址的内容是35，在这段程序执行以后，它变成了36。这段程序需要3条指令完成，包括3个取指周期和3个执行周期。

```
地址     指令
2000h:  MOVE  [3340h],R1
2004h:  ADD   R1,     1
2008h:  MOVE  R1,     [3340h]
```

假设程序计数器（PC）正指向2000h地址处的指令，执行过程如下所述。

1）PC中包含第一条指令的地址2000h，该指令（MOVE）被送入IR中，同时PC将自增一个指令长度，这里是4个字节，于是，取指之后PC为2004h。

2）IR中存放指令的具体编码，经过译码电路，处理器就会知道要进行什么操作。这时，处理器发现这是一条访问内存的指令，它要求把立即数3340h所指定的双字地址单元中的数据取到通用寄存器R1中。

3）CPU又从PC（地址为2004h）处取出指令ADD到IR中，PC变为2008h。

4）CPU根据指令将R1寄存器和立即数1相加。

5）2008h处的访存指令MOVE被取到IR中，PC变为200Ah。

6）R1寄存器内容被传送到内存地址为3340h的双字地址单元中。

这样，经过3个取指周期和3个执行周期，这段程序达到了预想的效果。

二、特权指令和非特权指令

对于一个单用户、单任务方式下使用的微型计算机系统，普通的非系统用户通常都可以使用计算机指令系统中的全部指令。但是在多用户或多任务的多道程序设计环境中，指令系统中的指令必须区分成两部分：特权指令和非特权指令。

特权指令是指指令系统中那些只能由操作系统使用的指令。特权指令是不允许一般用户使用的，因为如果允许用户随便使用这些指令（如设置程序状态字、启动某设备、设置中断屏蔽、设置时钟指令、清内存指令和建立存储保护指令等），就有可能使系统陷入混乱。

用户只能使用非特权指令，只有操作系统才能使用所有指令（包括特权指令和非特权指令）。如果一个用户程序需要使用特权指令，那么一般将引起一次处理器状态的切换，这时处理器通过特殊机制，将处理器状态切换到操作系统运行的特权状态，然后将处理权移交给操作系统中的一段特殊代码。通常将这一个过程形象地称为陷入（Trap）。

如果在某种计算机的指令系统中不能区分特权指令和非特权指令，那么在这样的硬件环境下要设计出一个具有多道程序运行的操作系统是相当困难的。至于CPU如何知道当前运行的是操作系统还是一般应用软件，则有赖于处理器状态的标识。

三、处理器的状态

1. 内核态和用户态

处理器有时执行用户程序，有时执行操作系统的程序。在执行不同程序时，根据运行程序对资源和机器指令的使用权限而将此时的处理器设置为不同状态。多数系统将处理器工作状态划分为内核态和用户态。前者一般指操作系统管理程序运行时的状态，具有较高的特权级别，又称为管态、特权态、系统态或核心态；后者一般指用户程序运行时的状态，具有较低的特权级别，又称为目态、普通态。另外，有些系统将处理器工作状态划分为多个系统状态，例如核心状态、管理状态和用户程序状态（又称目标状态）三种，它们的具体含义与前面的双状态分级大同小异。

作为一个实例，英特尔公司出品的 x86 系列处理器（包括 80386、80486、Pentium、Pentium Pro、Pentium Ⅱ、Pentium Ⅲ以及 Pentium Ⅳ）提供了四个特权级别（Privilege Level）（特权环：R0、R1、R2 和 R3）。从 R0 到 R3，特权级别依次降低，较大的数字表示较低的特权。对于这四个特权级别，可以考虑安排运行不同类型的程序，R0 相当于双状态系统的内核态，R3 相当于用户态，而 R1 和 R2 则介于两者之间，它们能够运行的指令集合具有包含关系：$I_{R0} \supseteq I_{R1} \supseteq I_{R2} \supseteq I_{R3}$。处理器在各个级别下的保护检查（例如地址校验、I/O 限制）以及特权级别之间的转换方式也不尽相同。这四个特权级别被设计成运行不同类别的程序：R0 运行操作系统核心代码；R1 运行关键设备驱动程序和 I/O 处理例程；R2 运行其他受保护的共享代码，例如语言系统运行环境；R3 运行各种用户程序。现有的基于 x86 处理器的操作系统，包括多数的 UNIX 系统、Linux 以及 Windows 系列，大多只用到了 R0 和 R3 两个特权级别。

当处理器处于内核态时，全部指令（包括特权指令）可以执行，可使用所有资源，并具有改变处理器状态的能力。当处理器处于用户态时，就只有非特权指令能执行。不同处理器状态之间的区别就在于赋予运行程序的特权级别不同，可以运行的指令集合也不相同，一般来说，特权级别越高，可以运行的指令集合越大，而且高特权级别对应的可运行指令集合包含低特权级的。

2. CPU 状态的转换

在系统运行过程中，CPU 的状态是动态改变的，时而运行于内核态，时而运行于用户态，即内核态和用户态这两种状态可以相互转换。

（1）用户态到内核态的转换

其转换的唯一途径是中断。中断响应时交换中断向量，新的中断向量中的 PSW 的 CPU 状态位标记为内核态。

（2）内核态到用户态的转换

可通过设置 PSW 指令（修改程序状态字），实现从操作系统向用户程序的转换。当 CPU 处于内核态时，可执行包括特权指令在内的一切机器指令；当 CPU 处于用户态时，不允许执行特权指令。在系统启动时，CPU 的初始状态为内核态，然后装入操作系统程序。操作系统退出执行时，让用户程序在用户态执行。

3. 限制用户程序执行特权指令

用户程序中不能使用特权指令。所以，当用户程序占用 CPU 时，应让 CPU 在用户态下工作。若此刻取到了一条特权指令，则 CPU 将拒绝执行该指令，并形成一个“非法操作”事件。中断机制识别到该事件后，转交给操作系统去处理，由操作系统通知用户：“程序中有非法指令”。

四、程序状态字

前面已经介绍过，为了解决处理器当前的工作状态问题，所有处理器都有一些特殊寄存器，用以表明处理器当前的工作状态。在处理器中，最常见的控制和状态寄存器是程序状态字。程序状态字的作用是指示处理器状态，用程序计数器这个专门的寄存器来指示下一条要执行的指令。处理器的状态字中通常包括以下状态代码。

- CPU 的工作状态代码——指明当前 CPU 的工作状态是内核态还是用户态，用来说明当前在 CPU 上执行的是操作系统还是一般用户，从而决定其是否可以使用特权指令或拥有其他特殊权力。
- 条件码——反映指令执行后的结果特征。
- 中断屏蔽码——指出是否允许中断。

不同机器的程序状态字的格式及其包含的信息都不同。现以微处理器 Pentium Pro、Pentium Ⅱ和 Pentium Ⅲ等对应程序状态字寄存器（EFLAGS）中包含的若干标志位为例，介绍程序状态字，如图 2-2 所示。

31 … 22	21	20	19	18	17	16	15	14	13 12	11	10	9	8	7	6	5	4	3	2	1	0
	IO	VIP	VIF	AC	VM	RF	0	NT	IOPL	OF	DF	IF	TF	SF	ZF	0	AF	0	PF	1	CF

图 2-2　Pentium 系列程序状态字

下面介绍图 2-2 中的某些标志位。

- CF：进位标志位。
- ZF：结果为零标志位。
- SF：符号标志位。
- OF：溢出标志位。

几乎所有微型计算机的程序状态字中都有与前四个标志位类似的标志位。有时称这四种标志位为标准条件位。

- TF：陷阱标志位。
- IF：中断使能（中断屏蔽）标志位。
- VIF：虚拟中断标志位。
- VIP：虚拟中断待决标志位。
- IOPL：IO 特权级别。

VIF 和 VIP 用于支持对一类可屏蔽的硬件中断处理。

在图 2-2 中，还有其他多个标志位，从这些标志位的设计中可以看出，Pentium 系列微处理器的功能是非常强大的，有兴趣的考生可以参考有关资料。

第三节 存储系统

在计算机系统中，中央处理器能直接访问的唯一的存储空间是内存。任何程序和数据只有在装入内存之后，中央处理器才能对它们进行操作，因而一个作业必须把它的程序和数据存放在内存中才能运行，而且操作系统本身也要存放在内存中并运行。如果是多道程序系统，就会有若干个程序和相关的数据要放到内存中。操作系统要管理、保护这些程序和数据，使它们不至于受到破坏，不会互相影响和出现冲突。而且操作系统本身也要存放在内存中并运行，内存以及与存储器管理有关的硬件机构是支持操作系统运行的硬件环境的一个重要方面。本节首先介绍存储器的类型，然后分析存储器的结构与分配，最后讨论存储器的保护问题。

一、存储器的类型

1. 类型

在微型计算机中使用的半导体存储器有若干种不同的类型，但基本上可划分为两类：一类是读写型存储器，另一类是只读型存储器。

所谓读写型存储器，是指一种可以把数据存入其中任一地址单元，并且可在以后的任何时候把数据读出来，或者重新存入新的数据的存储器。这种类型的存储器常被称为随机访问存储器（Random Access Memory，RAM）。RAM 主要用作存放随机存取的程序的数据。

对于只读型存储器，只能从其中读取数据，但不能随意地用普通方法向其中写入数据。通常，要向其中写入数据，只能用特殊方法实现。这种类型的存储器又称为只读存储器（Read Only Memory，ROM）。作为其变型，还有 PROM 和 EPROM。PROM 是一种可编程的只读存储器，它可由用户使用特殊 PROM 写入器向其中写入数据。对于 EPROM，可用特殊的紫外线照射此芯片，以“擦去”其中的信息位，使之恢复原来的状态，然后使用特殊 EPROM 写入器写入数据。在微型计算机中，通常把一些常驻内存的模块以微程序形式固化在 ROM 中，如早期 IBM-PC 的基本输入输出系统程序 BIOS 和 CBASIC 解释程序就被固化于 ROM 中。

2. 存储分块

存储的最小单位称为“二进位”，它包含的信息为 0 或 1。存储器的最小编址单位是字节，一个字节一般包含八个二进位。而两个字节一般称为一个字，4 个字节称为双字。再大一点，1024 个字节称为 1 KB，1024 个 1 KB 称为 1 MB，1024 个 1 MB 称为 1 GB，等等。

为了简化对存储器的分配和管理，不少计算机系统把存储器分成块。在为用户分配内存空间时，以块为最小单位，这样的块有时被称为一个物理页（Page）。而块的大小随机器而异，512 B、1 KB、4 KB、8 KB 的都有，也有其他大小的。

二、存储器的层次结构

对于计算机存储系统的设计，主要考虑三个问题：容量、速度和成本。容量是存储系统的基础。任何一个计算机系统都希望配备尽可能大的存储系统，对容量的需求一般是无止境的。存储系统的速度则要能匹配处理器的速度，在处理器处理时不应该因为等待指令和操作符而发生暂停。在设计一个实际的存储系统时，成本问题也是一个很重要的问题，存储器的成本和其他部件相比应该在一个合适的范围之内。

1. 容量、速度和成本的匹配

一般来说，容量、速度和成本这三个目标不可能同时达到最优，需要权衡。存取速度越快，平均每比特价格越高，容量越小；存取速度越慢，平均每比特价格越低，容量越大。这就给设计带来了一个"二律背反"现象，一方面，需要较低的比特价格和较大的容量；另一方面，对计算机性能又有高要求，这就需要价格相对昂贵、存储量较小、速度很快的存储器。这个问题的解决方案就是采用层次化存储体系结构。当沿着层次下降时，每比特的价格将下降，容量将增大，速度将变慢，而处理器的访问频率也将下降。

从整个系统来看，计算机系统中的层次化存储体系是由寄存器、高速缓存、内存、磁盘、磁带机和光盘等装置构成的，如图 2-3 所示。较小、较贵而快速的存储设备以较大、较便宜而慢速的存储设备作为后盾，在整体上通过对访问频率的控制来提高存储系统的效能。

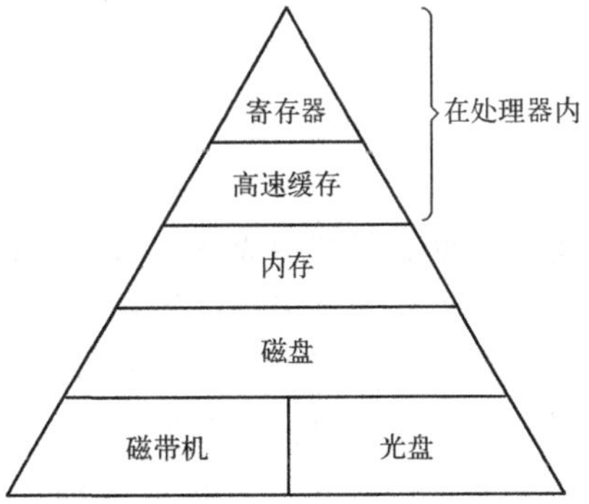

图 2-3　计算机系统中的存储装置

2. 存储访问局部性原理

提高存储系统效能的关键在于程序的存储访问局部性原理。在程序执行时，处理器为了取得指令和数据而访问存储器。由于现代程序设计技术很注重程序代码的复用，因此，程序中会有很多循环和子程序调用，一旦进入这样的程序段，就会重复存取相同的指令集合。对数据存取也有类似的局部性现象。在经过一段时间以后，使用的代码和数据的集合会发生改变，但在较短的时间内它们能比较稳定地保持在一个存储器的局部区域中，处理器也主要和存储器的这个局部打交道。

基于这一原理，就有充分的理由设计出多级存储的体系结构，并使得存取级别较低的存储器的比例小于存取级别较高的存储器的比例。为了估算访问时间，进行如下三个假定：假定处理器存取两级存储器，Ⅰ级容量为 1 KB，存取时间为 0.1 μs，Ⅱ级容量为 1 MB，存取时间为 1 μs；假定处理器直接存取Ⅰ级存储器中的内容，如果需要的内容在Ⅱ级存储器中，那么它首先被转移到Ⅰ级存储器，然后由处理器存取；假定用于确定这个内容所在位置的时间可以忽略。如果处理器在Ⅰ级存储器中发现存取对象的概率是 95%，那么平均存取时间为

$$0.95\times0.1+0.05\times(0.1+1)=0.15\ \mu s$$

这个结果非常接近Ⅰ级存储器的存取时间。这种关系可以用图 2-4 来表示。其中 T_1 是Ⅰ级存储器的存取时间，T_2 是Ⅱ级存储器的存取时间。有关内容还将在缓冲技术中继续讨论。

三、存储保护

存放在内存中的用户程序和操作系统，以及它们的数据，有可能受到正在 CPU 上运行的某用户程序的有意或无意的破坏，这会造成十分严重的后果。一旦有程序向操作系统区写

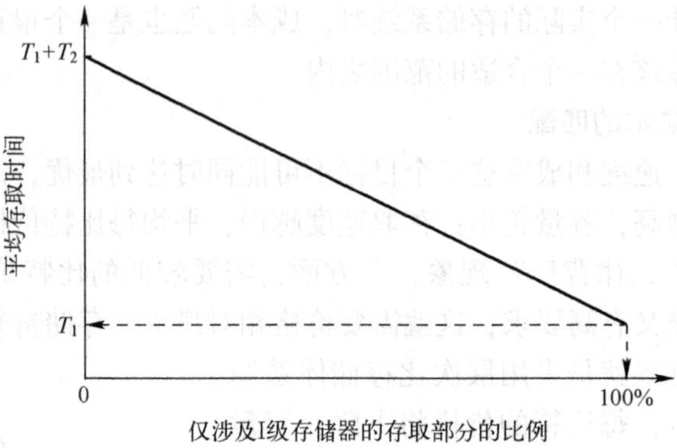

图 2-4　一个简单二级存储系统的性能

入数据，就有可能造成系统崩溃。对内存中的信息加以严格的保护，使操作系统及其他程序不被破坏，是其正确运行的基本条件之一。

要实现存储保护，必须要有硬件的支持。如果某种计算机系统中没有对存储器的硬件保护机构，仅通过操作系统使存储内容不受有意或无意的破坏，那是无法做到的。可见，存储保护机构是操作系统运行环境中一个非常重要的部分。下面介绍几种常用的存储保护机构。

1. 界地址寄存器

界地址寄存器（界限寄存器）是一种广泛使用的存储保护技术。这种机制比较简单，易于实现。其方法是在 CPU 中设置一对界限寄存器来存放该用户作业在内存中的下限和上限地址，分别称为下限寄存器和上限寄存器。也可利用将一个寄存器作为基址寄存器，另一寄存器作为限长寄存器（指示存储区长度）的方法来指出程序在内存的存放区域。每当 CPU 要访问内存时，硬件会自动将被访问的内存地址与界限寄存器的内容进行比较，以判断是否越界。如果未越界，则按此地址访问内存，否则将产生程序中断——越界中断或存储保护中断，参见图 2-5。

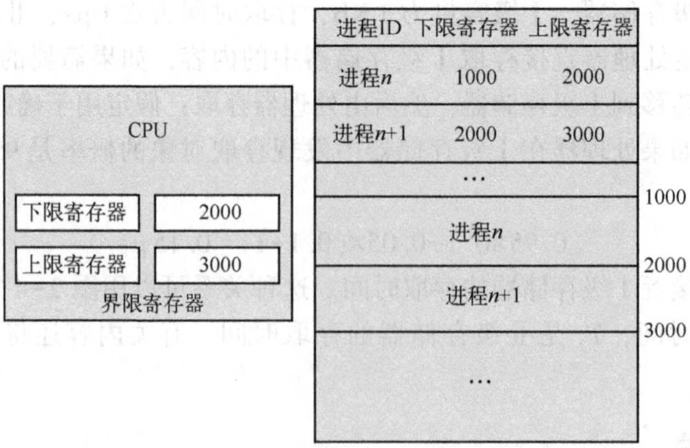

图 2-5　界限寄存器存储保护技术

2. 存储保护键

在有些计算机中，除上述存储保护措施之外，还设计了“存储保护键”机构来对内存进行保护。为了达到存储保护的目的，每个存储块都有一个与其相关的由二进位组成的存储保护键，附加在每个存储块上。当一个用户作业被允许进入内存时，操作系统会分配给它一个唯一的、不与其他作业相同的存储保护键号；将分配给该作业的各存储块的存储保护键也设置成同样的键号。当操作系统挑选该作业到 CPU 上运行时，操作系统同时将该作业的存储保护键号存放到 PSW 的存储保护键（“钥匙”）域中。这样，每当 CPU 访问内存时，都将对内存块的存储保护键与 PSW 中的“钥匙”进行比较。如果相匹配，则允许访问，否则，拒绝并报警。

第四节　中 断 机 制

中断机制是操作系统中极为重要的一个部分。操作系统在管理输入输出设备，以及处理外部的各种事件时，都需要利用中断机制。所以，有观点认为操作系统是由“中断驱动”或者“(中断）事件驱动”的。由于中断机制的实现必须依靠相关的硬件支持，因此硬件中断装置是操作系统运行环境中一个极为重要的组成部分。中断是通过硬件中断装置和相应的中断处理软件共同完成的。在本节中，首先介绍中断的概念，然后叙述中断系统的工作原理，最后分析中断处理过程中的优先级、中断屏蔽与中断嵌套。

一、中断的概念

1. 什么是中断

中断是指 CPU 对系统中或系统外发生的异步事件的响应。异步事件是指无一定时序关系的随机发生的事件，如外部设备完成了数据传输任务，某一实时控制设备出现异常情况等。“中断”这个名称的来源：当发生某个异步事件后，处理器会中断对当前程序的执行，而转去处理该异步事件（称作执行该事件的中断处理程序)。在该异步事件处理完之后，处理器再转回原程序的中断点继续执行。这种情况很像我们日常生活中的一些情况。例如，某人正在看书，此时电话响了（异步事件)，于是用书签记住正在看的那一页（中断点)，再去接电话（响应异步事件并进行处理)，接完电话后再从被打断的那一页继续看（返回原程序的中断点并执行)。

最初，中断技术是一种用来向处理器报告某个设备已完成操作的手段，以免处理器不断地测试设备状态而消耗大量宝贵的处理器时间，后来，中断技术的应用越来越广泛。中断是一种常用的打断处理器的正常工作，要求它去处理某一事件的手段。将引起中断的那些事件称为中断事件或中断源，中断源向处理器发出的请求信号称为中断请求，将处理中断事件的那段程序称为中断处理程序，发生中断时正在执行的程序的暂停点叫作中断断点，处理器暂停当前程序转而处理中断的过程称为中断响应，中断处理结束之后恢复原来程序的执行称为中断返回。

计算机系统提供的中断源的有序集合一般称为中断字，它是一个逻辑结构，在不同的处理器中有着不相同的实现方式。一台计算机中有多少中断源，是根据各个计算机系统的需要而安排的。就个人计算机而论，它的微处理器能处理 256 种不同的中断。

为了使中断装置找到恰当的中断处理程序，专门设计了中断处理程序入口地址映射表，又称中断向量表。表中的每一项称为一个中断向量，主要由程序状态字和程序计数器的值组成。不同性质的中断源需要用不同的中断处理程序来处理，也就是对应不同的中断向量。通过中断向量，可以找到中断处理程序在内存中的位置。

中断技术解决了主机和外设并行工作的问题，消除了因外设的慢速而使得主机等待的现象，为多机操作和实时处理提供了硬件基础。一般来说，中断具有以下作用。

1）能充分发挥处理器的使用效率。因为输入输出设备可以用中断的方式与 CPU 通信，报告其完成 CPU 所要求的数据传输的情况和问题，所以可以避免 CPU 不断查询和等待，从而大大提高了处理器的效率。

2）提高系统的实时能力。因为具有较高实时处理要求的设备可以通过中断方式使请求得到及时处理，从而使处理器立即运行该设备的处理程序（也是该中断的中断处理程序），所以目前的各种微型机、小型机及大型机均有中断系统。

从用户的角度来看，中断正如字面的含义，即正常执行的程序被打断，当完成中断处理后再恢复执行。这完全由操作系统控制，用户程序不必做任何特殊处理。这一过程可以用图 2-6 示意。

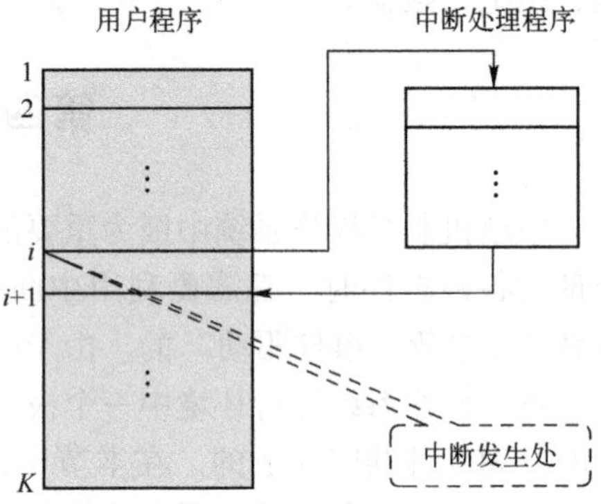

图 2-6　从用户角度看中断

2. 中断的分类

无论是哪种计算机，都有很多中断源，不同的系统会依据这些中断源引起的中断的特点等方面的不同，将中断划分为若干个不同的类型。这种分类在不同的系统中往往差异比较大。从通用的观点来看，中断依据被激发的手段可以分为强迫性中断和自愿性中断。

强迫性中断是正在运行的程序所不期望发生的，它出现的随机性比较强。强迫性中断包括：①程序性中断，在某些条件下由指令执行结果产生，例如算术溢出、被零除、用户态程序试图执行非法指令、访问不被允许访问的存储位置、虚拟存储中的缺页等；②时钟中断，由处理器内部的计时器产生，允许操作系统以一定规律执行函数，如时间片到时、硬件实时钟到时等；③输入输出（I/O）中断，由 I/O 控制器产生，用于通知一个 I/O 操作的正常完成或者发生的错误；④控制台中断，如系统操作员通过控制台发出命令等；⑤硬件故障中断，由掉电、存储器校验错等硬件故障引起。

自愿性中断是正在运行的程序有意安排的，通常由访管指令引起，目的是要求操作系统提供系统服务。这一类中断发生的时间以及位置具有确定性。

除上述分类方式以外，中断依据中断事件发生和处理是否异步可以分为异步中断和同步中断。在很多系统中，异步中断简称为中断（interrupt），而同步中断一般称为异常（exception）。异步中断一般是由对当前程序而言的外部事件激发的，属于外源性质，例如某种硬件发出的中断请求。这种类型的中断发生的时间具有很大的随机性，在程序执行的过程中，这种中断发生的位置和时间不可被预测，它一般和当前程序没有逻辑关联。异常则是由当前程序的编码和逻辑激发的，属于“内因”性质，例如非法指令。对于当前程序，异常是必然事件，它由当前程序的编码决定，发生的位置可以准确预测。典型的中断包括时钟中断、输入输出（I/O）中断、控制台中断和硬件故障中断等。典型的异常包括程序性中断和访管指令异常。

有些系统依据中断源的类型将中断分成硬件中断和软件中断。中断的分类不是单角度的，在很多成功的操作系统中，往往会定制一个较完备的中断系统，使得它可以映射到不同的处理器中断机制上，在这样的系统中，中断的分类一般要比上面的分类更加细致，有的时候甚至是几种分类方法混合的结果，例如在 Windows 系统中，异常、（异步）中断以及软件中断的概念都是存在的。

二、中断系统

中断系统是现代计算机系统的核心机制之一，它不是单纯的硬件或者软件的概念，而是硬件和软件相互配合、相互渗透而使计算机系统得以充分发挥能力的计算模式。中断的发生会激活很多事件，这包括硬件和软件方面的事件，所以对于整个中断事件的接收、响应和处理，需要通过计算机的硬件和软件两方面的配合，共同完成。可以把中断系统分为两大组成部分：硬件中断装置和中断处理程序。硬件中断装置负责捕获中断源发出的中断请求，并以一定的方式响应中断源，然后将处理器的控制权移交给特定的中断处理程序。中断处理程序则针对中断事件的性质执行一系列相应的操作。硬件中断装置提供了中断系统的基本框架，是中断系统的机制部分；中断处理程序是中断系统的策略部分，它利用中断机制来实现对处理能力的扩展和对多种处理需求的适应。

1. 中断请求的接收

中断系统如何接收中断源的中断请求，往往因机器而异。不过，从原理上讲，它们都是在计算机硬件的中断逻辑线路和中断寄存器实现的。中断逻辑线路用于接收中断信号，并把收到的中断信号寄存在线路的硬件触发器中。中断逻辑线路中有若干个专门接收中断信号的触发器，每个触发器称为一个中断位。通常规定，一个触发器的值为 1 时，表示该触发器收到中断信号，为 0 时表示无中断信号。这些触发器的全体称为中断寄存器，所以中断寄存器是由若干个中断位组成的。在有些计算机中，为了不丢失和区分每个中断信号，对每个中断源都用一个固定的触发器来寄存中断信号。而在有些计算机中，对某些没有得到响应的、不重要的中断信号，就不予保存，而把它丢弃。此外，还有由于程序中的问题引起的中断（如溢出、除法错都可以引起中断）和软件中断等。由于计算机中可能有很多中断源请求，它们可能同时发生，因此由中断逻辑线路按中断优先级加以判定，即究竟响应哪个中断请求。

2. 中断响应

中断请求的响应机制如下。处理器的控制部件中设置有中断信号扫描结构，它在每条指令执行周期内的最后时刻扫描中断寄存器，查看是否有中断信号到来。若无中断信号，处理器就继续执行下一条指令。若有中断到来，则处理器接收由硬件中断装置发来的中断向量代号。接着，处理器开始为后续的软件处理中断做必要的准备工作：保存中断点的程序执行上下文环境（又称保存现场）。这是因为中断处理结束之后，处理器还要继续被中断程序使用，所以原有中断点程序执行的所有必要信息都必须保存下来。这个上下文环境通常包括程序状态字、程序计数器中下一条指令的位置和一些寄存器的值。它们一般保存在一个专门的系统堆栈中。处理器状态此时被切换到内核态。处理器根据中断向量代号查询中断向量表，获得与该中断源相联系的中断处理程序的入口地址，并将程序计数器值置成该地址。随后控制权转移到中断处理程序。整个中断请求的响应过程，参见图 2-7。

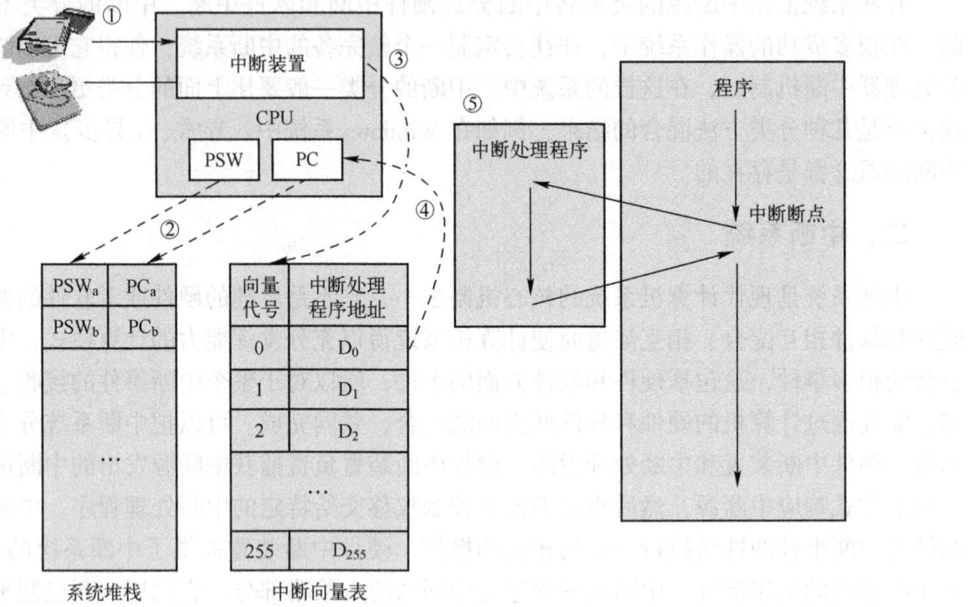

图 2-7　中断请求响应过程

图 2-7 中的中断请求响应的工作过程是：①处理器接收中断信号；②保护现场，将中断点的程序状态字（PSW）和程序计数器（PC）值存入系统堆栈；③分析中断向量，取得中断处理程序的入口地址；④将处理器的 PC 值置为中断处理程序的入口地址；⑤调用中断处理程序。

关于 CPU 如何响应中断，有两个方面的问题：一是 CPU 何时响应中断，通常是在 CPU 执行一条指令以后，更确切地说，是在指令周期最后时刻接受中断请求，或是在此时扫描中断寄存器；二是如何知道提出中断请求的设备或中断源，因为只有知道中断源或中断设备，才好调用相应的中断处理程序到 CPU 上执行。对于第二方面问题，有两种解决方法，其中一种是用软件指令去查询各设备接口，但这种方法比较费时。所以多数微型机对此问题的解决方法是使用一种称为“向量中断”的硬件设施。当 CPU 接受某优先级较高的中断请求时，该设备接口向处理器发送一个具有唯一性的“中断向量”，以标识该设备。“中断向量”设施在各计算机上实现的方法差别比较大。

在有些机器中，将主存的最低位的 128 个字保留以作为中断向量表，每个中断向量占两个字。中断请求的设备接口为了标识自己，向处理器发送一个该设备在中断向量表中的表目地址指针。在另一些机器中，中断优先级按中断类型划分，以机器故障中断的优先级为最高，程序中断和访问管理程序中断次之，外部中断更次之，输入输出的优先级最低。

在 CPU 上运行的程序，有时由于某些原因，不希望在执行过程中被别的事件中断，这种情况称为中断屏蔽。通常在程序状态字中设置中断屏蔽码以屏蔽某些指定的中断类型。如果程序状态字中的中断禁止位建立，则屏蔽中断（不包括不可屏蔽的那些中断）。如果程序状态字中的中断禁止位未建立，则可以接受中断优先级高于运行程序的那些中断。另外，各设备的接口中也有中断禁止位，可用于禁止该设备的中断。

对于以实时处理为主要任务的机器，显然，必须把具有重要意义的传感器发出的中断设为高优先级。这样才能有较好的响应速度。在现代实时系统中，中断优先级的设计都是灵活可变的，允许用户根据自己应用的需要，选择不同的中断优先策略。

3. 中断处理

这里讨论在中断信号已经被中断系统的硬件中断装置接收和响应之后，对应的软件中断处理程序进行中断处理的具体过程。在处理器的控制权转移到中断处理程序之后，中断处理程序开始工作，其中包括检查I/O相关的状态信息、操纵I/O设备或者在设备和内存之间传送数据等。具体的中断处理程序的内容，完全是依据中断请求的类别和要求的不同而分别设计的。在中断处理程序结束工作之后，处理器会检测到一条中断返回指令。在执行中断返回指令时，处理器会把原先被中断的程序的上下文环境从系统堆栈中恢复。处理器状态也恢复成被中断时的状态。整个中断处理结束。处理器开始一个新的指令周期，继续执行原来被中断的程序。

上述整个中断信号的接收、响应和处理过程，可以简要地归纳为接收和响应中断，保护中断断点现场，分析中断向量，调用中断处理程序，中断处理结束后恢复现场，原有程序继续执行。

中断处理是由计算机的硬件和软件（或固件）配合进行的。中断的发生可以激活很多事件，包括硬件和软件的。一个典型的处理过程如下。

1）设备给处理器发送一个中断信号。

2）处理器处理完当前指令后响应中断，这个延时非常短。（要求处理器没有关闭中断）

3）处理器处理完当前指令后检测到中断，判断出中断来源并向发送中断的设备发送确认中断信号，确认信号使得该设备将中断信号恢复到一般状态。

4）处理器开始为软件处理中断做准备：保存中断点的程序执行上下文环境（中断处理后从中断点恢复被中断程序执行的必要信息）。这通常涉及程序状态字、程序计数器中的下一条指令位置和一些寄存器的值，它们通常保存在系统控制栈中。处理器状态被切换到内核态。

5）处理器根据中断源查询中断向量表，获得与该中断相联系的处理程序入口地址，并将程序计数器置成该地址，处理器开始一个新的指令周期，结果是控制转移到中断处理程序。

6）中断处理程序开始工作，其中包括检查I/O相关的状态信息、操纵I/O设备或者在设备和内存之间传送数据等。

7）在中断处理结束时，处理器检测到中断返回指令，被中断程序的上下文环境从系统堆栈中恢复。处理器状态恢复成原来的状态。

8）程序状态字和程序计数器被恢复成中断前的值，处理器开始一个新的指令周期，中断处理结束。

4. 几种典型中断的处理

这里介绍计算机系统中几种比较典型的中断的处理，包括I/O中断、时钟中断、硬件故障中断、程序性中断和系统服务请求（自愿性中断）等。

（1）I/O中断

I/O中断一般由I/O设备的控制器或者通道发出。I/O中断通常可分成两大类：I/O操作正常结束以及I/O异常。对于前者，如果要继续进行I/O操作，则需要在准备好以后重新启动I/O。若请求I/O的程序正处于等待I/O的状态，则应该将其唤醒。对于后者，常常需要重新执行失败的I/O操作，不过这个重试的次数常常有一个上限，因为错误可能由硬件损伤引起，当重试次数过多的时候，系统将判定硬件故障，并通知管理员。比如，在用PC的光驱观看VCD或DVD时，有时会碰到读碟出错的情况。在重复读碟几次之后，如果读碟出错继续，系统就会停止读碟，并报告出错，甚至退出碟片。

(2) 时钟中断

时钟中断是计算机系统多道能力实现的重要条件之一（有关时钟的概念，参看本章的后面部分）。时钟中断处理程序通常要做较多的与系统运转、管理和维护相关的工作，它们对整个系统是非常重要的，主要包括如下工作。

1) 维护软件时钟。系统有若干个软件时钟，控制着定时任务以及进程的处理器时间配额，时钟中断需要维护、定时更新这些软件时钟。

2) 处理器调度。维护当前进程的时间片软件时钟，并在时间片到时运行调度程序，选择下一个被调度的进程。

3) 控制系统定时任务。通过软件时钟和调度程序定时激活一些系统任务，例如监测死锁、进行系统记账、对系统状况进行审计等。

4) 实时处理，例如产生系统“心跳”、激活监控电路等。

当然，在不同的操作系统设计中，时钟中断处理的内容也不一样。很多系统的时钟中断通常只处理软件时钟，并在一定条件下激活系统调度程序。一般来说，调度程序并不在时钟中断里，因为时钟中断的优先级往往比较高，而且频繁发生，如果时钟中断处理时间过长，就会使一些较低优先级的中断丢失。

(3) 硬件故障中断

硬件故障一般是由硬件引起的，排除此类故障通常需要人工干预，例如复位硬件或者更换设备等。硬件故障中断处理程序需要做的工作是保存现场，使用一定的手段警告管理员并提供一些辅助的诊断信息。此外，在高可靠的系统中，中断处理程序还需要评估系统的可用性，并尽可能恢复系统。

例如，使用Windows 9X的系统在关键硬件发生故障时，会出现系统蓝屏死机。这时操作系统实际上进入了相应的故障处理程序，并发现这个故障是不可恢复的，于是在屏幕上输出了发生故障时的程序位置（通常在某个核心态驱动程序中），并且开始进行内存转储（将一定范围的内存内容写到磁盘上，实际上是系统发生故障时的全系统“快照”），以备日后进行程序调试级故障诊断。

(4) 程序性中断

程序性中断大多是指程序指令出错、指令越权或者指令寻址越界而引发的系统保护。它的处理方法可以依据中断是否可以被用户程序自行处理而分成以下两类。

第一类为程序性中断只能由操作系统完成。这种情况多为程序试图尝试做不能做的操作而引起的系统保护，例如访问合法的但是不在内存的虚地址而引发的缺页中断等。这时的处理一般由操作系统的相关扩展功能模块完成。

第二类为程序性中断可以由程序自己完成。例如一些算术错误。因为不同的程序可能有不同的处理方法，所以很多操作系统提供由用户自行处理这类中断的“绿色通道”。一般来说，系统调试中断，如断点中断、单步跟踪等，用以支持各种程序的调试，是可以被用户程序处理的。

(5) 系统服务请求（自愿性中断）

系统服务请求一般由处理器提供的专用指令（又称访管指令）来激发。例如 x86 处理器提供 int 指令，用来激发软件中断，其他处理器则专门提供系统调用指令 syscall。执行这些指令的结果是系统被切换到内核态，并且转移到一段专门的操作系统程序处开始执行。这种指令的格式通常是指令名加上请求的服务识别号（有时是中断号）。操作系统利用处理器提供的这种接口建立自己的系统服务体系。处理器一般不负责定义系统调用所传递的参数格式。因为不同的系统会提供不同的系统调用，而不同的系统调用需要不同的参数，所以给哪个系统服务例程传递什么样的参数，以及如何传递这些参数都由操作系统规定。这方面的实例有 MS-DOS 定义的 21 h 号中断的系统服务功能以及参数列表，可以在有关 MS-DOS 程序设计的书的附录中查到。

现代操作系统一般不会提供直接使用系统调用指令的接口，通常的做法是提供一套方便、实用的应用程序函数库（又称为应用程序设计接口，即 API）。这些函数从应用的较高层面重新封装了系统调用，一方面屏蔽了复杂的系统调用传参问题（用汇编语言传参），另一方面是提供高级编程语言接口，有助于快速开发。有些系统在更高层面提供了系统程序设计的模板库和类库。

三、中断优先级、中断屏蔽与中断嵌套

1. 多级中断与中断优先级

现代微处理器提供了多级中断系统。从硬件上来看，多级中断系统表现为有多根中断请求线从不同设备连接到中断逻辑线路上。连接在不同中断请求线上的中断信号有不同的中断级别。中断信号的级别代表了该中断信号是否具有被优先处理的特权，以及这个特权的大小。可见，在多级中断系统中，硬件决定了各个中断的优先级别。

多级中断的第一个作用是，对各类中断信号依据其紧急程度和重要性划分级别。在需要处理的各类中断信号中，它们的紧急程度和重要性是不同的。系统当然应该优先处理那些最紧急的或者最重要的中断信号。而中断信号本身的紧急或重要性，则由该中断的级别的高低来标识。在多级中断系统中，在同时有多个中断请求时，CPU 接收中断优先级最高的那个中断（假设其中断优先级高于当前运行程序的中断优先级），而忽略中断优先级较低的那些中断。比如，笔记本计算机的电池即将没有电了，这种掉电中断显然应该有非常高的优先级别。

多级中断的第二个作用是，解决如果有重要程度相当的多个中断信号同时到达，如何选择首个被处理的中断信号的问题。比如，在一套计算机系统上接有一台打印机和一台扫描仪，在打印机发出打印完毕的信号的同时，扫描仪也发出了扫描完毕的信号。在一般情况下，这两个中断信号具有同等优先级。如果在同一中断级的多个设备接口中同时都有中断请求，则一般有下列两种办法可以采用。

1）固定的优先级：给每个设备接口安排一个不同的、固定的优先级。比如以该设备在总线中的位置来定优先级，离 CPU 近的设备的优先级高于离 CPU 远的设备。

2）轮转法：用一个表格，依次轮转响应，这是一个较为公平、合理的方法。

2. 中断屏蔽

在整个中断系统中，可以允许或者禁止中断系统对某些类别中断的响应。我们已经知道，在程序状态字中设计了中断屏蔽位，主机是否允许响应或禁止某些中断，则由程序状态字中的中断屏蔽位决定，这些屏蔽位标识了那些被屏蔽的中断类或者中断。一旦某个I/O中断被程序状态字中的中断屏蔽位加以屏蔽，那么此时即使有I/O中断信号，处理器也不予响应。对于那些被屏蔽的中断信号，通常仍然保存在中断寄存器中，有些可以在以后继续响应，而有些将被简单地丢弃。

显然，有了中断屏蔽，中断系统中原先由硬件事先给定的中断优先级，就可能发生改变。例如，在一个计算机系统中，由光盘到磁盘的数据传送的优先级别低于磁盘内部的数据操作。但是，一旦机器正在进行光盘到磁盘的数据传送，对磁盘内部的其他操作就会被暂时屏蔽，这些磁盘操作必须在该光盘到磁盘的数据传送结束之后才能进行。换句话说，此时光盘到磁盘的数据传送的优先级别高于磁盘内部的数据操作。

还有一类中断信号是不可屏蔽的，一般这类中断信号属于机器故障中断。比如内存奇偶校验错，以及掉电等使得机器无法继续操作一类的故障。一旦发生这类不可屏蔽的中断，不管程序状态字中的屏蔽位是否建立，处理器都要立即响应这类中断，并进行处理。

3. 中断嵌套

一般的计算机系统中都有多个中断源，在这样的系统中，如果一个中断的处理过程中又发生了中断，那么将引起多个中断处理问题。对多个中断处理的策略一般有如下两种。对多个中断进行处理的第一种策略是，当处理一个中断时，禁止其他中断，此时系统将对任何新发生的中断置之不理。在这期间发生的中断将保持挂起状态。只有当处理器再次允许中断时，这个新的中断信号才会被处理器检测到，并做出处理。这种处理方法可以用软件简单实现，只要在任何中断处理之前使用禁止中断指令，在处理结束之后，再使用开放中断指令就可以了。这样，所有的中断将严格地按照发生的顺序被处理。不过，这样的处理策略没有考虑到中断信号的紧急程度，无法达到比较严格的中断处理时间要求。这种多中断处理策略的示意图如图2-8所示。

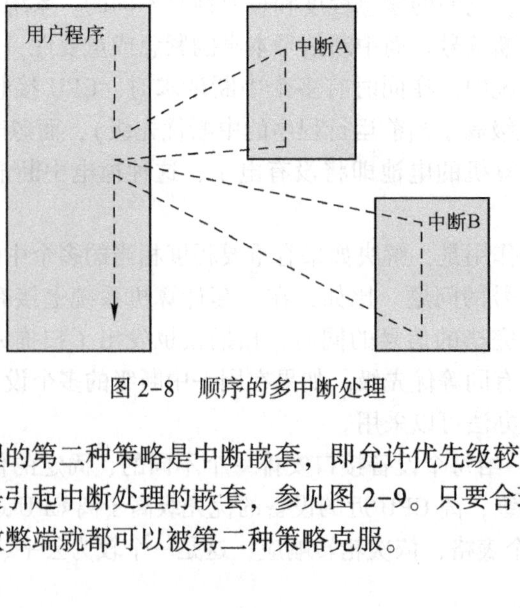

图2-8　顺序的多中断处理

对多个中断进行处理的第二种策略是中断嵌套，即允许优先级较高的中断打断优先级较低的中断处理过程，于是引起中断处理的嵌套，参见图2-9。只要合理地定义中断的优先级别，第一种策略的大多数弊端就都可以被第二种策略克服。

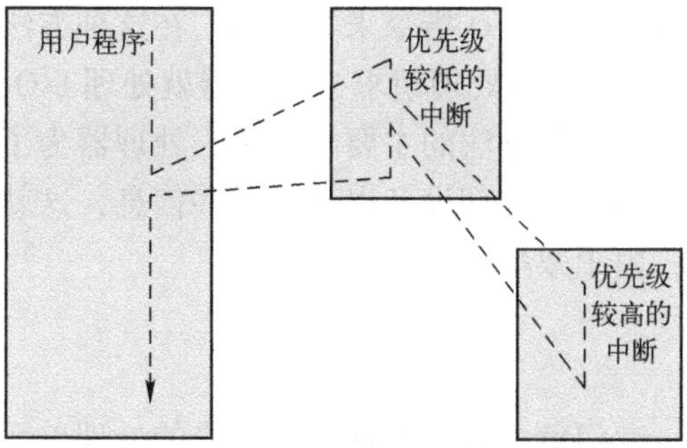

图 2-9　嵌套的多中断处理

由于中断嵌套中优先级较高的中断可以打断优先级较低的中断处理过程，因此必须把优先级较低的中断处理过程的现场保存起来。这些被保护现场的次序与恢复现场的次序正好相反，所以应该采用堆栈作为现场保护区域。堆栈应该处于系统空间中，以防止被破坏，又称为系统堆栈。

在中断发生时，硬件中断装置将程序状态字、指令计数器的值，以及其他重要现场信息压入系统堆栈。如果发生中断嵌套，则被中断的处理过程的程序状态字、指令计数器的值，以及其他重要现场信息也被压入系统堆栈。每发生一次中断嵌套，就保护一次被中断的处理过程的现场，进行相关的压栈操作。而每结束一层嵌套的处理，就从系统堆栈中弹出对应的程序状态字、指令计数器的值以及其他重要现场信息，逐层恢复现场。

作为中断嵌套策略的一个例子，考虑在一个系统中存在总线、磁盘以及扫描仪三个设备同时操作时的处理情况。假定三者的中断优先级依次为 9、5、3，其中数字大的具有较高的优先级。扫描动作的处理从某个时间开始，它的处理时间较长，其间发生了一次网络数据的传送请求，于是扫描仪的中断处理被打断，处理器转而去处理网络通信时的总线服务请求。在处理网络通信的总线服务请求期间，用户恰好提交了一个磁盘存储文件的请求。但是因为磁盘中断优先级较低，于是磁盘中断的处理就被推迟到总线请求处理完之后，同时，由于它的优先级高于扫描仪的中断，因此对磁盘中断的处理优先于对扫描仪中断的处理。在磁盘中断处理完毕之后，处理器才回到原先对扫描仪中断处理的程序上。这个中断处理的过程中发生了三重中断嵌套。

第五节　I/O 技术

本节介绍计算机系统中的 I/O 结构、通道、直接存储器访问技术以及缓冲技术。

一、I/O 结构

在一台计算机系统中，可能有大量的外部设备，为了满足对这些 I/O 设备的控制要求，提高处理器和外部设备的运行效率，出现了各种不同的 I/O 硬件结构。每台外部设备中都配有各自的设备控制器，由设备控制器分别控制各台外部设备的运行。在设备控制器与处理器之间的 I/O 硬件结构，则有不同的设计方案。

在早期的计算机系统中，外部设备的控制器通过 I/O 硬件结构与处理器连接。对设备控制器的操作是由处理器直接发出的 I/O 指令来实现的。在这种方法中，处理器定期轮询各个 I/O 设备控制器的状态。如果有 I/O 处理请求，处理器就处理 I/O 操作，直到该 I/O 处理完毕为止。这种程序直接控制 I/O 的方法的主要缺陷是，处理器为了关注 I/O 设备控制器的状态，必须耗费大量的时间轮询各个外部设备以获得这些信息，这就严重地降低了整个系统的性能。这种早期 I/O 结构，由于效率太低，已经淘汰。

二、通道

通道是独立于处理器，专门负责数据 I/O 传输工作的处理单元。从现代计算机系统的结构上来看，各种外部设备均配有相应的设备控制器，这些设备控制器通过通道连接到计算机系统的公共系统总线上。通道对外部设备实行统一的管理，它代替 CPU 对 I/O 操作进行控制，从而使 CPU 和外部设备可以并行工作。所以通道又称为 I/O 处理机。

下面介绍通道的具体工作原理。在采用通道的计算机系统运行过程中，处理器按程序规定的顺序执行一条条指令。当处理器执行到一条“启动外设”（“启动 I/O”）的指令时，就按指令中给定的参数启动指定的设备。在设备启动之后，将该外部设备的控制权转移到通道，由通道控制该外部设备的有关操作。在该外部设备与内存之间发生的信息传送，由通道控制，而处理器则继续执行程序。可见，这时处理器与外部设备是并行工作的，外部设备独立工作，不需要处理器的干预。在该外部设备工作结束后，会产生一个“输入输出操作结束”的 I/O 中断事件。这是因为该外部设备是由处理器根据程序的要求而启动的，所以仍由操作系统的处理程序处理这个 I/O 中断事件。操作系统进行分析后，就可以知道外部设备的具体工作情况。

采用通道这种 I/O 结构的最大优点是，可以实现处理器和各种外部设备并行工作。在采用通道之后，处理器和外部设备都能够访问内存。不过，当处理器和外部设备同时申请访问内存时，就要竞争存储周期。由内存的控制线路处理这些竞争，并保证这些访问同步有序进行。有了通道，利用处理器与外部设备之间，以及各外部设备之间的并行工作能力，操作系统就可以让多个程序同时执行，并在同一时刻让各个程序分别使用计算机系统的不同资源。

举例来说，如果程序 A 启动了某个磁盘设备读取一块数据，则它必须等待该磁盘设备完成信息传送后才能继续执行。此刻该程序 A 处于等待状态，暂停执行指令。这时操作系统可以让另一个程序 B 占用处理器。当然，程序 B 在执行时也可能申请使用某个外部设备，若程序 B 也启动了一台 DVD 设备等待信息传送，那么操作系统可以调用程序 C 占用处理器。从这里可以看出，有了通道，多道程序的运行使得处理器和外部设备的运行效率都得到了提高。通道技术一般用于大型机系统和那些对 I/O 处理能力要求比较高的系统。一般低档次的微机中没有通道。

三、直接存储器访问技术

直接存储器访问（Direct Memory Access，DMA）技术通过系统总线中的一个独立控制单元——DMA 控制器，自动地控制成块数据在内存和 I/O 单元之间的传送。当处理器需要读写一整块数据的时候，它给 DMA 控制器发送一条命令，该命令中通常包含 I/O 设备的编址、开始读或写的内存编址、需要传送的数据长度、是否请求一次读或写等信息。处理器在给 DMA 控制器发送一条命令之后，就可以处理其他事情了。而 DMA 控制器将自动管理整块数据的传送。当这个传送过程完成后，它会给处理器发送一个中断。这样处理器只需要在整块数据开始传送和传送结束时关注一下就可以了。可见 DMA 技术大大提高了处理 I/O 的效能。

不过，处理器和 DMA 传送也不是完全并行的，它们之间会有总线竞争的情况发生，此时总线上正在进行 DMA 传送，而处理器也想使用总线。不过这种总线竞争不会引起中断，也不会引起程序上下文的保存，通常这个过程只会花费一个总线周期，于是处理器会稍稍等待。也就是说，在 DMA 传送发生时，处理器访问总线的速度会有所变慢。尽管如此，对于有大量数据的 I/O 传送，DMA 技术是很有价值的。

四、缓冲技术

缓冲区是硬件设备之间进行数据传输时，专门用来暂存这些数据的一个存储区域。

缓冲技术一般在三种情况下采用：在处理器与内存之间，在处理器和其他外部设备之间，在设备与设备之间的通信上。无论哪一种，都是为了解决部件之间速度不匹配的问题。例如，当向某输入设备输入数据时，通常是先把数据送入缓冲区中，然后 CPU 把数据从缓冲区读入用户工作区中以进行处理和计算。

为什么不直接把数据送入用户工作区，而要设置缓冲区来暂存呢？根本的原因是 CPU 处理数据速度与设备传输数据速度不匹配，用缓冲区来缓解一下它们之间的速度矛盾。如果把用户工作区直接作为缓冲区，则有许多不便。首先，当从工作区向设备输出或从设备向工作区输入时，工作区被长期占用而使用户无法使用。其次，为了方便对缓冲区的管理，缓冲区往往是与设备相联系的，而不直接与用户联系。最后，也为了减少输入输出次数，以减轻对通道和输入输出设备的压力。缓冲区信息可供多个用户共同使用以及反复使用。每当用户要求输入数据时，先到这些缓冲区中去找，如果已在缓冲区，则可直接从中读取，这样就减少了输入输出次数。

为了提高设备利用率，通常使用单个缓冲区是不够的，因为在单缓冲区的情况下，设备向缓冲区输入数据并装满后，必须等待 CPU 将其取完，才能继续向其中输入数据。要是有两个缓冲区，设备利用率可大为提高。

目前许多计算机系统广泛使用多缓冲区技术。Cache（高速缓存）是离 CPU 最近的高速内存，能使 CPU 更快速地访问经常使用的数据。在运行过程中，CPU 首先到一级 Cache 中去找数据（可能是数据，也可能是一段指令序列），如果没有找到，那么 CPU 接着到二级 Cache 中去找，如果还找不到，CPU 就只好到速度较慢的系统内存中去找了（如果有三级 Cache，CPU 还会在 Cache 中找下去）。从以上的分析可以看出，一级 Cache 是 CPU 首先访问的内存，因此一级 Cache 的性能对系统性能的提升作用很大。Cache 与内存的关系如图 2-10 所示。

内存一般由 $2n$ 个可寻址的字组成，每个字有一个唯一的 n 位地址。为了使 Cache 中的存储单元和内存中的存储单元可以对应，一般将内存视作由一些固定大小的块构成，每块含 K 个字，即将内存划分为 $M=2n/K$ 个块。Cache 中有 C 个存储槽，每个槽也是 K 个字，当然 C 远小于 M。内存中的一些块的集合常驻留在 Cache 的相应槽中，如果读到了某一块中的一个字，而它又不在 Cache 的槽中，那么这个块将整个被移到一个槽中。替换哪一个槽中的内容将由处理器的 Cache 管理单元按照一定的策略来选择，并且相应的 Cache 的槽中会有一个专门的标记，以表明它对应的是内存中哪个地址的块。读操作的处理过程如图 2-11 所示。

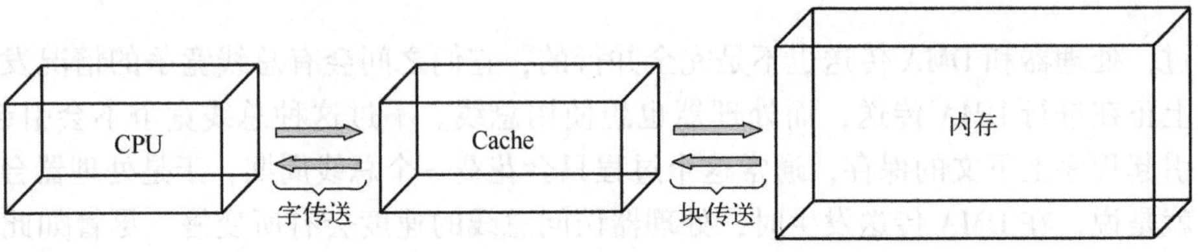

图 2-10　Cache 与内存的关系

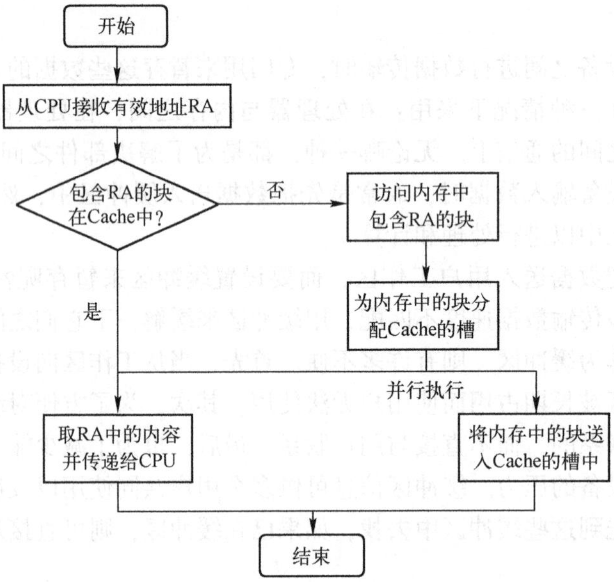

图 2-11　读操作的处理过程

下面以 Intel Pentium Ⅲ处理器和 AMD Athlon 处理器为例说明缓冲技术。在整个 Intel Pentium Ⅲ处理器系统中，有两个缓冲区。Intel Pentium Ⅲ的一级 Cache 为 32 KB。Intel Pentium Ⅲ的二级 Cache 以 CPU 的半速运行，其标准配置为 512 KB，最高可达到 2 MB。而 AMD Athlon 的一级 Cache 有 128 KB，这 128 KB 分成两部分：64 KB 作为数据 Cache，64 KB 作为指令 Cache（其实际容量是 94 KB，因为它同时还保存着预解码位）；其二级 Cache 最高可以达到 8 MB。在这些缓冲区的支持下，Intel Pentium Ⅲ处理器和 AMD Athlon 处理器的高速运算能力得以充分发挥。

第六节　时　　钟

在计算机系统中，设置时钟是十分必要的，因为时钟可以为计算机完成以下必不可少的工作。

● 在多道程序运行的环境中，时钟可以为系统发现陷入死循环（由编程错误引起）的作业，从而防止机时的浪费。

- 在分时系统中，用时钟间隔来实现各个作业按时间片轮转运行。
- 在实时系统中，按要求的时间间隔输出正确的时间信号给相关的实时控制设备。
- 定时唤醒那些要求按照事先给定的时间执行的各个外部事件（如定时为各进程计算优先级，银行系统中定时运行某类结账程序等）。
- 记录用户使用各种设备的时间和记录某外部事件发生的时间间隔。
- 记录用户和系统所需的绝对时间，即年、月、日。

从上述时钟的作用可以看出，时钟是操作系统运行必不可少的设施。时钟一般分成硬件时钟和软件时钟。

硬件时钟的工作原理是，电路中的晶体振荡器，每隔一定间隔产生固定的脉冲频率，时钟电路中的时钟寄存器依据时钟电路所产生的脉冲数，对时钟寄存器进行加 1 的工作。软件时钟，常用作相对时钟，它的工作原理是利用内存单元模拟时钟寄存器，并采用一段程序来计算相应的脉冲数，对内存时钟寄存器进行加 1 或减 1 的操作，从而模拟了时钟的功能。由于硬件提供的时钟总是比较少的，往往不能满足操作系统和应用程序对时钟的要求，因此软件时钟是经常需要的。软件时钟与硬件时钟的同步工作，由操作系统负责。

时钟按其用途可以分为绝对时钟和相对时钟。

绝对时钟是一种在计算机系统中不受外界干扰、独立运行的时钟。一般来说，绝对时钟很准确，它通常不会被停止，当计算机系统关机时，绝对时钟始终保持运行，其值作为整个计算机系统中的时间参考基准。绝对时钟通常提供公元日历的时间（即年、月、日、时、分、秒）显示。相对时钟又称间隔时钟。它只计算从某一个时间初值开始的一段时间间隔。由操作人员设置时间间隔的初值，以后每经过一个单位的时间，时钟值自动减 1，直到该值为负时，则触发一个时钟中断，并进行相应的处理。间隔时钟可以通过时钟寄存器来实现，如许多操作系统的实用程序中提供的电子闹钟，每隔固定时间发一次中断，触发一个音响事件。当然，间隔时钟也可以通过软件时钟来实现。

第七节　系统调用

为了从操作系统中获得服务，用户程序必须使用系统调用（system call），系统调用陷入内核并调用操作系统。访管指令把用户态切换成内核态，并启用操作系统。当有关工作完成之后，在系统调用后面的指令会把控制权交还用户程序。本节介绍系统调用的概念与分类，系统调用与一般过程调用的关系，以及系统调用的处理过程。

一、系统调用的概念与分类

1. 什么是系统调用

所谓系统调用，就是用户在程序中调用操作系统所提供的一些子功能。这是一种特殊的过程调用，这种调用通常是由特殊的机器指令实现的。除了提供对操作系统子程序的调用以外，这条指令还将系统转入特权方式。因此，系统调用程序被看成一个低级的过程，只能由汇编语言直接访问。系统调用是操作系统提供给编程人员的唯一接口。编程人员利用系统调用，动态请求和释放系统资源，调用系统中已有的系统功能来完成与计算机硬件部分相关的工作以及控制程序的执行速度等。因此，系统调用像黑箱子那样，对用户屏蔽了操作系统的具体动作而只提供有关的功能。不同的系统提供不同的系统调用。一般来说，系统会为用户提供几十到几百条系统调用。

系统调用命令是为了扩充机器指令、增强系统的功能、方便用户使用而提供的。因此，在一些计算机系统中，把系统调用命令称为“广义指令”。但广义指令和机器指令在性质上是不同的。机器指令是由硬件线路直接实现的，而广义指令则是由操作系统所提供的一个或多个子程序模块（即软件）实现的。从用户角度来看，操作系统提供了这些广义指令，也就是系统调用指令，就好像扩大了机器的指令系统，增强了处理机的功能。用户不仅可以使用硬件提供的机器指令，也可以直接使用软件，即操作系统提供的广义指令，这就如同为用户提供了一台功能更强、使用更方便的处理机，即实现了处理机性能上的扩充。为了区别于真实的物理处理机，称它为“虚处理机”。

2. 系统调用的分类

通常，一个操作系统按功能分为两大部分：一部分是系统自身所需的；另一部分是作为服务提供给用户的功能，这部分功能可以从操作系统所提供的系统调用上体现出来。不同的操作系统提供的系统调用会有一定的差异。每个操作系统都会提供几百种系统调用，包括进程控制、进程通信、文件使用、目录操作、设备管理和信息维护等。对于一般通用的操作系统，可将其所提供的系统调用分为以下几类。

（1）进程控制类系统调用

这类系统调用主要用于对进程的控制，如创建和终止进程的系统调用、获得和设置进程属性的系统调用等。

（2）文件操作类系统调用

对文件进行操作的系统调用数量较多，有创建文件、打开文件、关闭文件、读文件、写文件、创建一个目录、建立目录、移动文件的读/写指针、改变文件的属性等。

（3）进程通信类系统调用

该类系统调用用于进程之间消息和信号的传递。

（4）设备管理类系统调用

该类系统调用用来请求和释放有关设备，以及启动设备操作等。

（5）信息维护类系统调用

操作系统中还提供了一类有关信息维护的系统调用。用户可利用这类系统调用来获得当前时间和日期、设置文件访问和修改时间、了解系统当前的用户数、操作系统版本号、空闲内存和磁盘空间的大小等。

二、系统调用与一般过程调用的关系

由于操作系统的特殊性，应用程序不能采用一般的过程调用方式来调用这些功能过程，而是利用一种系统调用命令去调用所需的操作系统过程，因此，系统调用在本质上是一种应用程序请求操作系统核心完成某一特定功能的过程调用，是一种特殊的过程调用，它与一般的过程调用有以下几方面的区别。

（1）运行在不同的系统状态

一般的过程调用，其调用程序和被调用程序都运行在相同的状态：内核态或用户态；而系统调用与一般调用的最大区别就在于：调用程序运行在用户态，而被调用程序则运行在内核态。

（2）状态的转换

一般的过程调用不涉及系统状态的转换，可直接由调用过程转向被调用过程；但在运行系统调用时，由于调用和被调用过程工作处在不同的系统状态，因此不允许由调用过程直接转向被调用过程，通常都是通过软中断机制先由用户态转换为内核态，在经过操作系统核心分析之后，转向相应的系统调用处理子程序。

（3）返回问题

一般的过程调用在被调用过程执行完后，将返回到调用过程继续执行。但是，在采用抢占式调度方式的系统中，被调用过程执行完后，系统将对所有要求运行的进程进行优先级分析。如果调用进程仍然具有最高优先级，则返回到调用进程继续执行；否则，将引起重新调度，以便让优先级最高的进程优先执行。此时，系统将把调用进程放入就绪队列。

（4）嵌套调用

与一般过程调用一样，系统调用也允许嵌套调用，即在一个被调用过程的执行期间，还可再利用系统调用命令去调用另一个系统调用。一般情况下，每个系统对嵌套调用的深度都会有一定的限制。

三、系统调用的处理过程

为了提供系统调用功能，操作系统内必须有事先编制好的实现这些功能的子程序或过程。显然，这些程序或过程是操作系统程序模块的一部分，且不能直接被用户程序调用。而且，为了保证操作系统程序不被用户程序破坏，一般操作系统都不允许用户程序访问其系统程序和数据。那么，编程人员在给定了系统调用名和参数之后是怎样得到系统服务的呢？显然，这里需要有一个类似于硬件中断处理的中断处理机构。当用户使用操作系统调用时，产生一条相应的指令，处理机在执行到该指令时发生相应的中断，并发出有关信号给该处理机构；该处理机构在收到处理机发来的信号后，启动相关的处理程序去完成该系统调用所要求的功能。

在系统中，为控制系统调用服务的机构称为陷入处理机构或异常处理机构。与此相对应，把由于系统调用引起处理机中断的指令称为陷入指令或异常指令（或称访管指令）。在操作系统中，每个系统调用都对应一个事先给定的功能号，例如 0、1、2、3 等。陷入指令中必须包括对应系统调用的功能号。而且，在有些陷入指令中，还带有传给陷入处理机构和内部处理程序的有关参数。

为了实现系统调用，系统设计人员还必须为实现各种系统调用功能的子程序编写入口地址表，使每个入口地址都与相应的系统程序名对应起来。然后，陷入处理程序把陷入指令中所包含的功能号与该入口地址表中的有关项对应起来，从而由系统调用功能号驱动有关子程序执行。

由于在系统调用处理结束之后，用户程序还需利用系统调用的返回结果继续执行，因此，在进入系统调用处理之前，陷入处理机构还需保存处理机的现场。再者，在系统调用处理结束之后，还要恢复处理机的现场。在操作系统中，处理机的现场一般被保存在特定的内存区或寄存器中，系统调用的处理过程如图 2-12 所示。

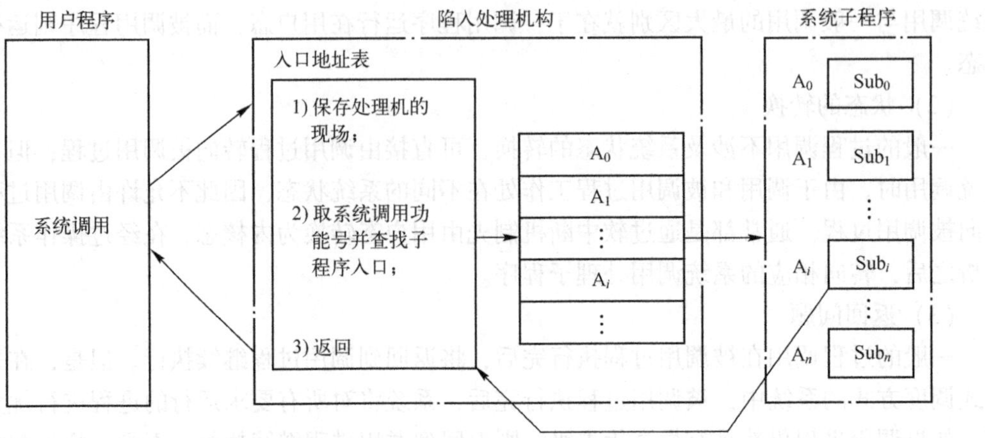

图 2-12　系统调用的处理过程

有关系统调用的另一个问题是参数传递过程问题。不同的系统调用需要传递给系统子程序不同的参数，而且，系统调用的执行结果也要以参数形式返回给用户程序。那么，怎样实现用户程序和系统程序之间的参数传递呢？下面介绍两种常用的实现方法。其中一种方法是由陷入指令自带参数。一般来说，一条陷入指令的长度总是有限的，而且，该指令还要携带一个系统调用的功能号，因此陷入指令只能自带有限的几个参数进入系统内部。另一种方法是通过有关通用寄存器传递参数。显然，这些寄存器应是系统程序和用户程序都能访问的。不过，由于寄存器长度较短，因此无法传递较多的参数。因此，较多的系统会在内存中开辟专用堆栈区来传递参数。

另外，在系统发生访管中断或陷入中断时，不让用户程序直接访问系统程序，反映处理机硬件状态的处理机状态字中的相应位要从用户执行模式转换为系统执行模式。这一转换在发生访管中断时由硬件自动实现。一般把处理机在用户程序中执行称为用户态，而把处理机在系统程序中执行称为内核态。

不同的操作系统在各自的系统调用程序设计模式上有着根本的不同，例如，一个 UNIX 程序包含代码，代码使系统调用执行某种服务。而一个 Windows 程序一般是事件驱动的，主程序等待某些事件的发生，然后调用一个程序来处理它。典型的事件就是敲击键盘、移动鼠标或者鼠标的单击。这时调用处理器来处理事件、改变屏幕显示以及改变内部程序状态。在 Windows 中，微软定义了一系列程序，称为应用程序接口，即 Win32 API，通过 Win32 API，程序员就能得到操作系统的服务。这个接口（部分地）支持 Windows 95 以后所有的 Windows 版本。Win32 API 调用的种类非常多，可以以千计算。更有甚者，当其中的一些调用系统调用的时候，大量调用会在用户空间被执行。在 Windows 中不可能分辨出哪些是系统调用（也就是说，被内核执行），哪些是用户空间的库调用。事实上，在一个 Windows 版本中的系统调用也许在另一个 Windows 版本中将会在用户空间执行等。Win32 API 拥有大量管理窗口、几何图形、文本、字体、对话框、菜单以及其他 GUI 特色的调用。由于图形子系统在内核中运行（在某些 Windows 版本中是这样的，但不全是），因此它们也是系统调用；否则它们就只能是库调用。

本章小结

操作系统需要硬件运行环境的支持。可以把计算机系统看成一个层次式结构，硬件系统位于计算机系统的底层，软件系统划分为系统软件、支撑软件和应用软件三个层次，其中操作系统在软件系统的最下层。

处理器由运算器、控制器以及一系列寄存器构成。最常见的控制寄存器是程序状态字(PSW)。在多用户或多任务的多道程序设计环境中，指令必须区分成特权指令和非特权指令，特权指令是指那些只能由操作系统使用的指令，而用户只能使用非特权指令。操作系统管理程序运行时的状态称为内核态，一般用户程序运行时的状态称为用户态。

半导体存储器可划分为读写型和只读型存储器。为了简化管理，以块为最小单位分配存储空间。对于存储系统，主要考虑三个问题：容量、速度和成本。提高存储系统效能的关键在于程序的存储访问局部性原理。操作系统必须对内存中的信息加以严格保护，存储保护机构是操作系统运行环境中的重要部分。在界地址（界限）寄存器方法中，设置一对界限寄存器以存放作业在内存中的下限和上限地址，访问内存时，硬件将被访问的地址与界限寄存器的内容比较以防止越界。存储保护键技术是指，在每个存储块都设一存储保护键，当用户作业允许进入内存时，操作系统会给它唯一的存储保护键号，分配的各存储块也得到同样的键号，访问内存时，内存块的存储保护键与作业的存储保护键号比较，如果匹配，则允许访问。

中断是指 CPU 对系统中或系统外发生的异步事件的响应。中断能充分发挥处理器的使用效率，提高系统的实时能力。中断可划分为强迫性中断和自愿性中断。中断系统包括硬件中断装置和中断处理程序。硬件中断装置接收中断信号，并把中断信号寄存在中断寄存器中；处理器的中断扫描机构在每条指令执行周期的最后时刻扫描中断寄存器。在多级中断中，中断级别的高低标识了中断的紧急或者重要程度，CPU 接收中断优先级最高的那个中断；如果有优先级相当的多个中断信号同时到达，则可采用固定的优先级或轮转法依次处理。可通过在程序状态字中设置中断屏蔽位的方法，禁止或者允许对某些类别中断的响应。中断事件的处理需要硬件和软件两方面的配合，共同完成分辨和接收中断信号、保护现场、分析中断原因、调用中断处理程序进行处理、处理完毕后恢复现场和原有程序继续执行的整个中断处理过程。如果在中断的处理过程中又发生了中断，则将引起中断处理的嵌套。

计算机系统中常使用通道、直接存储器访问（DMA）和缓冲等 I/O 技术。通道独立于处理器，它代替 CPU 对外部设备实施统一的管理，从而使 CPU 和外部设备并行工作，提高了多道程序处理的效率。DMA 技术由 DMA 控制器自动控制成块数据在内存和 I/O 单元之间的传送，提高了处理 I/O 的效能。缓冲技术是一种用来缓解 CPU 处理数据速度与设备传输数据速度不匹配的数据暂存技术。

计算机系统中的时钟可分为硬件时钟和软件时钟，又可分为绝对时钟和相对时钟。时钟可防止系统陷入死循环、实现作业按时间片轮转运行、给出正确的时间信号、定时唤醒事先按确定时间执行的事件、记录事项等。

系统调用是指用户在程序中调用操作系统所提供的一些子功能。这是一种特殊的过程调用，这种调用通常是由特殊的机器指令实现的。系统调用与一般过程调用在系统状态、状态切换、返回问题以及嵌套调用方面均有区别。为了从操作系统中获得服务，用户程序必须使用系统调用以陷入内核并调用操作系统。访管指令把用户态切换成内核态，并启用操作系统。当有关工作完成之后，系统调用后面的指令会把控制权交还用户程序。

知 识 点

(1) 操作系统与硬件的关系

操作系统的一项重要工作是屏蔽硬件细节。

(2) 计算机系统的层次结构

- 硬件系统
- 软件系统（系统软件、支撑软件、应用软件）

(3) 处理器

- 寄存器
- 特权指令和非特权指令
- CPU 状态（内核态和用户态）及状态转换

(4) 程序状态字

(5) 存储系统

- 存储器分类
- 存储分块
- 存储器的层次结构
- 存储访问的局部性原理
- 存储保护（界限寄存器、存储保护键）

(6) 中断系统

- 中断、中断的作用、中断源、中断字、中断请求、中断断点、中断返回
- 中断类型：强迫性中断（程序性中断、时钟中断、输入输出中断、控制台中断、硬件故障中断）和自愿性中断
- 中断请求的接收（中断寄存器）、中断响应（中断现场、中断响应过程、中断向量）、中断处理、各类中断事件的处理
- 中断优先级、中断屏蔽、中断嵌套处理

(7) I/O

I/O 结构、通道、直接存储器访问技术、缓冲技术。

(8) 时钟

时钟的作用、硬件时钟和软件时钟、绝对时钟和相对时钟（间隔时钟）。

(9) 系统调用

系统调用的处理过程、系统调用与一般过程调用的区别和联系。

习 题

1. 简述处理器的组成和工作原理。你认为它的哪些部分和操作系统密切相关，为什么？

2. 为了支持操作系统，现代处理器一般都提供哪两种工作状态，以隔离操作系统和普通程序？这两种状态各有什么特点？

3. 计算机系统中既有操作系统程序，又有用户程序，在什么情况下操作系统程序才能占用处理器？

4. 为什么要把“启动 I/O”等指令定义为特权指令？

5. 怎样限制在用户程序中使用特权指令？

6. 什么是分级的存储体系结构？它主要解决了什么问题？

7. 简述程序局部性原理。

8. 什么是存储保护？有哪些方法可实现存储保护？

9. 操作系统与硬件是如何配合以实现存储保护的？

10. 什么是中断？为什么说中断对现代计算机很重要？

11. 中断的作用是什么？

12. 中断向量是什么？其作用是什么？

13. 中断响应主要做哪些工作？

14. 中断处理的主要步骤是什么？

15. 为什么要对中断进行屏蔽？

16. 在多个中断同时发生时，系统是怎样处理的？

17. 阐述硬件的中断装置的作用。

18. 常用的 I/O 控制技术有哪些？各有什么特点？

19. 缓冲技术在计算机系统中起什么作用？它是如何工作的？

20. 时钟对操作系统有什么重要作用？

21. 硬件时钟怎样实现？其作用是什么？

22. 软件时钟怎样实现？其作用是什么？

23. 系统调用和一般过程调用的区别是什么？

24. 系统调用的主要处理过程是什么？

第三章　进程/线程模型

学习目标：

1. 掌握进程的定义和组成要素。
2. 掌握应用进程状态转换关系。
3. 了解进程地址空间。
4. 掌握进程创建、撤销、阻塞和唤醒的机制。
5. 理解进程控制的原语与相关系统调用。
6. 理解资源分配单位和调度执行单位的区别。
7. 掌握线程的组成要素。
8. 理解线程和进程的关系。
9. 理解线程的不同实现方式。
10. 了解 Pthreads API，并能运用其开发多线程应用。
11. 了解协程的概念。

建议学时：10 学时

教师导读：

1. 进程是操作系统进行资源分配和调度的独立单位，本章是理解如何创建并管理进程的重要知识单元。
2. 进程的定义与构成。
3. 进程的状态模型与进程队列。
4. 父子进程的工作模式：fork、exec、wait。
5. 线程的引入原因。
6. 线程的组成及它与进程的关系。
7. 线程的三种实现方式及每种方式的优缺点。
8. Pthreads 线程包的主要函数与使用方式。

第一节　进程的基本概念

一、进程的定义

进程是具有一定独立功能的程序在某个数据集合上的运行活动，是操作系统进行资源分配和调度的独立单位。

从操作系统角度来看，可将进程分为系统进程和用户进程两类。系统进程执行操作系统程序，完成操作系统的某些功能。用户进程运行用户程序，直接为用户服务。系统进程的优先级通常高于一般用户进程的优先级。

1. 进程与程序的联系和区别

进程和程序既有联系又有区别。

(1) 进程和程序的联系

程序是进程的组成部分之一，一个进程的运行目标是执行它所对应的程序，如果没有程序，进程就失去了其存在的意义。从静态的角度来看，进程是由程序、数据和进程控制块(Process Control Block，PCB) 三部分组成的。

(2) 进程和程序的区别

程序是静态的，而进程是动态的。进程是程序的一个执行过程。程序的存在是永久的(这里不讨论人为删除程序等行为)。而进程是为了程序的一次执行而暂时存在的。进程有生命周期，有诞生，亦有消亡。一个进程可以包括若干程序的执行，而一个程序亦可以产生多个进程。比如，一个编译进程在运行时就要执行词法分析、语法分析、代码生成和优化等若干个程序。而一个编译程序有时需要同时生成几个编译进程，为几个用户服务。进程具有创建其他进程的功能。被创建的进程称为子进程，而创建者称为父进程，从而构成了进程家族。

2. 可再入程序

一个程序不是任何条件下都可以产生多个进程的。一个能被多个用户同时调用的程序，在执行中自身不能改变。如果一个程序在执行中会发生变化，那么，这个程序的功能是可能改变的。显然，该程序就不能以同样的方式为每个用户服务。甚至同一个用户以同样的要求在不同时刻调用它时，也可能得到不同的结果，这样的程序就不能同时为多个用户服务。

一个能够被多个用户同时调用的程序称作“可再入”程序。可再入程序必须是“纯”代码的程序，程序在执行中不会修改自身的代码。换句话说，可再入程序必须和有关的数据区分离。可再入程序的操作对象，即数据，是与程序相分离的，要求调用者提供专用工作区，以保证程序以同样方式为各用户服务。

现代操作系统及编译程序都属于可再入程序，它们能同时被不同用户调用而形成不同的进程。

3. 进程的特征

进程的概念能很好地描述程序的并发执行，并且能够揭示操作系统的内部特性。事实上，操作系统的并发性和共享性正是通过进程的活动体现出来的。

进程具有两个基本属性。首先，进程是一个可拥有资源的独立单位；其次，进程同时又是一个可以独立调度和分派的基本单位。正是由于进程具有这两个基本属性，才使之成为一个能独立运行的基本单位，从而构成了进程并发执行的基础。

进程具有以下 6 种特性。

(1) 并发性

一个进程可以与其他进程一起向前推进，即一个进程的第一个动作可以在另一个进程的最后一个动作结束之前就开始。

(2) 动态性

进程对应着程序的执行过程。进程的动态性体现在两方面：首先，进程有其生命周期，有产生，也有消亡；其次，在进程的生命周期内，进程的状态是不断变化的。

（3）独立性

一个进程是一个相对完整的资源分配单位。

（4）交互性

一个进程在运行过程中可能会与其他进程发生直接的或间接的相互作用。

（5）异步性

每个进程按照各自独立的、不可预知的速度向前推进。

（6）结构性

一个进程由程序、数据和进程控制块三部分组成。

二、进程状态及状态转换

进程在从创建到终止的整个过程中一直在变化。为了刻画进程的这个变化过程，所有操作系统都把进程分成若干种状态，约定各种状态间的转换条件。对进程状态的刻画也经历了一个不断精确化的过程。下面讨论进程的状态模型。

1. 三状态进程模型

运行中的进程可以处于以下三种状态之一：运行、就绪、阻塞。

（1）运行（Running）状态

运行状态是指进程已获得 CPU，并且在 CPU 上执行的状态。显然，在一个单 CPU 系统中，最多只有一个进程处于运行状态。

（2）就绪（Ready）状态

就绪状态是指一个进程已经具备运行条件，但由于没有获得 CPU 而不能运行时所处的状态。一旦把 CPU 分配给它，该进程就可运行。处于就绪状态的进程可以是多个。

（3）阻塞（Blocked）状态

也称等待状态或封锁状态，是指进程因等待某种事件发生而暂时不能运行的状态。例如，当两个进程竞争使用同一个资源时，没有占用该资源的进程便处于阻塞状态，必须等到该资源被释放后才可以使用它。引起等待的原因一旦消失，进程便转为就绪状态，以便在适当的时候投入运行。系统中处于阻塞状态的进程可以有多个。

在任何时刻，任何进程都处于且仅处于三种状态之一。进程在运行过程中，由于它自身的进展情况和外界环境条件的变化，三种基本状态可以相互转换。这种转换由操作系统完成，对用户是透明的。这也体现了进程的动态性。图 3-1 表示了三种基本状态之间的转换及典型转换的原因。

1）就绪→运行。处于就绪状态的进程，已具备了运行的条件，但由于未能获得处理机，故仍然不能运行。对于单处理机系统，因为处于就绪状态的进程往往不止一个，所以同一时刻只能有一个就绪进程获得处理机。进程调度程序根据调度算法（如优先级或时间片）把处理机分配给某个就绪进程，建立该进程运行状态标记，并把控制转入该进程的启动程序，把它由就绪状态变为运行状态。这样进程就投入

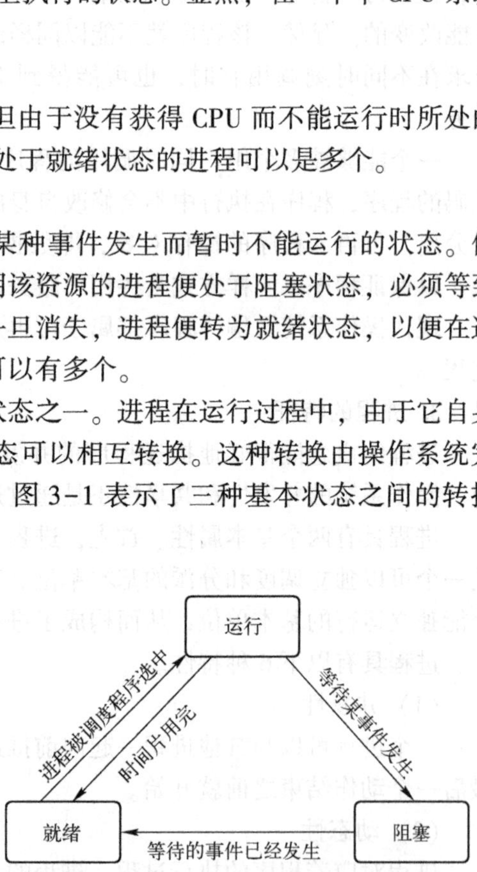

图 3-1　进程状态转换图

了运行。

2）运行→就绪。这种状态变化通常出现在分时操作系统中。正在运行的进程，由于规定的运行时间片用完而使系统发出超时中断请求，超时中断处理程序把该进程的状态修改为就绪状态，根据其自身的特征而插入就绪队列的适当位置，保留进程现场信息，收回处理机并转入进程调度程序。于是，正在运行的进程就由运行状态变为就绪状态。

3）运行→阻塞。处于运行状态的进程能否继续运行，除了受时间限制以外，还受其他多种因素的影响。例如，运行中的进程需要等待文件的输入（或其他进程同步操作的影响），控制便自动转入系统控制程序，通过信息管理程序及设备管理程序进行文件输入；在输入过程中，这个进程并不会恢复到运行状态，而是由运行变成阻塞（此时，标记等待原因，并保留当前进程现场信息），然后控制转入进程调度程序。进程调度程序根据调度算法把处理机分配给原已处于就绪状态的进程。

4）阻塞→就绪。阻塞的进程在其阻塞状态获得解除后，并不能立即投入运行，因为处理机满足不了进程的需要，于是将其状态由阻塞变成就绪，仅当进程调度程序把处理机再次分配给它时，才可恢复现场继续运行。

2. 五状态进程模型

在五状态进程模型（见图3-2）中，进程状态分成下列五种状态。进程在运行过程中主要是在就绪、运行和阻塞三种状态间进行转换。创建状态和退出状态分别描述进程创建的过程与进程退出的过程。

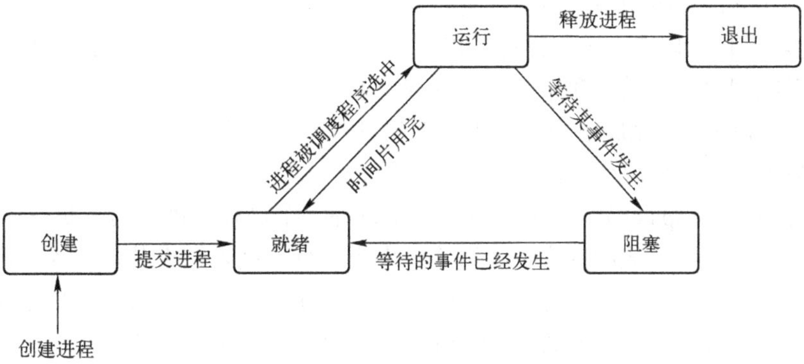

图3-2　五状态进程模型

（1）运行（Running）状态

进程占用处理机资源；处于此状态的进程的数目小于等于处理机的数目。在没有其他进程可以执行时（如所有进程都在阻塞状态），通常会自动执行系统的空闲进程。

（2）就绪（Ready）状态

进程已获得除处理机以外的所需资源，等待分配处理机资源；只要分配处理机就可执行。就绪进程可以排成一个就绪队列，也可以按多个优先级来划分队列。例如，当一个进程由于时间片用完而进入就绪状态时，它将排入低优先级队列；当一个进程由于I/O操作完成而进入就绪状态时，它将排入高优先级队列。

（3）阻塞（Blocked）状态

当进程因等待I/O操作或同步等而暂停运行时，它将处于阻塞状态。在条件满足之前，即使把处理机分配给该进程，也是无法继续执行的。所有处于阻塞状态的进程排成一个等待队列，也可以按等待事件的不同分成多个子队列。

(4) 创建（New）状态

在创建状态下，进程正处在创建过程中，还不能运行。操作系统在创建状态下要进行的工作包括分配和建立进程控制块表项、建立资源表格（如打开文件表）并分配资源，以及加载程序并建立地址空间表等。

(5) 退出（Exit）状态

在退出状态下，进程已结束运行，回收除进程控制块之外的其他资源，并让其他进程从进程控制块中收集有关信息（如记账和将退出代码传递给父进程）。

操作系统中多个进程的并发执行是通过进程交替进入运行状态来实现的。在五状态进程模型中，进程的主要状态的循环交替有两种。其中一种由调度与超时这两个转换构成。当一个正处于运行状态的进程超时后，放入就绪队列，并修改进程状态为就绪状态；然后通过调度选择另一个就绪进程进入运行状态，完成一次运行进程的交替。另一种由调度、等待事件和事件出现这三个转换构成。当一个正处于运行状态的进程需要等待某事件发生时，主动放弃处理机，进入阻塞状态；然后通过调度选择另一个就绪进程进入运行状态；当进程所等待的事件出现时，相应进程被从等待队列中取出，并放入就绪队列，同时进程状态从阻塞状态转换成就绪状态，等待进入运行状态。这样就完成了一次从运行到阻塞，再到就绪，最后到运行的状态循环。

下面是五状态进程模型中的主要状态转换。

1）创建新进程：创建一个新进程，以运行一个程序。创建新进程的可能原因包括用户登录、操作系统创建以提供某项服务、批处理作业等。

2）提交（Admit）：完成一个新进程的创建过程，新进程进入就绪状态。由于性能、内存、进程总数等原因，系统会限制并发进程总数。

3）调度运行（Dispatch）：从就绪进程表中选择一个进程，进入运行状态。

4）释放（Release）：进程因完成或失败而终止运行，进入结束状态。为了简洁，图 3-2 中只展示了从运行状态到结束状态的释放转换；但实际上，还存在从就绪状态或阻塞状态到结束状态的释放转换。从运行状态到结束状态的转换可分为正常退出（Exit）和异常退出（abort）。其中，异常退出是指进程因执行超时、内存不够、非法指令或地址访问、I/O 操作失败、被其他进程所终止等而退出。从就绪或阻塞状态到结束状态的转换可能是由多种原因引发的，如父进程可在任何时间终止子进程。

5）超时（Timeout）：由于用完时间片或高优先级进程就绪等原因而导致进程暂停运行。

6）事件等待（Event Wait）：进程要求的事件未出现而进入阻塞；可能的原因包括申请系统服务或资源、通信、I/O 操作等。

7）事件出现（Event Occurs）：进程等待的事件出现；如操作完成、申请成功等。

3. 七状态进程模型

五状态进程模型没有区分进程地址空间是位于内存还是外存，而在操作系统中引入虚拟存储管理技术后，需要进一步区分进程的地址空间状态。该问题的出现是由于进程优先级的引入，一些低优先级进程可能等待较长时间，为了保证内存空间充足，从而将其从内存对换至外存的特定区域（该区域称为交换分区）。这种做法可得到下列 3 个好处。

1）提高处理机效率：在就绪进程表为空时，有空闲内存空间可用于提交新进程，可提高处理机效率。

2）可为运行进程提供足够的内存：在资源紧张时，可把某些进程交换至外存。

3）有利于调试：在调试时，挂起被调试进程，可方便对其地址空间进行读写。

如图 3-3 所示，与五状态进程模型相比，七状态进程模型把原来的就绪状态和阻塞状态进行了细分，增加了就绪挂起和阻塞挂起两个状态。这时原来的就绪状态和阻塞状态的意义也发生了一些变化。下面列出的是在挂起进程模型中的四种意义有变化或新的状态。

1）就绪状态：进程在内存且可立即进入运行状态。

2）阻塞状态：进程在内存并等待某事件的出现。

3）阻塞挂起（Blocked，suspend）状态：进程在外存并等待某事件的出现。

4）就绪挂起（Ready，suspend）状态：进程在外存，但只要进入内存，即可运行。

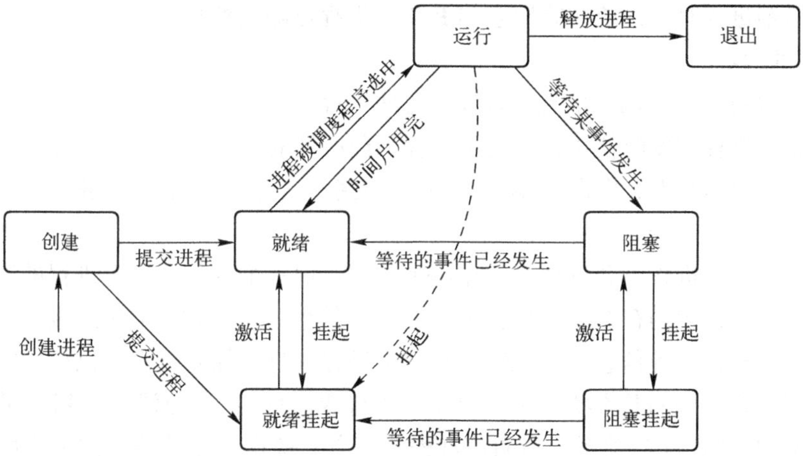

图 3-3　七状态进程模型

在七状态进程模型中，新引入的状态转换有挂起和激活两类，意义有变化的转换有事件出现和进程提交两类。

1）挂起（Suspend）：把一个进程从内存转到外存。它可能有以下几种情况。

- 阻塞到阻塞挂起：在没有进程处于就绪状态或就绪进程要求更多内存资源时，会进行这种转换，以提交新进程或运行就绪进程。
- 就绪到就绪挂起：当有高优先级阻塞（系统认为会很快就绪的）进程和低优先级就绪进程时，系统会选择挂起低优先级就绪进程。
- 运行到就绪挂起：对于抢先式分时系统，当有高优先级阻塞挂起进程因事件出现而进入就绪挂起时，系统可能会把运行进程转到就绪挂起状态。

2）激活（Activate）：把一个进程从外存转到内存。它可能有以下几种情况。

- 就绪挂起到就绪：在就绪挂起进程优先级高于就绪进程或没有就绪进程时，会进行这种转换。
- 阻塞挂起到阻塞：当一个进程释放足够的内存时，系统会把一个高优先级阻塞挂起进程激活，系统认为会很快出现该进程所等待的事件。

3）事件出现：进程等待的事件发生，如操作完成、申请成功等。它可能有以下几种情况。

- 阻塞到就绪：针对内存进程的事件出现。
- 阻塞挂起到就绪挂起：针对外存进程的事件出现。

4）进程提交：完成一个新进程的创建过程，新进程进入就绪状态或就绪挂起状态。进入就绪挂起状态的原因是系统希望保持一个大的就绪进程表（挂起和非挂起）。

三、进程控制块

为了便于系统控制和描述进程的活动过程，在操作系统内核中定义了一个专门的数据结构，称为进程控制块（Process Control Block，PCB）。

操作系统利用 PCB 来描述进程的基本情况以及进程的运行变化过程。PCB 是进程存在的唯一标志，当系统创建一个进程时，为进程设置一个 PCB，再利用 PCB 对进程进行控制和管理。在撤销进程时，系统会收回它的 PCB，进程也随之消亡。

1. PCB 的内容

PCB 的内容可以分成调度信息和现场信息两大部分。

调度信息供进程调度时使用，描述了进程当前所处的状况，包括进程名、进程号、存储信息、优先级、当前状态、资源清单、“家族”关系、消息队列指针、进程队列指针和当前打开文件等。

在调度信息中，进程名和进程号的作用是共同标识一个进程，一个进程的进程号必须是唯一的，用以说明进程的存在并区分各个进程；存储信息，给出了进程所需存储空间大小，以及有关内容存放位置等信息；优先级，确定了进程本身的优先级别，供调度时使用；当前状态，指明了进程所处的基本状态中（就绪、等待或运行）；资源清单，列出了该进程运行所需的各种资源；“家族”关系，指明该进程是一个父进程，还是被别的进程所创建的子进程；消息队列指针，指明了进程所属的消息队列所在的地址，消息队列的作用是与其他进程进行通信；进程队列指针，指出进程在队列中的位置；当前打开文件，记录了进程正在使用的文件的情况。

现场信息刻画了进程的运行情况，由于每个进程都有自己专用的工作存储区，其他进程运行时不会改变它的内容，因此，PCB 中的现场信息只记录那些可能会被其他进程改变的寄存器，如程序状态字、时钟、界限寄存器等。一旦中断进程的运行，必须把中断时刻的上述内容记入 PCB 的现场信息。

需要指出的是，PCB 的内容和大小随系统不同而异，它不仅和具体系统的管理及控制方法有关，也和系统规模的大小有关。

2. 进程的组成

进程由程序、数据和 PCB 三部分组成。PCB 是进程的“灵魂”，由于其中保存了进程的地址信息，因此通过 PCB 可以得到进程程序的存储位置，也可以找到整个进程。程序和数据是进程的“躯体”，程序部分描述了进程要实现的功能，而数据则是程序操作的对象。

现代操作系统提供了程序共享功能，这就要求程序是可再入程序，且与数据分离。可再入程序是指“纯”代码的程序，即在运行过程中不修改自身。

3. PCB 的组织方式

为了便于管理，系统把所有的 PCB 用适当方式组织起来。一般来说，大致有以下三种组织方式。

（1）线性方式

线性方式是指将所有的 PCB 不分状态地组织在一个连续表（称 PCB 表）中，如图 3-4a 所示。该方式的优点是简单，且不需要额外的开销，适用于进程数目不多的系统；其缺点是往往需要扫描整个 PCB 表，才能找到需要的 PCB。

（2）索引方式

对于具有相同状态的进程，分别设置各自的 PCB 索引表，表目为每个 PCB 在该 PCB 表（线性表）中的地址。于是就构成了就绪索引表和等待索引表。另外，在内存固定单元设置

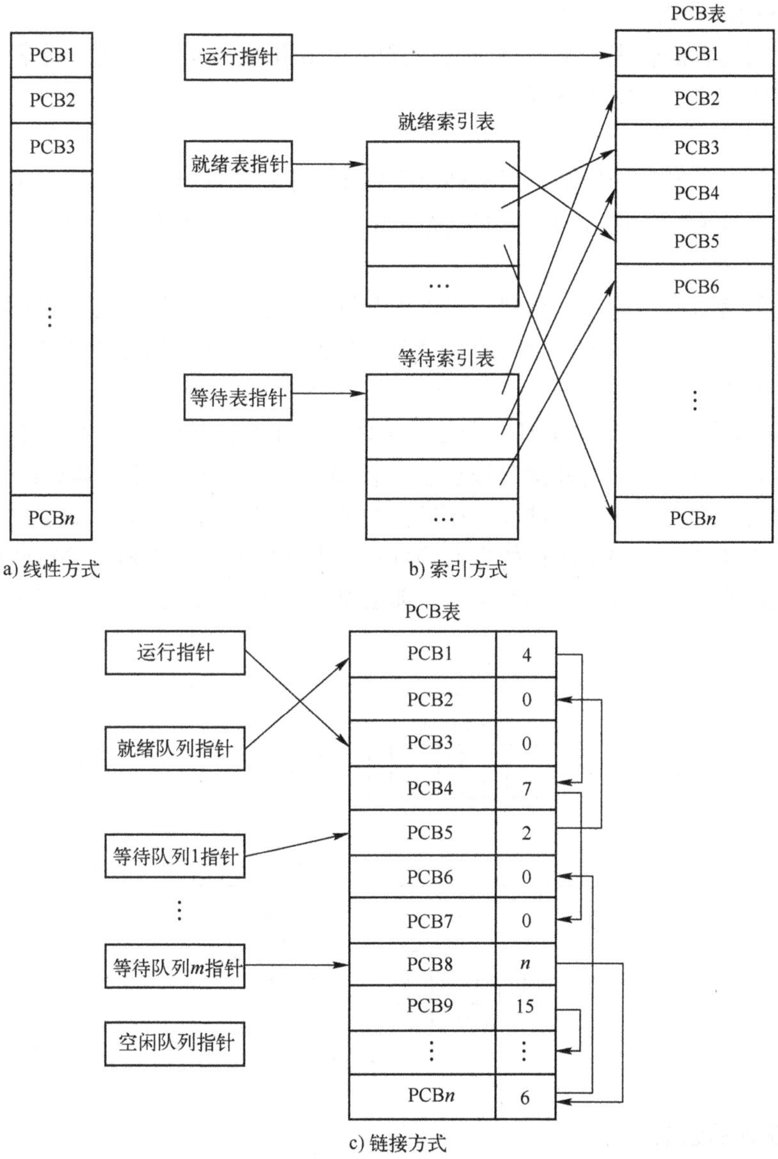

图 3-4 PCB 的组织方式

三个指针，分别指示就绪索引表和等待索引表的起始地址以及执行态 PCB 在 PCB 表中的地址，如图 3-4b 所示。

（3）链接方式

对于具有相同状态进程的 PCB，通过 PCB 中的链接字构成一个队列。链接字指出本队列下一 PCB 在 PCB 表中的编号（或地址），编号为 0 表示队尾，队首由内存固定单元中相应的队列指针指示，如此便形成了就绪队列和等待队列。

等待队列可以有多个，对应于不同的等待原因，如等待 I/O 操作完成、等待分配内存、等待接收消息等。就绪队列的排队原则与调度策略有关，可以按优先数据排序，也可以按“先进先出”的原则出队等。另外，还可以将 PCB 表中的各空表目连接起来以构成一个自由队列，若队列指针为 0，则表示该队列为空。如图 3-4c 所示。

4. 进程队列的分类

为了实现对进程的管理，系统将所有进程的 PCB 排成若干个队列。通常，系统中的进程队列分成如下三类，如图 3-5 所示。

（1）就绪队列

所有处于就绪状态的进程都按照某种原则排在一个就绪队列中。这些就绪进程入队和出队的次序与处理器调度算法有关。在有些系统中，就绪队列可能有若干个。

（2）等待队列

对每一种等待事件组织一个队列。当进程等待某一事件时，进入与该事件相应的等待队列。当某事件发生时，与该事件相关的一个或多个进程离开相应的等待队列。

（3）运行队列

在单 CPU 系统中，整个系统有一个运行队列。实际上，在单 CPU 系统中，该运行队列中只有一个进程，可用一个指针指向该进程。在图 3-5 中，处理器中运行的进程组成了运行队列，该运行队列中只有一个进程。在运行的进程时间片用完之后，如果进程还没有执行完成，就转入就绪队列。如果运行的进程等待某一事件的发生，则转入等待队列。如果在等待队列的进程中有一个等待的事件发生了，那么对应的进程就转入就绪队列，准备调度进入运行队列。

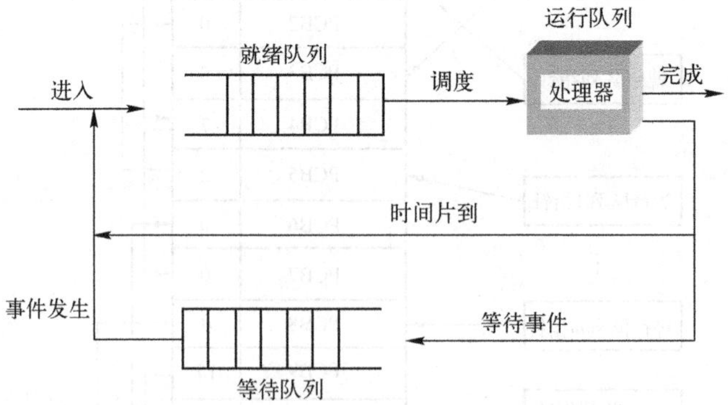

图 3-5　进程队列

5. 进程队列的组成

进程队列可以用进程控制块的链接来形成。常用的链接方式有两种：单向链接和双向链接。

在单向链接中，同一队列中的进程，通过进程控制块中的队列指针联系起来，前一进程的进程控制块中的指针值为它的下一个进程的进程控制块的地址，队列中最后一个进程的进程控制块中的指针值置为 0。在双向链接中，设置两个指针，分别称为前向指针和后向指针，分别指出前一个和后一个进程的进程控制块地址。另外，系统还为每个队列设置一个队首指针，指出该队列的第一个和最后一个进程的进程控制块地址，以便进行双向搜索。一个刚刚被创建的进程，它的初始状态是“就绪态”。因此，它应该置于就绪队列中。当一个就绪进程能被选中占用处理器时，就从就绪队列中退出，成为“运行态”。进程在运行过程中，可能要求读磁盘上的信息而进入等待队列。可见，进程在执行过程中，随着状态的变化，经常要从一个队列退出后再进入另一个队列，直至进程工作结束。一个进程从所在的队列中退出称为“出队”，一个进程排入指定的队列中称为“入队”，一个进程插入到某个进程队列中间的指定位置称为“插队”，系统中负责进程入队和出队的工作称为“队列管理”。

现在以双向链接的队列为例，讨论进程的“出队”和“入队”。假定某个指定进程要退出队列，则首先找到该队列的队首指针，沿链查找到要出队的进程，找到后，只要修改与该进程相邻进程的前向或后向队列指针值就行了。下面列出进程出队的具体过程。根据要出队的进程原先在队列中的位置，可以分成以下三种情况。

（1）队首进程出队

在队首进程出队时，只需要把该进程的后继进程的前向指针值修改成 0，把出队进程的后向指针值送入队首指针单元中。于是，原先在队列中的第二个进程成为队首，而原来的队首进程已与队列脱钩。

（2）非队首（或队尾）进程出队

如果欲出队的进程既不是队首进程又不是队尾进程，则可以假定进程 B 要出队，进程 B 的前一个进程是进程 A，而后一个是进程 C。于是，进程 B 的出队过程：把进程 B 的前向指针值送入进程 C 的前向指针位置，把进程 B 的后向指针值送入进程 A 的后向指针位置。于是，进程 A 的后向指针就指向进程 C，而进程 C 的前向指针就指向进程 A，进程 B 就从队列中退了出来。

（3）队尾进程出队

按照队尾进程的前向指针值找到它的前一个进程的进程控制块，把该进程的后向指针值修改成 0，成为当前的队尾进程，原先的队尾进程已经退出了队列。假设某进程要加入一个队列中，若队列原来是空的，则入队的进程就成为该队列的第一个进程。若原队列非空，则应先找到入队进程应插入的位置，再根据链接要求修改相邻进程的队列指针值。进程入队时，根据应插入的位置也可分成三种类型：从队首入队成为新的队首进程；从队尾入队成为新的队尾进程；插入队列中某两个进程之间。这里简要叙述进程插入队列中某两个进程之间的过程：进程入队的位置既不是队首又不是队尾，假设要插入进程 B，进程 B 的前一个进程是进程 A，而后一个是进程 C。插入进程的过程：在进程 B 的前向指针单元中记入进程 C 的前向指针位置，在进程 B 的后向指针单元中记入进程 A 的后向指针位置，这样进程 B 的前后指针就分别指向了进程 A 和进程 C。接着还要修改进程 A 的后向指针和进程 C 的前向指针，于是进程 B 的进程控制块的地址送入进程 A 的后向指针位置，再把进程 B 的进程控制块的地址送入进程 C 的前向指针位置。于是，进程 A 的后向指针就指向进程 B，而进程 C

的前向指针就指向进程 B，进程 B 就插入队列了。从队首入队和从队尾入队的过程请考生自行练习并总结。

第二节 进程控制

一、进程控制基本概念

进程有一个从创建到消亡的生命周期，这就需要对进程在整个生命周期中各种状态之间的转换进行有效的控制，称为进程控制。进程控制是通过进程控制原语来实现的。

所谓原语，是由若干条指令组成的一个指令序列，用来实现某个特定的操作功能。这个指令序列的执行是连续的，具有不可分割性，在执行时也不可间断，直至该指令序列执行结束。原语是操作系统内核（由一组程序模块组成、完成操作系统中的基本功能）的一个组成部分。原语必须在管态下执行，并且常驻内存。原语和系统调用都可以被进程所调用，两者的差别在于原语有不可中断性，它是通过在其执行过程中关闭中断实现的，而且原语往往是被系统进程所调用。许多系统调用的功能都可用目态下运行的系统进程完成，而不一定要在管态下完成。例如文件的建立、打开、关闭、删除等系统调用，都是借助中断进入管态，然后转交给相应的进程，最终由进程实现其功能。

用于进程控制的原语一般有创建原语、撤销原语、挂起原语、激活原语、阻塞原语、唤醒原语以及改变进程优先级原语等。

1. 创建原语

一个进程可以使用创建原语创建一个新的进程，前者称为父进程，后者称为子进程。子进程又可以创建新的子进程，构成新的父子关系，从而整个系统可以形成一个树形结构的进程家族。创建一个进程的主要任务是建立 PCB。创建进程的具体操作过程是：先申请一个空闲 PCB 区域，然后将有关信息填入 PCB，置该进程为就绪状态，最后把它插入就绪队列中。

当一个新进程增加到那些正在被管理的进程队列中时，操作系统需要建立用于管理该进程的数据结构，并在主存中给它分配地址空间。操作系统必须知道私有用户地址空间（程序和数据）和用户栈需要多少空间。可以根据进程的类型使用默认值，也可以在创建作业时根据用户请求设置。如果一个进程是由另一个进程生成的，则父进程可以把所需的值作为进程创建请求的一部分传递给操作系统。如果任何现有的地址空间被这个新进程共享，则必须建立正确的连接。最后，必须给 PCB 分配空间。

2. 撤销原语

当一个进程完成任务后，就应当撤销它，以便及时释放它所占用的资源。撤销进程的实质是撤销 PCB。一旦 PCB 撤销，进程就消亡了。撤销进程的具体操作过程：找到要被撤销进程的 PCB，将该进程从所在队列中消去，撤销属于该进程的一切“子孙进程”，释放被撤销进程所占用的全部资源，并消去被撤销进程的 PCB。

3. 阻塞原语

若某个进程的执行过程中，需要执行 I/O 操作，则由该进程调用阻塞原语把进程从运行状态转换为阻塞状态。具体的操作过程是：由于进程正处于运行状态，因此首先应中断

CPU 的执行，把 CPU 的当前状态保存在 PCB 的现场信息中，然后把进程的当前状态置为阻塞状态，并把它插入该事件的等待队列中。

4. 唤醒原语

一个进程因为等待某事件的发生而处于阻塞状态，当该事件发生后，就用唤醒原语将该进程转换为就绪状态。具体操作过程：在等待队列中找到该进程，将该进程的当前状态置为就绪状态，然后将它从等待队列中撤出并插入就绪队列中排队，等待调度执行。

二、Linux 操作系统有关进程控制的系统调用

在 Linux 操作系统中，常用的有关进程控制的系统调用有 fork、getpid、exec（系列函数的前缀）、exit、wait、sleep 和 nice 等。表 3-1 为这些系统调用的格式和功能说明。

表 3-1　Linux 操作系统常用的有关进程控制的系统调用的格式和功能说明

格　式	功能说明
#include <unistd.h> #include <sys/types.h> pid_t fork(void);	创建一个子进程。pid_t 表示有符号整型量。若执行成功，在父进程中，返回子进程的 PID（进程标识符，为正值）；在子进程中，返回 0。若出错，则返回-1，且没有创建子进程

#include <unistd.h>
#include <sys/types.h>
pid_t getpid(void);
pid_t getppid(void);
	getpid 返回当前进程的 PID，而 getppid 返回父进程的 PID

#include <unistd.h>
int execve(const char * path,char * const argv[ ], char * const envp[ ]);
int execl(const char * path, const char * arg,…);
int execlp(const char * file, const char * arg,…);
int execle(const char * path, const char * arg,…, char * const envp[ ]);
int execv(const char * path, char * const argv[ ]);
int execvp(const char * file, char * const argv[ ]);
	这些函数被称为“exec 系列函数”，其实并不存在名为 exec 的函数。只有 execve 是真正意义上的系统调用，其他都是在此基础上经过包装的库函数。该系列函数的作用是更换进程映像，即根据指定的文件名找到可执行文件，并用它来取代调用进程的内容。换句话说，即在调用进程内部执行一个可执行文件。其中，参数 path 是被执行程序的完整路径名；argv 和 envp 分别是传给被执行程序的命令行参数与环境变量；file 可以简单到仅仅是一个文件名，由相应函数自动到环境变量 PATH 给定的目录中去寻找；arg 表示 argv 数组中的单个元素，即命令行中的单个参数

#include <unistd.h>
void _exit(int status);
#include <stdlib.h>
void exit(int status);
	终止调用的程序（用于程序运行出错）。参数 status 表示进程退出状态（又称退出值、返回码、返回值等），它传递给系统，用于父进程恢复。_exit 函数比 exit 函数简单些，前者使得进程立即终止；后者在进程退出之前，要检查文件的打开情况，执行清理 I/O 缓冲的工作

#include <sys/types.h>
#include <sys/wait.h>
pid_t wait(int * status);
pid_t waitpid(pid_t pid, int * status,int option);
	wait()等待任何要“僵死”的子进程退出；有关子进程退出时的一些状态保存在参数 status 中。如果成功，则返回该终止进程的 PID；否则，返回-1。
	waitpid()等待由参数 pid 指定的子进程退出。参数 option 规定了该调用的行为：WNOHANG 表示，如果没有子进程退出，则立即返回 0；WUNTRACED 表示返回一个已经停止但尚未退出的子进程的信息。可以对它们执行逻辑“或”

#include <unistd.h> unsigned int sleep(unsigned int seconds);	使进程挂起指定的时间，直至指定时间（由 seconds 表示）用完或者收到信号为止
#include <unistd.h> int nice(int inc);	改变进程的优先级。在普通用户调用 nice 函数时，只能增加进程的优先数（inc 为正值）；只有超级用户才能减少进程的优先数（inc 为负数）。如果成功，则返回 0；否则，返回-1

【例 3-1】子进程被创建后，一般会使用一个 exec 函数来更换自己的映像，即用一个程序（如可执行文件）取代原来内存空间中的内容，然后开始执行。此后，父进程和子进程就各行其道了。父进程可以创建多个子进程。当子进程运行时，如果父进程无事可做，就执行 wait 系统调用，把自己插入等待队列中，等待子进程的终止。

下面这个 C 程序展示了 Linux 系统中父进程创建子进程以及各自分开活动的情况。

```
#include <unistd.h>
#include <sys/types.h>
#include <stdio.h>
int main(int argc,char *argv[])
{
    int pid;
      pid = fork();                         /* 创建一个子进程 */
      if (pid < 0) {                        /* 出现错误 进程 ID 不可能小于 0 */
         fprintf(stderr, "Fork Failed");    /* 输出出错消息: Fork Failed */
         exit(-1);                          /* 程序终止，返回码为-1 */
      }
      else if (pid == 0) {                  /* 下面是子进程的执行 */
         execlp( "/bin/ls", "ls",NULL);     /* 执行目录/bin 下面的 ls 命令 */
      }
      else {                                /* 下面是父进程的执行 */
         wait(NULL);                        /* 父进程等待子进程完成 */
         printf( "Child Complete" );        /* 输出表示子进程完成的信息 */
         exit(0);                           /* 终止 */
      }
   }
```

【例 3-2】每个进程都有唯一的 PID。PID 通常在数值上逐渐增大，因此，子进程的 PID 一般要比其父进程大。当然，PID 的值不可能无限大。当它超过系统规定的最大值时，就返回来使用最小的、尚未使用的 PID 值。

下面的程序利用 fork( )创建子进程，利用 getpid( )和 getppid( )分别获得本进程的 PID 与父进程的 PID，使用 sleep( )将相关进程挂起几秒钟。本程序的可执行文件名为 proc1。

```
/* proc1.c 文件演示有关进程操作 */
#include <unistd.h>
#include <sys/types.h>
#include <stdio.h>
#include <errno.h>
int main(int argc,char **argv)
{
    pid_t pid,old_ppid,new_ppid;
    pid_t child,parent;
    parent=getpid();                    /* 获得本进程的 PID */
```

```
    if((child=fork())<0){           /* 如果新创建子进程的 PID 小于 0 */
        fprintf(stderr,"%s:fork of child failed:%s\n",argv[0],strerror(errno));
                                    /* 输出创建子进程失败信息 */
        exit(1);                    /* 终止，返回码为 1 */
    }
    else if(child==0){              /* 此时是子进程被调度运行 */
        old_ppid=getppid();         /* 取得父进程的 PID */
        sleep(2);                   /* 睡眠 2 秒，以便调度其他进程运行 */
        new_ppid=getppid();         /* 当再次被调度运行后，取得新父进程的 PID */
    }
    else {                          /* 父进程运行 */
        sleep(1);                   /* 睡眠 1 秒，以便调度其他进程运行 */
        exit(0);                    /* 被调度运行时，父进程终止 */
    }
    /* 下面仅子进程运行 */
    printf("Original parent:%d\n",parent);          /* 输出最初父进程的 PID */
    printf("Child:%d\n",getpid());                  /* 取得并输出子进程的 PID */
    printf("Child's old ppid:%d\n",old_ppid);       /* 输出父进程的 PID */
    printf("Child's new ppid:%d\n",new_ppid);       /* 输出新父进程的 PID */
    exit(0);                                        /* 程序终止 */
}
```

程序运行的结果如下：

```
$./proc1
Original parent:2009
Child:2010
Child's old ppid:2009
Child's new ppid:1
```

请考生根据输出结果，自行分析程序的执行情况。需要注意的是，进程是并发执行的；当子进程被成功调度后，调度程序的返回值是 0。如果父进程先终止，则 init 进程（其 PID 为 1）将被系统指定为其子进程的新父进程。

第三节　线程的引入及基本概念

一、线程的引入

进程是一个资源拥有者，在进程的创建、撤销和切换中，系统必须为之付出时间和空间方面的资源开销。这样，在系统中所设置的进程数目就不宜太多，进程切换的频率也不宜过高，以免消耗过多的系统资源。但这也就限制了并发程度的进一步提高。如何能使多个程序更好地并发执行，同时又尽量减少系统的开销，已成为近年来设计操作系统时所追求的重要目标。进程是调度的基本单位，而且还是独立分配资源的单位。如果能够把这两个基本单位的功能分开，即作为调度和分派的基本单位，不同时作为独立分配资源的单位，则可使之轻装运行；而对拥有资源的基本单位，又不频繁地对之进行切换，那么就有可能实现进一步提高并发程度，同时又避免消耗过多系统资源的目标。正是在这种思想的指导下，产生了线程的概念。

1. 什么是线程？

在引入线程的操作系统中，线程是进程中的一个实体，是 CPU 调度和分派的基本单位。线程自己基本上不拥有系统资源，只拥有少量在运行中必不可少的资源（如程序计数器、一组寄存器和栈等），但它可与同属一个进程的其他线程共享进程所拥有的全部资源。一个线程可以创建和撤销另一个线程；同一个进程中的多个线程之间可以并发执行。线程之间的相互制约致使线程在运行中呈现出间断性。相应地，线程也同样有就绪、等待和运行三种基本状态。有些系统中的线程还有终止状态等。

2. 线程的属性

线程有如下一些属性。

1）每个线程有一个唯一的标识符和一张线程描述表，线程描述表记录了线程执行的寄存器以及栈等现场状态。

2）不同的线程可以执行相同的程序，即在同一个服务程序被不同用户调用时，操作系统可以为它们创建不同的线程。

3）同一个进程中的各个线程共享该进程的内存地址空间。

4）线程是处理器的独立调度单位，多个线程是可以并发执行的。在单处理器的计算机系统中，各线程可交替地占用处理器；在多处理器的计算机系统中，各线程可同时占用不同的处理器；若各个处理器同时为一个进程内的各线程服务，则可缩短进程的处理时间。

5）一个线程在被创建后便开始了它的生命周期，直至终止；线程在生命周期内会经历阻塞状态、就绪态和运行态等各种状态变化。

3. 引入线程的好处

1）创建一个新线程花费的时间少（结束亦如此）。创建线程不需要另行分配资源，因而创建线程的速度比创建进程的速度快，且系统的开销也少。

2）线程之间切换花费的时间少。

3）由于同一个进程内的线程共享内存和文件，因此线程之间相互通信无须调用内核，不需要额外的通信机制，使通信更简便，信息传输速度也快。

4）线程能独立执行，能充分利用和发挥处理器与外部设备的并行工作能力。

二、线程的组成

每个线程都有一个 thread 结构，即线程控制块，用于保存自己的私有信息，主要由以下四个基本部分组成。

- 一个唯一的线程标识符。
- 描述处理器工作情况的一组寄存器（如程序计数器、状态寄存器、通用寄存器等）的内容。
- 每个 thread 结构都有两个栈指针：一个指向内核栈，另一个指向用户栈。当用户线程转变到内核态方式下运行时，就使用内核栈；当线程在用户态下执行时，就使用自己的用户栈。

- 一个私有存储区，用来存放现场保护信息和其他与该线程相关的统计信息等。

thread 结构示意图如图 3-6 所示。

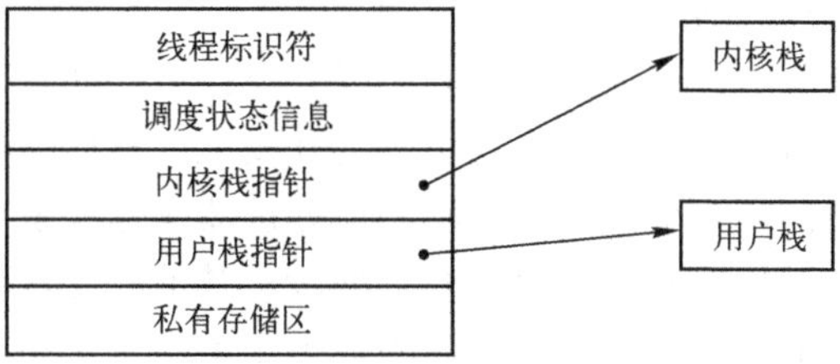

图 3-6　thread 结构示意图

线程必须在某个进程内执行，它所需的其他资源，如代码段、数据段、打开的文件和信号等，都由它所属的进程拥有，即操作系统分配这些资源时以进程为单位。

一个进程可以包含一个或多个线程。其实，传统的进程就只有一个线程。当一个进程包含多个线程时，这些线程，除各自私有少量资源以外，还要共享所属进程的全部资源。如图 3-7 所示为单线程和多线程的进程模型。

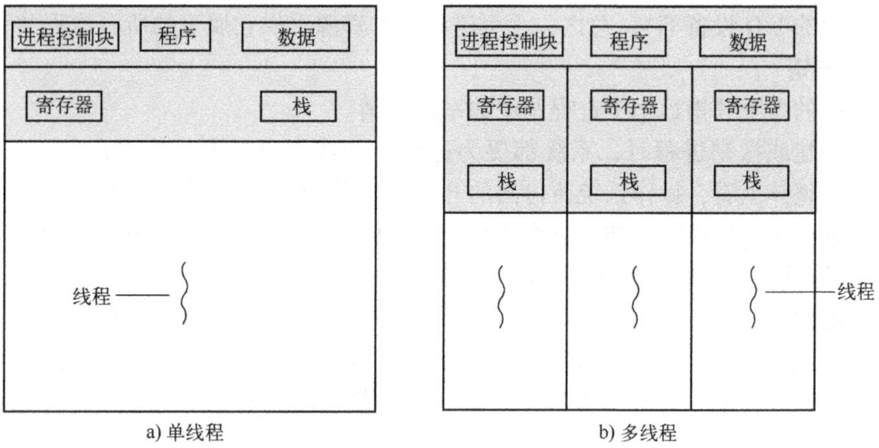

图 3-7　单线程和多线程的进程模型

三、线程与进程的关系

线程具有许多传统进程所具有的特征，故线程又称为轻量级进程或者进程元；而把传统的进程称为重量级进程，它相当于只有一个线程的任务。在引入了线程的操作系统中，通常一个进程有若干个线程，至少需要有一个线程。下面从调度、并发性、拥有资源、系统开销等主要方面对线程和进程进行比较。

1. 调度

线程是 CPU 调度的基本单位，进程是资源分配的基本单位。

在传统的操作系统中，拥有资源的基本单位和独立调度、分派的基本单位都是进程。而在引入线程的操作系统中，则把线程作为调度和分派的基本单位，把进程作为资源拥有的基本单位，从而使传统进程的两个属性分开。分开的结果是，线程能够轻装运行，从而显著地提高系统的并发程度。在同一个进程中，线程的切换不会引起进程切换；相反，在由一个进程中的线程切换到另一进程中的线程时，将会引起进程切换。

2. 并发性

在引入线程后，操作系统的并发性变得更强。

在引入线程的操作系统中，不仅进程之间可以并发执行，而且在一个进程中的多个线程之间也可以并发执行，因而使操作系统具有更好的并发性，从而能更有效地使用系统资源和提高系统的吞吐量。例如，在一个未引入线程的单处理器操作系统中，若仅仅设置一个文件服务进程，那么，当它由于某种原因被封锁时，便没有其他的文件服务进程来提供服务。而在引入了线程的操作系统中，可以在一个文件服务进程中设置多个服务线程。当第一个线程等待时，文件服务进程中的第二个线程可以继续运行；当第二个线程封锁时，第三个线程可以继续执行。可见，线程可以显著提高文件服务的质量以及系统的吞吐量。

3. 拥有资源

只有进程才可以拥有资源，一个进程中的所有线程共享进程拥有的资源。

无论是传统的操作系统，还是有线程的操作系统，进程都是拥有资源的一个独立单位。一般而言，线程不拥有自己的系统资源（实际上也拥有少量必不可少的资源），但它可以访问其隶属进程的资源，比如一个进程的代码段、数据段以及相关的系统资源（如已打开的文件分配使用的I/O设备等）。总之，一个进程中的资源可供它属下的所有线程共享。

4. 系统开销

线程调度的系统开销远小于进程调度的系统开销。

由于在创建或撤销进程时，系统都要为进程分配或回收资源，如内存空间、I/O设备等，因此，从整体上看，操作系统所付出的开销将显著地大于在创建或撤销线程时的开销。类似地，在进行进程切换时，涉及整个当前进程CPU环境的保存以及新被调度运行的进程的CPU环境的设置，这些工作都需要占用或消耗系统的资源。而线程切换只需保存和设置少量寄存器的内容，并不涉及存储器管理方面的操作。可见，进程切换的开销也远大于线程切换的开销。此外，同一进程中的多个线程具有相同的地址空间，致使它们之间的同步和通信的实现变得比较容易。在有些系统中，线程的切换、同步和通信都无须操作系统内核的干预。

第四节　线程的实现和实例

一、线程的实现方式

1. 用户级线程、内核级线程和混合方式实现的线程

线程已在许多系统中实现，但实现的方式并不完全相同。在有些系统中，特别是一些数据库管理系统中，实现的是用户级线程（User-Level Threads），这种线程不依赖于内核。而另一些系统实现的是内核级线程（Kernel-Supported Threads），这种线程依赖于内核。还有一些系统则同时实现了这两种类型的线程。

对于通常的进程，无论是系统进程还是用户进程，在进行切换时都要依赖于内核中的进程调度。因此，无论什么进程，都是与内核有关的，是在内核支持下进行切换的。

线程可分为以下三类。

（1）用户级线程

这类线程只存在于用户级中，对它的创建、撤销和切换都不利用系统调用来实现，因而这种线程与内核无关。相应地，内核也并不知道有用户级线程的存在。

在这种方式下，整个管理线程的线程库放在用户空间，管理线程的工作全部由应用程序完成，内核对线程一无所知，只对常规进程实施管理。图 3-8a 为用户级线程的实现方式。常见的用户线程库包括 Pthreads、Mach C-threads 和 Solaris 2 UI-threads。

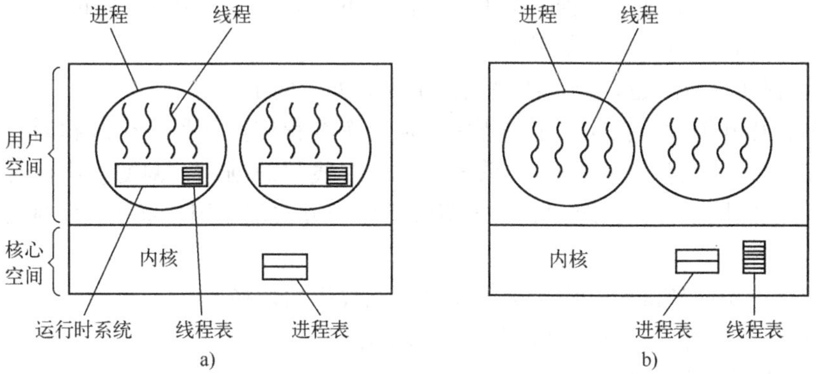

图 3-8　在用户空间和核心空间实现线程

从图 3-8a 中可以看出，运行时系统由一系列进程组成，负责管理线程的创建、终止、等待等工作。所有线程运行在运行时系统的顶端。每个进程都有一个私有的线程表，记载该进程中每个线程的情况。而在核心空间中有一个进程表，记载系统中各个进程的情况。

用户级线程实现方式的优点主要有以下几个。

1）线程的切换速度很快，无须进行系统调度。这比使用系统调用并陷入内核去处理要快得多。

2）调度算法可以是应用程序专用的。允许不同的应用程序采用适合自己要求的不同的调度算法，并且不会干扰底层操作系统的调度程序。

3）用户级线程可以运行在任何操作系统上，包括不支持线程机制的操作系统。线程库是一组应用级的实用程序，所有应用程序都可共享。

用户级线程实现方式的缺点主要包括以下两个。

1）系统调用的阻塞问题。在典型的操作系统中，多数系统调用是阻塞式的。当一个线程执行系统调用时，不仅它自己被阻塞，而且在同一个进程内的所有线程都被阻塞。

2）在单纯用户级线程实现方式中，多线程应用程序不具有多处理器的优点，因为内核一次只为每个进程分配一个处理器，每次只有该进程的一个线程得以执行，在自愿放弃 CPU 之前，该进程内的其他线程都不会执行。

（2）内核级线程

这类线程依赖于内核，即无论是在用户进程中的线程，还是系统进程中的线程，它们的创建、撤销和切换都由内核实现。在内核中保留了一个线程控制块，系统根据该控制块而感知该线程的存在并对线程进行控制。

在这种方式下，内核知道线程的存在，并对它们实施管理。内核级线程的实现方式如图 3-8b 所示。线程表不是在每个进程的用户空间中，而是在核心空间中。线程表记载系统中所有线程的情况。当一个线程想创建一个新线程或者删除一个现有线程时，必须执行系统调用，后者通过更新核心空间中的线程表来完成上述工作。线程表中的信息与用户级线程实现方式相同。另外，在核心空间中，除保存一个线程表以外，还保存一个传统的进程表，其中记载系统所有进程的信息。内核进行调度时以线程为基本单位。

内核级线程实现方式的主要优点如下。

1）在多处理器系统中，内核可以同时调度同一进程中的多个线程，真正实现并行操作。

2）如果一个进程的某个线程阻塞了，则内核可以调度同一个进程中的另一个线程。

3）内核级线程本身也可以是多线程的。

内核级线程实现方式也存在一些缺点，主要有如下两个。

1）控制转移开销大。在同一个进程中，从一个线程切换到另一个线程时，需要将模式切换到内核态。统计表明，在单 CPU 系统中，针对线程的创建、调度、执行直至完成的时间，以及线程之间同步开销的时间，内核级线程实现方式都比用户级线程实现方式高一个数量级。

2）调度算法由内核确定，应用进程无法影响线程的切换。

上述两种线程各有优缺点，也各有其应用场景。

（3）混合方式实现的线程

针对上述两种实现方式的优缺点，有些操作系统（如 Solaris 2）把用户级线程和内核级线程两种实现方式结合在一起，从而取长补短。利用组合方式，同一个进程内的多个线程可在多个处理器上并行运行，并且阻塞式系统调用不必将整个进程阻塞。因此，这种方式吸收了用户级线程和内核级线程两种实现方式的优点，克服了它们各自的不足。

在混合模型中，线程创建在用户空间完成，线程调度等在核心空间完成。线程的混合实现方式如图 3-9 所示。

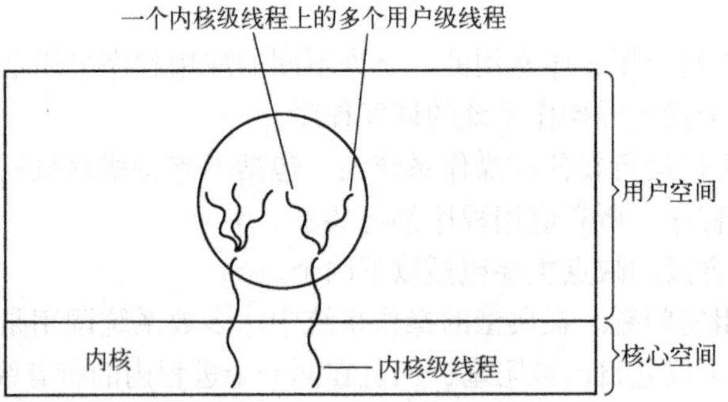

图 3-9　混合方式实现线程

2. 线程实现方式的比较

下面从几个方面对用户级线程和内核级线程进行比较。

（1）线程的调度与切换速度

内核级线程的调度和切换与进程的调度和切换非常相似。例如，在线程调度时，调度方式同样也是采用抢占方式和非抢占方式两种。在线程的调度算法上，也同样可采用时间片轮转调度算法、优先级调度算法等。当线程调度选中一个线程后，再将处理机分配给它。当然，线程在调度和切换上所花费的开销要比进程小得多。用户级线程的切换通常是发生在一个应用进程的诸线程之间，这时，不仅无须通过中断进入操作系统的内核，而且切换的规则也远比进程调度和切换的规则简单。例如，当一个线程封锁后，会自动切换到下一个具有相同功能的线程。因此，用户级线程的切换速度特别快。

（2）系统调用

当传统的用户进程调用一个系统调用时，要由用户态转入内核态，用户进程将被封锁。当内核完成系统调用而返回时，才将该进程唤醒，继续执行。而在用户级线程调用一个系统调用时，由于内核并不知道有该用户级线程的存在，因此把系统调用看作整个进程的行为，于是使该进程等待，而调度另一个进程执行。同样是在内核完成系统调用而返回后，进程才能继续执行。如果系统中设置的是内核支持线程，则调度是以线程为单位。当一个线程调用一个系统调用时，内核只把系统调用看作该线程的行为，因而封锁该线程，于是可以再调度该进程中的其他线程执行。

（3）线程执行时间

对于只设置了用户级线程的系统，调度是以进程为单位进行的。在采用时间片轮转调度算法时，各个进程轮流执行一个时间片，这对诸进程而言似乎是公平的。但假如在进程 A 中包含了一个用户级线程，而在进程 B 中含有 100 个线程，这样，进程 A 中线程的运行时间将是进程 B 中各线程运行时间的 100 倍；相应地，进程 B 中的线程切换还会带来额外开销，进程 B 的运行速度将略低于只包含单线程的进程 A。假如系统中设置的是内核级线程，其调度是以线程为单位进行的，这样，进程 B 可以获得的 CPU 时间是进程 A 的 100 倍，进程 B 可使 100 个系统调用并发工作。

二、Pthreads 线程库

多线程应用程序需要用一组用户级程序库来编写，以便将所有线程映射到一个单独的内核级进程中，最著名的是 Pthreads（POSIX threads）库。POSIX（Portable Operating System Interface）是 IEEE 标准 1003.1c 定义的线程标准。实现了 POSIX 标准的线程库通常命名为 Pthreads。Pthreads 在类 UNIX 的 POSIX 标准的系统中普遍使用，比如 Linux 和 Solaris。微软的 Windows 也实现了 POSIX 标准的线程库。

所有 Pthreads 线程都有某些特性。每一个都含有一个标识符、一组寄存器（包括程序计数器）和一组存储在结构中的属性。这些属性包括栈大小、调度参数以及其他线程需要的项目。表 3-2 中列举了几个主要的函数调用。

表 3-2　Pthreads 的主要函数调用

函数调用	描　述
pthread_create()	创建一个新线程
pthread_join()	等待一个特定的线程退出
pthread_exit()	结束调用的线程
pthread_yield()	释放 CPU 来运行另外一个线程
pthread_attr_init()	创建并初始化一个线程
pthread_attr_destroy()	删除一个线程的属性结构

创建一个新线程需要使用 pthread_create 调用。新创建线程的线程标识符将作为函数值返回。

当一个线程完成分配给它的工作时，可以通过调用 pthread_exit 来终止。这个调用会终止该线程并释放它的栈。

一般，一个线程在继续运行前需要等待另一个线程完成它的工作并退出。可以通过 pthread_join 函数调用来等待别的特定线程的终止。而要等待线程的线程标识符则会作为一个参数给出。

有时会出现这种情况：一个线程逻辑上没有阻塞，但它已经运行了足够长的时间并且希望给另外一个线程机会去运行。这时可以通过调用 pthread_yield 完成这一目标。而进程中没有这种调用。

pthread_attr_init 建立关联一个线程的属性结构并初始化为默认值。这些值（例如优先级）可以通过修改属性结构中的域值来改变。

pthread_attr_destroy 删除一个线程的属性结构，释放它占用的内存。它不会影响调用它的线程，这些线程会继续存在。

为了更好地了解 Pthreads 是如何工作的，下面给出一个简单的例子。

```
#include <pthread.h>
#include <stdio.h>
#include <stdlib.h>
#define NUMBER_OF_THREADS  10
void *print_hello_world(void *tid)
{
/* 本函数输出线程的标识符，然后退出 */
    printf("Hello World. %d0, tid");
    pthread_exit(NULL);
}

int main(int argc, char *argv[])
{
/* 主程序创建 10 个线程，然后退出 */
    pthread_t threads[NUMBER_OF_THREADS];
    int status, i;

    for (i=1; i < NUMBER_OF_THREADS; i++)
        printf("Main here. Creating thread %d0, i")
        status = pthread_create(&thread[i], NULL, print_hello_world, (void*)i);

        if (status != 0) {
            printf("pthread_create returned error code %d0, status")
            exit(-1);
```

```
        }
    }
    exit(NULL);
}
```

这里主程序循环 NUMBER_OF_THREADS 次，每次创建一个新的线程。如果线程创建失败，则会在输出一条错误信息后退出。在创建完所有线程之后，主程序退出。

当创建一个线程时，它输出一条携带本线程标识符的“Hello World”信息，然后退出。这些不同信息交错的顺序是不确定的，并且可能在连续运行程序的情况下发生变化。这里的原因在于，如果没有对多线程程序进行必要的并发控制，那么线程的执行顺序和中断时机都是完全随机的，很有可能出现难以预计的错误，且多线程并发导致的 bug 一般很难定位。因此，在本书后续章节中，将介绍如何编写符合规范的多线程程序。

三、协程

当线程数量非常大的时候，系统线程会占用非常多的内存空间，过多的线程切换会占用大量的系统时间。为了解决这两个问题，许多编程语言提出了协程机制，例如 C++语言、Python 语言、Go 语言。

协程是运行在线程之上的轻量级线程，当一个协程执行完成后，可以选择主动退出，让另一个协程运行在当前线程之上。协程并没有增加线程数量，只是在线程的基础之上通过分时复用的方式运行多个协程，而且协程的切换在用户态完成，切换的代价比线程从用户态到内核态的代价小很多。

本章小结

进程是具有一定独立功能的程序在某个数据集合上的一次运行活动，是系统进行资源分配和调度的一个独立单位。从操作系统角度来看，进程分为系统进程和用户进程两类。系统进程执行操作系统程序，完成操作系统的某些功能。用户进程运行用户程序，直接为用户服务。系统进程的优先级通常高于一般用户进程的优先级。

进程在从创建到终止的整个过程中一直在变化。为了刻画进程的这个变化过程，所有操作系统都把进程分成若干种状态，并约定各种状态间的转换条件。进程状态模型分为三状态进程模型、五状态进程模型和七状态进程模型三种。

进程控制块（PCB）描述了进程的基本情况以及进程的运行变化过程。PCB 是进程存在的唯一标志，当系统创建一个进程时，会为进程设置一个 PCB，再利用 PCB 对进程进行控制和管理。在撤销进程时，系统收回该进程的 PCB，进程也随之消亡。PCB 由调度信息和现场信息组成。调度信息供进程调度时使用，描述了进程当前所处的状况。现场信息刻画了进程的运行情况，记录着可能会被其他进程改变的寄存器，如程序状态字、时钟、界限寄存器等。

原语是由若干条指令组成的一个指令序列，用来实现某个特定的操作功能。这个指令序列的执行是连续的，具有不可分割性，在执行时也不可间断，直至该指令序列执行结束为止。原语是操作系统内核的一个组成部分。原语必须在管态下执行，并且常驻内存。原语和系统调用都可以被进程所调用，两者的差别在于原语有不可中断性，它是通过在其执行过程中关闭中断实现的，而且原语往往是被系统进程所调用。用于进程控制的原语一般有创建进程、撤销进程、挂起进程、激活进程、阻塞进程、唤醒进程以及改变进程优先级等。

fork 和 exec 是 Linux 创建进程时使用的系统调用。在 Linux 中，使用 fork 函数创建子进程，子进程将拥有与父进程相同的进程映像，随后，一般使用一个 exec 函数来更换自己的映像，即用一个程序取代原来内存空间中的内容，然后开始执行子进程的功能。

在支持多线程的系统中，线程是进程中的实体，也是 CPU 调度的基本单位。而进程是资源分配的基本单位。线程只拥有少量在运行中必不可少的资源，但它可与同属一个进程的其他线程共享进程所拥有的全部资源。一个线程可以创建和撤销另一个线程；同一个进程中的多个线程之间可以并发执行。线程之间的相互制约致使线程在运行中呈现出间断性。相应地，线程也同样有就绪、阻塞和运行三种基本状态。线程具有许多传统进程所具有的特征，故线程又称为轻量级进程或者进程元。

线程实现的方式主要分为三种，分别是不依赖于内核的用户级线程、依赖于内核的内核级线程，以及同时包含上述两种类型的混合方式线程。

用户级程序库用于将所有线程映射到一个单独的内核级进程中。当编写多线程应用程序时，需要依赖用户级程序库。用户级程序库中最著名的是 Pthreads 库。Pthreads 的全称为 POSIX threads，其中 POSIX 是 IEEE 标准 1003. 1c 定义的线程标准。实现了 POSIX 标准的线程库通常命名为 Pthreads。

知　识　点

(1) 进程的定义
- 进程
- 程序

(2) 进程状态模型
- 三状态进程模型
- 五状态进程模型
- 七状态进程模型

(3) 进程控制块

(4) 进程控制原语
- 创建原语
- 撤销原语
- 阻塞原语
- 唤醒原语

(5) 进程控制的系统调用
- fork、exec
- wait

(6) 线程

- 线程与进程的区别
- 用户级线程
- 内核级线程
- 混合方式实现的线程

（7）Pthreads 线程库

（8）协程

习　题

1. 为什么要在操作系统中引入进程？进程和程序有什么区别？

2. 程序的并发执行有什么特点？并发和并行有什么区别？

3. 可再入程序有什么特性？

4. 进程有哪些基本状态？它们的变化关系是什么？

5. 一个单 CPU 的操作系统共有 n 个进程，不考虑进程状态过渡时的情况，也不考虑空转进程：

1）给出运行进程的个数；

2）给出就绪进程的个数；

3）给出阻塞进程的个数。

6. 系统中有 n（$n>1$）个进程，在任一时刻，处于运行、就绪和阻塞状态的进程最多、最少各有几个？

7. PCB 的作用是什么？其主要内容有哪些？

8. 进程能否修改访问自己的 PCB 内容？

9. 何谓与时间有关的错误？举例说明之。并发进程执行时一定会产生与时间有关的错误吗？为什么？

10. 为什么要引入线程？线程和进程之间的区别和联系分别是什么？

11. 用进程的概念说明操作系统的并发性和不确定性是怎样体现出来的。

12. PCB 的作用是什么？它是怎样描述进程的动态性质的？

13. 进程的三个基本状态转换如图 3-10 所示。图中 1、2、3、4 表示某种类型的状态变迁，请分别回答下述问题。

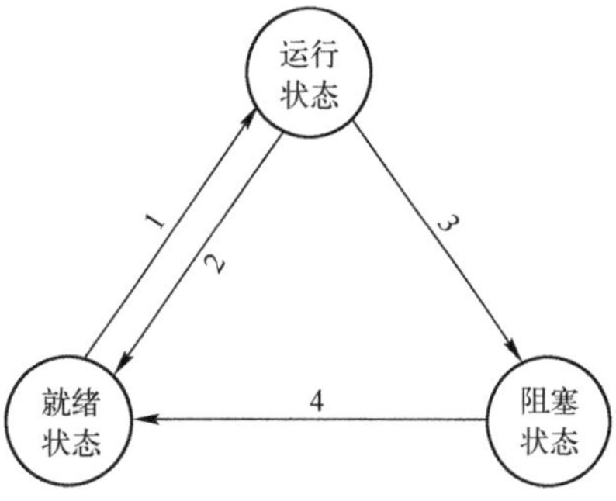

图 3-10　习题 13

1）什么“事件”引起某一种类型的状态变迁？

2）系统中常常由于某一进程的状态转换而引起另一进程也产生状态转换，试判断在下述情况下，可能发生了哪些因果转换（即后者状态转换由前者状态转换导致）？哪些状态转换的组合是偶然出现，且其中不存在因果关系的（即后者状态转换只是恰巧出现在前者状态转换之后，二者之间并无因果关系）？请给出理由。

$$3\to1，2\to1，3\to2，4\to1，3\to4$$

3）在什么情况下（如果有的话），下述变迁中哪些将不会立即引起其他变迁？

1，2，3，4

4）引起进程状态变迁的根本原因是什么？

14. 列举进程状态转换的典型原因和引起进程调度的因素。

15. 在一个进程中使用多个线程有以下两个优点：①在一个已有进程中创建一个新线程比创建一个新进程所需的工作量少；②在同一个进程中的线程间的通信比较简单。请问，同一个进程中的两个线程间的模式切换与不同进程中的两个线程间的模式切换相比，所需的工作量是否要少？

16. 在比较用户级线程和核心级线程时曾指出用户级线程的一个缺点，即当一个用户级线程执行系统调用时，不仅这个线程被阻塞，进程中的所有线程都被阻塞。请问，这是为什么？

17. 考虑这样一个环境，用户级线程和核心级线程呈现一对一的映射关系，并且允许进程中的一个或多个线程产生会引发阻塞的系统调用，而其他线程可以继续运行。为什么在单处理器机器上，这个模型可以使多线程程序的运行速度比相应的单线程程序更快？

18. 当一个进程退出时，该进程的某些线程仍处在运行状态，它们还会继续运行吗？

第四章　进程/线程调度

学习目标：

1. 理解进程调度相关的基本概念，掌握进程调度过程的实现。
2. 理解进程调度算法的设计准则，掌握进程调度算法设计的基本技术。
3. 掌握并运用经典的进程调度算法。
4. 了解其他进程调度算法。
5. 掌握并运用不同操作系统的进程调度算法。
6. 理解多处理器调度算法相关的基本概念，掌握线程调度算法。
7. 理解实时调度算法相关的基本概念，掌握典型的实时调度算法。

建议学时：8 学时

教师导读：

1. 本章介绍进程线程调度的重要概念，是理解操作系统如何通过进程调度算法把 CPU 分配给合适的进程使用的重要知识单元。
2. 多级调度、引发调度的原因、调度过程的实现、上下文环境切换及开销。
3. 调度算法设计准则、调度算法衡量指标。
4. 经典进程调度算法，包括先来先服务、最短作业优先、最短剩余时间优先、时间片轮转调度、优先级调度、多级队列、多级反馈队列调度算法。
5. 公平共享调度、保证调度以及彩票调度算法。
6. BSD 多级反馈队列调度、UNIX SVR4 调度、Linux 抢占式调度、Windows 调度。
7. 多处理器架构、线程调度算法。
8. 实时调度算法的分类和设计。

第一节　进程调度的基本概念

进程调度即处理机调度。在多道程序设计环境中，进程数往往多于处理机数，这将导致多个进程互相争夺处理机。进程调度的任务是控制、协调进程对 CPU 的竞争，按照一定的调度算法，使某一就绪进程获得 CPU 的控制权，转换成运行状态。进程调度也叫低级调度。实际上，进程调度完成的是将一个物理的 CPU 转变成多个虚拟的（或逻辑的）CPU 的工作。

进程调度程序是操作系统的真正核心，它直接负责 CPU 的分配。系统中所有进程都是在 CPU 上运行的，进程调度程序就是它们的切换开关。如果把硬件 CPU 看成一台裸机，那么加上这个调度程序之后，就变成多台逻辑上相同的 CPU，只是速度慢一些。在有些机器上，甚至用微程序设计把这个程序装入只读存储器（Read-Only Memory，ROM）中，从而提高了 CPU 的调度效率。

一、进程调度的主要功能

1）保存现场。当前运行的进程调用进程调度程序时，表示该进程要求放弃 CPU（因时间片用完或等待 I/O 等）。这时，进程调度程序把它的现场信息，如程序计数器和通用寄存器的内容等，保留在该进程的 PCB 的现场信息区中。

2）挑选进程。根据一定的调度算法（如优先级算法），从就绪队列中选出一个进程，并把它的状态改为运行态，准备把 CPU 分配给它。

3）恢复现场。为选中的进程恢复现场信息，并把 CPU 的控制权交给该进程，从而使它接着上次间断的地方继续运行。

二、进程调度的时机

在系统中发生的某些事件会导致当前进程挂起，或者为另外的进程提供抢占在 CPU 上运行的机会。每当出现此类事件时，就要执行进程调度。具体地说，一般在以下事件发生后要执行进程调度。

1）创建进程。当创建新进程时，要决定是运行父进程还是子进程。

2）任务完成。正在运行的进程完成其任务后，主动释放对 CPU 的控制。

3）等待资源。由于等待某些资源或事件，正在运行的进程不得不放弃 CPU。

4）中断发生。当 I/O 设备完成其工作后会发出 I/O 中断，进行中断处理，原先等待该 I/O 的那个进程就从阻塞态变为就绪态。进程调度要决定：是马上让这个新就绪的进程投入运行，还是让正运行的进程继续运行，或者让另外的进程运行。

5）运行到时。在分时系统中，当前进程用完规定的时间片，产生时钟中断，使该进程让出 CPU，调度程序选择另一个就绪进程运行。

三、两级调度模型

进程调度和作业调度是 CPU 主要的两级调度，作业调度的主要任务是完成作业从后备状态到执行状态和从执行状态到完成状态的转换，它们之间的关系如图 4-1 所示。

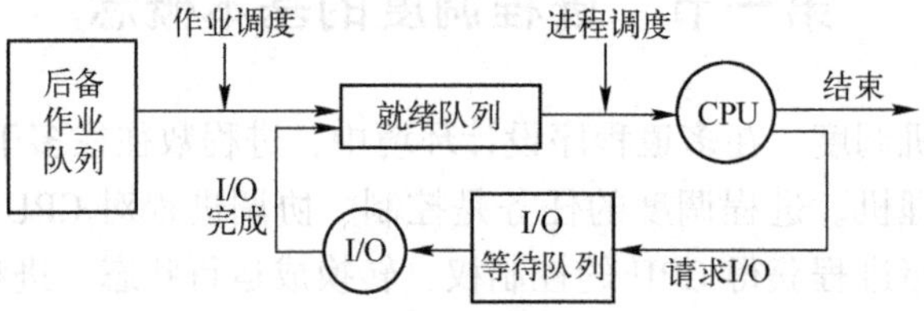

图 4-1　两级调度简化队列

从图 4-1 中可以看出，作业调度是宏观调度，它所选择的作业只是具有了获得处理机的资格，但尚未占有处理机，不能立即在其上实际运行。而进程调度是微观调度，它根据一定的算法，把处理机动态、实际地分配给所选择的进程，使之真正活动起来。

作业调度和进程调度之间的一个基本区别是它们执行的频率不同。进程调度必须相当频繁地为 CPU 选择进程。一个进程在等待 I/O 请求之前仅仅执行几毫秒，因而进程调度可能每 10 毫秒执行一次。因为执行时间很短，所以进程调度必须非常快。如果进程调度程序运行时间占 1 毫秒，挑选的进程运行 10 毫秒，则有 1/(10+1) ≈9%的 CPU 时间用于这种简单的调度工作。

然而，作业调度执行的次数很少，新作业到达系统的间隔可以是几分钟。作业调度控制着程序的道数（即内存中进程的数目）。如果系统中作业道数保持不变，则进入系统的作业的平均到达速率就一定等于离开系统的作业的平均离去速率。这样，仅当有作业离开该系统时才需要调用作业调度程序。因为执行它的时间间隔较长，所以，作业调度完全可以花费较多时间来决定哪个作业将被选去执行。

在某些系统中，没有作业调度，或者即使有也很小。例如，在分时操作系统中，往往没有作业调度程序，而是简单地把每个新进程装入内存，供进程调度程序使用。这种系统的稳定性既取决于物理上的限制（如可用终端的数目），又取决于用户自身调节的性质。如果性能变得太差，则某些用户应退出系统，去做其他事情。

四、三级调度模型

当一个系统中同时存在三级调度时，其相互间的关系如图 4-2 所示。简单来说，作业调度从后备作业中选择一批合适的作业放入内存，并创建相应的进程；进程调度从就绪队列中选择一个最佳进程，让它投入运行；中级调度把在内存中驻留时间较长的进程换到磁盘上，即从就绪队列转到就绪/挂起队列，或从阻塞队列转到阻塞/挂起队列。当内存中有足够的可用空间时，中级调度就从就绪/挂起队列中选择一些合适的进程放入内存，使它们进入就绪队列。

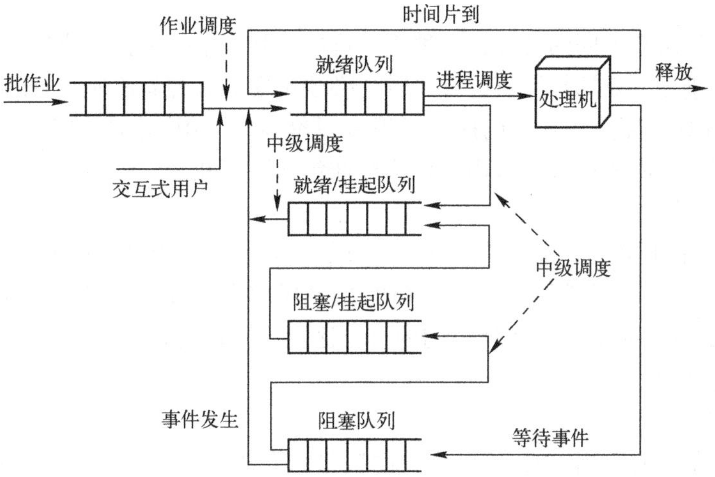

图 4-2　三级调度简化队列

第二节　进程调度算法的设计思路

在计算机操作系统中，调度策略和算法的确定受到多种因素的影响。因此，对调度性能的评价很复杂，但一般“抓主要矛盾”，兼顾其他。

一、调度策略的选择

在实际系统中，往往采取“统筹兼顾”的办法，既保证主要目标的实现，又不使相关指标变得太差。下面列举一些在确定调度策略时应考虑的主要因素。

1）设计目标。所用算法应保证实现系统的设计目标，这是主要矛盾。目标不同，系统设计的要求自然不同。对于批处理操作系统，应尽量提高各种资源的利用率和增加系统的平均吞吐量（即在单位时间内得到服务的平均作业数）；对于分时操作系统，应保证对用户的均衡响应时间；实时操作系统必须实现对事件及时、可靠的处理；网络操作系统应使用户和程序方便、有效地利用网络中的分布式资源。

2）公平性。应公平对待所有作业或进程，使每个进程公平地共享 CPU。

3）均衡性。均衡使用资源，尽量使系统中各种资源都能同时得到利用，提高资源的利用率。

4）统筹兼顾。兼顾响应时间和资源利用率。在各用户由键盘输入命令后，应在很短的时间内得到响应。这一点对分时操作系统尤为重要。

5）优先级。基于相对优先级，但应避免无限期地推迟运行某些进程。随着等待时间的延长，低优先级进程的优先级应得到提升。

6）开销。系统开销不应太大。

应该指出，在实际系统中，往往采用较简单的算法，以避免复杂算法带来的额外负担。

二、性能评价标准

不同的调度算法有不同的特性，一种算法可能有利于某一类作业或进程的运行，而不利于其他类作业或进程。在选择所有的算法时，必须考虑到各种算法所具有的特性。

为了比较 CPU 调度算法，人们提出了很多评价标准。用不同标准作比较，在确定最优算法时会产生完全不同的结果。常用的评价标准包括以下几个。

（1）CPU 利用率

当 CPU 的价格非常昂贵的时候，用户希望尽可能地让它得到充分利用。CPU 的利用率可从 0 到 100%。在实际的系统中，一般 CPU 的利用率为 40%（轻负荷系统）~90%（重负荷系统）。通常，在一定的 I/O 等待时间的百分比之下，运行程序的道数越多，CPU 空闲时间所占的百分比越低。

（2）吞吐量

吞吐量表示单位时间内 CPU 完成作业的数量。对于长作业，吞吐量可能是每小时一个作业；而对于短作业，它可以达到每秒 10 个作业。

（3）周转时间

从一个特定作业的观点出发，最重要的准则是完成这个作业要花费多长时间。从作业提交到作业完成的时间间隔就是周转时间。周转时间是用于作业等待进入内存、进程在就绪队列中等待、进程在 CPU 上执行和完成 I/O 操作所花费时间的总和。

作业 i 的周转时间 T_i 为

$$T_i = t_{ci} - t_{si} \tag{4-1}$$

式中，t_{si} 表示作业 i 的提交时间，即作业 i 到达系统的时间；t_{ci} 表示作业 i 的完成时刻。

系统中 n 个作业的平均周转时间$\overline{T}$为

$$\overline{T}=\left(\sum_{i=1}^{n}T_i\right)\times\frac{1}{n} \tag{4-2}$$

平均周转时间可衡量不同调度算法对相同作业流的调度性能。

作业周转时间没有区分作业实际运行时间长短的特性，因为长作业不可能具有比运行时间还短的周转时间。为了合理地反映长短作业的差别，定义了另一个衡量标准——带权周转时间 W，即

$$W=T/R \tag{4-3}$$

式中，T 为周转时间，R 为实际运行时间。

平均带权周转时间为

$$\overline{W}=\left(\sum_{i=1}^{n}W_i\right)\times\frac{1}{n}=\left(\sum_{i=1}^{n}\frac{T_i}{R_i}\right)\times\frac{1}{n} \tag{4-4}$$

利用平均带权周转时间可比较某种调度算法对不同作业流的调度性能。

（4）就绪等待时间

CPU 调度算法并不会真正影响作业执行或 I/O 操作的时间。各种 CPU 调度算法仅影响作业（进程）在就绪队列中所花费的时间。较短的就绪等待时间意味着进程以较少的时间等待 CPU 资源，能够更快地得到响应并执行。相反，较长的就绪等待时间会导致进程等待过久，降低了系统的响应速度和用户体验。通过缩短就绪等待时间，可以提高系统的吞吐量和并发性能，增加 CPU 的利用率。

（5）响应时间

在交互式系统中，周转时间不可能是最好的评价标准。一个进程往往可以很早就产生某些输出，当前面的结果在终端上输出时，它可以继续计算新的结果。于是有另一个评价标准，即从提交第一个请求到产生第一个响应所用的时间，叫作响应时间。它是刚开始响应的时间，而不是用于输出响应的时间。

第三节　经典进程调度算法

针对不同的系统和系统目标，采用的调度算法往往也不相同。也就是说，不同的系统会采用不同的资源分配办法。在操作系统中存在着多种调度算法，有些适于作业调度，有些适于进程调度，有些对二者都可用。下面介绍几种常用的调度算法。

一、先来先服务调度

先来先服务（First-Come，First-Served，FCFS）调度算法是最简单的一种调度算法。它的实现思想就是“排队买票”的办法。

对于作业调度，按照先来先服务法，每次调度从后备作业队列（以进入时间先后为序）中选择队头的一个或几个作业，把它们调入内存，分配相应的资源，创建进程，然后把进程放入就绪队列。

对于进程调度，采用先来先服务法，即每次调度从就绪队列中选择一个最先进入该队列的进程，把 CPU 分给它，令其投入运行。该进程一直运行，直至完成或者由于某些原因而

阻塞，才放弃 CPU。这样，当一个进程进入就绪队列时，它的 PCB 就链接到就绪队列的末尾。每次进程调度时就把队头进程从该队列中摘下，分给它 CPU，使它运行。

设有三个作业，编号分别为 1、2、3，且分别对应一个进程。各作业依次到达，相差一个时间单位。图 4-3 为采用 FCFS 方式调度时这三个作业的执行顺序，其中，＊表示作业的到达时间，水平实线表示作业执行时间。

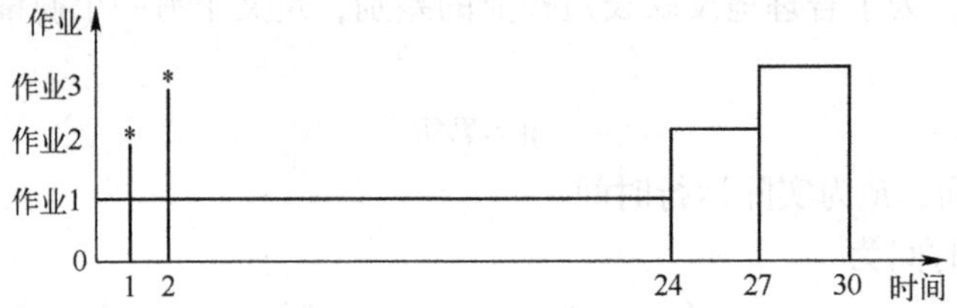

图 4-3　FCFS 调度算法示意图

根据图 4-3，可算出各作业的周转时间和带权周转时间等。FCFS 调度算法的性能见表 4-1。

表 4-1　FCFS 调度算法的性能

作业	到达时间	运行时间	开始时间	完成时间	周转时间	带权周转时间
1	0	24	0	24	24	1
2	1	3	24	27	26	8.67
3	2	3	27	30	28	9.33
平均周转时间 $\overline{T}=26$，平均带权周转时间 $\overline{W}=6.33$						

由表 4-1 可以看出，FCFS 调度算法比较有利于长作业（进程），而不利于短作业（进程）。短作业的运行时间很短，如果让它等待较长时间才得到服务，它的带权周转时间就会很长。

另外，FCFS 调度算法对 CPU 繁忙型作业（指需要大量 CPU 时间进行计算的作业）较有利，而不利于 I/O 繁忙型作业（指需要频繁请求 I/O 的作业），因为在执行 I/O 操作时，往往该作业（进程）要放弃对 CPU 的占有。当 I/O 操作完成后，要进入就绪队列排队，可能要等待相当长的一段时间，才能得到较短时间的 CPU 服务，从而使这种作业的周转时间和带权周转时间都很长。

FCFS 调度算法容易实现，但它的效率较低。

二、时间片轮转调度

时间片轮转调度（Round-Robin，RR）主要用于分时操作系统中的进程调度。为实现轮转调度，系统把所有就绪进程按先入先出的原则排成一个队列。新来的进程加到就绪队列末尾。每当执行进程调度时，进程调度程序总是选出就绪队列的队首进程，让它在 CPU 上运行一个时间片的时间。时间片是一个小的时间单位，通常为 10~100 毫秒。当进程用完分给它的时间片后，系统的计时器发出时钟中断，调度程序便停止该进程的运行，并把它放入就绪队列的末尾；然后，把 CPU 分给就绪队列的队首进程，同样也让它运行一个时间片，如此往复。

例如，考虑如下 4 个进程 A、B、C 和 D 的执行情况。设它们依次进入就绪队列，但彼此相差时间很少，可以近似认为“同时”到达。四个进程分别需要运行 12、5、3 和 6 个时间单位。图 4-4 为时间片 $q=1$ 和 $q=4$ 时它们的运行情况。

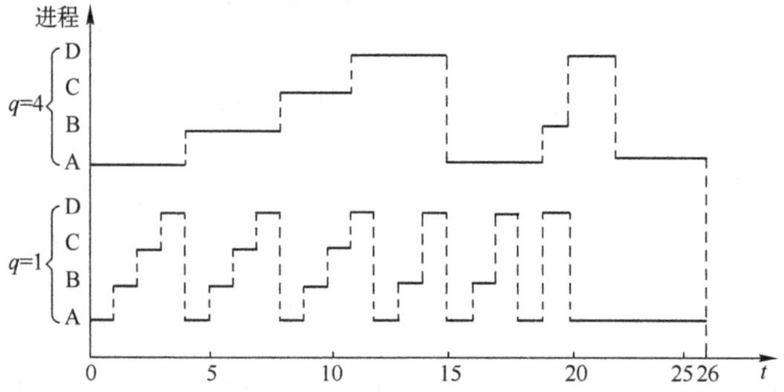

图 4-4　RR 法（$q=1$ 和 $q=4$ 时进程的运行情况）

表 4-2 展示了 A、B、C 和 D 进程的周转时间和带权周转时间等性能指标。

表 4-2　RR 法的性能指标

到达时间	进程名	到达时间	运行时间	开始时间	完成时间	周转时间	带权周转时间
时间片 $q=1$	A	0	12	0	26	26	2.17
	B	0	5	1	17	17	3.4
	C	0	3	2	11	11	3.67
	D	0	6	3	20	20	3.33
	平均周转时间 $\overline{T}=18.5$，平均带权周转时间 $\overline{W}=3.14$						
时间片 $q=4$	A	0	12	0	26	26	2.17
	B	0	5	4	20	20	4
	C	0	3	8	11	11	3.67
	D	0	6	11	22	22	3.67
	平均周转时间 $\overline{T}=19.75$，平均带权周转时间 $\overline{W}=3.38$						

由图 4-4 可以看出，在 RR 法中，一次轮转时间内分给任何进程的 CPU 时间都不会大于一个时间片。如果一个进程在一个时间片内没有做完自己的事情，那么在时间片用完后，该进程就会失去对 CPU 的控制权，被放到就绪队列的末尾。因此，一个运行较长时间的进程需要经过多次轮转才能完成。

可见，时间片的大小对轮转法的性能有很大影响。如果时间片太长，每个进程都在这段时间内运行完毕，那么时间片轮转法就退化为先来先服务调度算法。显然，对用户的响应时间必然加长。如果时间片太短，CPU 在进程间的切换工作就非常频繁，从而导致系统开销增加，因为在每个时间片末尾，都会产生时钟中断，操作系统要处理这个中断，在把 CPU 分给另一个进程之前，要为“老”的进程保留全部寄存器的内容，还要为新选中的进程装配所有寄存器的值。这一工作无疑加大了系统开销。

时间片的长短通常由以下四个因素决定。

- 系统的响应时间。在进程数目一定时，时间片的长短与系统要求的响应时间成正比。
- 就绪队列进程的数目。当系统要求的响应时间一定时，时间片的长短与就绪队列中的进程数成反比。
- 进程的转换时间。若执行进程调度时的转换时间为 t，时间片为 q，为保证系统开销不大于某个标准，应使比值 t/q 不大于某一数值，如 1/10。
- CPU 运行指令速度。CPU 运行速度快，则时间片可以取短些；反之，则应取长些。

三、优先级调度

“急事先办”“重要的事先办”，这是人们熟知的办事原则。先办就是优先处理，表明急事、重要的事有最高的优先级。在操作系统中，也经常使用优先级调度作为作业调度和进程调度的算法。

利用优先级调度算法进行进程调度时，是从就绪队列中选出优先级最高的进程，把 CPU 分给它使用。

在进程调度时，当前就绪队列中有最高优先级的那个进程获得 CPU 的使用权。以后，在该进程的运行过程中，如果在就绪队列中出现优先级更高的进程，怎么办？有两种不同的处理方式。

- 非抢占式优先级法：当前占用 CPU 的进程一直运行，直到完成任务或者因等待某事件而主动让出 CPU 时，系统才让另一个优先级高的进程占用 CPU。
- 抢占式优先级法：当前进程在运行过程中，一旦有另一个优先级更高的进程出现在就绪队列中，进程调度程序就停止当前进程的运行，强行将 CPU 分给优先级更高的进程。

如何确定进程的优先级呢？一般来说，进程优先级可由系统内部定义或由外部指定。内部决定优先级是利用某些可度量的量来定义一个进程的优先级。例如，进程类型、进程对资源的需求（时间限度、需要内存大小、打开文件的数目、I/O 平均工作时间与 CPU 平均工作时间的比值等），用它们来计算优先级。进程的外部优先级是由操作系统以外的因素来决定的。这些因素可以包括用户设置的优先级、应用程序的要求、系统管理员的设定以及其他与操作系统无直接关联的因素。通过外部优先级的设置，用户或应用程序可以根据特定需求对进程进行优先级调整，例如，将重要的任务设置为较高的优先级，以确保其在调度时更快地得到执行。

进程的优先级是“一定终身”，还是“随机应变”？这涉及两种确定进程优先级的方式：静态方式和动态方式。

静态优先级是在创建进程时就确定下来的，而且在进程的整个运行期间保持不变。往往利用上述的内部定义或外部指定的办法规定进程的静态优先级。优先级一般用某个固定范围内的整数表示，例如 0~7 或 0~4095 中的某一个数。这种整数称作优先数。注意，优先级与优先数的对应关系因系统而异，在有些系统中，优先数越大，优先级越高；而另外一些系统则恰恰相反，优先数越小，优先级越高，如 UNIX/Linux 系统就是这样。本书采用“优先数越小、优先级越高”的表示方式。

静态优先级调度算法易于实现，系统开销小。但其主要问题是会出现“饥饿”现象，即某些低优先级的进程无限期地等待 CPU。在负载很重的计算机系统中，如果高优先级的进程很多，就会形成一个稳定的进程流，使得低优先级进程任何时候也得不到 CPU。

动态优先级是随着进程的推进而不断改变的。解决低优先级进程“饥饿”问题的一种办法是“论年头”。这种办法使系统中等待 CPU 很长时间的进程逐渐提升其优先级。例如在 UNIX 系统中，正在运行的用户进程随着占用 CPU 时间的加长，其优先数也逐渐增加（优先级降低）；而在就绪队列中的用户进程随着等待 CPU 时间的加长，其优先数递减（优先级渐升）。经过一段时间后，原来级别较低的进程的优先级就会升上去，而正在运行进程的级别就会降下来，从而实现“负反馈”作用——防止一个进程长期占用 CPU，也避免发生“饥饿”现象。

对于作业调度，同样可采用优先级调度算法，即系统从后备作业队列中选择一批优先级相对高的作业调入内存。

假设有如下一组进程，依次为 P1,P2 ,…,P5，它们都在时刻 0 到达，各自的运行时间和优先数见表 4-3。采用优先级调度算法时，五个进程的执行顺序如图 4-5 所示。可以算出，这五个进程的平均周转时间是 12 个时间单位。

表 4-3　一组进程列表

进　　程	运行时间	优先数
P1	10	3
P2	1	1
P3	2	4
P4	1	5
P5	5	2

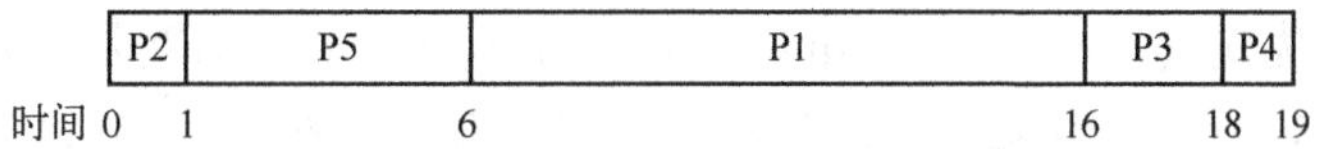

图 4-5　采用优先级调度算法时五个进程的执行顺序

四、最短作业优先调度

最短作业优先（Shortest Job First，SJF）调度主要用于作业调度。其实现思想：从作业的后备队列中挑选那些需要运行时间（估计值）最短的作业放入内存。这是一种非抢占的策略。系统一旦选中某个短作业，就让该作业投入执行，直到该作业完成并退出系统为止。如果有四个作业 A、B、C 和 D，它们的预计运行时间分别为 6、3、15 和 8 个时间单位，利用最短作业优先调度，它们的执行顺序是 B→A→D→C。

最短作业优先调度算法能有效降低作业的平均等待时间和提高系统的吞吐量。但该算法对长作业很不利，并且不能保证紧迫性作业会被及时处理。

举一个 SJF 调度的例子，假设有如下一组进程，CPU 执行时间以毫秒计，见表 4-4。

表 4-4　进程执行时间

进　　程	P1	P2	P3	P4
执行时间	6	8	7	3

采用 SJF 调度算法，就会根据如图 4-6 所示甘特图来调度这些进程。

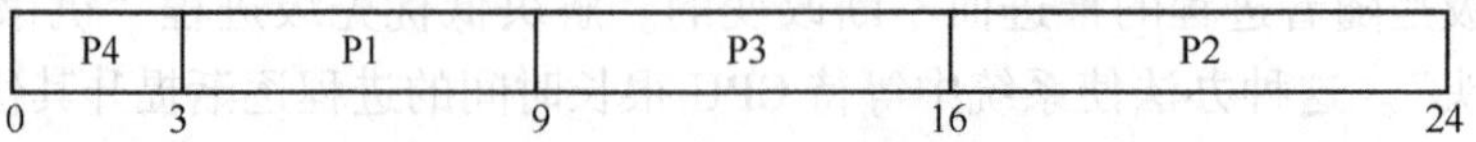

图 4-6　采用 SJF 调度算法的甘特图

进程 P1 的等待时间是 3 ms，进程 P2 的等待时间为 16 ms，进程 P3 的等待时间为 9 ms，进程 P4 的等待时间为 0 ms。因此，平均等待时间为(3+16+9+0) ms/4＝7 ms。相比之下，如果使用 FCFS 调度方案，那么平均等待时间为 10. 25 ms。

可以证明 SJF 调度算法是最优的。这是因为对于给定的一组进程，SJF 调度算法的平均等待时间最小。通过将短进程移到长进程之前，短进程的等待时间的减少大于长进程的等待时间的增加。因而，平均等待时间减少。

SJF 调度算法的真正困难是如何知道下次 CPU 执行的长度。对于批处理操作系统的长期（或作业）调度，可以将用户提交作业时指定的进程时限作为长度。在这种情况下，用户有意精确估计进程时间，因为低值可能意味着更快的响应（过小的值会引起时限超出错误，进而需要重新提交）。SJF 调度经常用于长期调度。

虽然 SJF 调度算法是最优的，但是它不能在短期 CPU 调度级别上加以实现，因为没有办法知道下次 CPU 执行的长度。一种方法是试图近似 SJF 调度。虽然不知道下一个 CPU 执行的长度，但是可以预测它。可以认为下一个 CPU 执行的长度与以前的相似。因此，通过计算下一个 CPU 执行长度的近似值，可以选择具有预测最短 CPU 执行长度的进程来运行。

五、最短剩余时间优先调度

最短剩余时间优先（Shortest Remaining Time First，SRTF）调度是最短作业优先调度的变形，它采用抢占式策略。也就是说，当新进程加入就绪队列时，如果它需要的运行时间比当前运行的进程所需的剩余时间还短，则运行进程被强行剥夺 CPU 的控制权，把那个新进程调度去运行。这种算法总能保证新的短作业一进入系统就会很快得到服务。但是实现这种算法要增加系统的开销（如保存进程断点现场和统计进程剩余时间等）。

假设有三个进程 P1、P2 和 P3，它们需要的 CPU 时间分别为 5、3 和 4 个单位时间。它们到达的时间相同，都是在时间 0 到达。

- 在时间 0，所有进程都处于就绪状态，根据 SRTF 调度算法，选择需要时间最短的进程 P2 开始执行。
- 在时间 3，P2 运行完毕，此时 P1 和 P3 的剩余运行时间分别为 2 和 4 个单位时间，因此选择 P1 执行。
- 在时间 8，P1 运行完毕，此时只剩下 P3，所以选择 P3 继续执行。
- 在时间 12，P3 运行完毕，所有进程执行完毕。

因此，按照 SRTF 调度算法，这些进程的执行顺序为 P2、P1 和 P3。

六、多级队列调度

多级队列（Multilevel Queue）调度是根据作业的某些特性，如占用内存大小和作业类型等，永久性地把各个作业分别链接到不同的队列，每个队列都有自己的调度算法。例如，把前台作业（交互型作业）和后台作业各设一个队列，前台作业的进程可用时间片轮转调度算法，而后台作业的进程可用 FCFS 调度算法。

此外，在各个队列之间也要进行调度，通常采用固定优先级的抢占式调度。例如，前台队列的优先级高于后台队列的。仅当前台队列中的进程都运行完之后，才调度后台队列中的进程运行。

假设有三个进程 P1、P2 和 P3，它们分别属于三个不同的优先级队列 Q1、Q2 和 Q3，其中，Q1 为最高优先级队列，Q3 为最低优先级队列。

- 进程 P1 最初被分配到 Q1 中，因此使用抢占式优先级调度算法对其进行调度。如果在执行过程中有更高优先级的进程到达，则 Q1 中的进程会被暂停并从 Q2 中选择下一个进程继续执行。
- 进程 P2 最初被分配到 Q2 中，因此使用时间片轮转调度算法对其进行调度。该队列中的进程按照顺序轮流运行，在每个时间片结束时，进程会被放回队列尾部以等待下一次执行机会。如果在执行过程中有更高优先级的进程到达，则该进程会被暂停并切换到 Q1。
- 进程 P3 最初被分配到 Q3 中，因此使用 FCFS 调度算法对其进行调度。该队列中的进程按照到达时间顺序运行，直到完成为止。

因此，在这个多级队列调度算法示例中，进程 P1、P2 和 P3 分别被分配到 Q1、Q2 和 Q3 中，并使用不同的调度算法进行处理。这种方法可以根据进程的优先级和特点来灵活地进行任务调度，提高系统的性能和效率。

七、多级反馈队列调度

多级反馈队列（Multilevel Feedback Queue）调度是在多级队列调度算法的基础上加入“反馈”措施。其实现思想：系统中设置多个就绪队列，每个队列对应一个优先级，第一个队列的优先级最高，第二个队列次之，以下各个队列的优先级逐个降低；各就绪队列中进程的运行时间片不同，高优先级队列的时间片小，低优先级队列的时间片大，如从高到低依次加倍；新进程进入系统后，先放到第一个队列的末尾，各队列按 FCFS 方式排队；如果某个进程在相应时间片内没有完成工作，则把它转到下一个队列的末尾；系统先运行第一个队列中的进程，在第一个队列为空后，才运行第二个队列中的进程，依次类推。最后一个队列（最低级）中的进程采用时间片轮转的方式进行调度。

假设有三个优先级别队列(Q1,Q2,Q3)，Q1 的优先级最高，Q3 最低。当一个进程首次到达系统时，它将被插入 Q1 中。如果它在使用完时间片后还没有完成，则被降级到 Q2 中。如果它在 Q2 中也使用完了时间片，那么再次被降级到 Q3 中。当一个进程在任何一个队列中等待超过一定的时间片后，就会被移动到更高优先级的队列中。例如，如果一个进程在 Q2 中等待了 3 个时间片，那么它将被移动到 Q1 中。这种多级反馈队列调度算法可以适应不同类型的进程，并保证提供良好的响应时间和高吞吐量。

虽然多级反馈队列调度算法比较复杂，但具有较好的性能，在 UNIX、Windows NT 和 OS/2 中都采用了类似的调度算法。

第四节　其他进程调度算法

一、公平共享调度

之前讲述的所有调度算法都是把就绪进程集合看作单一的进程池，从这个进程池中选择下一个要运行的进程。该池可以按优先级划分成几个，但它们都是同构的。

但是，在多用户系统中，如果单个用户的应用程序或作业可以组成多个进程（或线程），就会出现传统的调度器不认识的进程集合结构。从用户的角度来看，他所关心的不是某个特定的进程如何执行，而是构成应用程序的一组进程如何执行。因此，基于进程组的调度决策是非常具有吸引力的。该方法通常称作公平共享调度（Fair-share Scheduling）。此外，每个用户都用一个进程表示，这个概念可以扩展到用户组。例如，在分时操作系统中，可能希望把某个部门的所有用户看作同一个组中的成员，然后进行调度决策，并给每个组中的用户提供类似的服务。因此，如果同一个部门中的大量用户登录到系统，则希望响应时间效果的降低主要影响该部门的成员，而不会影响其他部门的用户。

术语“公平共享”表明了这类调度器的基本原则。每个用户被指定了某种类型的权值，该权值不但定义了该用户对系统资源的共享，而且是作为在所有使用的资源中所占的比例来体现的。特别地，每个用户被分配了处理器的共享。这种方案或多或少以线性的方式操作，如果用户 A 的权值是用户 B 的 2 倍，那么从长期运行的结果来看，用户 A 可以完成的工作应该是用户 B 的 2 倍。公平共享调度器的目标是监视使用情况，对那些相对于公平共享的用户占有较多资源的用户，调度器分配较少的资源，而对那些相对于公平共享的用户占有较少资源的用户，调度器会分配较多的资源。

二、保证调度

保证调度算法是一种完全不同的调度算法，它向用户做出明确的性能保证，然后去实现。例如，若系统中有 n 个用户登录，则每个用户将获得 CPU 处理能力的 $1/n$。类似地，在一个有 n 个进程运行的单用户系统中，若所有的进程都等价，则每个进程将获得 $1/n$ 的 CPU 时间。

为了实现所做的保证，系统必须跟踪各个进程自创建以来已使用的 CPU 时间，然后计算各个进程应获得的 CPU 时间，即用自创建以来的时间除以 n。由于各个进程实际获得的 CPU 时间是已知的，因此可以计算出真正获得的 CPU 时间和应获得的 CPU 时间之比。如果比例为 0.5，则说明一个进程只获得了应得 CPU 时间的一半；而如果比例为 2.0，则说明它获得的 CPU 时间是应得时间的 2 倍。于是，操作系统随后转向比例最低的进程，直到该进程的比例超过它的最接近竞争者为止。

三、彩票调度

彩票调度算法是一种概率调度算法。在该算法里，给每个进程分发一定数量的彩票，而调度器则从所有彩票里随机抽取一张彩票，持有该彩票的进程就获得 CPU。这样，如果想让某个进程获得更多的 CPU 时间，就可以给该进程多发几张彩票。彩票调度算法的优势是显而易见的，通过给每个进程至少一张彩票就可以防止“饥饿”问题，因为该进程获得CPU的概率将大于0。

第五节　操作系统调度算法实例

一、BSD多级反馈队列调度

BSD UNIX系统主要用于分时交互环境中，调度算法设计成为交互用户提供好的响应时间，同时保证低优先级的后台作业不会“饿死”。尽管在现代UNIX系统中，该算法已经被取代，但是这种方法很值得研究，因为它是分时调度算法的代表。

BSD UNIX系统采用了多级反馈队列法，在每个优先级队列中采用了轮转的方法。该系统使用1秒抢占方式，也就是说，如果一个正在运行的进程在1秒内没有被阻塞或者完成，它将被抢占。优先级基于进程类型和执行历史。可应用下面的公式

$$\mathrm{CPU}_j(i)=\frac{\mathrm{CPU}_j(i-1)}{2} \tag{4-5}$$

$$P_j(i)=\mathrm{Base}_j+\frac{\mathrm{CPU}_j(i)}{2}+\mathrm{nice}_j \tag{4-6}$$

式中：

1）$\mathrm{CPU}_j(i)$，进程j在区间i中处理器使用情况的度量；

2）$P_j(i)$，进程j在区间i开始处的优先级，值越小，优先级越高；

3）Base_j，进程j的基本优先级；

4）nice_j，用户可控制的调节因子。

每秒都重新计算每个进程的优先级，并且进行一次新的调度决策。给每个进程赋予基本优先级的目的是把所有的进程划分成固定的优先级区。CPU和“nice”组件是被限制的，以防止进程迁移出指定的区（由基本优先级指定）。这些区用于优化对块设备（如磁盘）的访问并且允许操作系统迅速响应系统调用。按优先级递减的顺序，这些区如下：

- 交换程序；
- 块I/O设备控制；
- 文件操作；
- 字符I/O设备控制；
- 用户进程。

这个层次提供对I/O设备最有效的使用。在用户进程区，根据执行历史可以用受I/O限制的进程来处罚受处理器限制的进程。同样，这会提高效率。这个调度策略和轮转抢占方案一起使用，共同满足通用的分时要求。

二、UNIX SVR4调度

UNIX SVR4中使用的调度算法是对早期UNIX系统所使用的调度算法的全面检查。新算法被设计成给实时进程最高的优先权，给内核模式的进程次高的优先权，给其他用户模式的进程（称作分时进程）最低的优先权。

SVR4 中实现的两个重要的修改如下。

1）增加了可抢占的静态优先级调度器，引入了 160 个优先级，并划分到三个优先级类中。

2）插入了可抢占点。由于基本内核是不能被抢占的，因此它只能划分成许多个处理步骤，每一步都必须一直运行到完成，中间不会被中断。在处理步骤之间，有一个称作可抢占点的安全位置，在这里，内核可以安全地进行中断处理，并调度一个新进程。安全位置定义成一个代码区域，在这里，所有的内核数据结构或者是已经更新且一致的，或者通过一个信号量被锁定。

SVR4 中引入了 160 个优先级，每个进程定义成属于这三类优先级中的一类，并被指定为具有该类中的一个优先级。这三类优先级如下。

- 实时（159~100）：具有这些优先级的进程可以保证在任何内核进程或分时进程之前被选择运行。此外，实时进程可以使用可抢占点抢占内核进程和用户进程。
- 内核（99~60）：具有这些优先级的进程可以保证在任何分时进程之前被选择运行，但必须服从实时进程。
- 分时（59~0）：低优先级的进程，通常是除了实时应用程序以外的用户应用程序。

每个优先级都关联着一个调度队列，在某一给定优先级的进程按循环方式执行。有一个位映像向量 dqactmap，它的每一位对应一个优先级。如果某个优先级上的队列不为空，则相应的位被置为 1。当一个正在运行的进程由于阻塞、时间片到期或抢占等原因离开运行状态时，调度器检查 dqactmap，并从优先级最高的非空队列中调度一个就绪进程。此外，当到达一个定义的可抢占点时，内核检查一个称作 kprunrun 的标记，如果它被置位，则表明至少有一个实时进程处于就绪状态，如果当前进程的优先级低于优先级最高的实时就绪进程，则内核抢占当前进程。

在分时类中，进程的优先级是可变的。每当一个进程用完它的时间片时，调度器就会降低它的优先级；如果一个进程在一个事件或资源上阻塞，则调度器会提高它的优先级。分配给分时进程的时间量取决于它的优先级，其范围从给优先级 0 分配的 100 ms 到给优先级 59 分配的 50 ms。每个实时进程都有一个固定的优先级和固定的时间量。

三、Linux 抢占式调度

Linux 系统中的进程，既可以在用户态下运行，又可以在内核态下运行。而内核态的权限高于用户态的权限。进程每次执行系统调用时，其运行方式就会发生变化，从用户态切换到内核态。

Linux 系统的进程调度机制主要涉及调度方式、调度策略、调度时机和调度算法。不同的版本所采用的调度机制有所差别。下面以 Linux 内核版本 4.0 为例，介绍其相关知识。

1. 调度方式

Linux 系统的调度基本上采用“抢占式优先级”方式，当进程在用户模式下运行时，不管它是否自愿，内核在一定条件下（如该进程的时间片用完或等待 I/O）可以暂时中止其运行，而调度其他进程运行。一旦进程切换到内核态下运行，就不受以上条件限制，而一直运行，仅在重新回到用户态之前才会发生进程调度。

Linux 系统中的调度基本上继承了 UNIX 系统的以优先级为基础的调度。也就是说，内核为系统中每个进程计算一个优先级，该优先级反映了一个进程获得 CPU 使用权的资格，即高优先级的进程优先得到运行。内核从进程就绪队列中挑选一个优先级最高的进程，为其分配一个 CPU 时间片，令其投入运行。在运行过程中，当前进程的优先级随时间递减，这样就实现了“负反馈”作用，即经过一段时间之后，原来级别较低的进程就相对“提升”了级别，从而有机会得到运行。当所有进程的优先级都变为 0（最低）时，就需要重新计算一次所有进程的优先级。

2. 调度策略

Linux 系统针对不同类别的进程提供了三种不同的调度策略，即 SCHED_FIFO、SCHED_RR 及 SCHED_OTHER。

1）SCHED_FIFO。SCHED_FIFO 适合短实时进程，它们对实时性的要求比较高，而每次运行所需的时间比较短。一旦这种进程被调度且开始运行，就会一直运行到自愿让出 CPU 或被优先级更高的进程抢占其执行权为止。

2）SCHED_RR。SCHED_RR 对应于 RR 法，适合每次运行需要较长时间的实时进程。一个运行进程分配一个时间片（200 ms），当时间片用完后，CPU 被另外的进程抢占，而该进程被送回相同优先级队列的末尾，内核动态调整用户态进程的优先级。这样，一个进程从创建到完成任务后终止，需要经历多次反馈循环。当进程再次被调度运行时，它就从上次断点处开始继续执行。

3）SCHED_OTHER。SCHED_OTHER 是传统的 UNIX 调度策略，适合交互式分时进程。这类进程的优先级取决于两个因素：一个是进程剩余时间配额，如果进程用完了配给的时间，则相应优先级降到 0；另一个是进程的优先数 nice，这是从 UNIX 系统沿袭下来的方法，优先数越小，其优先级越高。nice 的取值范围是 -20 ~ 19。用户可以利用 nice 命令设定进程的 nice 值。但一般用户只能设定正值，从而主动降低其优先级；只有特权用户才能把 nice 的值设置为负数。在 Linux 系统中，进程的优先级不仅取决于用户优先级和特权用户优先级之和，还涉及其他因素，如 nice 值、调度策略和系统的动态调度机制。

后台命令对应后台进程（又称为后台作业）。后台进程的优先级低于任何交互（前台）进程的优先级。因此，只有当系统中当前不存在可运行的交互进程时，才调度后台进程运行。后台进程往往按批处理方式调度运行。

3. 调度时机

内核进行进程调度的时机有以下五种情况。

- 当前进程调用系统调用 nanosleep( ) 或者 pause( )，使自己进入睡眠状态，主动让出一段时间的 CPU 使用权。
- 进程终止，永久地放弃对 CPU 的使用。
- 在时钟中断处理程序的执行过程中，发现当前进程连续运行的时间过长。
- 当唤醒一个睡眠进程时，发现被唤醒的进程比当前进程更有资格运行。
- 一个进程通过执行系统调用来改变调度策略或者降低自身的优先级（如 nice 命令），从而引起立即调度。

4. 调度算法

进程调度的算法应该比较简单，以便减少频繁调度时的系统开销。Linux 执行进程调度时，首先查找所有在就绪队列中的进程，从中选出优先级最高且在内存的一个进程。如果队列中有实时进程，则实时进程将优先运行。如果最需要运行的进程不是当前进程，则当前进程就会被挂起，并且保存它的现场——所涉及的一切机器状态，包括程序计数器和 CPU 寄存器等，然后为选中的进程恢复运行现场。

四、Windows 调度

Windows 被设计成在高度交互的环境中或者作为服务器尽可能地响应单个用户的需求。Windows 实现了抢占式调度器，它具有灵活的优先级系统，在每一级上都包括了轮转调度方法，在某些级上，优先级可以基于它们当前的线程活动而动态变化。

Windows 中的优先级被组织成两段（两类）：实时和可变。每一段包括 16 个优先级。需要立即关注的线程在实时类中，它包括诸如通信之类的功能和实时任务。

大致来说，由于 Windows 使用了一种优先级驱动的抢占式调度器，因此具有实时优先级的线程优先于其他线程。在单处理器中，当一个线程就绪时，如果它的优先级高于当前正在执行的线程，那么低优先级的线程被抢占，具有更高优先级的线程占用处理器。

这两类优先级的处理方式有一定的不同。在实时优先级类中，所有线程具有固定的优先级，并且它们的优先级永远不会改变，某一给定优先级的所有活动线程在一个轮转队列中。在可变优先级类中，一个线程的优先级在开始时是最初指定的值，但在它的生命周期中可能会发生变化，即上升或者下降。因此，在每个优先级上都有一个 FIFO 队列，一个进程可能在可变优先级类中从一个队列迁移到另一个队列。但是，优先级为 15 的线程不能升到 16 级，也就是说，不能升到实时优先级类的任何级中。

对于可变优先级类中的线程，它最初的优先级是由两个值确定的：进程的基本优先级和线程的基本优先级。进程对象的一个属性是进程的基本优先级，它可以取从 0 到 15 的任何值。与进程对象相关联的每个线程对象都有一个线程的基本优先级属性，表明该线程的基本优先级对应于该进程的基本优先级。线程的基本优先级可以等于它的进程的基本优先级，或者比进程的基本优先级高 2 级或低 2 级。

一旦一个可变优先级类中的线程被激活，则它的实际优先级称作该线程的动态优先级，可以在给定的范围内波动。动态优先级永远不会低于该线程的基本优先级的下限，也永远不会超过 15。如果一个线程由于使用完它的当前时间片而被中断，则 Windows 执行体降低它的优先级；如果一个线程为等待一个 I/O 事件而被中断，则 Windows 执行体提高它的优先级。因此，受处理器限制的线程趋向于比较低的优先级，受 I/O 限制的线程趋向于比较高的优先级。对于受 I/O 限制的线程，执行体为交互式等待（例如等待键盘或显示）而提高它的优先级，其幅度要比为其他 I/O 类型（如磁盘 I/O）而提高优先级的幅度大。因此，在可变优先级类中，交互式线程往往具有最高的优先级。

当 Windows 运行在一个处理器上时，优先级最高的线程总是活跃的，除非它正在等待一个事件。如果有多个线程具有最高的优先级，则处理器在这一级的所有线程间会被循环共享。在一个具有 N 个处理器的多处理器系统中，$N-1$ 个高优先级的线程总是活跃的，在 $N-1$ 个处理器上独占运行。其余的低优先级线程共享剩下的一个处理器。例如，如果有三个处理器，则两个优先级较高的线程在两个处理器上运行，而其余的所有线程则在剩下的一个处理器上运行。

上述原则受线程的处理器关联（Processor Affinity）属性的影响。如果一个线程准备执行，但是唯一可用的处理器不在它的处理器关联集合中，则该线程被迫等待，执行体调度下一个可以得到的线程。

第六节　多处理器调度算法

当一个计算机系统包含多个处理器时，在设计调度功能时就会产生一些新问题。本节首先给出关于多处理器的简单概述，然后分析对进程调度和线程调度的不同考虑。

多处理器系统可以划分为以下几类。

- 松耦合、分布式多处理器、集群：由一系列相对自治的系统组成，每个处理器有自己的主存和I/O通道。
- 专门功能的处理器：I/O处理器就是一个典型的例子。在这种情况下，有一个通用的主处理器，专用处理器受主处理器的控制，并向主处理器提供服务。
- 紧耦合多处理器：由一系列共享同一个主存并在操作系统完全控制下的处理器组成。

本节关注的是最后一类系统，特别是与调度有关的问题。

一、粒度

一种描述多处理器并把它们和其他结构放置在一个上下文环境中的比较好的方法是，考虑系统中进程之间的同步粒度，或者称为同步频率。可以根据粒度的不同来区分并行性。

1. 无约束并行性

对于无约束并行性（Independent Parallelism），进程间没有显式的同步。每个进程都代表各自独立的应用或作业。这类并行性的一个典型应用是分时操作系统。每个用户都执行一个特定的应用，如字处理或使用电子表格。多处理器和多道程序单处理器一样，提供相同的服务。由于有多个处理器可用，因此用户的平均响应时间非常短。

无约束并行性有可能达到这样的性能，即每个用户都如同在使用个人计算机或工作站。如果任何一个文件或信息被共享，则单个系统必须连接在一个有网络支持的分布式系统中。另外，在许多实例中，多处理器共享系统的成本效益比分布式系统更高，它允许节约使用磁盘和其他外围设备。

2. 粗粒度和非常粗粒度并行性

粗粒度（Coarse）和非常粗粒度（Very Coarse）并行性是指，在进程之间存在着同步，但是在一个非常粗的粒度上。这种情况可以简单地处理成一组运行在多道程序单处理器上的并发进程，在多处理器上对用户软件进行很少的改动或者不进行改动就可以提供支持。

一般而言，使用多处理器体系结构，对所有需要通信或同步的并发进程集合都有好处。当进程间的交互不是很频繁的时候，分布式系统可以提供较好的支持。但是，当交互更加频繁时，分布式系统中的网络通信开销会抵消一部分潜在的加速比，在这种情况下，多处理器组织能提供最有效的支持。

3. 中等粒度并行性

应用程序可以通过进程中的一组线程被有效地实现。在这种情况下，可以由程序员显式地指定应用程序潜在的并行性。在典型情况下，在应用程序的线程之间，需要更高程度的合作与交互，从而达到中等粒度（Medium-grain）并行性的同步。

尽管多处理器和多道程序单处理器都支持无约束、非常粗粒度和粗粒度的并行性，并对调度功能产生少许影响或没有影响，但是在处理线程调度时，仍然需要重新分析调度。由于应用程序中各个线程间的交互频繁，因此关于线程调度的决策可能会影响整个应用的性能。

4. 细粒度并行性

细粒度（Fine-grain）并行性代表比线程中的并行更加复杂的使用情况。尽管在高度并行的应用中已经完成了大量的工作，但这仍然是一个特殊的、被分割的领域，有许多不同的方法。

二、设计问题

多处理器中的调度涉及以下三个相关问题。

- 把进程分配到处理器。
- 在单个处理器上使用多道程序设计。
- 一个进程的实际分派。

在讨论这三个问题时，必须牢记所采用的方法通常取决于应用程序的粒度等级和可用处理器的数目。

1. 把进程分配到处理器

如果多处理器的结构是统一的，即没有哪个处理器在访问主存和I/O设备时具有特别的优势，那么最简单的调度方法是把处理器看作一个资源池，并按照要求把进程分配到相应的处理器。随之带来的问题：分配应该是静态的还是动态的？

如果一个进程从激活到完成，一直分配了一个处理器，那么就需要为每个处理器维护一个专门的短程队列。这个方法的优点是调度的开销比较小，因为对于所有进程，处理器的分配只进行一次。同时，使用专用处理器允许的一种称作组调度（Gang Scheduling）的策略。

静态分配的缺点是一个处理器可能处于空闲状态，这时它的队列为空，而另一个处理器却积压了许多工作。为了防止这种情况发生，需要使用一个公共队列。所有进程都进入一个全局队列，然后调度到任何一个可用的处理器中。这样，一个进程在其生命周期中，可以在不同的时间于不同的处理器上执行。在紧耦合的共享存储器结构中，所有处理器都可以得到所有进程的上下文环境信息，因此，调度进程的开销与它被调度到哪个处理器无关。另一种分配策略是动态负载平衡，在该策略中，线程可以在不同处理器所对应的队列之间转移。Linux采用的就是这种动态分配策略。

无论是否给进程分配专用的处理器，都需要通过某种方法把进程分配给处理器。可以使用两种方法：主从式结构和对等式结构。在主从式结构中，操作系统的主要核心功能总是在某个特定的处理器上运行，其他处理器可能仅仅用于执行用户程序。主处理器负责调度作业。当一个进程被激活时，如果从处理器需要服务（例如一次I/O调用），则它必须给主处理器发送一个请求，然后等待服务的执行。这种方法非常简单，几乎不需要对单处理器多道程序操作系统进行增强。由于处理器拥有对所有存储器和I/O资源的控制，因此可以简化冲突解决方案。这种方法有两个缺点：主处理器的失败可能会导致整个系统失败、主处理器可能成为性能瓶颈。

在对等式结构中，操作系统可以在任何一个处理器中执行。每个处理器在可用进程池中进行自调度。这种方法增加了操作系统的复杂性，操作系统必须确保两个处理器不会选择同一个进程，进程也不会从队列中丢失，因此必须采用某些技术来解决和同步对资源的竞争请求。

当然，在这两个极端之间还存在着许多方法。其中一种方法是，可以提供一个处理器子集，以专门用于内核处理，而不是只用一个处理器。另一种方法是基于优先级和执行历史来管理内核进程和其他进程之间的差别。

2. 在单个处理器上使用多道程序设计

如果一个进程在其生命周期中被静态地分配给一个处理器，就会产生一个新问题：该处理器支持多道程序吗？如果把一个处理器分配给一个进程，而该进程因为等待 I/O 或者因为考虑到并发/同步而频繁地被阻塞，则会显得特别浪费。

传统的多处理器处理的是粗粒度或无约束同步粒度，显然，单个的处理器能够在许多进程间切换，以达到较高的使用率和更好的性能。但是，对于运行在多处理器系统中的中等粒度应用程序，当多个处理器可用时，要求每个处理器尽可能地忙就不再那么重要了。相反，需要更加关注如何能为应用提供最好的平均性能。由许多线程组成的一个应用程序的运行情况会很差，除非所有的线程都同时运行。

3. 进程分派

与多处理器调度相关的最后一个设计问题是选择哪一个进程运行。我们已经知道，在多道程序单处理器上，与简单的先来先服务策略相比，使用优先级或者基于使用历史的高级调度算法可以提高性能。当考虑多处理器时，这些复杂性可能是不必要的，反而还有可能达不到预期的目标，相对比较简单的方法可能会更有效，而且开销比较低。对于线程调度的情况，会出现比优先级和执行历史更重要的新问题。

三、进程调度

在大多数传统的多处理器系统中，进程并不是被指定到一个专门的处理器。不是所有处理器都只有一个队列，或者使用某种类型的优先级方案，而是有多个基于优先级的队列，并且都送入相同的处理器池中。在任何情况下，都可以把系统看作多服务器排队结构。

考虑一个双处理器系统，每个处理器的处理率为单处理器系统中处理器处理率的一半。接下来根据进程服务时间来比较 FCFS 调度算法、时间片轮转调度算法和最短剩余时间优先调度算法。进程服务时间可以用来度量整个作业所需的处理器时间总量，或者该进程每次准备使用处理器时所需的时间总量。对于时间片轮转调度算法，假设时间片的长度比上下文环境切换的开销大，而比平均服务时间短，其结果取决于服务时间的变化。通常，这种变化是用变化系数 C_s 度量的。$C_s=0$ 对应于没有变化的情况：所有进程的服务时间是相等的。也就是说，C_s 的值越大，服务时间的变化越大。在处理器服务时间的分配中，C_s 的值通常不会超过 5。在双处理器的情况下，调度算法间的差别很小。对于双处理器，在 FCFS 调度算法下，一个需要长服务时间的进程很少被中断，其他进程可以使用其他处理器。

对于双处理器，调度原则的选择没有在单处理器中显得重要。显然，当处理器的数目增加时，这个结论会更加确定。因此，在多处理器系统中使用简单的 FCFS 原则或者在静态优先级方案中使用 FCFS 就足够了。

四、线程调度

线程执行的概念与进程中的定义是不同的。一个应用程序可以作为一组线程来实现，这些线程可以在同一个地址空间中协作和并发执行。

在单处理器中，线程可以用作辅助构造程序，并在处理过程中重叠执行 I/O。由于在进行线程切换时的性能损失远远小于进程切换的开销，因此可以用很小的代价实现这些优点。在多处理器系统中，线程的全部能力得到了更好地展现。在这个环境中，线程可以用于开发应用程序中真正的并行性。如果一个应用程序的各个线程同时在各个独立的处理器中执行，其性能就会得到显著提高。但是，对于在线程间需要交互的应用程序（中等粒度并行性），线程管理和调度中很小的变化就会对性能产生重大的影响。多处理器线程调度是一个非常活跃的研究领域，本节将给出关于一些重要问题和方法的讨论与概述。

在多处理器线程调度和处理器分配的各种方案中，有以下四种比较突出的方法。

- 负载分配：不是将进程分配到一个特定的处理器，而是维护一个就绪进程的全局队列，每个处理器只要空闲就从队列中选择一个线程。这里使用术语“负载分配”（Load Sharing）来区分这种策略和负载平衡（Load Balancing）方案，负载平衡是基于一种比较永久的分配方案来分配工作的。
- 组调度：一组相关的线程基于一对一的原则，同时调度到一组处理器上运行。
- 专用处理器分配：这种方法正好与负载分配的方法相反，它通过把线程指定到处理器来定义隐式的调度。在程序执行过程中，每个程序被分配给一组处理器，处理器的数目与程序中线程的数目相等。当程序终止时，处理器返回到总的处理器池中，可供分配给另一个程序。
- 动态调度：在执行期间，进程中线程的数目可以改变。

1. 负载分配

负载分配可能是最简单的方法，也是可以从单处理器环境中直接移用的方法。它有以下优点。

- 负载均匀地分布在各个处理器上，确保当有工作可做时，没有处理器是空闲的。
- 不需要集中调度器。当一个处理器可用时，操作系统调度例程就会在该处理器上运行，以选择下一个线程。
- 可以组织和访问全局队列，包括基于优先级的方案和考虑了执行历史或预计处理请求的方案。

负载分配有以下缺点。

- 中心队列占据了必须互斥访问的存储器区域。因此，如果有许多处理器同时查找工作，就有可能成为瓶颈。当只有很少的几个处理器时，这不是什么大问题；但是，当多处理器系统包含了几十个甚至几百个处理器时，就可能出现瓶颈。
- 被抢占的线程可能不在同一个处理器上恢复执行。如果每个处理器都配备一个本地 Cache，则缓存的效率会很低。
- 如果将所有线程看作一个公共的线程池，则一个程序的所有线程不可能同时获得访问处理器的权利。如果一个程序的线程间需要高度的合作，所涉及的进程切换就会严重影响性能。

尽管负载分配可能存在许多缺点，但它仍然是当前多处理器系统中使用最多的一种方案。Mach 操作系统中使用了一种改进后的负载分配技术。操作系统为每个处理器维护一个本地运行队列和一个共享的全局运行队列。本地运行队列供临时绑定在某个特定处理器上的进程使用。处理器首先检查本地运行队列，使得绑定的线程绝对优先于未绑定的线程。使用绑定线程的一个例子是用一个或多个处理器专门运行属于操作系统一部分的进程。另一个例子是特定应用程序的线程可以分布在许多处理器上，通过适当的附加软件，它可以提供对组调度的支持。

2. 组调度

组调度具备以下优点。

- 如果密切相关的进程并行执行，那么同步阻塞可能会减少，并且可能只需要很少的进程切换，性能会提高。
- 调度开销可能会减少，因为一个决策可以同时影响许多处理器和进程。

对于从中等粒度到细粒度的并行应用程序，组调度是非常必要的，因为如果这种应用程序的一部分准备运行，而另一部分却还没有运行，它的性能会严重下降。它对全体并行应用程序都有好处，即使那些对性能要求没有那么高的应用程序也是如此。组调度在许多多处理器操作系统中都得到了实现。

组调度提高应用程序性能的一个主要方式是使进程切换的开销最小。假设进程的一个线程正在执行，并且到达一点，必须与该进程的另一个线程在该处同步。如果这个线程没有运行，但是在就绪队列中，则第一个线程被挂起，直到在其他处理器上进行了进程切换并得到了需要的线程为止。对于线程间需要紧密合作的应用程序，这种切换会严重降低性能。合作线程的同时调度还可以节省资源分配的时间。例如，多个组调度的线程可以访问一个文件，而不需要在执行定位、读、写操作时进行锁定的额外开销。

3. 专用处理器分配

专用处理器分配是组调度的一种极端形式，即在一个应用程序执行期间，把一组处理器专门分配给这个应用程序。也就是说，当一个应用程序被调度时，它的每一个线程都被分配给一个处理器，这个处理器专门用于处理这个线程，直到应用程序运行结束为止。

这个方法看上去极端浪费处理器时间，如果应用程序的一个线程被阻塞、等待 I/O 或与其他线程同步，则该线程的处理器一直空闲：处理器没有多道程序设计。以下两点可以在一定程度上解释使用这种策略的原因。

1）在一个高度并行的系统中，有数十个或数百个处理器，每个处理器的使用代价只占系统总使用代价的一小部分，处理器使用率不再是衡量有效性或性能的一个重要因素。

2）在一个程序的生命周期中，避免进程切换会加快程序的执行速度。

4. 动态调度

某些应用程序可能提供了语言和系统工具，允许动态改变进程中的线程数目，这就使得操作系统可以通过调整负载情况来提高使用率。

有一种方法可以使得操作系统和应用程序共同进行调度决策。操作系统负责把处理器分配给作业，每个作业通过把它的一部分可运行任务映射到线程，使用当前划分给它的处理器执行这些任务。关于运行哪个子集以及当该进程被抢占时应该挂起哪个线程之类的决策留给单个的应用程序（可能通过一组运行时库例程）。这种方法并不适合所有的应用程序。某些应用程序可能会默认使用一个线程，而其他应用程序可以设计成使用操作系统的这种功能。

对可以采用动态调度的应用程序，这种方法优于组调度和专用处理器分配。但是，该方法的开销可能会抵消它的一部分性能优势。为证明动态调度的价值，需要在实际系统中不断体验。

第七节　实时调度算法

一、实时调度算法概述

实时调度是计算机科学中最活跃的研究领域之一。本节将给出各种实时调度算法的概述，并提供4类通用的调度算法。

实时调度算法的设计取决于：一个系统是否执行可调度性分析；如果执行，它是静态的还是动态的；分析结果自身是否根据在运行时分派的任务产生一个调度或计划。基于这些考虑，分以下几类进行说明。

- 静态表驱动调度算法：执行关于可行调度的静态分析。分析的结果是一个调度，它用于确定在运行时一个任务何时必须开始执行。
- 静态优先级驱动抢占调度算法：同样执行一个静态分析，但是没有指定调度，而且用于给任务指定优先级，使得它可以使用传统的优先级驱动的抢占式调度器。
- 基于动态规划调度算法：在运行时动态地确定可行性，而不是在开始运行前离线确定。一个到达的任务，只有当能够满足它的时间约束时，才可以被接受执行。可行性分析的结果是一个调度或规划，可用于确定何时分派这个任务。
- 动态尽力调度算法：不执行可行性分析。系统试图满足所有的最后期限，并终止任何已经开始运行但错过最后期限的进程。

静态表驱动调度（Static Table-driven Scheduling）适用于周期性任务。该分析的输入为周期性的到达时间、执行时间、周期性的最后结束期限和每个任务的相对优先级。调度器试图开发一种调度，使得它能够满足所有周期性任务的要求。这是一种可预测的方法，但是不够灵活，因为任何任务要求的任何变化都需要重做调度。最早最后期限优先或其他周期性的最后期限技术都属于这类调度算法。

静态优先级驱动抢占调度（Static Priority-driven Preemptive Scheduling）与大多数非实时多道程序系统中的优先级驱动的抢占式调度所用的机制相同。在非实时操作系统中，各种因素都可能用于确定优先级。例如，在分时操作系统中，进程优先级的变化取决于它是受处理器限制的还是受I/O限制的。在实时操作系统中，优先级的分配与每个任务的时间约束相关。这种方法的一个例子是速率单调调度算法，它基于周期的长度给任务指定静态优先级。

基于动态规划调度（Dynamic Planning-based Scheduling），在一个任务已到达但尚未执行时，试图创建一个包含前面被调度任务和新到达任务的调度。如果新到达的任务可以按这种方式调度：满足它的最后期限，但是当前被调度的任务也不会错过它的最后期限，则修订这个调度以适应新任务。

动态尽力调度（Dynamic Best Effort Scheduling）是当前许多商用实时系统所使用的方法。当一个任务到达时，该系统根据任务的特性给它指定一个优先级，并通常使用某种形式的时限调度（Deadline Scheduling），如最早最后期限优先调度。在典型情况下，这些任务是非周期性的，因此不可能进行静态调度分析。而对于这类调度，直到到达最后期限或者直到任务完成，都无法确定是否满足时间约束，这是这类调度的一个主要缺点，而它的优点是易于实现。

二、限期调度

大多数现代实时操作系统的设计目标是尽可能快速地启动实时任务，因此强调快速中断处理和任务分派。事实上，在评估实时操作系统时，并没有一个特别有用的度量。尽管存在动态资源请求和冲突、处理过载和软硬件故障，但实时应用程序通常并不关注绝对速度，它关注的是在最有价值的时间完成（或启动）任务，既不要太早，又不要太晚。它按照优先级提供的天然工具，捕获在最有价值的时间完成（或启动）的需求。

近年来不断提出了许多关于实时任务调度的更有力、更适合的方法，所有这些方法都基于每个任务的额外信息，常见的信息如下。

- 就绪时间：任务开始准备执行时的时间。对于重复或周期性任务，这实际上是一个事先知道的时间序列。而对于非周期性任务，或者事先知道这个时间，或者操作系统仅仅知道什么时候任务真正就绪。
- 启动最后期限：任务必须开始的时间。
- 完成最后期限：任务必须完成的时间。典型的实时应用程序或者有启动最后期限，或者有完成最后期限，但不会两者都存在。
- 处理时间：从执行任务直到完成任务所需的时间。在某些情况下，可以提供这个时间，而在另外一些情况下，操作系统度量指数平均值。其他调度系统没有使用这个信息。
- 资源需求：任务在执行过程中所需的资源集合（处理器以外的资源）。
- 优先级：度量任务的相对重要性。硬实时任务可能具有绝对的优先级，如果错过最后期限，则会导致系统失败。如果系统无论如何也要继续运行，则硬实时任务和软实时任务可以被指定相关的优先级，以指导调度器。
- 子任务结构：一个任务可以分解成一个必须执行的子任务和一个可选的子任务。只有必须执行的子任务拥有“硬最后期限”。

当考虑最后期限时，实时调度功能可以分成许多维：下一次调度哪个任务以及允许哪种类型的抢占。可以看到，对于一个给定的抢占策略，其具有启动最后期限或者完成最后期限，采用最早最后期限优先的策略调度，可以使超过最后期限的任务数最少。这个结论既适用于单处理器配置，又适用于多处理器配置。

当确定了启动最后期限后，就可以使用非抢占式调度器。在这种情况下，当实时任务完成必须执行的部分或者关键部分时，它自己负责阻塞自己，使得别的实时启动最后期限能够得到满足。对于具有完成最后期限的系统，抢占策略是最适合的。例如，任务 X 正在运行，任务 Y 就绪，能够使 X 和 Y 都满足它们的完成最后期限的唯一方法可能是抢占 X、运行 Y 直到完成，然后恢复 X，并运行到完成。

三、速率单调调度

为周期性任务解决多任务调度冲突的一个非常好的方法是速率单调调度（Rate Monotonic Scheduling，RMS）。RMS 基于任务的周期给它们指定优先级。

在 RMS 中，最短周期的任务具有最高优先级，次短周期的任务具有次高的优先级，以此类推。当同时有多个任务被执行时，最短周期的任务被优先执行。如果将任务的优先级看作速率的函数，那么这就是一个单调递增的函数，“速率单调调度”因此而得名。

任务周期 T，指从该任务的一个实例到达到下一个实例到达之间的时间总量。任务速率（单位为 Hz）为它的周期（单位为 s）的倒数。例如，一个任务的周期为 50 ms，则它以 20 Hz 的速率发生。在典型情况下，任务周期的末端也是该任务的硬最后期限，尽管一些任务可能有更早的最后期限。执行时间（或计算时间）C 是每个发生的任务所需的处理时间总量。显然，在一个单处理器系统中，执行时间必须不大于它的周期（必须保证 $C \leqslant T$）。如果一个周期性任务总是运行到完成，也就是说，该任务的任何一个实例都不曾因为资源缺乏而被拒绝服务，则该任务的处理器使用率为 $U=C/T$。例如，一个任务的周期为 80 ms，执行时间为 55 ms，则它的处理器使用率为 $55/80=0.6875$。

对于速率单调调度，优先级最高的任务是周期最短的任务，优先级次高的任务是周期次短的任务，依次类推。当有多个任务可供执行时，周期最短的任务首先得到服务。如果把任务的优先级描绘成关于它的速率的函数，其结果是一个单调递增函数，因此称作速率单调调度。

四、优先级反转

优先级反转（Priority Inversion）是一种在任何基于优先级的可抢占的调度方案中都能发生的现象，它与实时调度的上下文关联特别大。最有名的优先级反转的例子是火星探路者任务。火星探路者在 1997 年 7 月 4 日着陆火星，然后开始收集并向地球传回大量的数据。但是，任务进行了几天以后，着陆器的软件开始出现整个系统重启的问题，导致了数据的丢失。在制造了火星探路者的喷气推进实验室的不懈努力下，发现问题出现在优先级反转上。

在任何优先级调度方案中，系统应该不停地执行具有最高优先级的任务。当系统内的环境迫使一个较高优先级的任务去等待一个较低优先级的任务时，优先级反转就会发生。高优先级的任务将会被置为阻塞状态，直到能够得到需要的资源为止。如果低优先级的任务迅速使用完资源并且释放掉，那么高优先级的任务可能迅速返回并且可能没有背离实时的限制。

一个更加严重的情况被称为无界限优先级反转（Unbounded Priority Inversion），在这种情况下，优先级反转的持续时间不仅依赖于处理共享资源的时间，而且依赖于其他不相关任务的不可预测的行为。在 Pathfinder 软件中出现的优先级反转是无界限的，并且是这种现象的一个很好的例子。Pathfinder 软件包含下面三个任务，以优先级递减的顺序介绍如下。

T1：周期性地检查太空船系统和软件的状况。

T2：处理图片数据。

T3：临时检测设备的状态。

在 T1 执行完后，将计时器重新初始化为最大值。如果计时器计时完毕，那么就认为整个着陆器的软件被不知名的原因所终止，处理器将会终止，所有的服务都会重启，软件完全重新装载，太空船系统被检测，整个系统重新开始。这个恢复的序列直到下一天才能完成。T1 和 T3 共享一个通用的数据结构，这个数据结构被一个二元信号量 s 所保护。

优先级继承协议的基本思想是优先级较低的任务继承任何与它共享同一个资源的优先级较高的任务的优先级。当高优先级的任务在资源上阻塞的时候，优先级立即更改。当资源被低优先级的任务释放时，这个改变结束。

在优先级反转中，优先级与每个资源相关联，赋给资源的优先级比具有最高优先级的用户的优先级要高一级。调度器然后动态地将这个优先级分配给任何访问该资源的任务。一旦任务使用完资源，优先级就会返回到以前的值。

本章小结

调度包括进程调度和线程调度，它们的主要区别在于操作的实体不同。进程调度管理整个进程，包括其中的所有线程，而线程调度仅管理单个线程在 CPU 上的执行。

在系统中发生的某些事件会导致当前进程挂起，或者为另外的进程提供抢占在 CPU 上运行的机会。每当出现此类事件时，就要执行调度。在操作系统的调度过程中，当前运行的进程调用进程调度程序时，表示该进程要求放弃 CPU（因时间片用完或等待 I/O 等）。这时，进程调度程序把它的现场信息，如程序计数器和通用寄存器的内容等，保留在该进程的 PCB 的现场信息区中。操作系统根据一定的调度算法（如优先级算法），从就绪队列中选出一个进程，并把它的状态改为运行态，准备把 CPU 分配给它。最后恢复现场，即为选中的进程恢复现场信息，并把 CPU 的控制权交给该进程，从而使它接着上次间断的地方继续运行。

在计算机操作系统中，调度策略和算法的确定受到多种因素的影响。因此，对调度性能的评价很复杂。在实际系统中，往往采取“统筹兼顾”的办法，既保证主要目标的实现，又不使相关指标变得太差。不同的调度算法有不同的特性，一种算法可能有利于某一类作业或进程的运行，而不利于其他类作业或进程。在选择算法时，必须考虑到各种算法具有的特性。为了比较 CPU 调度算法，人们提出了很多评价标准。用不同标准做比较，在确定最优算法时会产生完全不同的结果。

针对不同的系统和系统目标，往往采用的调度算法也不相同。也就是说，不同的系统会采用不同的资源分配办法。在操作系统中存在着多种调度算法，有些适于作业调度，有些适于进程调度，有些调度算法对二者都可用。常用的调度算法包括先来先服务调度算法、时间片轮转调度算法、优先级调度算法、最短作业优先调度算法、最短剩余时间优先调度算法、多级队列调度算法和多级反馈队列调度算法。这些经典的调度算法都是把就绪进程集合看作单一的进程池，从这个进程池中选择下一个要运行的进程。该池可以按优先级划分成几个，但它们都是同构的。除此之外，多用户系统中还包括公平共享调度、保证调度和彩票调度。

不同的操作系统，调度算法也各不相同。BSD UNIX 系统主要用于分时交互环境中，调度算法既要为交互用户提供好的响应时间，同时保证低优先级的后台作业不会“饿死”。尽管在现代 UNIX 系统中，该算法已经被取代，但是这种方法很值得研究，因为它是分时调度算法的代表。BSD UNIX 系统采用了多级反馈队列调度算法，在每个优先级队列中采用了轮转的方法。该系统使用 1 秒抢占方式，也就是说，如果一个正在运行的进程在 1 秒内没有被阻塞或者完成，那么它将被抢占。UNIX SVR4 中使用的调度算法是对早期 UNIX 系统所使用的调度算法的全面检查。新算法被设计成给实时进程最高的优先级，给内核模式的进程次高的优先级，给其他用户模式的进程（称作分时进程）最低的优先级。Linux 系统中的进程，既可以在用户态下运行，又可以在内核态下运行。而内核态的权限高于用户态的权限。进程每次执行系统调用时，其运行方式就会发生变化，从用户态切换到内核态。Windows 实现了抢占式调度器，它具有灵活的优先级系统，在每一级上都包括了轮转调度方法，在某些级上，优先级可以基于它们当前的线程活动而动态变化。Windows 中的优先级被组织成两段（两类）：实时和可变。每一段包括 16 个优先级。需要立即关注的线程在实时类中，它包括诸如通信之类的功能和实时任务。

大致来说，由于 Windows 使用了一种优先级驱动的抢占式调度器，因此具有实时优先级的线程优先于其他线程。在单处理器中，当一个线程就绪时，如果它的优先级高于当前正在执行的线程，那么低优先级的线程将被抢占，具有更高优先级的线程占用处理器。

一般来说，在实时操作系统中，某些任务是实时任务，它们具有一定的紧急度。这类任务试图控制外部世界发生的事件，或对这些事件做出反应。由于这些事件是“实时”发生的，因此实时任务必须能够跟得上它所关注的事件。因此，通常会给某个特定任务指定一个最后期限，最后期限指定开始时间或结束时间。这类任务分为硬实时任务和软实时任务两类。硬实时任务是指必须满足最后期限的任务，否则会给系统带来不可接受的破坏或致命的错误。软实时任务也有一个与之关联的最后期限，且希望能满足这一期限的要求，但并不强制，即使超过了最后期限，调度和完成这个任务仍然是有意义的。在考察实时调度算法时，各种调度算法取决于：一个系统是否执行可调度性分析；如果执行，它是静态的还是动态的；分析结果自身是否会根据在运行时分派的任务产生一个调度或计划。

知 识 点

(1) 调度概念

调度的功能、调度的时机、引发调度的原因、调度过程的实现、上下文环境切换及开销。

(2) 调度算法

- 设计准则
- 衡量指标

(3) 经典进程调度算法

- 先来先服务调度
- 时间片轮转调度
- 优先级调度
- 最短作业优先调度

- 最短剩余时间优先调度
- 多级队列调度
- 多级反馈队列调度

（4）其他进程调度算法

- 公平共享调度
- 保证调度
- 彩票调度

（5）多处理器调度算法

- 线程粒度
- 单处理器与多处理器的比较
- 进程调度与线程调度的区别

（6）实时调度算法

- 实时调度算法概述
- 限期调度
- 速率单调调度
- 优先级反转

习　　题

1. 阐述进程调度的主要任务。为什么说它可以把一台物理机变成多台逻辑上的处理机？

2. 抢占式进程调度是指系统能够强制性地使执行进程放弃处理机。分时操作系统采用的是抢占式还是非抢占式进程调度？实时操作系统呢？

3. 在 CPU 按优先级调度的系统中：

1）没有运行进程是否一定就没有就绪进程？

2）没有运行进程、没有就绪进程或两者都没有是否可能？各是什么情况？

3）运行进程是否一定是就绪进程中优先级最高的？

4. 对某系统进行监测后发现，每个进程在 I/O 阻塞之前的平均运行时间为 T。一次进程切换需要的时间为 S，这里 S 实际上就是开销。采用时间片长度为 Q 的时间片轮转调度算法，请给出下列情况的 CPU 利用率的计算公式。

1）$Q=\infty$

2）$Q>T$

3）$S<Q<T$

4）$Q=S$

5）Q 趋近于 0

5. 大多数时间片轮转调度程序使用一个固定大小的时间片，请给出选择小时间片的理由。然后，再给出选择大时间片的理由。

6. 5 个批处理作业 A～E 同时到达一个计算中心，它们的估计运行时间分别为 10、6、2、4 和 8 分钟，优先数（由外部设定）分别为 3、5、2、1 和 4，其中 5 对应最高优先级。对于下列调度算法，计算其平均带权周转时间，可忽略进程切换的开销。

1）时间片轮转调度算法

2）优先级调度算法

3）先来先服务调度算法（按照 10、6、2、4、8 的次序运行）

4）最短作业优先调度算法

对于 1)，假设系统具有多道处理能力，每个作业均获得公平的 CPU 时间，对于 2）~ 4)，假设任一时刻只有一个作业运行，直到结束。所有的作业都是 CPU 密集型作业。

7. 有 5 个待运行作业，它们的估计运行时间分别是 9、6、3、5 和 X。采用哪种次序运行各作业将得到最短的平均周转时间？(答案依赖于 X)

8. 列出并简单说明典型的线程调度算法。

9. 列出并简单说明典型的实时调度算法。

10. 一个任务的哪些信息在实时调度时会非常有用？

第五章 存储管理

学习目标：

1. 理解内存空间的概念、层次、分配和回收方法。
2. 理解程序装入时地址的转换过程。
3. 掌握可变分区内存分配方案和内存紧缩技术。
4. 理解覆盖技术和交换技术。
5. 理解虚拟页式存储管理方案，以及虚拟空间和虚拟地址的概念与对应关系。
6. 掌握虚拟页式存储管理方案中的地址转换过程、页的大小设置、页表、页表项。
7. 掌握TLB、典型的页面置换算法及缺页异常处理过程。
8. 理解颠簸与工作集模型。

建议学时： 12学时

教师导读：

1. 本章介绍关于存储模型的重要概念，是理解操作系统如何根据程序的地址在内存中找到相应指令和数据的重要知识单元。
2. 虚拟页式存储管理方案的设计、实现，以及该方案的特点。
3. 交换技术与虚拟存储管理技术的相似点和差异。
4. 两级或多级页表的原理，硬件TLB机制在虚拟存储管理方案中的作用。
5. 若干术语的内涵等价性：地址重定位与地址转换、地址翻译、地址变换、地址映射；物理页面与页帧、页框、内存块；TLB与转换检测缓冲区、快表、旁路寄存器；页内地址与页内偏移、页内位移。

计算机系统中的存储器可以分成两类：内存储器（简称内存）和外存储器（简称外存）。处理器可以直接访问内存，但不能直接访问外存。只有通过相应的输入/输出设备才可以将外存装入内存或从内存存放到外存，通常外存是可以持久保存信息的，而内存在掉电后会丢失信息。新型闪存既可以直接访问，又可以在掉电之后继续保存信息，但是其写入速度与处理器不相匹配，通常也作为外存使用，例如固态硬盘。

与早期的电子计算机相比较，尽管目前计算机的内存容量已经非常大了，但是程序大小的增长速度与内存容量的增长速度几乎一样快。使用计算机的人总在抱怨机器的内存太小，总是不够用。所以，对存储器的管理显得愈发重要，因为使内存和外存高效工作是操作系统的重要任务之一。

在操作系统中，管理内存的部分称为存储管理，存储管理的好坏会直接影响计算机系统工作性能的高低。

第一节 概 述

计算机系统中的存储部件是需要物理实现的，理想存储部件需要具有高速、海量和非易失的特性，但是实际存储部件无法同时具有上述三个特性，因此存储管理需要有机组合各种不同的物理存储部件，形成其自有的体系结构。这是理解存储管理的基础。存储管理具体需要完成的任务是本节介绍的主要内容。

一、存储体系

在计算机系统中，存储器是计算机处理信息的来源与归宿，占据着重要地位。到目前为止，最先进的计算机科学技术能够提供的存储部件的速度仍然明显慢于同级别的处理器的速度。而且由于成本等方面的原因，任何一种存储部件都无法在速度与容量两个方面同时满足用户的需求。为解决这些矛盾，采用如图 5-1 所示的存储体系。

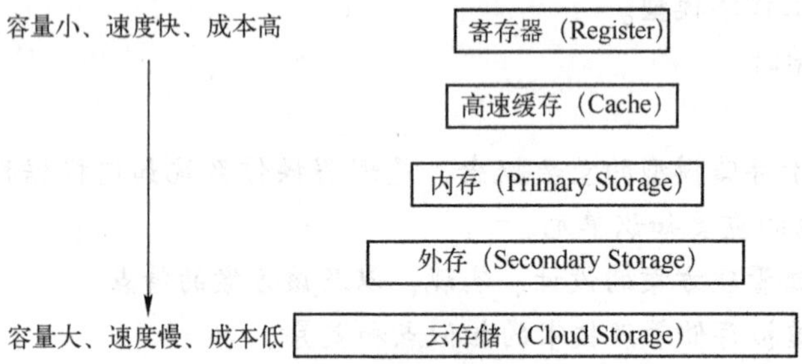

图 5-1 存储体系

上述存储体系中包含：处理器中暂存信息的寄存器；少量的、非常快速的、昂贵的、内容易变的高速缓存，通常是 MB 数量级；中等速度的、中等价格的、内容易变的内存，通常是 GB 数量级；低速的、价廉的、内容不易变的外存，通常是 TB 数量级（外存部件包括磁盘或闪存组成的固态硬盘、光盘、磁带机等，总容量可以达到 TB 或 PB 级别）；而大量外存部件有组织地组合在一起并通过高速网络和用户连接，就形成了云存储。

快速存储设备和大容量存储设备必须成为统一的整体，由操作系统协调这些存储器的使用。对内存速度和容量的要求是，内存的直接存取速度尽量快到与 CPU 取指速度相匹配，其容量大到能装下当前运行的程序与数据，否则 CPU 执行速度就会受到内存速度和容量的影响而得不到充分发挥。各种速度和容量的存储器硬件，在操作系统协调之下形成了一种存储器层次结构，或称存储体系。

二、存储管理的任务

程序需要有一个可以长久存放的外存空间，通常是磁盘；程序能够快速运行的条件是处理器能够直接访问，因此必须占用一定的内存空间。存储管理需要协调内存、外存的使用，管理的好坏将直接影响系统性能。外存管理通常通过文件系统来实现；内存管理是对处理器直接访问的内存空间进行管理。内存空间是指由存储单元（字节或字）组成的一维连续的地址空间，用来存放当前正在运行程序的代码及数据，是程序中指令本身地址所指的（亦即程序计数器所指的）存储器。

内存空间一般分为两部分：一部分是系统区，用以存放操作系统常驻内存部分，用户不能占用这部分空间，操作系统本身还有一部分可以被用户使用的公共代码和数据也存放在系统区；另一部分是用户区，分配给用户使用，用于装入并存放用户程序和数据，这部分信息随时都在发生变化。内存管理实质上就是管理供用户使用的那部分空间以及协调用户调用操作系统公共代码和数据的使用。

内存管理主要包括内存管理方法、内存的分配和释放算法、虚拟存储器的管理、控制内存和外存之间的数据流动方法、地址变换技术、内存数据保护与共享技术等。

为了对内存进行有效的管理，一般把内存分成若干个区域。即使在最简单的单道、单用户系统中，至少也要把它分成两个区域：在一个区域内存放系统软件，如操作系统本身；而另一个区域则用于安置用户程序。显然，在多道、多用户系统中，为了提高系统的利用率，需要将内存划分成更多的区域，以便支持多道程序。内存管理要求满足以下需求。

- 充分利用内存，为多道程序并发执行提供存储基础。
- 尽可能方便用户使用：

① 操作系统自动装入用户程序；

② 在用户程序中不必考虑硬件细节。

- 系统能够解决程序空间比实际内存空间大的问题。
- 程序的长度在执行时可以动态伸缩。
- 内存存取速度快、效率高。
- 保证系统和用户存储空间的安全，不发生非法操作。
- 提供资源共享与通信交流通道。
- 监控关键资源的使用状况。
- 较高的性价比。

1. 内存的分配和回收

一个有效的内存分配机制，应对用户提出的需求予以快速响应，为之分配相应的内存空间；在用户程序不再需要它时，及时回收，以供其他用户使用。为此，应该具有以下功能。

- 记住每个内存区域的状态，即内存空间中哪些是已分配的，哪些是空闲的。
- 实施分配。当用户提出申请时，按需进行分配。分配方式有静态分配和动态分配两种。
- 回收。接收用户释放的区域。

在计算机操作系统中，通过引入分配表格（统称为内存分配表）来管理内存，通常采用下列两种组织方式实现上述功能。

- 位示图表示法：将内存按序划分为固定大小的区域，称为内存块，用 1 位（bit）表示一个内存块的状态（0 表示空闲，称为空闲块；1 表示占用，称为已用块）。
- 链表法：将已分配的内存空间区域（一个或多个）的首地址和长度组成一条记录，并将所有已分配的记录按序组成链表，形成已分配内存链表。将未分配的内存空间区域（一个或多个）的首地址和长度组成一条记录，并将所有未分配的记录按序组成链表，形成空闲内存链表。分配时，操作系统查找空闲链表；回收时，操作系统合并空闲链表。

内存分配有以下两种方式。

- 静态分配：程序要求的内存空间是在目标程序模块链接后装入内存时确定并分配的，并且在程序运行过程中不允许再申请或在内存中“搬家”，即分配工作是在程序运行前一次性完成的。这里的链接是指用户程序调用操作系统公共代码时必须与存放在系统内存中的上述代码建立调用关系，包括入口地址、调用号、传参、栈等要素。
- 动态分配：程序要求的基本内存空间是在目标模块装入时或运行时链接并确定分配的，但是在程序运行过程中允许申请附加的内存空间或在内存中“搬家”，即分配工作可以在程序运行前及运行过程中逐步完成。

显然，动态分配具有较大的灵活性，它不需要一个程序的全部信息进入内存后才可以运行，而是在程序运行中需要时，操作系统自动将其调入内存。程序当前暂不使用的信息可以不进入内存，这对提高内存的利用率大有好处。动态分配反映了程序的动态性，较之静态分配更为合理。

2. 内存共享

内存共享是指两个或多个进程共用内存中相同区域，这样不仅能使多道程序动态地共享内存，提高内存利用率，而且还能共享内存中某个区域的信息。共享的内容包括代码共享和数据共享，特别是代码共享要求代码必须是纯代码（运行中不会改变）。

内存共享的一个目的是通过代码共享节省内存空间，提高内存利用率；另一个目的是通过数据共享实现进程通信。

3. 内存保护

在多道程序系统中，内存中既有操作系统，又有许多用户程序。为使系统正常运行，避免内存中各程序相互干扰，必须对内存中的程序和数据进行保护。

内存保护的目的在于为多个程序共享内存提供保障，使在内存中的各道程序只能访问它自己的区域，避免各道程序间相互干扰。特别是当一道程序发生错误时，不至于影响其他程序的运行，更要防止破坏系统程序。内存保护通常需要有硬件支持，并由软件配合实现。

内存保护的内容：保护系统程序区不被用户有意或无意侵犯；不允许用户程序读写不属于自己程序的内存空间，如系统区地址空间、其他用户程序的地址空间。

（1）地址越界保护

每个进程都具有其相对独立的进程空间，如果进程在运行时所产生的地址超出其地址空间范围，则会发生地址越界。地址越界可能侵犯其他进程的空间，影响其他进程的正常运行；也可能侵犯操作系统空间，导致系统混乱。因此，对进程所产生的地址必须加以检查，发生越界时产生中断，由操作系统进行相应处理。

（2）权限保护

对于允许多个进程共享的公共区域，每个进程都有自己的访问权限。例如，有些进程可以执行写操作，而其他进程只能执行读操作等。因此，必须对公共区域的访问加以限制和检查。

1）对属于自己区域的信息，可读可写。

2）对公共区域中允许共享的信息或获得授权可使用的信息，可读而不可修改。

3）对未获授权使用的信息，不可读、不可写。

内存保护一般以硬件保护机制为主，软件为辅，因为完全用软件实现的系统开销太大，影响系统运行速度。所以，当发生地址越界或非法操作时，由硬件产生中断，进入操作系统处理程序。

4.“扩充”内存容量

用户在编制程序时，通常不受内存容量的限制，而实际运行时则受制于具体的物理计算机平台。所以操作系统要采用一定的技术来“扩充”内存容量，使用户得到比物理内存容量大得多的内存空间。

具体实现是在硬件支持下，软件、硬件相互协作，将内存和外存结合起来统一使用。通过这种方法扩充内存，使用户在编制程序时不受内存容量的限制。借助虚拟存储技术或其他交换技术，达到在逻辑上扩充内存容量的目的，亦即为用户提供比物理内存容量大得多的地址空间，使得用户感觉其程序是在一个很大的存储空间中运行。

三、地址转换

一般而言，存储器以字节（每个字节为 8 个二进制位）为编址单位，每个字节都有一个地址与其对应。假定存储器的容量为 n 个字节，其地址编号顺序为 $0,1,2,\cdots,n-1$。这些地址称为内存的“绝对地址”，与绝对地址对应的内存空间称为“物理地址空间”。

在多道程序设计的系统中，内存中同时存放了多个用户程序。操作系统根据内存的使用情况为用户分配内存空间。因此，用户不能预先知道其程序将被存放到内存的什么位置。这样，用户程序中就不能使用内存的绝对地址。为了方便用户，每个用户都可认为自己的程序和数据存放在一块以 0 地址开始的连续空间中。用户程序中使用的地址称为“逻辑地址”，与逻辑地址对应的内存空间称为“逻辑地址空间”。

地址重定位

当用户程序请求执行时，内存管理要为它分配合适的内存空间，这个分配的内存空间可能是从某物理内存单元开始的一块连续的内存空间。该内存空间的起始物理（绝对）地址是不固定的，而且起始逻辑地址与分到的起始内存空间的物理（绝对）地址经常不一致，且后续也如此。因此，每个逻辑地址在内存中也没有一个固定的物理（绝对）地址与之对应。例如，某程序被装入内存中地址为 A 的单元开始的连续区域，当程序中指定访问 k 单元时，实际应访问内存的 $A+k$ 单元。如果程序被装入内存中地址为 B 的单元开始的连续区域，那么，程序指定访问的 k 单元在内存中的实际位置应该是 $B+k$ 单元。可见，程序执行时不能按照其逻辑地址指示的位置到内存中存取信息，处理器必须按照实际位置去访问内存才能保证程序的正确执行，访问实际位置时需要这个位置的物理（绝对）地址，因此，问题转化为如何进行地址的重定位。

为了保证程序的正确执行，必须根据分配给程序的内存区域对程序中指令和数据的存放地址进行重定位，即要把逻辑地址转换成绝对地址。

把逻辑地址转换成绝对地址的工作称为“地址重定位”，又称“地址转换”或“地址映射”。重定位的方式分为“静态重定位”和“动态重定位”两种，下面分别介绍。

（1）静态重定位

在装入一个程序前，静态重定位会把程序中的指令和数据的逻辑地址全部转换成绝对地址。由于地址转换工作是在程序开始执行前集中完成的，因此在程序执行过程中就无须再进行地址转换工作，这种地址转换方式称为“静态重定位”。

假定用户程序的逻辑地址空间从 0 到 168，其中 18 号单元处有一条“加法”指令，该指令要求从 66 号单元处取出操作数 1234，然后进行加法操作。如果内存管理为该程序分配的内存区域是从 800 号单元开始的，那么，逻辑地址的 18 号单元在内存中的对应位置是 818 号单元，66 号单元在内存中的对应位置应该是 866 号单元。

如果不修改上述“加法”指令中的操作数地址，则处理器在执行该指令时将从内存的 66 号单元中取操作数，这显然是错误的，参见图 5-2。

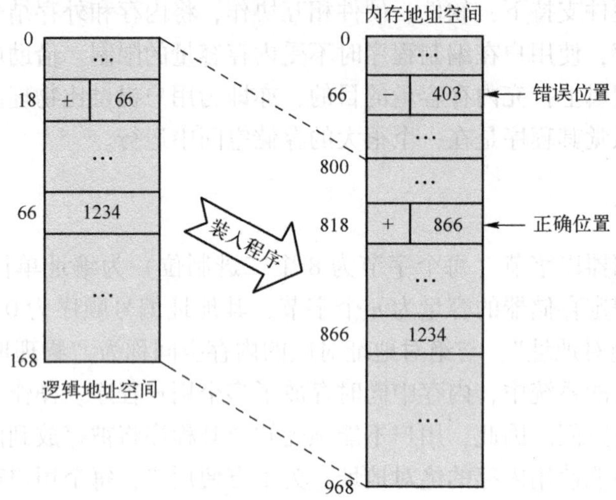

图 5-2　静态重定位

（2）动态重定位

在装入程序前，不进行地址转换，而是直接把程序装入分配的内存区域。在程序执行过程中，每执行一条指令，都由硬件的地址转换机构将程序中的逻辑地址转换成绝对地址。这种方式的地址转换是在程序执行时动态完成的，故称为“动态重定位”。图 5-3 展示了动态重定位的过程。程序装入从地址 1000 开始的内存中，从程序起始位置开始、位于 100 的地方有一条指令“LOAD 1,500”，其含义为将地址 500 中的数据装入寄存器 1，在执行该指令时，需要将该数据所在的逻辑地址 500 与基址寄存器（Base Register，BR）中的 1000 相加，得到 1500，再读取内存 1500 中的数据并将其放入寄存器 1。

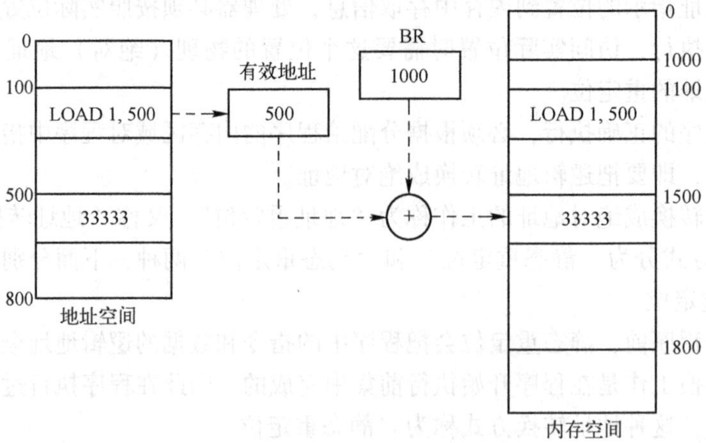

图 5-3　动态重定位

动态重定位由软件和硬件相互配合来实现。硬件要有一个地址转换机构，该机构可由一个基址寄存器和一个地址加法器组成。内存管理为程序分配内存区域后，装入程序把程序直接装到所分配的区域中并把该内存区域的起始地址存入相应进程的进程控制块中。当该进程被调度运行时，随同现场信息的恢复，程序所占的内存区域的起始地址也被存放到“基址寄存器”中。在程序执行时，处理器每执行一条指令都会把指令中的逻辑地址与基址寄存器中的值相加以得到绝对地址，然后按绝对地址访问内存。

在采用动态重定位时，由于装入内存的程序仍保持原来的逻辑地址，因此，必要时可改变程序在内存中的存放区域。程序在内存中被移动位置后，只需要用新区域的起始地址代替原来在基址寄存器中的值，这样，程序执行时，硬件的地址转换机构将按新区域的起始地址与逻辑地址相加，转换成新区域中的绝对地址，使程序仍可正确执行。

若程序执行时，被改变了存放区域仍能正确执行，则称程序是可浮动的。采用动态重定位的系统支持“程序浮动”。而采用静态重定位时，由于被装入内存的程序信息都已经用绝对地址指示，程序执行过程中不能再进行地址转换，故程序在执行过程中是不能改变存放位置的。可见，采用静态重定位的系统不支持“程序浮动”。

第二节　分区管理方案

分区管理方案是能满足多道程序运行的最简单的存储管理方案。其基本思想是把内存划分成若干个连续区域，称为分区，每个分区装入一个运行程序。分区的方式可以归纳成固定分区和可变分区两类。

一、固定分区

1. 基本思想

固定分区是指系统先把内存划分成若干个大小固定的分区，一旦划分好，在系统运行期间便不再重新划分。为了满足不同程序的存储要求，各分区的大小可以不同。由于每一个分区的大小是固定的，因此就对可容纳程序的大小有所限制了。因此，程序运行时必须提供对内存资源的最大申请量。当系统满足该程序运行时所需的最大申请量时，便将其创建到内存成为进程。

2. 内存分配表与分区的分配、回收

用于固定分区管理的内存分配表是一张分区说明表，每个分区按顺序在分区说明表中对应一个表项。表项内容包括分区序号（区号）、分区大小、分区起始地址以及使用状态（空闲或占用）。一个程序在运行前，先要根据其对内存的需求量，按一定的分配策略在分区说明表中查找空闲分区。若能找到合乎需要的分区，就将该分区分配给该程序，并将该分区置为占用状态。而装入内存的程序称为进程。当进程结束时，释放这块分区，由系统回收，并在分区说明表中将回收的分区重新置为空闲状态，若有上下邻空闲分区，还需要进行合并。图 5-4 是固定分区的示例。

在图 5-4 中，通过分区说明表可以看到，区号为 1 的分区大小为 8K，起始地址为 16K，状态为占用，实际是被进程 A 占用；区号为 2 的分区大小为 16K，起始地址为 24K，状态为空闲；区号为 3 的分区大小为 32K，起始地址为 40K，状态为占用，实际是被进程 B 占用；

分区说明表

区号	大小	起始地址	状态
1	8K	16K	占用
2	16K	24K	空闲
3	32K	40K	占用
4	64K	72K	空闲
5	120K	136K	占用

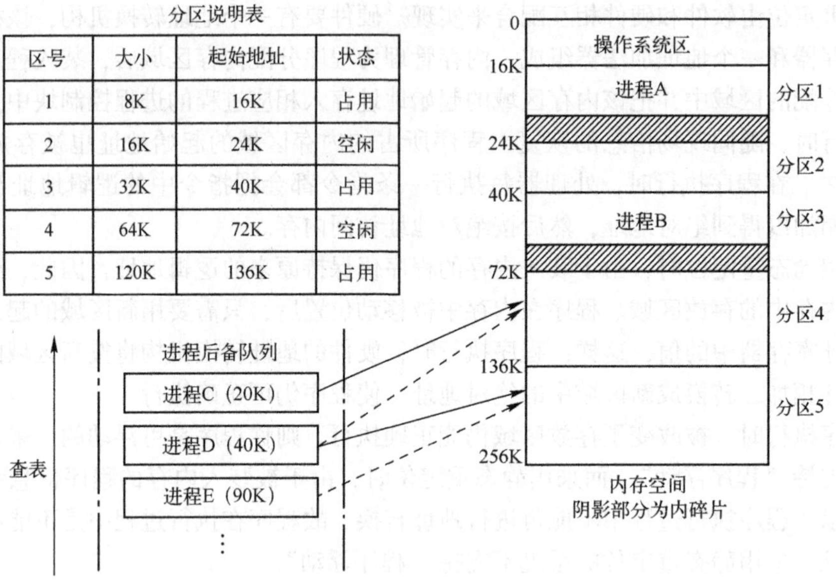

图 5-4　固定分区示例

如此等等。

虽然固定分区方案可以使多个程序共存于内存中，但不管采用哪种分配策略，都不能充分利用内存，因为一个程序的大小不可能刚好等于某个分区的大小。所以，很难避免内存空间的浪费。这种存在于分区内部不可再利用的内存空间称为内碎片。另外，固定分区方案灵活性差，可接纳程序的大小受到了分区大小的严格限制。

二、可变分区

1. 基本思想

可变分区是指系统不预先划分固定分区，而是在装入程序时划分内存分区，使程序分配的分区的大小正好等于该程序的需求量，且分区的个数是可变的、不确定的。显然，可变分区有较大的灵活性，较之固定分区能获得较好的内存利用率。

系统初启后，在内存中除操作系统占用的分区之外，其余空间为一个完整的大空闲区。当有程序要求装入内存运行时，系统会从该空闲区中划分出一块与程序大小相同的区域进行分配。系统运行一段时间后，随着一系列的内存分配和回收，原来的一整块大空闲区形成了若干占用区和空闲区相间的布局。

图 5-5 是一个可变分区分配和回收的示例。图 5-5a 是某一时刻内存空间的布局情况，此时内存装入了 A、B、C 三个程序，一块空闲区大小为 10K，另一块空闲区大小为 94K。此时，又有程序 D 和程序 E 请求装入，程序 D 大小为 70K。在图 5-5b 中，系统为程序 D 分配一块内存分区，此时内存中剩下了两块较小的空闲区，一块空闲区大小为 10K，另一块空闲区大小为 24K。程序 E 大小为 40K，比这两块空闲区都大，程序 E 的需要不能满足。图 5-5c 表示程序 A（大小为 16K）和 C（大小为 30K）已完成，系统回收了它们的占用区。从程序 A 回收了 16K，与原有的 10K 的空闲区合并，形成一个 26K 的空闲区；从程序 C 回收了 30K，形成一个 30K 的空闲区，这样在内存中形成了三块空闲区，大小分别是 26K、30K 和

24K，它们的总容量虽然远大于程序 E（大小为 40K）的需求量，但每块空闲区的单独容量均小于程序 E 的容量，故系统仍不能为程序 E 实施分配。

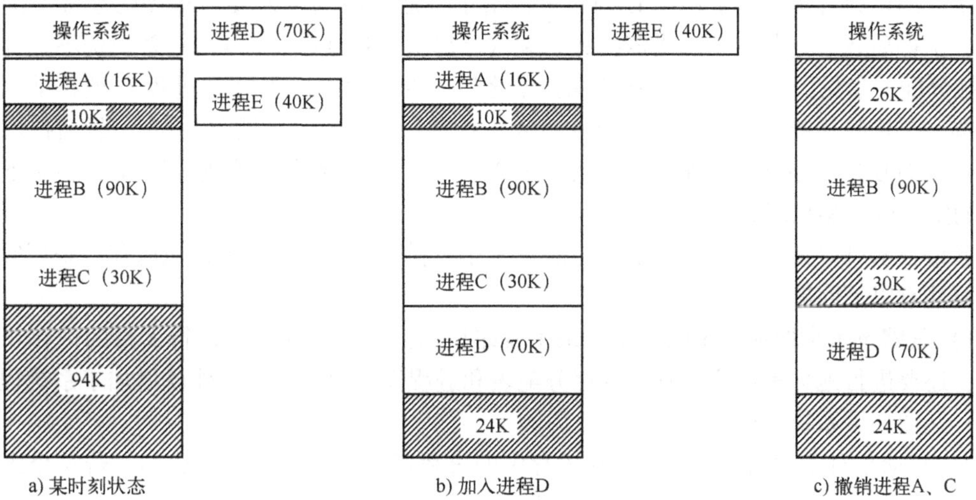

图 5-5　可变分区

2. 紧缩技术

从上面的例子中可见，内存经过一段时间的分配、回收后，会存在很多很小的空闲块。它们中的每一块都很小，不足以满足程序分配内存的要求，但其总和却可以满足程序的分配要求，这些空闲块很像碎片，于是将这种操作系统知晓的（在内存分配链表中有记录），可以分配但区域很小的空闲空间称为外碎片。在可变分区管理方案中，随着分配和回收次数的增加，必然导致外碎片的出现。

解决外碎片问题的办法是在适当时刻进行碎片整理，通过移动内存中的进程，把所有空闲碎片合并成一个连续的大空闲区，这种方法称为“内存紧缩”（见图 5-6），又称为“紧缩技术”或“压缩技术”。

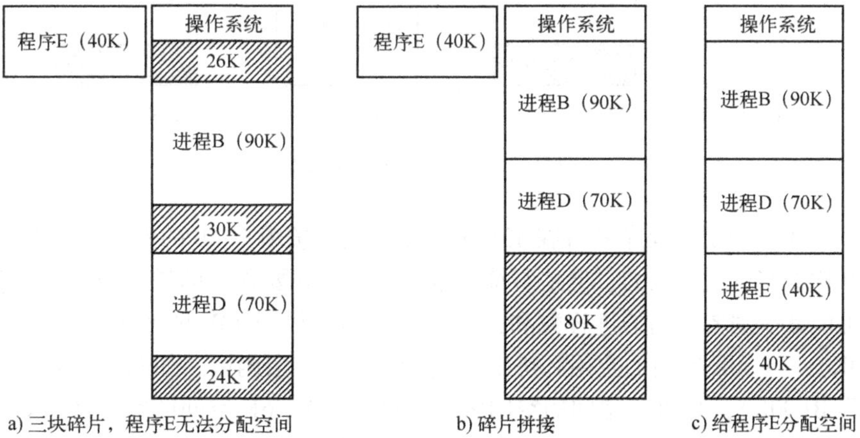

图 5-6　内存紧缩

在图 5-6 中，程序 E 需要 40K 的空间，而在内存中，有三块空闲的外碎片，大小分别是 26K、30K 和 24K，虽然它们的总容量 80K 远大于程序 E（大小为 40K）的需求量，但每块空闲区的单独容量均小于程序 E 的容量，由于普通程序的装入要求程序的地址空间保持连续，不得离散（这是由冯·诺依曼体系架构计算机的特性决定的），故系统仍不能为程序 E 实施分配，参见图 5-6a。在采用紧缩技术之后，内存中的进程 B 和进程 D 被移动到内存的一端，三块碎片被拼接为一个大的空闲区，其容量为 80K，参见图 5-6b。紧缩技术为程序 E 的运行创造了条件，程序 E 被分配了 40K 空间，创建到内存后成为进程 E 还剩下一块 40K 的空闲区，参见图 5-6c。

紧缩技术可以集中分散的空闲区，提高内存的利用率，便于动态扩充内存。采用紧缩技术时要注意以下问题。

1）紧缩技术会增加系统的开销。采用紧缩技术，需要在内存中进行大量的内存块移动操作，还要进行地址重定位、修改内存分配表和进程控制块，这些工作既增加了系统程序的规模，又增加了系统运行时间。

2）移动是有条件的。不是任何在内存中的进程都能随时移动的。比如，若某个进程正在与外部设备交换信息，那么与该进程有关的内存块就不能移动，只能在与外部设备的信息交换结束之后，再考虑移动。

所以，在采用紧缩技术时，应该尽可能减少需要移动的进程数和信息量。这里以图 5-7 中的例子说明。

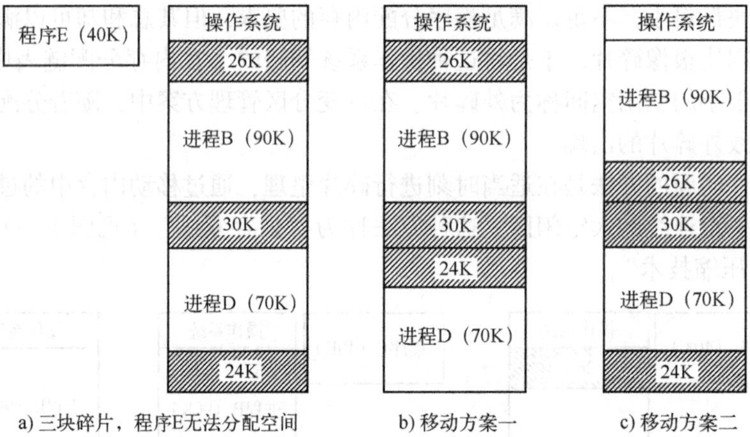

图 5-7　紧缩技术方案的比较

在图 5-7 中，为了给程序 E 寻找 40K 的空闲空间，按图 5-6b 的做法，拼出一个 80K 的空闲区，这样做当然是可以的，但是不符合尽可能减少需要移动的进程数和信息量的要求。为了在尽可能减少需要移动的进程数和信息量的前提下得到 40K 的空闲空间，可以只移动进程 D(70K)，与 30K 空间的空闲区拼出一个 54K 空间的空闲区，如图 5-7b 所示。也可以只移动进程 B(90K)，与 30K 空间的空闲区一起拼出一个 56K 空间的空闲区，如图 5-7c 所示。从移动的信息量考虑，图 5-7b 所示的方案需要移动 70K 的信息量，而图 5-7c 所示的方案需要移动 90K 的信息量，图 5-7b 所示方案好于图 5-7c 所示方案，因为少移动了 20K 的信息量。

3. 可变分区的实现

在采用可变分区方式管理时，要有硬件的地址转换机构支持。硬件设置两个专用的控制寄存器：基址寄存器和限长寄存器。基址寄存器用来存放程序所占分区的起始地址，限长寄存器用来存放程序所占分区的长度。

当程序被装入所分配的分区后，成为进程，把分区的起始地址和长度作为现场信息存入该进程的进程控制块中。进程调度选中某进程占用处理器运行时，作为现场信息的分区起始地址和长度分别被送入基址寄存器与限长寄存器中。在进程执行过程中，处理器每执行一条指令都要取出该指令中的逻辑地址，当逻辑地址小于限长寄存器中的限长值时，则逻辑地址加基址寄存器值就可得到绝对地址。当逻辑地址大于限长寄存器中的限长值时，表示欲访问的内存地址超出了所分配的分区范围。这时就不允许访问，而形成一个“地址越界”的程序性中断事件。图 5-8 是地址转换的示意图。

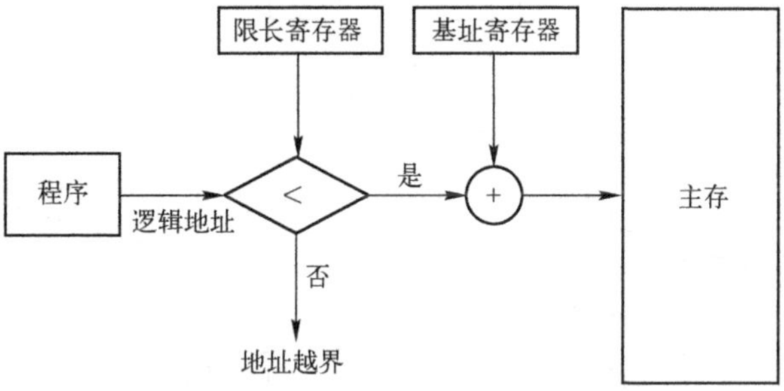

图 5-8　可变分区地址转换

为了实现可变分区的管理，必须设置某种数据结构用以记录内存分配的情况，确定某种分配策略并且实施内存的分配与回收。

可以利用前述已分配内存链表和空闲内存链表来管理可变分区。

已分配内存链表也称为已分配区表，记录已装入的程序在内存中占用分区的起始地址和长度，用标志位指出占用分区的程序名。空闲内存链表，也称为空闲区表，记录内存中可供分配的空闲区的起始地址和长度，用标志位指出该分区是未分配的空闲区。由于已占用分区和空闲区的个数不定，因此，两张表中都应设置适当的空栏目，分别用以登记新内存分配表项，如图 5-9 所示。

起始地址	长度	标志
500	800	P1
1500	400	P2
		空
⋮		

已分配区表

起始地址	长度	标志
1300	200	未分配
1900	650	未分配
		空
⋮		

空闲区表

图 5-9　已分配区表和空闲区表

4. 空闲区的分配策略

这里介绍操作系统查找和分配空闲区的三种分配算法。

(1) 最先适应算法

最先适应算法，又称顺序分配算法，当接到内存申请时，顺序查找空闲区表，找到第一个满足申请长度的空闲区，将其分割并分配。此算法简单，可以快速做出分配决定。

图 5-10 给出了该算法的具体流程。

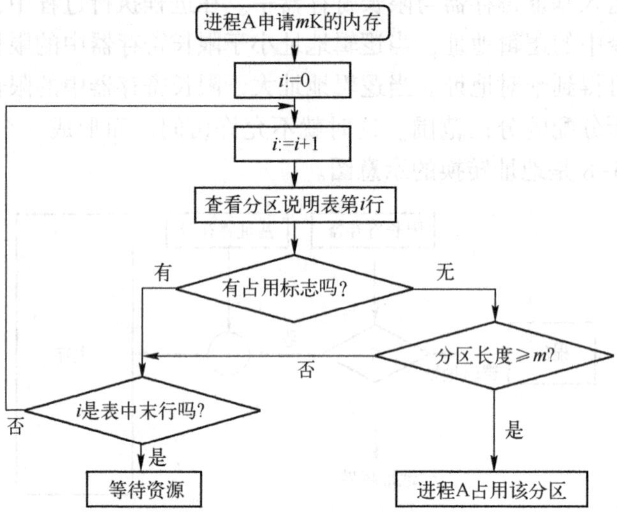

图 5-10 最先适应算法

(2) 最优适应算法

当接到内存申请时，查找分区说明表，找到第一个能满足申请长度的最小空闲区，将其分割并分配。此算法最节约空间，因为它尽量不分割大的空闲区；其缺点是可能会形成很多很小的外碎片。

(3) 最坏适应算法

当接到内存申请时，查找分区说明表，找到能满足申请要求的最大空闲区。

该算法的基本思想：在大空闲区中装入信息后，分割剩下的空闲区相对也很大，还能用于装入其他程序。

该算法的优点是可以避免形成较小的、琐碎的外碎片；而缺点是分割了大的空闲区后，如果再遇到较大的程序申请内存，则无法满足要求的可能性较大。

5. 分区的回收

当用户进程执行结束后，系统要回收已使用完毕的分区，将其记录在空闲区表中。在收回空间时，应首先检查是否有与回收的分区相邻的空闲区，即检查相邻的空闲区表中标志为“未分配”的栏目，以确定是否有相邻空闲区，若有，则应合并成一个空闲区并修改空闲区表。

一个回收的分区可以有上邻空闲区，也可以有下邻空闲区，或既有上邻空闲区又有下邻空闲区，或既无上邻空闲区又无下邻空闲区。假定进程归还的分区的起始地址为 S，长度为 L。一般情况下，应考虑如下四种可能性。

1）回收的分区的上邻分区是空闲的，需要将这两个空闲区合并成一个更大的空闲区，然后修改空闲区表。

具体计算方法：如果空闲区表中第 i 个登记栏中的“起始地址+长度”正好等于 S，则表明回收的分区有一个上邻空闲区，这时要修改第 i 栏登记项的内容，让起始地址不变，长度为原长度加上 L，即

$$长度=原长度+L \tag{5-1}$$

于是，回收的分区便与上邻空闲区合在一起了。

在图 5-11 中，空闲区表中第 i 个登记栏中的起始地址为 1000，长度为 1000，而回收的分区的起始地址 S 为 2000，长度 L 为 1000。空闲区表中第 i 个登记栏中“起始地址+长度=2000”，正好等于 S。于是要修改第 i 栏登记项的内容，即起始地址不变，长度为原长度加上 L，即 1000+1000=2000。实现了回收的分区与上邻空闲区的合并。

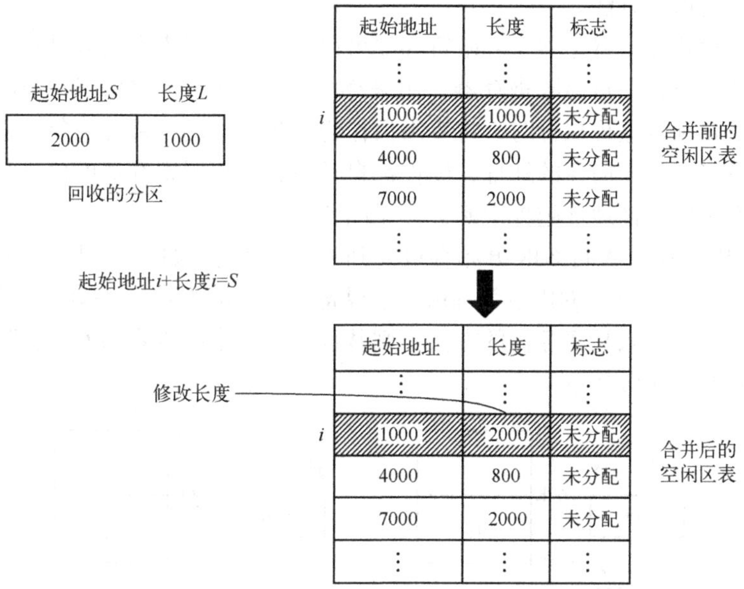

图 5-11　回收的分区与上邻空闲区合并

2）回收的分区的下邻分区是空闲的，需要将这两个空闲区合并成一个更大的空闲区，然后修改空闲区表。

具体计算方法：如果 $S+L$ 正好等于空闲区表中某个登记的栏目（假定为第 i 栏）所示分区的起始地址，则表明回收的分区有一个下邻空闲区。这时只需要修改第 i 栏登记项的内容

$$起始地址=S \tag{5-2}$$

$$长度=原长度+L \tag{5-3}$$

则第 i 栏指示的空闲区是回收的分区与下邻空闲区合并后的一个大的空闲区。

3）回收的分区的上邻和下邻分区都是空闲的，需要将这三个空闲区合并成一个更大的空闲区，然后修改空闲区表。如果

$$S=第\ i\ 栏起始地址+长度 \tag{5-4}$$

$$S+L=第\ k\ 栏起始地址 \tag{5-5}$$

则表明回收的分区既有上邻空闲区，又有下邻空闲区。此时，必须把这三个空闲区合并成一个更大的空闲区并登记到空闲区表中，只需要使用一个登记栏目。具体修改方法如下：

- 第 i 栏起始地址不变；
- 第 i 栏长度为“i 栏中原长度+k 栏中长度+L”；
- 第 k 栏的标志应修改成“空”状态。

于是，第 i 栏中登记的空闲区就是合并后的空闲区，而第 k 栏成为空表项了。

4）回收的分区的上邻和下邻分区都不是空闲的，则直接将空闲分区记录在空闲区表中。

这时，应找一个标志为“空”的登记栏，把回收的分区的起始地址和长度登记入表，且把该栏目中的标志位修改成“未分配”，表示该登记栏中指示了一个空闲区。

6. 分区的保护

有两种分区的保护方法。

一种是系统设置界限寄存器。界限寄存器可以是上、下界寄存器或基址、限长寄存器。

通常，系统会设置一对界限寄存器，用来存放现行进程的内存界限。在进程的 PCB 中保存界限值，当轮到该进程执行时，将界限值作为进程现场的一部分恢复。对于在进程执行过程中产生的每一个访问内存的地址，硬件都自动将其与界限寄存器的值进行比较，若发生地址越界，便产生保护性地址越界中断，参见图 5-12。

在图 5-12 中，程序 A 自 60K 开始存放，到 124K 为止。如果采用上、下界寄存器的方法，程序 A 的下界寄存器中的内容为 60K，上界寄存器中的内容为 124K，如图 5-12a 所示。如果采用基址寄存器与限长寄存器的方法，则基址寄存器中的内容为 60K，限长寄存器中的内容为 64K，如图 5-12b 所示。

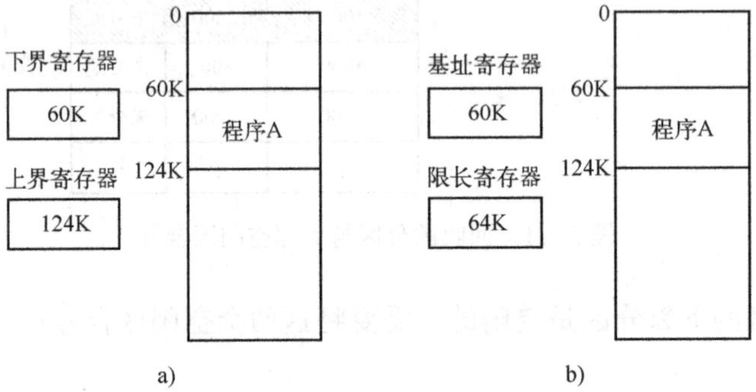

图 5-12　界限寄存器保护

另一种是保护键方法，即为每个分区分配一个保护键，相当于一把锁。同时为每个进程分配一个相应的保护键，相当于一把钥匙，存放在程序状态字中。每当访问内存时，都要检查钥匙和锁是否匹配，若不匹配，将产生保护性中断。

三、分区管理方案的优缺点

分区管理是实现多道程序设计的一种简单易行的内存管理技术。通过分区管理，内存真正成为共享资源，有效利用了处理器和 I/O 设备，从而提高了系统的吞吐量和缩短了周转时间。分区内存管理算法比较简单，所采用的表格不多，实现起来比较容易，内存额外开销较少，内存保护措施也很简单。

在内存利用率方面，可变分区的内存利用率比固定分区高。

分区管理的主要缺点是，内存使用仍不充分，并且存在着较为严重的外碎片问题。虽然可以解决外碎片问题，但需要移动大量信息，浪费了处理器时间。此外，分区管理不能为用户提供“虚存”，即不能实现对内存的“扩充”，每一个用户程序的存储要求仍然会受到物理存储器实际内存容量的限制。分区管理要求运行程序一次全部装入内存之后，才能开始运行。这样，内存中可能含有一些实际不使用的信息。

第三节　覆盖与交换技术

无论内存空间有多大，程序所需的空间往往比可用的内存空间大。

当前，冯·诺依曼体系结构的计算机在执行程序时都是“顺序执行”，所以总有一部分信息内容在一段时间内是“静止”的，这就是程序的“局部性原理”。为了“扩充”内存，可以把进程地址空间中这部分信息（指令和数据）的一部分放在外存上，而把那些当前需要的执行程序段和数据段放在内存中，以达到“扩充”的目的。当原来未执行而“静止”的信息需要执行时，在内、外存之间就会出现一个信息交换的问题。本节介绍的覆盖（Overlay）技术和交换（Swapping）技术就是用于控制这种交换的。覆盖技术与交换技术的主要区别是控制交换的方式不同，前者主要用在早期的系统中，而后者目前则主要用于小型分时操作系统。

一、覆盖技术

覆盖技术是指一个程序的若干程序段，或几个程序的某些部分共享某一个存储空间。覆盖技术的实现是把程序划分为若干个功能上相对独立的程序段，按照其自身的逻辑结构使那些不会同时执行的程序段共享同一块内存区域。未执行的程序段先保存在磁盘上，当有关程序段的前一部分执行结束后，把后续程序段调入内存，覆盖前面的程序段。

覆盖技术不需要任何来自操作系统的特殊支持，可以完全由用户实现，即覆盖技术是用户程序自己附加的控制。覆盖技术要求程序员提供一个清楚的覆盖结构，即程序员要把一个程序划分成不同的程序段，并规定好它们的执行和覆盖的顺序。操作系统则根据程序员提供的覆盖结构，完成程序段之间的覆盖。

覆盖技术可以由编译程序提供支持。此时被覆盖的块是由程序员或编译程序预先（在执行前）确定的。总之，覆盖可以从用户级解决内存小装不下程序的问题。

下面通过一个例子说明覆盖技术的特点，参见图 5-13。

【例 5-1】 假设进程 1 的程序正文由 A~F 共 6 个程序段组成。它们之间的调用关系如图 5-13a 所示。其中，程序段 A 只调用程序段 B 和 C，程序段 B 只调用程序段 F，而程序段 C 只调用程序段 D 和 E，即程序段 B 不会调用程序段 C，程序段 C 也不会调用程序段 B。因此，程序段 B 和程序段 C 就无须同时在内存中。可按图 5-13b 分配程序段的调入。可见，虽然该程序正文中的程序段所需的内存空间是 A(20K)+B(50K)+F(30K)+C(30K)+D(20K)+E(40K)= 190K，但是，在采用了覆盖技术后，只需要 110K 的内存空间。

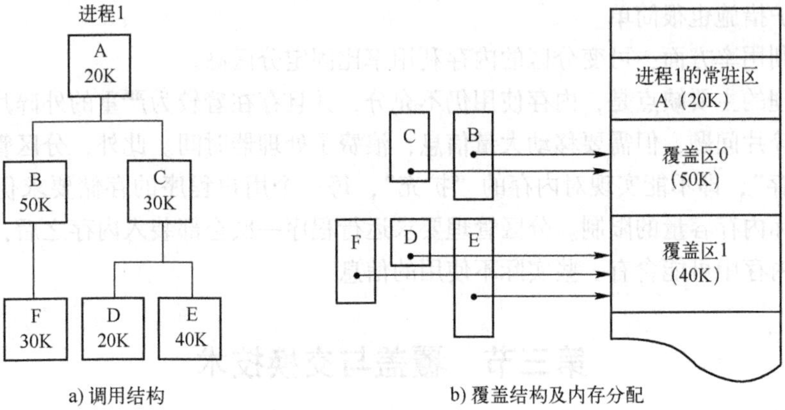

图 5-13　覆盖示例

覆盖技术打破了需要将一个程序的全部信息装入内存后程序才能运行的限制。它利用相互独立的程序段之间在内存空间的相互覆盖，逻辑上扩充了内存空间，从而在某种程度上实现了在小容量内存上运行较大程序的功能。

覆盖技术是早期采用的简单的扩充内存的技术，对用户不透明，增加了用户的负担，要求用户清楚地了解程序的结构，并指定各程序段调入内存的先后次序，以及内存中可以覆盖的程序段的位置等。而且程序段的最大长度仍受内存容量的限制。

通常，覆盖技术主要用于系统程序的内存管理，因为系统软件设计者容易了解系统程序的覆盖结构。例如，MS-DOS 把系统分成两部分，一部分是操作系统中要经常用到的基本部分，它们常驻内存且占用固定区域，另一部分是不经常使用的部分，它们存放在磁盘上，只有在调用时它们才会被调入内存覆盖区。

二、交换技术

交换技术又称对换技术。在分时操作系统中，用户的进程需要的内存总量比系统中实际内存的总量要多，这就需要在磁盘上保存那些在内存放不下的进程。在需要运行这些进程时，再将它们装入内存。

进程从内存移到磁盘，并再移回内存称为交换。交换技术是进程在内存与外存之间的动态调度，是由操作系统控制的。系统可以将那些不在运行中的进程或其一部分调出内存，暂时存放在外存的一个后备存储区（称为盘交换区，即 Swapping Area）中，以腾出内存空间给当前需要内存空间的进程，后者可能需要从外存换入内存，以后再将换出的进程调入内存继续执行。

交换技术的目的是尽可能达到“足够快地交换进程，以使当 CPU 调度程序想重新调度 CPU 时，总有进程在内存中处于就绪（准备执行）状态”的理想状态，从而提高内存利用率。

交换技术多用于分时操作系统。大多数现代操作系统都使用交换技术。交换技术有力地支持了多道程序设计。同时交换技术也是下一节将要介绍的虚拟存储技术的基础。

交换技术的原理并不复杂，但是在实际的操作系统中使用交换技术时需要考虑很多相关的问题，主要问题介绍如下。

1. 换出进程的选择

系统在将内存中的进程换出时，应该选择哪个进程?

在使用交换技术时，换出进程的选择是非常重要的问题，如果处理不当，将会造成整个系统效率低下。在分时操作系统中，一般情况下可以根据时间片轮转调度算法或基于优先级的调度算法来选择要换出的进程。系统在选择换出进程时，希望换出的进程是短时间内不会投入运行的进程。

2. 交换时机的确定

什么时候需要系统进行内外存的交换?一般情况下可以在内存空间不够或有不够的危险时，换出内存中的部分进程到外存，以释放所需内存。也可以在系统发现一个进程长时间不运行时就将该进程换出。

3. 交换空间的分配

在一些系统中，进程一旦创建，就给它分配磁盘上的交换空间，如图 5-14a 所示。无论何时进程被换出，它都被换到已经为它分配的空间，而不是每次换到不同的空间。当进程结束时，交换空间会被回收。

在另外一些系统中，当进程在内存中时，不再为它分配磁盘空间。当它被换出时，必须为它分配磁盘交换空间，如图 5-14b 所示。每次交换，进程都可能被换到磁盘的不同地方。这种管理交换区的方法与管理内存的方法相同。图 5-14 说明了上述两种情形。

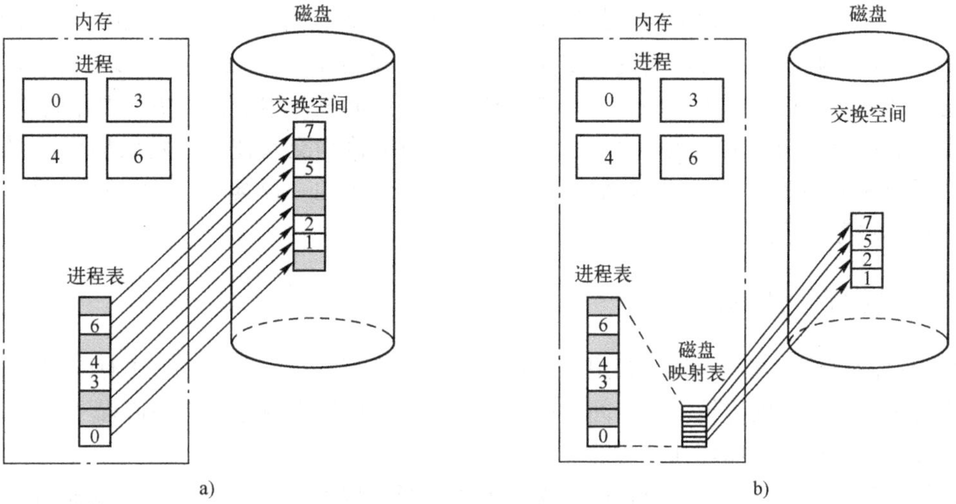

图 5-14　磁盘交换空间的管理

4. 换入进程换回内存时位置的确定

换出后再换入内存的进程，其位置不一定要在换出前的原来位置上。受绝对地址产生时的限制，如果进程中引用的地址都是绝对地址，那么再次被换入内存的进程一定要在原来的位置上；如果进程中引用的地址都是相对地址，在装入内存后可再进行地址重定位，那么再次被换入内存的进程就可以不在原来的位置上。

交换技术的缺点是，交换时需要花费大量的 CPU 时间，影响对用户的响应时间。因此，减少交换的信息量是交换技术的关键。合理的做法是，在外存中保留每个程序的交换副本，换出时仅将执行时修改过的部分复制到外存。

与覆盖技术一样，交换技术也是利用外存来逻辑地扩充内存，它的主要特点是，打破了一个程序一旦进入内存便要一直运行到结束的限制。

与覆盖技术相比，交换技术不要求用户给出程序段之间的逻辑覆盖结构，对用户而言是透明的。而且，交换可以发生在不同的进程或程序之间，而覆盖发生在同一进程或程序内部，而且只能覆盖那些与覆盖段无关的程序段。因此，交换技术比覆盖技术更加广泛地用于现代操作系统。

覆盖技术与交换技术的发展导致了虚拟存储技术的出现。

第四节　虚拟页式存储管理方案

在用分区方式管理内存时，每道程序都会占用内存的一个或几个连续的存储空间。因此，当内存中无足够大的连续空间时，程序就无法装入，必须移动已在内存中的某些程序后才能再装入新的程序，这不仅不方便，而且系统开销也会增大。虽然内存容量增长快速，但是各种软件的规模也在迅速膨胀。如何解决程序规模大于内存的问题，早期的解决方案（如覆盖技术）是先由程序员指定，后由系统辅助完成的，对程序员的要求甚高，而且容易出错。所以根本的解决方法是将这类工作全部交给操作系统完成。这就产生了虚拟存储技术，如果可以把一个逻辑地址连续的程序分散存放到几个不连续的内存区域中，并且保证程序的正确执行，则既可充分利用内存空间，又可减少移动开销。页式存储管理就是这样一种有效的管理方式，它解决了程序装入时能否离散存放的问题。本节会介绍虚拟存储技术的基本思想（虚拟存储技术的本质是“部分装入”，正如覆盖和交换技术的发展那样），然后将重点介绍把虚拟存储技术与页式存储管理方案结合而产生的一种典型的、大多数操作系统采用的虚拟页式存储管理方案。

一、虚拟存储技术

虚拟存储技术的基本思想是利用大容量的外存来扩充内存，产生一个比有限的实际内存空间大得多的、逻辑的虚拟内存空间，简称虚存，以便能够有效地支持多道程序系统的实现和大型程序的运行，从而增强系统的处理能力。

虚拟存储管理是由操作系统在硬件支持下对两级存储器（内存和外存）实施统一管理，达到“扩充”内存的目的，呈现给用户的是一个远远大于物理内存容量的编程空间，即虚存。程序、数据、堆栈的大小可以超过物理内存的大小，操作系统把程序当前使用的部分保留在物理内存，而把其他部分保存在磁盘上，并在需要时在内存和磁盘之间进行动态交换。虚拟存储管理支持多道程序设计技术。

虚拟存储器实际上是为扩大内存容量而采用的一种设计技巧。虚拟存储器的容量也是有限制的，主要是受地址空间字长和外存容量所限。例如，对于传统 x86 系统，32 位地址字长的虚拟存储空间的大小就是 $2^{32}\ \mathrm{B}=4\ \mathrm{GB}$，或者，对于 64 位地址字长的虚拟存储空间，1 TB的外存容量就是它的极限（$1\ \mathrm{TB}=2^{40}\ \mathrm{B}\ll 2^{64}\ \mathrm{B}$）。

实现虚拟存储器需要以下硬件的支持：

- 系统有容量足够大的外存；
- 系统有一定容量的内存；
- 最主要的是，硬件提供实现虚-实地址映射的机制。

虚拟存储器的工作原理：当进程开始运行时，先将一部分程序装入内存，另一部分暂时留在外存；当要执行的指令不在内存时，由系统自动完成将它们从外存调入内存的工作；当没有足够的内存空间时，系统自动选择部分内存空间，将其中原有的内容交换到磁盘上，并释放这些内存空间供其他进程使用。这样做的结果是程序的运行丝毫不受影响，使程序在运行中"感觉"到拥有一个不受内存容量约束的、虚拟的、能够满足自己需求的存储器。

虚拟存储技术与交换技术在原理上是类似的，二者的区别在于，在传统的交换技术中，交换到外存上的对象一般都是进程，也就是说，交换技术是以进程为单位的，如果一个进程所需内存大于当前系统内存，那么该进程就不能在系统中运行；而虚拟存储——如虚拟页式存储管理方案——一般是以页为交换单位，所以，如果一个进程所需内存大于当前系统内存，那么该进程仍然可以在系统中正常运行，因为该进程的一部分可以被换出到外存上。

二、虚拟页式存储管理

页式存储管理思想首先由英国曼彻斯特大学提出，并在该校的 Atlas 计算机上使用。该技术近年来已广泛用于微机系统中，支持页式存储管理的硬件部件通常称为"存储管理部件"(Memory Management Unit，MMU)。

存储管理部件首先把内存分成大小相等的许多块，把每个块称为"物理页面"或"页框"，物理页面是进行内存空间分配的物理单位。同时，要求程序中的逻辑地址也进行分页，页的大小与物理页面的大小一致。

此时"逻辑地址"可称为虚拟地址。

这样，就可以把程序信息按页存放到物理页面中。于是，页式存储器提供的编程使用的虚拟地址由两部分组成：虚拟页号和页内地址，其格式如下。

虚拟页号	页内地址

页式存储的地址结构确定了物理页面的大小。假定地址用 m 个二进制位表示，其中页内地址部分占用 n 个二进制位，那么，每一个块的长度就是 2^n，按每个地址寻址一个字节计，也就是每一页的容量是 2^n 个字节。这时，页号部分占用 $m-n$ 位，所以，最大的程序可允许有 2^{m-n} 个页面。显然，从地址结构来看，虚拟地址是连续的。虚拟地址从 0 开始（页号为 0，页内地址也为 0)，当编址到 2^n-1 时，第 0 页的页内地址的各位均为 1，即占满了一个页面。下一个地址是 2^n，这时页号部分就为 1，而页内地址部分又恢复到 0，表示进入了第 1 页。再继续顺序编址，此时页内地址 $0\sim2^n-1$ 是属于第 1 页的。依次类推，连续的虚拟地址由此自然地分页了。所以，用户编程时无须考虑如何分页的问题，仍使用连续的虚拟地址即可。

三、页式存储管理中物理内存的分配与回收

页式存储管理中分配内存空间以物理页面为单位，由于物理页面的大小是固定的，因此

只需要在内存分配表中具有可以指出哪些物理页面已经分配、哪些物理页面尚未分配以及当前剩余的空闲物理页面数这三种不同的标识。

简单的内存分配表可以用一张“位示图”表示。假设内存的可分配区域被分成256个物理页面，则可用字长为32位的8个字作为位示图。位示图中的每一位与一个物理页面对应，每一位的值可以是0或1，0表示对应的物理页面为空闲，1表示已占用。在位示图中再增加一个字节以记录当前剩余的总空闲物理页面数，如图5-15所示。初始化时，系统在位示图中把操作系统占用物理页面所对应的位置1，其余位均置0，剩余空闲物理页面数为可分配的空闲物理页面总数。

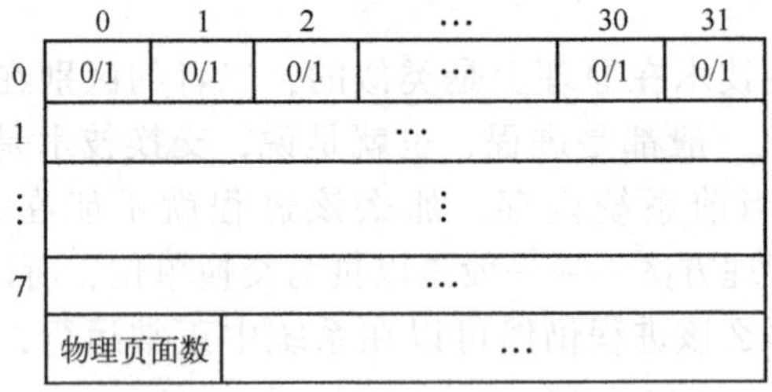

图5-15　页式存储管理的内存分配表

在进行内存分配时，先查看空闲物理页面数是否能满足程序要求。若不能满足，则不进行分配，程序就不能装入内存；若能满足，则根据需求从位示图中找出一些为0的位，把这些位置1，并从空闲页面数中减去本次分配的页面数，然后按照找到的位计算出对应的物理页面号。

当找到一个为0的位后，根据它所在的字号、位号，按式（5-6）就可计算出对应的物理页面号

$$物理页面号=字号\times字长+位号 \tag{5-6}$$

把程序装入这些物理页面中，并为该程序建立页表。

当程序执行结束时，则应收回它所占用的物理页面。根据归还的物理页面号计算出该物理页面在位示图中对应的位置，将占用标志修改成0，再把回收的物理页面数加入空闲物理页面数中。

假定回收的物理页面号为i，则在位示图中对应的位置为

$$字号=i/字长，\quad 位号=i \bmod 字长 \tag{5-7}$$

四、虚拟页式存储地址转换过程

页式存储管理要有硬件的地址转换机构的支持。同时，要为每个被装入内存的进程提供一张页表。该页表所在内存的起始地址和长度作为现场信息存放在该进程的进程控制块中。一旦进程被调度进入处理器执行，这些信息将作为恢复现场信息送入系统的地址映射结构中的寄存器里。

1. 页式存储管理的地址转换

为了实现页式存储管理，系统要提供一对硬件的页表控制寄存器，即页表始址寄存器和页表长度寄存器，另外还需要高速缓冲存储器的支持。页表始址寄存器，用于保存正在运行进程的页表在内存的首地址，当进程被调度程序选中投入运行时，系统将其页表首地址从进

程控制块中取出并送入该寄存器。页表长度寄存器，用于保存正在运行进程的页表的长度，当进程被选中运行时，系统会将它从进程控制块中取出并送入该寄存器。

页表指出该程序虚拟地址中的页号与所占用的物理页面号之间的对应关系。页表的长度由程序拥有的页面数而定，故每个程序的页表长度可能是不同的。

页表又是硬件进行地址转换的依据，每执行一条指令就按虚拟地址中的页号查页表。若页表中无此页号，则产生一个“地址错”的程序性中断事件。若页表中有此页号，则可得到对应的物理页面号，按计算公式可转换成访问的内存的物理地址。

物理地址的计算公式为式（5-8）

$$物理地址=物理页面号\times块长+页内地址 \tag{5-8}$$

需要强调的是，物理页面号又称为页帧或页框号。

根据二进制乘法运算的性质，一个二进制数乘以 2^n 的结果实际上是将该数左移 n 位。所以，实际上是把物理页面号作为绝对地址的高位地址，而页内地址作为它的低地址部分。地址转换关系如图 5-16 所示。

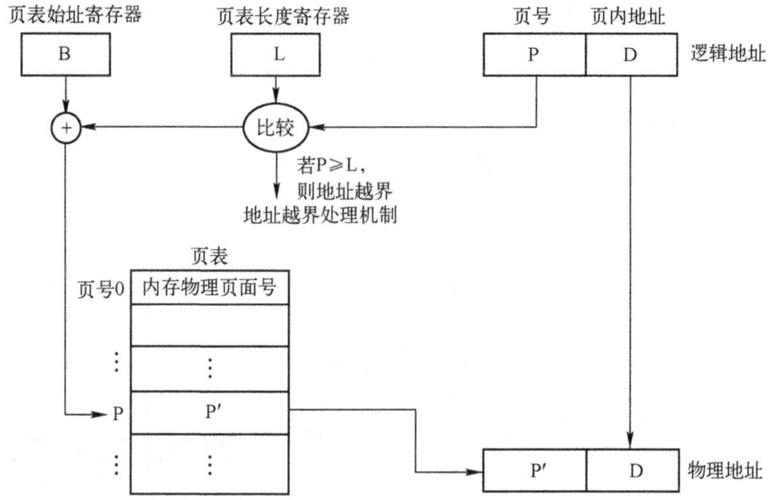

图 5-16　页式存储管理的地址转换关系

2. 页表项

在进程开始运行之前，并不是装入全部页面，而是装入一个或零个页面，之后根据进程运行的需要，动态装入其他页面；当内存空间已满，而又需要装入新的页面时，则根据某种算法淘汰某个页面，以便装入新的页面。

在虚拟页式存储管理中，页表项的设计如下：

1）物理页面号，即页面在内存中时所对应的物理页面地址；

2）有效位，又称驻留位、存在位，表示该页是在内存还是磁盘，通常用“V”（Valid）表示；

3）访问位，表示该页在内存期间是否被访问过，通常用“R”（Referenced）表示；

4）修改位，表示该页在内存中是否被修改过，通常用“M”（Modified）表示；

5）保护位，是否能读/写，通常用“P”（Protect）表示；

等等。

其中，访问位和修改位可以用来决定置换哪个页面，具体由页面置换算法决定。

3. 页表

(1) 多级页表

大多数现代计算机系统都支持很大的地址空间，由此带来的结果是页表本身也会变得很大。例如，当系统支持 32 位的虚拟地址空间时，若页面大小为 4 KB，则页表将包含 1M 个表项。假设每个表项由 4 个字节组成，那么仅仅是为了存储页表就要为每个进程分配 4 MB 的物理地址空间。假设用户地址空间大小为 2 GB，页面大小为 4 KB，则一个进程最多可以有 2^{19} 页。若用 4 个字节表示一页的物理页号，则页表本身就占用 2 MB，即需要 512 个页面存放，可称存放页表的页面为页表页。一般来说，页表页可以不连续存放，因此，需要对页表页的地址进行索引。一个简单的解决办法就是分级，例如采用两级页表，即页面大小为 4 KB 的 32 位机器，虚拟地址可被划分为 10 位页目录、10 位页表和 12 位的页内偏移。

大多数 32 位操作系统中采用二级页表，即由页表页和页目录一起构成进程页表。图 5-17 表示了二级页表结构。其中，第一级表示页目录，保存页表页的地址；第二级表示页表页，保存物理页面号。

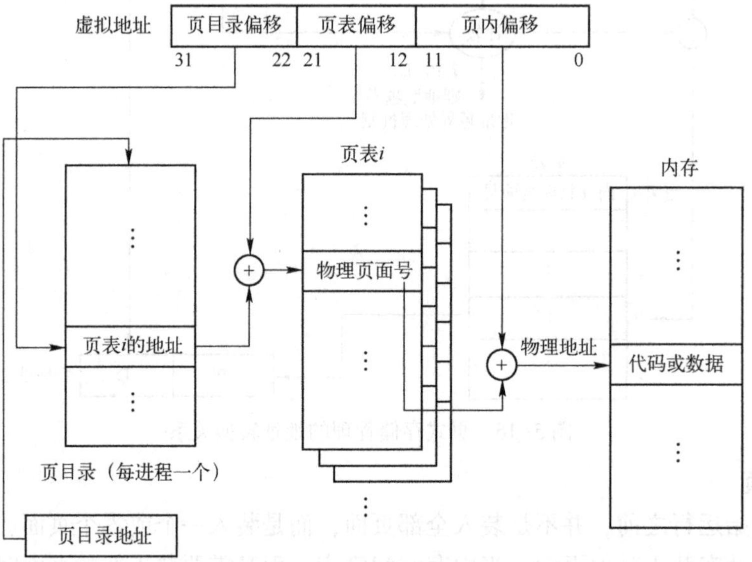

图 5-17　二级页表结构

(2) 散列页表

当地址空间大于 32 位时，一种常见的方法是使用以页号为散列值的散列页表。其中每个表项都包含一个链表，该链表中元素的散列值都指向同一个位置。这样，散列页表中的每个表项都包含三个字段：虚拟页号、所映射的页框号、指向链表中下一个元素的指针。

使用的算法如下：由虚拟页号得到散列值，查找散列页表，并将此页号与链表中的第一个元素的虚拟页号进行比较，如果匹配，则相应的页框号就可用于形成物理地址；如果不匹配，则沿链表依次寻找相匹配的表项。

将上述方法稍做改变而得到的集群页表更适用于64位的地址空间。它与杂凑页表相似，不过其中每个表项代表了多个（例如16个）页面而不是一个。这样，一个页表项就存储了多个物理页框的映射信息。对于散布于整个地址空间的不连续内存访问，这种集群页表非常有效。

（3）反置页表

通常，每个进程都有与之相关的页表，进程正在使用的每个页面在页表中都有一个表项。进程根据页面的虚拟地址对其进行访问，因此这种表示方法是很自然的。但是这种方法也有其缺点，即每个页表都含有上百万个表项，仅仅是记录内存的使用情况就消耗了大量物理内存。

为了解决这个问题，可以使用反置页表。在反置页表中，每个物理页框对应一个表项。每个表项包含与该页框相对应的虚拟页面地址，以及拥有该页面进程的信息。因此，整个系统中只存在一个页表，并且每个页框对应其中一个表项。由于系统中只有一个页表，又存在着多个映射物理内存的地址空间，因此需要在反置页表中存放地址空间标志符。这样就保证了一个特定进程的逻辑页面可以映射到相应的物理页框上。64位的UltraSPARC和PowerPC都是使用反置页表的实例。

尽管这种方法减少了为存放每个页表所使用的内存数量，但却增加了内存访问时的查表时间。由于反置页表是按照物理地址排序的，而在使用时却是按照虚拟地址查找，因此有可能为了寻找相匹配的表项而遍历全表。

4. 转换检测缓冲区（TLB）

一般而言，页式存储管理中的页表是存放在内存中的。于是，当要按给定的虚拟地址进行读写时，必须访问两次内存，第一次按页号读出页表中对应的块号，第二次按计算出来的绝对地址进行读写。两次访问内存显然延长了指令的执行周期，降低了执行速度。

为了提高存取速度，有两种方法。一种是在地址映射机制中增加一组高速寄存器来保存页表，这需要大量的硬件开销，在经济上不可行。另一种是在地址映射机制中增加一个小容量的联想寄存器（相联存储器），它由高速缓冲存储器组成。

利用高速缓冲存储器存放当前访问最频繁的少数活动页面的页号，这个高速缓冲存储器称为“转换检测缓冲区”（Translation Lookaside Buffer，TLB），在其他书中也称为“快表”。

TLB中登记了页表中的一部分页号与物理页面号的对应关系。根据程序的存储访问局部性原理，在一段时间内总是经常访问少数几页，若这些页登记在TLB中，显然可快速查找并提高指令执行速度。

有了TLB后，地址转换过程如图5-18所示。

TLB只存放当前进程最活跃的少数几页，随着进程的推进，TLB的内容将动态进行更新。

TLB内容更新原理：当某一用户程序需要存取数据时，根据该数据所在的逻辑页号在TLB中找出对应的页框号，然后拼接页内地址，以形成物理地址；如果在TLB中没有相应的逻辑页号，则地址映射仍然通过内存中的页表进行；在得到页框号后需要将它填到TLB的空闲单元中；若TLB中没有空闲单元，则根据淘汰算法淘汰某一行，再填入新得到的页框号。

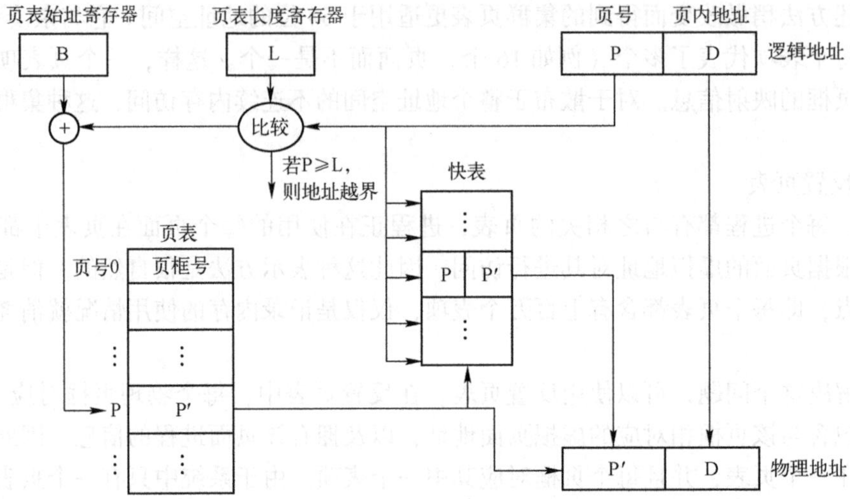

图 5-18 带有 TLB 的页式存储管理中的地址转换过程

实际上，查找 TLB 和查找内存页表是并行的，一旦发现 TLB 中有与所查页号一致的逻辑页号就停止查找内存页表，而直接利用 TLB 中的逻辑页号。

采用 TLB 后，地址转换的时间大大减少。假定访问内存的时间为 200 飞秒，访问高速缓冲存储器的时间为 40 飞秒，高速缓冲存储器为 16 个单元时，查 TLB 的命中率为 90%。于是，按虚拟地址转换成绝对地址进行存取的平均访问时间为

$$(200+40)\times 90\%+(200+200)\times 10\%=256\text{ 飞秒} \tag{5-9}$$

不使用 TLB 需两次访问内存的时间：200×2＝400 飞秒。可见，与不使用 TLB 相比，使用 TLB 时的访问时间下降了 36%。

5. 缺页异常处理

若在页表中发现所要访问的页面不在内存，则产生缺页异常。当发生缺页异常时，操作系统必须在内存中寻找一个新的物理页面（页框）来进行分配，若没有空闲的页框，则选择一个装有信息的页框将其信息移出内存，以便为即将调入的页面让出空间。如果要移走的页面在内存期间已经被修改过，就必须把它写回磁盘以更新该页在磁盘上的副本。如果该页没有被修改过，那么它在磁盘上的副本仍然是有效的，则不需要写回，调入的页面可以直接覆盖被淘汰的页面。

图 5-19 为缺页异常处理流程图。

整个缺页异常处理过程简单阐述如下。

1）根据当前执行指令中的逻辑地址查页表的有效位，判断该页是否在内存中。

2）该页标志为“0”，形成缺页异常；保留现场；中断装置通过交换 PSW 让操作系统的缺页中断处理程序占用处理器。

3）操作系统处理缺页异常，寻找一个空闲的物理页面。

4）若有空闲页，则把磁盘上读出的信息装入该页面中。

5）修改页表及内存分配表，表示该页已在内存。

6）如果内存中无空闲页，则按某种算法选择一个已在内存的页面，把它暂时调出内存。若在执行中该页面已被修改过，则要把该页信息重新写回到磁盘上（否则不必重新写

回磁盘)。当一页被暂时调出内存后，让出的内存空间用来存放当前需要使用的页面。页面被调出或装入之后都要对页表及内存分配表进行修改。

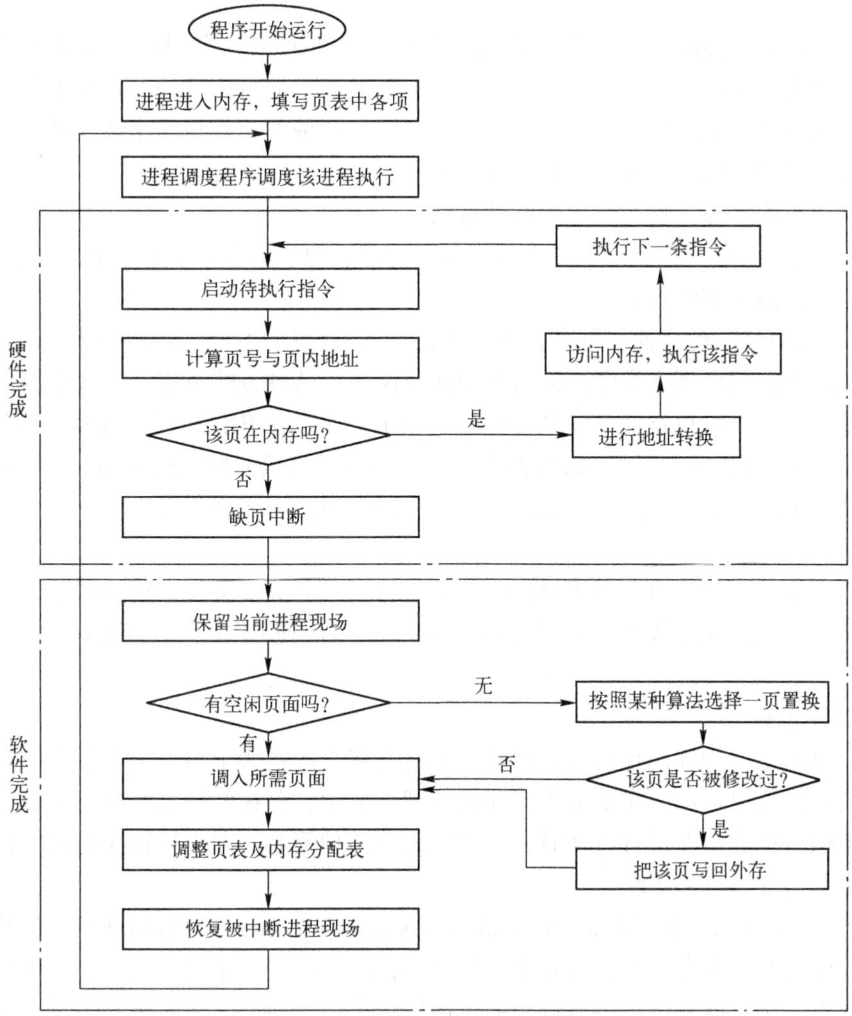

图 5-19　缺页异常处理流程图

7）恢复现场，重新执行被中断的指令。当重新执行该指令时，因为要访问的页面已被装入内存，所以可正常执行下去。

缺页异常引起的中断与普通中断不同，它可以在指令中间发生，而普通中断则只能在指令之间发生。

6. 页面调度策略

虚拟存储器系统通常定义三种策略来规定如何（或何时）进行页面调度：调入策略、置页策略和置换策略。

（1）调入策略

虚拟存储器的调入策略决定了什么时候将一个页面由外存调入内存。虚拟页式管理中有下列两种常用调入策略。

1）请求调页（Demand Paging）：只调入发生缺页时所需的页面。这种调入策略实现简单，但容易产生较多的缺页异常，导致对外存 I/O 次数多，时间开销过大，容易产生颠簸现象。

2）预调页（Prepaging）：在发生缺页需要调入某页时，一次调入该页以及相邻的几个页。这种策略提高了调页的 I/O 效率，减少了 I/O 次数。但由于这是一种基于局部性原理的预测，若调入的页在以后很少被访问，则造成浪费。这种方式常在程序装入时使用。

通常对外存交换区的 I/O 效率比文件区的高。

关于调入页面来源，通常有下列两种做法。

1）在进程装入时，将其全部页面复制到交换区，以后总是从交换区调入。执行时调入速度快，要求交换区空间较大。

2）凡是未被修改的页面，都直接从文件区调入，而被置换时不需要调出；已被修改的页面，被置换时需调出到交换区，以后从交换区调入。这种方式节省交换区空间，但可能引发某些问题，如装入可执行文件 a 从而创建进程 P，如果在 P 执行时，改写了可执行文件 a（如重新编译和链接，不包括用 touch 命令使文件的最后修改时间变得更晚），而此后 P 发生缺页需要从 a 中调入页面，则可能会因为各个页面内容无法配合而出错。

（2）置页策略

当线程产生缺页时，内存管理器还必须确定将调入的虚拟页放在物理内存的何处。用于确定最佳位置的一组规则称为“置页策略”。选择页框应使 CPU、内存和高速缓存不必要的振荡最小。

（3）置换策略

如果缺页发生时物理内存已满，则置换策略被用于确定哪个物理页面必须从内存中移出以便为新的页面腾出空位。在虚拟页式存储管理方案中，存在两种页面分配策略，即固定和可变分配策略。据此，在进行置换时，也可以采用两种策略，即全局置换和局部置换。将它们组合起来，有如下三种策略。

1）固定分配局部置换（Fixed Allocation, Local Replacement）。根据进程的类型，为每一进程分配固定页数的内存空间，在整个运行期间都不再改变。采用该策略时，如果进程在运行中出现缺页，则只能从分配给该进程的页面中选出一个换出，然后调入一页，以保证分配给该进程的内存空间总数不变。

2）可变分配全局置换（Variable Allocation, Global Replacement）。采用这种策略时，先为系统中的每一进程分配一定数量的内存空间，操作系统本身也保持一个空闲物理页面的队列。当某进程发生缺页时，从系统的空闲物理页面队列中取出物理页面并分配给该进程。但当空闲物理页面队列中的物理页面用完时，操作系统才从所有内存中按规定的置换算法选择一页调出，该页可能是系统中任意一个进程的页。

3）可变分配局部置换（Variable Allocation, Local Replacement）。同样基于进程的类型，为每一进程分配一定数目的内存空间。但当某进程发生缺页时，只允许从分配给该进程的页面中选出一页换出，这样就不会影响其他进程的运行。如果进程在运行过程中频繁发生缺页异常，则系统再为该进程增加分配若干物理页面，直到进程的缺页率降低到适当程度为止。

下面简单讨论一下置换时机问题。

如果发生缺页时系统中有大量的空闲页框，则此时虚拟页式存储系统处于最佳工作状态。如果每个物理页面都被占用，而且已被修改过，则在换入一个新的页面时，应首先将旧页面写回磁盘。为保证有足够的空闲物理页面，很多虚拟页式存储系统都创建了一个称为分页守护进程（Paging Daemon）的后台进程，它在大多数时候睡眠，但定期被唤醒以检查内存的状态。如果空闲物理页面过少，则分页守护进程通过预定的页面置换算法选择页面换出内存。如果这些页面装入内存后被修改过，则将它们写回磁盘。

7. 页面置换算法

每次发生缺页时，当然可以随机选择一个页面置换。但是，如果一个经常使用的页被置换出去，则很有可能它很快又要被调入内存，从而带来不必要的额外开销。所以选择不常使用的页面置换会使系统性能好很多。

如果刚被调出的页面立即要用，因而又要把它装入，而装入不久又被选中调出，调出不久又被装入，如此反复，就会使调度非常频繁。这种现象称为“抖动”或“颠簸”。

页面置换算法的优劣将会影响虚拟存储系统的性能，进而影响整个系统的性能。下面将介绍几个主要的页面置换算法。

（1）理想页面置换（OPT）算法

该算法淘汰以后不再需要的，或者在最长时间以后才会用到的页面。这一算法一般不可能实现，但它可以作为一个衡量其他页面淘汰算法优劣的标准。

【例 5-2】某程序在内存中分配到了三个页面，初始为空，所需页面的走向为 4、3、2、1、4、3、5、4、3、2、1、5，采用 OPT 算法，计算缺页次数。

说明：最长时间以后才会用到的页面用“时间长-页”表示，“时间中-页”其次，“时间短-页”表示最短时间会用到的页面。

页面走向	4	3	2	1	4	3	5	4	3	2	1	5
时间短-页	4	3	2	1	1	1	5	5	5	2	1	1
时间中-页		4	3	3	3	3	3	3	3	5	5	5
时间长-页			4	4	4	4	4	4	4	4	4	4
缺页	×	×	×	×	√	√	×	√	√	×	×	√
缺页次数	1	2	3	4			5			6	7	

共缺页异常 7 次。

（2）先进先出（First-In First-Out，FIFO）页面置换算法

为了解释它是怎样工作的，设想有一个超级市场，它的货架只能展示 k 种不同的商品。有一天，某家公司介绍了一种新的方便食品，这种产品非常好，所以容量有限的超市必须撤掉一种老商品以便能够展示该新产品。

一种可能的解决方法就是找到超级市场中销售时间最长的商品并将其撤换掉（比如某个 10 年以前就开始卖的商品），理由是现在已经没有人喜欢它了。这实际上相当于超级市场有一个按照引进时间排列的所有商品的链表，新的商品加到链表的尾部，链表头上的商品被撤换掉。

同样的思想也可以应用在页面置换算法中。先进先出页面置换算法总是选择最先装入内存的一页调出，或者说是把驻留在内存中时间最长的一页调出。

先进先出页面置换算法简单，容易实现。把装入内存的那些页面的页号按进入的先后次序排好队列，每次总是调出队首的页，当装入一个新页后，把新页的页号排到队尾。由操作系统维护一个所有当前在内存中的页面的链表，最老的页面在表头，最新的页面在表尾。当发生缺页时，淘汰表头的页面并把新调入的页面加到表尾。

在具体实现时，可用指针 K 指示最早被装入内存的那页在队列中的位置，每次总是选择指针 K 指示的页调出，装入一个新页后，在指针指示的位置填上新页页号，然后指针 K 加 1，指出下一次可调出的页。图 5-20 是先进先出页面置换算法示例。其中 D 表示某进程已分配页面页号队列的起始位置。

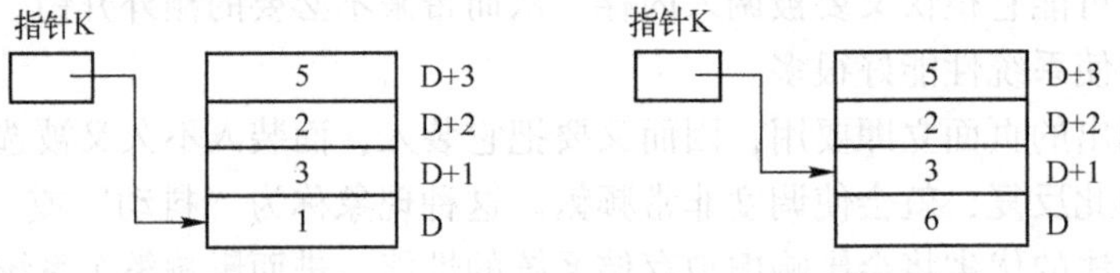

a) 装入第6页之前　　b) 装入第6页之后

图 5-20　先进先出页面置换算法

在图 5-20 中，指针 K 指示页面 1，表示页面 1 是最早装入内存的页面，现在需要调入页面 6，于是页面 1 被换成页面 6，而指针 K 加 1，指出下一次可调出的页，即页面 3。

这里指针 K 是循环指针，假定页号队列中有 n 个页号，每次调出一页后，执行

$$K=(K+1) \bmod n \tag{5-10}$$

于是，K 指示的位置就是页号队列的队首，而新装入的那页所在的位置就成了队尾。

先进先出页面置换算法有一个问题，对于最先装入内存的一页，不等于说这一页是不常使用的。用在超级市场的例子中时，先进先出页面置换算法可能会淘汰雪地铲，但也可能会淘汰面包、牛奶或其他常见商品。由于这一原因，因此很少使用纯先进先出页面置换算法。

【例 5-3】 某程序在内存中分配到了三个页面，初始为空，所需页面的走向为 4、3、2、1、4、3、5、4、3、2、1、5，采用先进先出页面置换算法，计算缺页次数。

在下面的图中，“时间长-页”表示在内存时间最长的页面，“时间中-页”其次，“时间短-页”表示在内存时间最短的页面。

页面走向	4	3	2	1	4	3	5	4	3	2	1	5
时间短-页	4	3	2	1	4	3	5	5	5	2	1	1
时间中-页		4	3	2	1	4	3	3	3	5	2	2
时间长-页			4	3	2	1	4	4	4	3	5	5
缺页	×	×	×	×	×	×	×	√	√	×	×	√
缺页次数	1	2	3	4	5	6	7			8	9	

开始时，内存中三个页面初始为空，故产生第 1 个缺页异常，需要把页面 4 调入。同样产生第 2 个缺页异常，需要把页面 3 调入。在产生第 3 个缺页异常时，需要把页面 2 调入。

此时 3 个内存页面全满，在需要页面 1 时，发现页面 4 在内存时间最长，故产生第 4 个缺页异常，把页面 4 换出，页面 1 调入。接着，需要页面 4，于是产生第 5 个缺页异常，把页面 3 换出，页面 4 调入。然后，又需要页面 3，于是产生第 6 个缺页异常，把页面 2 换出，页面 3 调入。接着，又需要页面 5，于是产生第 7 个缺页异常，把页面 1 换出，页面 5 调入。然后，需要页面 4，它正好在内存中。接着，需要页面 3，它正好也在内存中。然后，需要页面 2，于是产生第 8 个缺页异常，把页面 4 换出，页面 2 调入。接着，需要页面 1，于是产生第 9 个缺页异常，把页面 3 换出，页面 1 调入。最后，需要页面 5，它正好在内存中。整个操作结束，共产生缺页异常 9 次。

【例 5-4】 某程序在内存中分配到了 m 页，初始为空，页面走向为 1、2、3、4、1、2、5、1、2、3、4、5。当 $m=3$ 或 $m=4$ 时，试用先进先出页面置换算法分别计算缺页异常次数。说明出现的现象。

通过计算得到，当 $m=3$ 时，缺页异常 9 次；$m=4$ 时，缺页异常 10 次。

可以发现，当分配给进程的物理页面数增加时，缺页次数不仅不会减少，反而会增加。这一现象称为 Belady 异常现象，先进先出页面置换算法会产生这一异常现象。

（3）第二次机会页面置换算法

先进先出页面置换算法可能会把经常使用的页面置换出去，为了避免这一问题，对该算法做一个简单的修改：检查进入内存时间最久页面页表中的 R 位（访问位），如果是 0，那么这个页面既老又没有被使用，可以被立刻置换掉；如果是 1，就将 R 位清 0，并把该页面放到链表的尾端，修改其进入时间，然后继续搜索。

这一算法称为第二次机会（Second Chance）页面置换算法，其基本思想是寻找一个最近的时钟间隔以来没有被访问过的页面。如果所有的页面都被访问过了，该算法就退化为先进先出页面置换算法。

（4）时钟（Clock）页面置换算法

尽管第二次机会页面置换算法是一个比较合理的算法，但它经常要在链表中移动页面，既降低了效率又不是很有必要。一个更好的办法是把所有的页面都保存在一个类似时钟面的环形链表中，一个表针指向最老的页面。当发生缺页时，算法首先检查表针指向的页面，如果它的 R 位是 0，就置换该页面，并把新的页面插入这个位置，然后把表针前移一个位置；如果 R 位是 1，就清除 R 位并把表针前移一个位置，重复这个过程，直到找到一个 R 位为 0 的页面为止。根据这个算法的工作方式，将它称为时钟页面置换算法。

（5）最近最少使用（Least Recently Used，LRU）页面置换算法

通常，在前面几条指令中被频繁使用的页面很可能在后面的几条指令中也被频繁使用。反过来说，已经很久没有使用的页面很有可能在未来较长的一段时间内不会被用到。这个思想提示了一个可以实现的算法：在缺页发生时，首先淘汰最长时间未被使用的页面。这个策略称为 LRU 页面置换算法。

LRU 页面置换算法总是先选择距离现在最长时间内没有被访问过的页面将其调出。实现这种算法的一种方法是在页表中为每一页增加一个“计时”标志，记录该页面自上次被访问以来所经历的时间，每被访问一次都应从 0 开始重新计时。当要装入新页时，检查页表中各页的计时标志，从中选出计时值最大的那一页调出（即最近一段时间里最长时间没有被使用过的页），并且把各页的计时标志全置成 0，重新计时。当再一次产生缺页异常时，

又可找到最近最久未使用过的页，将其调出。这种实现方法必须时刻对每一页的访问情况加以记录和更新，实现起来开销比较大，但 LRU 是在效果上最接近 OPT 的算法。

【例 5-5】 在上述例子中采用 LRU 页面置换算法，计算缺页次数。

同样，在下面的图中，“时间长-页”表示未使用时间最长的页面，“时间中-页”其次，“时间短-页”表示未使用时间最短的页面。

页面走向	4	3	2	1	4	3	5	4	3	2	1	5
时间短-页	4	3	2	1	4	3	5	4	3	2	1	5
时间中-页		4	3	2	1	4	3	5	4	3	2	1
时间长-页			4	3	2	1	4	3	5	4	3	2
缺页	×	×	×	×	×	×	×	√	√	×	×	×
缺页次数	1	2	3	4	5	6	7			8	9	10

共缺页异常 10 次。

8. 缺页率

假定一个程序共有 n 页，系统分配给它的物理页面是 m 个（m、n 均为正整数，且 $1\leqslant m\leqslant n$）。因此，该程序最多有 m 页可同时被装入内存。如果程序执行中访问页面的总次数为 A，其中有 F 次访问的页面尚未装入内存，则产生了 F 次缺页异常。现定义

$$f=F/A \tag{5-11}$$

把 f 称为缺页率。

显然，缺页率与缺页异常的次数有关。因此，影响缺页率的因素如下。

（1）分配给程序的物理页面数

分配给程序的物理页面多，则同时装入内存的页面数就多，故减少了缺页异常的次数，也就降低了缺页率。反之，缺页率就高。

从原理上说，每个程序只要能得到一块内存空间就可以开始执行了。这样可增加同时执行的程序数，但实际上仍是低效的，因为每个程序将频繁地发生缺页异常。如果为每个程序分配很多的物理页面，则又减少了可同时执行的程序数，影响并发度。根据试验分析，对一共有 n 页的程序来说，只要能分到 $n/2$ 块内存空间，就把它装入内存执行，那么，可使系统获得高效率。

（2）页面的大小

虚拟页面的大小取决于物理页面的大小，物理页面大则虚拟页面也大，每个页面大了，则程序的页面数就少。装入程序时是按页存放在内存中的，因此，装入一页的信息量就大，就减少了缺页异常的次数，降低了缺页率。反之，若页面小，则缺页率就高。

对于不同的计算机系统，页的大小可以不相同。一般来说，页的大小在 2^9（512 字节）~ 2^{14}（16384 字节）之间。有些系统还提供几种分页方式以供选择。

（3）程序编制方法

怎样编制程序也是值得探讨的，因为程序编制的方法不同，对缺页异常的次数也会有很大的影响。

【例 5-6】 有一个程序要把 128×128 的数组置初值 0，数组中的每个元素为一个字。现假定页面的大小为每页 128 个字，数组中的每一行元素存放在一页中。可供这个程序使用的物理页面只有一个，开始时把第一页装入了内存。若程序如下编制

```
VAR A:ARRAY [1..128,1..128] OF Integer;
    FOR j:= 1 TO 128 DO
        FOR i:= 1 TO 128 DO
            A[i, j]:= 0;
```

则因为程序是按列把数组中的元素清 0 的，所以，每执行一次“A[i,j]:=0”就会产生一次缺页异常。因为开始时第一页已在内存中，故程序执行时就可对元素 A[1,1]清 0，但下一个元素 A[2,1]不在该页中，就产生了缺页异常。按上述程序编制方法，每装入一页只对一个元素清 0 后就要产生缺页异常，于是总共要产生 128×128-1 次缺页异常。

如果重新编制这个程序

```
VAR A:ARRAY [1..128,1..128] OF Integer;
FOR i:= 1 TO 128 DO
    FOR j:= 1 TO 128 DO
        A[i, j]:= 0;
```

那么，每装入一页就对一行元素全部清 0 后才产生缺页异常，故总共产生 128-1 次缺页异常。

可见，缺页率与程序的局部化程度密切相关。一般来说，希望编制的程序能经常集中在几个页面上进行访问，以减少缺页率。

(4) 页面置换算法的性能

页面置换算法对缺页率的影响也很大，置换不好就会出现“颠簸”。理想页面置换算法（OPT）能使缺页率最低。然而，因为谁也无法对程序执行中要使用的页面做出精确的断言，所以这种算法是无法实现的。不过，这个理论上的算法可作为衡量各种具体算法的标准。据估计，采用 FIFO 页面置换算法产生的缺页率约为 OPT 置换算法的三倍。

五、虚拟页式存储管理的优缺点

虚拟页式存储管理的主要优点是，由于它不要求进程的程序段和数据在内存中连续存放，因此有效地解决了碎片问题。这既提高了内存的利用率，又有利于组织多道程序执行。

虚拟页式存储管理的主要缺点是，存在页面空间的浪费问题。因为各种程序代码的长度是各不相同的，但页面的大小是固定的，所以在每个程序的最后一页内总会有一部分空间得不到利用，称为内碎片。如果页面较大，则由此引起的存储空间的损失仍然较大。

六、虚拟存储管理的性能问题

引入虚拟存储管理，把内存和外存统一管理，其真正的目的是把那些访问概率非常高的页放入内存，减少内外存交换的次数。

在虚存中，页面可能在内存与外存之间频繁调度，有可能出现抖动或颠簸。当系统出现这一现象时，系统用于调度页面的时间比进程实际运行所占用的时间还多，系统效率会急剧下降。

颠簸是由于缺页率高而引起的。例如，由于页面置换算法不合理，可能出现刚被淘汰出去的一页又要被访问，因而又要把它调入的情况，如此反复，使整个系统的页面调入调出工作非常频繁。

此外，一般进程会在一段时间内集中访问一些页面，这些页面称为“活动”页面，这是与程序的局部性有关的。如果分配给一个进程的内存物理页面太少，使得该进程所需的“活动”页面不能被全部装入内存，则进程在运行过程中可能会频繁地发生缺页异常，从而产生颠簸。

采用工作集模型，可以解决颠簸问题。

对于给定的进程访页序列，从时刻 $t-\Delta$ 到时刻 t 之间所访问页面的集合称为该进程的工作集。其中，Δ 称为工作集窗口。

工作集是随时间变化的，如图 5-21 所示。工作集大小与窗口尺寸密切相关。

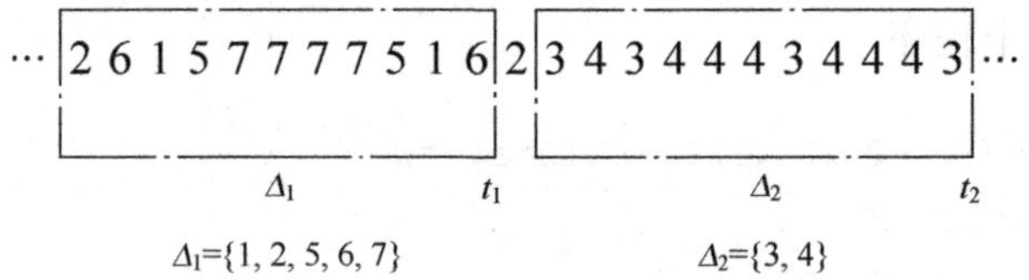

图 5-21　工作集随时间变化

由模拟实验知道，任何程序对内存都有一个临界值要求，当分配给进程的物理页面数小于该临界值时，缺页率上升；当分配给进程的物理页面数大于该临界值时，再增加物理页面数也不能显著减少缺页次数。因此，希望分配给进程的物理页面数与当前工作集大小一致。

在实现时，操作系统会为每一个进程保持一个工作集，并为该进程提供与工作集大小相等的物理页面数，这一过程可动态调整。统计工作集大小一般由硬件完成，且系统开销较大。

本章小结

由寄存器、高速缓存、内存、外存（磁盘、磁带机和光盘）等装置构成了计算机系统中一个速度由快到慢、容量由小到大的层次化的存储体系。内存空间一般分为两部分：一部分是系统区，用以存放操作系统常用部分，用户不能占用这部分空间；另一部分是用户区，分配给用户使用，用于装入并存放用户程序和数据。

存储管理的任务：内存的分配和回收，为用户分配存储空间，在不需要时及时回收，内存分配有静态分配和动态分配方式；内存共享，使多个进程共用内存中相同区域，包括代码共享和数据共享；内存保护，使系统正常运行，避免内存中各程序相互干扰；“扩充”内存容量，使用户得到比实际内存容量大得多的内存空间。

在多道程序设计的系统中，内存中同时存放了多个用户程序，为了保证程序的正确执行，必须根据分配给程序的内存区域对程序中指令和数据的存放地址进行重定位，即要把逻辑地址转换成绝对地址。静态重定位的地址转换工作是在程序开始执行前集中完成的。动态重定位，在装入程序时不进行地址转换，而在程序执行过程中，每当执行一条指令时才将指令中的逻辑地址转换成绝对地址。动态重定位由软件和硬件地址转换机构相互配合来实现，包括一个基址寄存器和一个地址转换器（地址加法器）。动态重定位的系统支持“程序浮动”，静态重定位的系统不支持“程序浮动”。

分区管理是能满足多道程序运行的最简单的存储管理方案，其基本思想是把内存划分成若干个连续分区，每个分区装入一个运行程序。分区方式有固定分区和可变分区两类。用于固定分区管理的内存分配表是一张分区说明表，在寻找和分配空闲区时有三种分配算法：最先适应算法、最优适应算法和最坏适应算法。固定分区很难避免内存碎片，另外，固定分区方案灵活性差，可接纳程序的大小受到了分区大小的严格限制。可变分区方案在装入程序时划分内存分区，分配的分区大小正好等于该程序的需求量，且分区的个数是可变的。可变分区的内存分配表由已分配区表和空闲区表组成。用户程序执行结束后，系统回收分区，将其记录在空闲区表中。在分区管理中，随着分配和回收次数的增加，必然导致碎片的出现，解决办法是使用紧缩技术进行碎片整理。紧缩技术可以集中分散的空闲区，提高内存的利用率，便于进程动态扩充内存，但是该技术会增加系统的开销，而且移动也是有条件的。在采用紧缩技术时，应该尽可能减少需要移动的进程数和信息量。分区的存储保护方法有两种，一种是系统设置界限寄存器，另一种是保护键方法。分区管理算法比较简单，实现较容易，额外开销少，存储保护措施也简单，可变分区的内存利用率比固定分区高；主要缺点是，内存使用不充分，存在较为严重的碎片问题，此外，分区管理不能为用户提供“虚存”。

覆盖技术把程序划分为若干个功能上相对独立的程序段，按照其自身的逻辑结构使那些不会同时执行的程序段共享同一个内存区域，未执行的程序段先保存在磁盘上，当有关程序段的前一部分执行结束后，再把后续程序段调入内存，覆盖前面的程序段。覆盖技术可以完全由用户实现，也可以由编译程序提供支持。覆盖技术从用户级解决了内存小装不下全部程序的问题。

交换技术由操作系统控制，将那些不在运行中的进程或其一部分调出内存，暂时存放在外存上的磁盘交换区中，以腾出内存空间给现在需要内存空间的进程，后者可能需要从外存换入内存，以后再将换出的进程调入内存继续执行。多数现代操作系统使用交换技术，该技术有力地支持了多道程序设计，也是虚拟存储技术的基础。

虚拟存储技术的基本思想是，在硬件支持下对内存和外存实施统一管理，利用大容量的外存来扩充内存，产生一个比有限的实际内存空间大得多的、逻辑的虚拟内存空间，达到“扩充”内存的目的，以便能够有效地支持多道程序系统的实现和大型程序的运行，从而增强系统的处理能力。操作系统把程序当前使用的部分保留在内存，而把其他部分保存在磁盘上，并在需要时在内存和磁盘之间动态交换。虚拟存储管理支持多道程序设计技术。实现虚拟存储器需要一个容量足够大的外存、一定容量的内存和提供实现虚实地址映射的硬件机制。虚拟存储器的工作原理是，当进程开始运行时，先将一部分程序装入内存，另一部分暂时留在外存；当要执行的指令不在内存时，系统自动将它们从外存调入内存工作；当没有足够内存空间时，系统自动选择部分内存空间，将其中原有的内容交换到磁盘上，并释放这些内存空间供其他进程使用。

虚拟页式存储管理的思想是，把内存分成大小相等的许多物理页面，对程序中的虚拟地址也进行分页，页的大小与物理页面的大小一致，这样，可把程序信息按页存放到物理页面中。页式存储器的虚拟地址由两部分组成：虚拟页号和页内地址。页式管理分配内存以页面为单位，要在内存分配表中标识哪些物理页面已经分配、哪些物理页面尚未分配以及当前剩余的空闲物理页面数等，简单的内存分配表可以用一张“位示图”构成。页式存储管理要有硬件的地址转换机构支持，即页表始址寄存器和页表长度寄存器。每个被装入内存的进程有一张页表，该页表所在内存的起始地址和长度作为现场信息存放在该进程的进程控制块中。一旦进程被调度进入处理器执行，这些信息将作为恢复现场信息被送入系统的地址映射机制中的寄存器。页表是硬件进行地址转换的依据，每执行一条指令，就按虚拟地址中的页号查页表。若页表中无此页号，则产生一个“地址错”程序性中断事件。若页表中有此页号，则可得到对应的物理页面号，按计算公式可转换成访问的内存的物理地址。TLB 利用高速缓冲存储器存放当前访问最频繁的少数活动页面的页号，可快速查找并提高指令执行速度。页式存储管理的主要优点是，由于它不要求程序段和数据在内存中连续存放，因此解决了外碎片问题；主要缺点有：存在页内空间的浪费问题，以及不能应用在分段编写的、非连续存放的大型程序中。页式存储管理允许多个程序共享程序中的代码或公共数据段，因此必须注意解决共享信息的保护问题。

虚拟页式存储管理在进程开始运行之前，不是装入全部页面，而是装入一个或零个页面，之后根据进程运行的需要，动态装入其他页面；当内存空间已满，而又需要装入新的页面时，则根据某种算法淘汰某个页面，装入新的页面。虚拟页式存储管理需要在页表中增加表示某页是否在内存、在内存期间是否被访问过以及在内存中是否被修改过等标志位。若在页表中发现所要访问的页面不在内存，则产生缺页异常，系统的缺页中断处理程序在内存中选择一个页面并将其移出内存；如果要移走的页面在内存期间已经被修改过，就必须把它写回磁盘以更新副本；如果该页没有被修改过，则不需要写回，调入的页将直接覆盖被淘汰的页。

页面置换算法直接影响虚拟存储系统的性能。OPT 页面置换算法淘汰以后不再需要的，或者在最长时间以后才会用到的页面，不过这一算法无法实现，但可以作为衡量其他页面淘汰算法的一个标准。FIFO 页面置换算法总是选择最先装入内存的一页调出，这样做简单而容易实现，但会把常用页面调出。第二次机会页面置换算法是寻找一个最近的时钟间隔以来没有被访问过的页面。Clock 页面置换算法是把所有的页面都保存在一个类似时钟面的环形链表中，一个表针指向最老的页面，当发生缺页时，算法首先检查表针指向的页面，如果它的 R 位是 0，就置换该页面，并把新的页面插入这个位置，然后把表针前移一个位置；如果 R 位是 1，就清除 R 位并把表针前移一个位置，重复这个过程，直到找到一个 R 位为 0 的页面为止。LRU 页面置换算法首先淘汰未使用时间最长的页，需要在页表中为每一页增加一个“计时”标志，对每一页的访问进行记录和更新，实现开销较大。

若程序执行中访问页面的总次数为 A，其中有 F 次访问的页面尚未装入内存，产生缺页异常，则定义 $f=F/A$ 为缺页率。影响缺页率的因素：分配给程序的物理页面数、页面的大小、程序编制方法和页面置换算法的性能。

引入虚拟存储，统一管理内存和外存的真正目的是把访问概率高的页放入内存，减少内外存交换的次数。如果刚被调出的页面又被频繁调度，则会出现颠簸。颠簸由缺页率高引起。对于给定的进程访页序列，从时刻 $t-\Delta$ 到时刻 t 之间所访问页面的集合称为该进程的工作集。采用工作集模型，为每个进程保持一个工作集，通过动态调整，该进程可以获得与工作集相等的物理页面数，从而解决颠簸问题。

知 识 点

- 静态分配、动态分配
- 内存共享、内存保护
- 内存扩充、内存回收

- 静态重定位、动态重定位
- 固定分区、可变分区、可变分区分配算法、紧缩技术
- 覆盖与交换
- 虚拟存储技术、虚拟页式存储管理的实现
- 页表、页表项、TLB
- 缺页异常、缺页率
- 页面调度策略、页面置换算法
- 工作集

习　题

1. 存储管理的主要功能有哪些？

2. 解释下列术语：逻辑地址、绝对地址、地址重定位。

3. 在可变分区管理方式下，什么是"碎片"？如何解决"碎片"问题？

4. 紧缩技术有什么优点？移动一道程序时操作系统要做哪些工作？

5. 设在内存中按地址递增次序有三个不连续的空闲区 F1、F2、F3，它们的容量分别是 60 K、130 K、20 K。请给出一个后备进程序列，使得实施存储分配时

1）采用最优适应算法将取得好的效果，而采用最坏适应算法和最先适应算法效果都不好；

2）采用最优适应算法效果不好，而采用最坏适应算法和最先适应算法都可取得好的效果；

3）采用最坏适应算法将取得好的效果，而采用最先适应算法和最优适应算法效果都不好；

4）采用这三种算法都可取得好的效果；

5）采用这三种算法效果都不好。

6. 在用可变分区方式管理内存时，假定内存中按地址顺序依次有五个空闲区，空闲区的大小依次为 32 K、10 K、5 K、228 K、100 K。现有五个程序 J1、J2、J3、J4 和 J5，它们各需内存 1 K、10 K、108 K、28 K 和 115 K。若采用最先适应分配算法，能把这五个程序按 J1～J5 的次序全部装入内存吗？按什么样的次序装入这五个程序才能使内存空间利用率最高？

7. 为什么要在页式存储管理中设置页表和 TLB？

8. 设计一个页表时应考虑哪些因素？

9. 叙述页式存储管理中地址转换的过程。

10. 某采用页式存储管理的系统的地址结构长度为 16 位，页面大小为 2^{10}。当前进程的页表如下所示

0	6
1	8
2	10
3	12
4	14
5	19

假设虚拟地址为 0000110010101100，试画出地址转换图并计算相应的物理地址。

11. 有一个使用单级页表的分页系统，假设所需的页表总在内存中。

1）如果一次物理内存访问耗时 200 ns，那么一次逻辑内存访问耗时多少？

2）现添加一个 MMU，对每次命中或缺页 MMU 都造成 20 ns 开销。假设 85%的内存访问都命中 MMU TLB。平均访问时间是多少？

3）TLB 命中率是如何影响平均访问时间的？

12. 假设页面大小为 4 KB，页表项大小为 4 B。要映射 64 位的地址空间，如果顶级页表能在一页中存储，需要多少级页表？画出地址转换图，并详细描述从虚拟地址到物理地址的转换过程。

13. 考虑一个分页式虚拟地址空间（由 32 个 2 KB 的页组成），将它映射到一个 1 MB 的物理内存空间。

1）该处理器的虚拟地址格式是什么？

2）页表的长度和宽度各是多少？（忽略“访问权限”位）

3）若物理内存空间减少一半，则会对页表有何影响？

14. 页式存储管理系统中，程序的地址空间是一维的还是二维的？请说明理由。

15. FIFO 和时钟页面置换算法有何联系？

16. 什么是覆盖技术？什么是交换技术？它们之间的区别是什么？

17. 何谓程序局部性原理？请举出三个例子。

18. 虚拟存储器是什么？为什么要引入它？

19. 叙述虚拟页式存储管理方案的基本思想。为了实现虚拟页式存储管理，系统必须提供的硬件支持有哪些？

20. 某采用页式虚拟存储管理的系统，接收了一个共 7 页的程序，程序执行时依次访问的页为 1、2、3、4、2、1、5、6、2、1、2、3、7、6、3、2、1、2、3、6。若采用 LRU 页面置换算法，程序在得到两块内存空间和四块内存空间时各会产生多少次缺页异常？如果采用 FIFO 页面置换算法，又会有怎样的结果？

21. 有一个虚拟存储系统，假设分配给某进程 3 页内存，开始时内存为空，页面访问序列为 6、5、4、3、2、1、5、4、3、6、5、4、3、2、1、6、5。

1）若采用 FIFO 页面置换算法，缺页次数为多少？

2）若采用 LRU 页面置换算法，缺页次数为多少？

3）若采用理想页面置换算法，缺页次数为多少？

22. 有一个虚拟存储系统采用 LRU 页面置换算法，每个程序占 3 页内存，其中一页用来存放程序和变量 i、j（不作他用）。每一页可存放 150 个整数变量。程序 A 和程序 B 如下。

程序 A：

```
VAR C:ARRAY[1..150,1..100] OF integer;
        i,j:integer;
    FOR i:=1 to 150 DO
        FOR j:=1 to 100 DO
            C[i,j]:=0;
```

程序 B：

```
VAR C:ARRAY[1..150,1..100] OF integer;
        i,j:integer;
    FOR j:=1 to 100 DO
        FOR i:=1 to 150 DO
            C[i,j]:=0;
```

设变量 i、j 放在程序页中，初始时，程序及变量 i、j 已在内存，其余两页为空。矩阵 C 按行序存放。

1）当程序 A 和程序 B 执行完后，分别缺页多少次？

2）最后留在内存中的各是矩阵 C 的哪一部分？

23. 什么是异常现象（或称 Belady 现象）？举一个异常现象的例子。

24. 在虚拟页式存储管理中，页面置换算法所花的时间属于系统开销，这种说法对吗？

25. 缺页异常的处理过程是软硬件配合完成的，请叙述缺页异常处理过程。

26. 试述缺页与一般中断的主要区别。

27. 何谓系统的“颠簸”现象？为什么会出现这一现象？当系统发生“颠簸”时，应该采取什么措施来加以克服？

28. 什么是工作集？它的作用是什么？

29. 比较各种存储管理方式的特征（包括内存空间的分配方式、是否要有硬件的地址转换机构支持、适合单道或多道系统等）、重定位方式、地址转换的实现（操作系统和硬件是怎样配合的）、存储保护的实现（操作系统和硬件各自做什么工作）。

30. 请描述图 5-22 中的地址转换过程（提示：要指出各种可能出现的情况）。

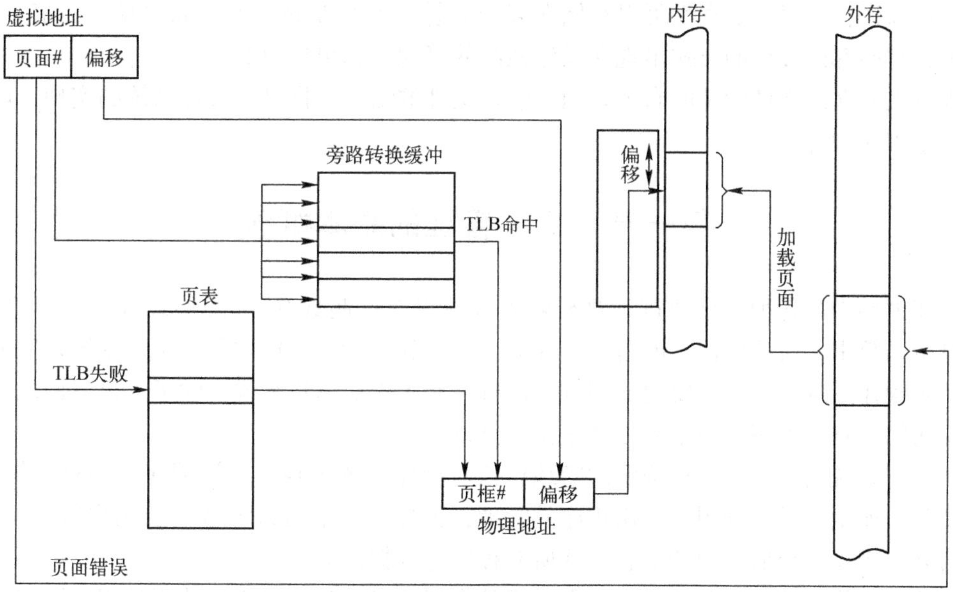

图 5-22　虚拟地址与内存、外存的映射关系

第六章　文件系统

学习目标：

1. 掌握文件、文件系统的基本概念。
2. 理解文件的逻辑结构和物理结构及其适用环境。
3. 掌握文件控制块、目录项、文件目录及目录文件的概念。
4. 掌握目录检索、磁盘空间管理、记录的成组与分解等文件管理方法。
5. 了解文件和目录的各种操作（创建、打开、读、写、关闭、删除）。
6. 了解文件共享和文件保护的各种方法。

建议学时：12 学时

教师导读：

1. 本章介绍操作系统中文件管理的内容，认真学习这些概念将有助于理解操作系统对大容量信息的管理方法。
2. 文件系统在不同的操作系统中有不同的结构，理解它们各自的特点是掌握文件系统应用的关键。
3. 文件系统处于不断发展中，安全和高效是设计文件系统的主要目标。

对文件的管理是操作系统中一项重要的功能。其重要性在于，在现代计算机系统中，用户的程序和数据、操作系统自身的程序和数据，甚至各种输入输出设备，都是以文件形式出现的。可以说，程序和数据都可以存储在多种非易失的存储介质上，如磁盘、磁带、光盘、闪存等，它们都以文件的形式出现在操作系统的管理者和用户面前。

本章主要介绍文件管理的有关问题，包括文件的结构、目录、文件系统的实现，以及文件的共享和保护等。

第一节　文件管理的基本概念

现实世界中的各种信息通过计算机输入设备以二进制数 0、1 的形式进入计算机系统。在计算机系统中，对这些信息的组织、存取、加工和保管等工作主要由文件系统来完成。文件系统是操作系统中一个重要组成部分。而且，对大多数用户来说，除了人机界面之外，用户经常访问、直接处理的一个部分就是文件系统。

对操作系统而言，对信息资源的管理包括对操作系统本身、编译程序等各种系统程序、系统工具、库函数及各种用户应用程序的管理，另外还包括对系统数据及用户数据的管理。简而言之，操作系统所管理的信息包括所有程序与数据。

不论是操作系统自身还是用户，在完成某个任务时，都要了解所使用的程序资源在什么地方，有关数据又在什么地方。显然，如果存取这些程序和数据不够快捷或者不准确，那么整个系统的使用效果是不会好的。

既然所有的计算机程序都要存储信息、检索信息，那么，对信息的存储就有一些基本的要求，概括起来有三条：

- 能够存储大量的信息；
- 长期保存信息；
- 可以共享信息。

早期的计算机没有大容量的存储设备，程序和数据需要手工输入计算机。后来程序和数据可以保存在纸带或卡片上，然后用纸带机或卡片机输入计算机中。在这个阶段，这些人工干预的控制和保存信息资源的方法不仅速度奇慢，而且错误百出，极大地限制了计算机的处理能力的发挥。显然，在这种存储设备的物质条件下，根本谈不上对信息的大量存储、长期保存和共享，自然也没有文件系统。

直到磁盘存储器和磁带存储器的出现，程序和数据等信息资源才开始真正被计算机所管理。可见，大容量直接存取的磁盘存储器以及顺序存取的磁带存储器等的出现，为信息资源的计算机管理提供了物质基础，从而导致了对信息资源管理的质的飞跃。把大量信息以一种单元，即文件形式，存储在磁盘或其他外部存储介质上，导致了文件系统的出现。

在文件系统中，把程序和数据等信息看作文件，把它们存放在磁盘或磁带等大容量存储介质上。文件是通过操作系统来管理的，这些管理内容包括文件的组织结构、命名、存取、使用、保护和实现方法。

操作系统为系统管理者和用户提供了对文件的透明存取，即不必了解文件存放的物理机制和查找方法，只需给定一个代表某段程序或数据的文件名称，文件系统就会自动地完成对与给定文件名称相对应的文件的指定操作。

一、文件管理的任务

研究文件系统有两种不同的角度，一种是用户的角度，另一种是操作系统的角度。

从用户的角度看文件系统，主要关心文件怎样组成、如何命名、如何保护文件、可以进行何种操作等。

从操作系统的角度看文件系统，主要关心文件目录是怎样实现的、怎样管理存储空间、文件存储位置、磁盘实际运作方式（与设备管理的接口）、存取速度、磁盘利用率等。

1. 文件的定义

什么是文件？在计算机系统中，程序或数据都可以是文件，但这是一种较为模糊的说法。文件可以被解释为一组带标识的、在逻辑上有完整意义的信息项的序列。这里所谓“标识”是指文件名，“信息项”构成了文件的内容。

文件的长度，可以是单个字节或多个字节；这些字节可以是字符，也可以是记录；而且各个记录的长度可以相等，也可以不相等，可以有结构，也可以无结构。

文件内容的具体意义，则由文件的建立者解释。

文件名是用户在创建文件时确定的，并在以后访问文件时使用。文件名通常由信息的创建者给定，它是一个字母和数字串，有些系统规定必须以英文字母打头且允许一些其他符号出现在文件名的非打头部分。不同的操作系统对文件名的组成有不同的要求。

信息项是构成文件内容的基本单位，这些信息项是一组有序序列，它们之间具有一定的顺序关系。

通常，系统为一个正在使用的文件提供读写指针。读指针用来记录文件当前的读取位置，它指向下一个将要读取的信息项；写指针用来记录文件当前的写入位置，下一个将要写入的信息项会被写到该处。

一般地，文件存放在外存空间里，以便使文件能够长期保存，即文件一旦建立并存储在外存中，就一直存在，直到该文件被删除。

文件是一个抽象机制，它提供了一种把信息保存在存储介质上而且便于以后读写的方法，用户不必关心文件实现的细节。

2. 文件系统

所谓文件系统，是操作系统中一种统一管理信息资源的软件。它管理文件的存储、检索、更新，提供安全可靠的共享和保护手段，并且方便用户使用。

从用户的角度来看，文件系统负责为用户建立文件、读写文件、修改文件、复制文件和撤销文件。文件系统还负责完成对文件的按名存取和对文件进行存取控制。

文件系统的作用是很多的。比如，在多用户系统中，可以保证各用户文件的存放位置不冲突，还能防止任一用户对存储空间的占而不用。文件系统既可保证任一用户的文件不被未经授权的用户窃取、破坏，又能允许在一定条件下由多个用户共享某些文件。

通常，文件系统使用磁盘、磁带、闪存和光盘等大容量存储器作为存储介质。因此，文件系统可存储大量的信息。

作为一个统一的文件管理机构，文件系统应具有下述功能。

1）统一管理文件的存储空间，实施存储空间的分配与回收。

2）实现文件从名字到外存地址空间的映射，即实现文件的按名存取，以对用户透明的方式管理文件名。

3）实现文件信息的共享，并提供文件的保护措施。

4）向用户提供一个方便使用的接口（提供对文件系统和文件的操作命令，以及信息存取、加工等）。

5）系统维护及向用户提供有关信息。

6）保持文件系统的执行效率。文件系统在操作系统接口中所占的比例最大，用户使用操作系统的体验在很大程度上取决于对文件系统的使用效果。

7）提供 I/O 的统一接口。

二、文件的存储介质及存取方式

文件系统是建立在大容量外存储设备上的，因此文件的组织方式与存储介质存在千丝万缕的联系，没有存储设备，就没有文件系统。本节介绍主要的外存储介质及其存取方式。

1. 外存储设备的特点

在计算机系统中，外存储设备与内存相比较，一般有容量大、非易失、速度较慢、成本较低等特点。

外存储设备通常由驱动部分和存储介质两部分组成。存储介质又常称为卷，“卷”字来自把存储介质看作“信息容器”的比喻。驱动器的作用是使计算机能够实现读写（及保存、控制、测试）存储介质上的内容。

例如，软盘设备由软盘驱动器（即软盘驱动器硬件部分和控制部分）以及软盘片（即存储实体）组成。

存储设备有很多种类，如磁盘、磁带、磁鼓、纸带、光盘和闪存等，而且一个计算机系统中可同时连接多种存储设备。有些存储介质是可重用的，即写了以后还可以重写，如磁记录、光记录类和电记录类等。有些存储介质是不可重用的，即写了以后就不可以重写，如早期的纸带卡片等。

在有些外存储设备中，存储实体可以与驱动器分离，称为可移动的存储实体。对可移动的存储实体而言，存储实体可以单独保存起来，也可以装到同一计算机系统的另一可移动驱动器上，还可以装到不同计算机系统的同类驱动器上，从而实现了存储实体的移动。常见的闪存，又称 Flash 盘或 U 盘，就是可移动存储实体中的一种。

外存储设备的空间组织与地址存取方式比较复杂。在磁盘中，磁盘空间由盘面、柱面（磁道）和扇区组成。对外存储设备的使用就是在外存储设备上存取信息，即往外存储设备写信息，或从外存储设备读信息。

2. 外存储设备的存储介质

外存储设备的特性决定了文件的存取方式。常见的外存储设备有以下几种介质。

（1）磁带

磁带是最早使用的磁记录存储介质。显然，磁带是一种顺序存取设备，因为在磁带上，信息是顺序读写的，后面的信息总是晚于前面的信息出现，如图 6-1 所示。

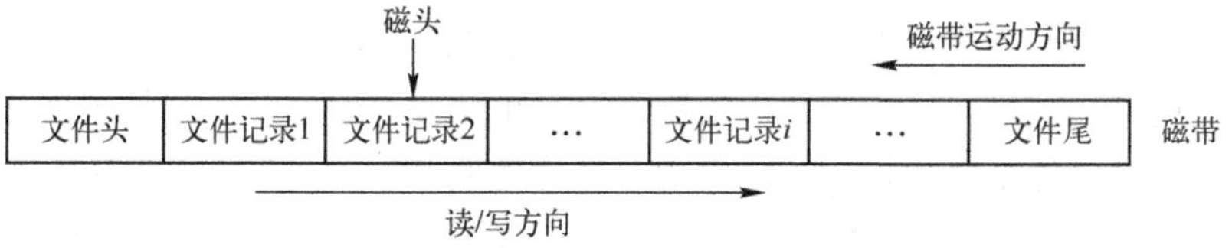

图 6-1　磁带的结构

在图 6-1 中，由磁带的读写方式可以知道，只有当第 i 个物理块被访问之后，才能访问第 $i+1$ 个。因此，某个物理块距离磁头的当前位置很远时，就需要花费很长时间来转动磁带，使第 $i+1$ 个物理块移动到磁头下面。

磁带设备的优点是存储容量大。磁带虽能保存大量的信息，但存取速度太慢。更重要的是，由于磁带只能进行顺序存取，即前面的物理块先访问，后续的物理块后访问，因此这种设备不适合用于随机存取方式，故磁带主要用于后备存储和保存不经常使用的信息，或用作不同系统之间传递信息的一种介质。

（2）磁盘

磁盘分为软盘和硬盘，软盘由于存储容量小、易磨损、保存不便等缺点，已经被淘汰，现在流行的磁盘通常就是指硬盘。磁盘由于其存储容量大以及成本低而得到广泛应用。磁盘是一种典型的随机存取设备。磁盘设备允许文件系统可以直接存取磁盘上的任意物理块。为了存取一个特定的物理块，可将磁头直接移动到所要求的位置上，而不像顺序存取那样需要顺序移过一系列的其他物理块之后，才能到达需要存取的特定物理块。磁盘的结构如图 6-2 所示。

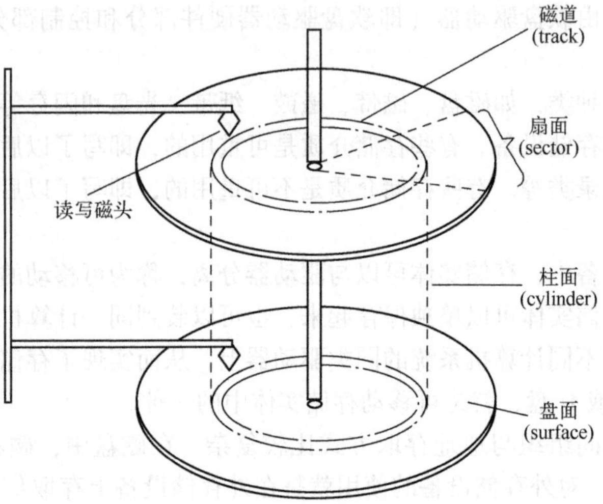

图 6-2　磁盘的结构

单张磁盘外表看起来就像一张唱片，也称为盘片。盘片表面涂磁性材料，信息就记录在盘片表面上。为了在信息写入以后还能读出或修改，同时也为了磁头能够定位，盘面上的每个物理存储位置都规划了物理地址。系统在对磁盘初始化时，在这些磁盘的盘面上划分出一些同心圆，称为磁道（简称道）。系统为每个磁道赋予一个磁道号。信息只能按线性顺序排列记录在每个磁道上，而不能记录在盘面的任意位置上。多数系统将磁道进一步划分为若干扇区，即将磁道圆周分为若干弧段，一个扇区可存储 32 B ~ 4 KB 信息，每个磁道可有 4 ~ 32 个扇区，甚至更多。这样，进一步减小了物理寻址单位和存取单位，当把扇区作为最小寻址单位和存取单位时，每个扇区构成了磁盘的一个物理块。

使用磁盘时，驱动器的电动机带动磁盘高速、匀速旋转，磁头一直停留在盘面表面上方并可以在不同磁道间移动。当磁头移动到目标磁道后，就静止不动，该磁道的内容就从磁头下顺序经过，这时磁头就可以读取该磁道的位置并读写从磁头下经过的该磁道的内容。通过磁头的读写装置，信息可以写入磁盘，可以在写入后读出，也可以抹掉或修改，即可重写。每个盘片的两面对应两个读/写磁头，分别对磁盘片的上下两面进行读写。

在磁盘中，磁臂只能沿半径方向移动。在访问磁盘时，首先要把磁臂移动到相应的磁道上，称为寻道。然后等待盘片旋转，使指定的扇区转到磁头之下，实现了对磁道和扇区的定位。最后，控制磁头对扇区中的数据进行读写。

可见，一次访问磁盘的时间由寻道时间（也称为寻找时间）、旋转定位时间和信息传输时间组成，其中，寻道时间是机械动作的时间，因而所花费的时间最长。

通过对磁盘读写的分析，可以看到，存取磁盘上任一物理块的时间与该物理块所处的位置无关，这与顺序存储设备是完全不同的。

由于盘片的正反两面都使用，或若干个磁盘片组合并固定在一起由同一个电动机驱动，因此需要标定盘面的代号或磁头号。

将所有盘面中处于同一磁道号上的所有磁道组成一个柱面，这就形成了柱面号。读写同一柱面内的信息不需要移动磁头，实际上节省了访盘时间。

综上所述，磁盘的物理地址的形式：柱面号（磁道号）、扇区号、磁头号（盘面号）。

（3）光盘

光盘是利用在激光的作用下特性发生变化的一些材料所制成的非磁记录介质。

只读式光盘具有容量大（600 MB 以上）、速度快（接近磁盘）、价格便宜等特点，但不可再写入。不过，随着技术的不断发展，可读写光盘驱动器价格日趋便宜，读写速度也在不断提高。可读写光盘通常作为大容量信息传递的移动载体。

（4）闪存

闪存是非易失存储器的一种。较之其他存储器，闪存有其独特的优点。首先，闪存是电可擦除的，且在系统中是可随机存取的。其次，闪存没有任何机械运动部件，其寿命和可靠性相当高。显然，闪存的读写比磁盘快而且方便。

另外，闪存在擦除时相比 EPROM 并不需要额外的高压电源。而且，闪存比一般 EPROM 价格低、存储密度高。

闪存目前已经进入各类应用产品中，如计算机、外设、电信设备、移动电话、网络设备和自动化设备等。在面向消费者的语言、影像和数字存储设备，如数码相机、数码录音器、掌上电脑（又称个人数字助理）等一大类智能家电产品中，闪存的优势是明显的。

3. 文件在存储设备中的存取方式

用户使用外存储设备，目的在于读写存储在介质上的信息。用户对外存储设备的要求是方便、高效、安全，更具体来说，有以下要求：

- 在读写外存储设备时，不涉及硬件细节，用户直接使用逻辑地址和逻辑操作；
- 外存储设备的存取速度尽可能快，容量大且空间利用率高；
- 外存储设备上存放的信息须安全可靠，防止来自硬件故障的破坏；
- 可以方便共享，存储空间可动态扩大、缩小，携带、拆卸便捷，可随时了解存储设备及其使用情况；
- 以尽可能小的代价实现上述要求。

为满足用户对文件的存取等各种操作的要求，文件的存取方式是由文件的性质和用户使用文件的情况而定的。

在用户面前，文件呈现的是文件的逻辑结构，这与用户使用文件的方式相适应。在存储介质面前，文件呈现的是文件的物理结构，这与文件所使用存储介质的特性有关。

一个文件要能够为用户所使用，单有其逻辑结构或物理结构是不够的，必须提供一种文件的逻辑结构和物理结构之间的映射或变换机制，其作用是把用户对一个文件中某个逻辑记录访问的请求转变为对该文件物理结构中某个存储块中的字符串的读写请求，也就是把对逻辑字符串地址的请求变换为对物理字符串地址的请求。

文件的存取方式就是这样一种文件的逻辑结构和物理结构之间的映射或变换机制，它以一种逻辑清晰、使用便利的方式，把用户对逻辑文件的存取要求变换为对相关文件的物理存储块的读写请求。

文件常用的存取方法有顺序存取和随机存取。选择哪一种文件存取方式，既取决于用户使用文件的方式，也与文件所使用的存储介质有关。例如，数据库文件适合采用随机存取方法，而如果采用磁带来存储数据库文件，则会导致读写不便且效率低下。

(1) 顺序存取

顺序存取就是按从前到后的次序依次访问文件的各个信息项。

对记录式文件，是按记录的排列顺序来存取。例如，若当前读取的记录为 R_i，则下一次读取的记录被自动地确定为 R_{i+1}。

顺序存取只要把当前记录的逻辑地址加上记录的长度，就可以得到下一个记录的逻辑地址。若要直接存取第 n 个记录，则其逻辑地址 $=(n-1)\times$记录长度。

对于流式文件，顺序存取反映当前读写指针的变化，在存取完一段信息后，读写指针可以自动指出下次存取时的位置。

(2) 随机存取

随机存取又称直接存取，即允许用户按任意次序直接存取文件中的任意一个记录，或者根据存取命令把读写指针移到文件中的指定记录处读写。

UNIX 类操作系统的文件系统采用了顺序存取和随机存取两种方法。已经基本不“露面”的 MS-DOS 操作系统也采用了顺序存取和随机存取这两种方法。

图 6-3 中展示了文件结构、文件存取方式与文件存储介质的关系。

<table>
<tr><th>存储介质
对比项</th><th>磁带</th><th colspan="3">磁盘</th></tr>
<tr><td>物理结构</td><td>连续结构</td><td>连续结构</td><td>链接结构</td><td>索引结构</td></tr>
<tr><td rowspan="2">存取方式</td><td rowspan="2">顺序存取</td><td>顺序存取</td><td>顺序存取</td><td>顺序存取</td></tr>
<tr><td>随机存取</td><td>—</td><td>随机存取</td></tr>
</table>

图 6-3 文件结构、文件存取方式与存储介质的关系

三、文件的分类

为了有效、方便地管理文件，在文件系统中，常常把文件按其用途、组织形式等进行分类。

1. 按文件的用途分类

按文件的用途可以把文件分为以下三类。

(1) 系统文件

操作系统和各种系统应用程序与数据所组成的文件。

对于普通用户，系统文件中的程序文件只允许用户通过系统提供的调用接口来执行，数据文件也只允许系统程序来读写，但不允许用户对该类系统文件直接进行读写和修改。对于超级用户，则可以对某些系统文件进行读写修改。本章中涉及的用户，若不特别说明，均指普通用户。

(2) 库函数文件

库函数文件是指标准子程序及常用应用程序组成的文件。该类文件允许用户对其进行读取、执行，但不允许对其进行修改。例如，C 语言子程序库、FORTRAN 子程序库等。

（3）用户文件

用户文件是用户委托文件系统保存的文件。这类文件只有文件的所有者或所有者授权的用户才能使用。用户文件可以由源程序、目标程序、用户数据文件、用户数据库等组成。

2. 按文件的组织形式分类

文件还可按其组织形式划分。

（1）普通文件

普通文件主要是指文件的组织格式为文件系统中所规定的最一般的格式的文件，文件的内容是一般的数据或程序，例如由字符流组成的文件。普通文件既包括系统文件，又包括用户文件、库函数文件和用户实用程序文件等。

（2）目录文件

目录文件是由文件的目录构成的特殊文件。显然，目录文件的内容不是各种程序或应用数据，而是包含文件的目录信息，通常是有结构的，主要用来检索文件。

（3）特殊文件

特殊文件是以文件形式存在和访问的设备，可进行查找文件等操作，但对文件的读写会对应于对设备的读写，并由设备驱动程序来完成具体的读写操作。比如，在 UNIX 类系统中，输入输出设备被看作特殊文件。当应用程序对这些特殊文件进行读写操作时，实际上是通过设备驱动程序直接读写相应的输入输出设备。

3. 一些常见的文件分类方式

文件分类的方式是多样的，这里再列出几种常见的分类方式。

1）按文件的保护方式可划分为只读文件、读写文件、可执行文件、无保护文件等。

2）按信息的流向可划分为输入文件、输出文件和输入输出文件等。

3）按文件的存放时限可划分为临时文件、永久文件和档案文件等。临时文件，即记有临时性信息的文件；永久文件，即其信息需要长期保存的文件；档案文件，即保存在作为“档案”用的磁带或光盘等永久性介质上、以备查证和恢复时使用的文件。

4）按文件使用的介质类型可划分为磁盘文件、磁带文件、卡片文件和打印文件等。

5）还可以按文件的组织结构分类。比如，用户视角可以看到的文件称为逻辑文件，逻辑文件可采用流式文件和记录式文件两种组织方式。而文件在存储介质上的组织方式是文件的物理结构（物理文件），常用的组织方式有顺序文件、链接文件和索引文件等。

4. UNIX 类操作系统中文件的分类

在 UNIX 类操作系统中，文件系统包括以下三种类型的文件。

1）普通文件。这是由内部无结构的一串平滑的字符组成的文件。

2）目录文件。这是由文件目录项构成的文件。

3）特殊文件。在 UNIX 类操作系统中，把 I/O 设备看成一种特殊文件。

上述种种文件系统中的文件分类方式，其目的是对不同文件进行管理，提高系统效率；同时，提高文件系统的用户界面友好性。

第二节　文件的逻辑结构和物理结构

任何一种文件都有其内在的文件结构。用户看到的是经过抽象的文件结构，这就是文件的逻辑结构。实际上，文件的逻辑结构就是从用户角度看文件、研究文件的组织形式。

除文件的逻辑结构以外，文件还有其物理结构，也就是文件在实际的存储空间存储时的结构。

本节首先介绍文件的逻辑结构，然后介绍其物理结构。

一、文件的逻辑结构

文件的逻辑结构是面向用户的文件的组织结构，即用户看到的文件的组织结构。操作系统在设计时需要掌握如下原则。

1. 设计文件逻辑结构的原则

与文件的逻辑结构相联系的是逻辑文件的存取方式，即用户如何访问文件。在设计文件系统时，选择何种逻辑结构才更有利于用户对文件信息的操作？这里，列出一般情况下设计文件的逻辑结构时应遵循的一些设计原则。

（1）易于操作

用户对文件的操作是频繁的，而且大量的。因此，文件系统提供给用户的对文件的操作手段应当方便、易学易用。

（2）查找快捷

用户经常需要进行对文件的查找或对文件内信息的查找，设计的文件逻辑结构应便于用户在尽可能短的时间内完成查找。

（3）修改方便

当用户需要对文件信息进行修改时，给定的逻辑结构应使文件系统尽可能少地变动文件中的记录或基本信息单位。

（4）空间紧凑

应使文件的信息占据尽可能小的存储空间。

显然，对于字符流的无结构文件，查找文件中的基本信息单位，例如某个单词，是比较困难的。但反过来，字符流的无结构文件管理简单，用户可以方便地对其进行操作。所以，对基本信息单位操作不多的文件较适合采用字符流的无结构方式，例如，可执行文件、目标代码文件等。

2. 文件的逻辑结构

文件的逻辑结构就是用户所看到的文件的组织形式。文件的逻辑结构是一种经过抽象的结构，所描述的是文件中信息的组织形式，与文件在物理介质上的具体存储结构不同。

可以把文件划分成三类逻辑结构：无结构的字符流式文件、有结构的定长记录文件和不定长记录文件构成的记录树，如图 6-4 所示。定长记录文件和不定长记录文件可以统称为记录式文件。下面具体介绍文件的这些逻辑结构。

（1）流式文件

流式文件是有序字符的集合，其长度为该文件所包含的字符个数，所以又称为字符流式文件。在流式文件中，构成文件的基本单位是字符，通常一个字符占用一个字节。

可以认为字符流式文件就是一串有开头和结尾的连续字符。在这串字符中，不存在任何可以视为结构的组织形式，所以，可以说，字符流式文件无结构。

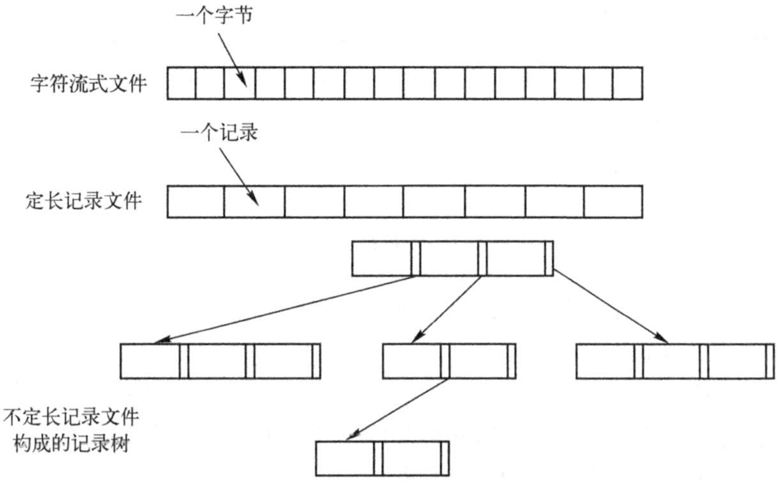

图 6-4　文件的逻辑结构

正由于流式字符文件中不存在结构，因此用户对字符流式文件可以方便地进行操作。

可执行文件、目标代码文件等文件属于字符流式文件。UNIX 类系统采用的是字符流式文件结构。

对操作系统而言，字符流式文件就是由一个个字节构成的文件，管理简单，其内在含义由使用该文件的程序自行理解，因此，提供了很大的灵活性。

（2）记录式文件

记录式文件是一组有序记录的集合。在记录式文件中，构成文件的基本单位是记录。

记录是一个具有特定意义的信息单位，它由该记录在文件中的逻辑地址（相对位置）与记录名所对应的一组键、属性及其属性值所组成，可按键进行查找。

在定长记录文件中，各个记录的长度相等。在检索时，可以根据记录号 i 及记录长度 L 确定该记录的逻辑地址。

在不定长记录文件中，各个记录的长度不等，在查找时，必须从第一个记录开始逐查找，直到找到所需的记录为止。

记录式的有结构文件可把文件中的记录按各种不同的方式排列，构成不同的逻辑结构，以便用户对文件中的记录进行修改、追加、查找和管理等操作。

二、文件的物理结构

从研究文件管理、设计文件管理系统的角度来看，必须研究如何在物理存储器上存储文件，这是文件系统实现的物理基础。

常用的文件物理结构有顺序结构、链接结构、索引结构。

1. 顺序结构

（1）顺序结构原理

顺序结构又称连续结构，这是一种最简单的文件物理结构，它把逻辑上连续的文件信息依次存放在连续编号的物理块中。也就是说，如果一个文件长 n 块，并从物理块号 b 开始存放，则该文件占据物理块号 $b,b+1,b+2,\cdots,b+n-1$，如图 6-5 所示。

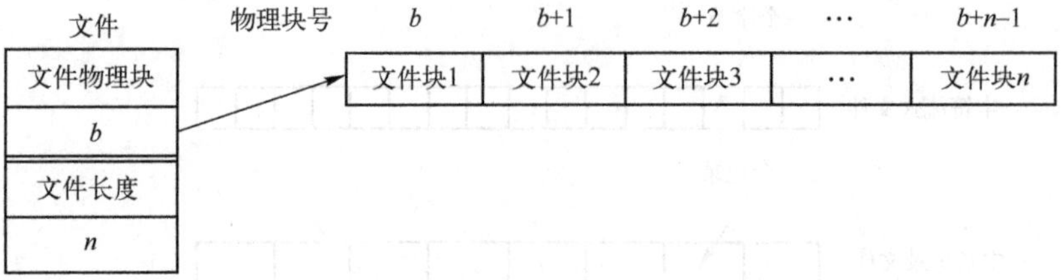

图 6-5　文件的顺序结构

在顺序结构中，只要在一个文件的目录项中指出该文件占据的总块数和起始块号即可。

（2）顺序结构的优缺点

顺序结构的优点是，一旦知道了文件在文件存储设备上的起始块号和文件长度，就能很快地进行存取，这是因为从文件的逻辑块号到物理块号的变换是非常简单的。

另外，顺序结构支持顺序存取和随机存取。

对于顺序存取，顺序结构的存取速度快。举例来说，一个文件从物理块 a 开始，现在要存取该文件的第 i 块，存取物理块 $a+i$ 即可。对于磁盘，在存取物理块 a 后再存取物理块 $a+1$ 时，通常不需要移动磁头，即使需要，也仅需移动一个磁道（从一个柱面的最后一个扇区移到下一柱面的第一个扇区）。这样所需的磁盘寻道次数和寻道时间都是最少的。

顺序结构的缺点在于，文件不能动态增长。假设一个顺序结构的文件在开始时需要 188 个物理块，在系统对这 188 个物理块分配之后，与这个文件相邻的其他空间可能会被分配给其他文件使用了。这时，如果该文件要动态增长，就没有空间了，因为顺序结构的物理块必须是连续的。如果要为顺序结构的文件预留空间，那么，预留多大的空间？另外，文件的建立者（程序或人）如何知道或确定要建立的文件的长度？更一般的情况是，一个输出文件的长度可能是难以确定的，可能需要对文件重新分配和移动，总之，困难较多。

对于顺序结构的文件，申请新的空闲空间时，如果该文件大小为 n 块，那么必须找到连续的 n 个空闲块，才能存放该文件，相对来说查找速度较慢。有可能出现找不到满足条件的连续 n 个空闲块的情况，也不利于文件的插入和删除。

另外，随着文件不停地分配和删除，空闲空间逐渐被分割为很小的部分，最终导致出现存储碎片，此时虽然空间的总空闲数比申请的要多，但因为不连续且都是小碎片而无法分配。

解决上述问题的根本办法是采取离散存储块分配方式，以下两种分配方式，即链接结构和索引结构都是不连续分配方式。

2. 链接结构

（1）链接结构原理

文件的链接结构的实质就是为每个文件构造所使用磁盘块的链表。使用这种链接结构的文件，将逻辑上连续的文件分散存放在若干不连续的物理块中。在每个物理块中都设有一个指针，该指针指向其后续的物理块，如图 6-6 所示。

在图 6-6 中，一个文件由四个物理块组成，文件控制块中保存着文件记录的首指针。首指针指向逻辑记录 0，即该文件使用的第一个物理块，块的记录号为 9，其后依次为块 16、2、10。每个物理块中都包括一个指向下一个物理块的指针。这些指针是不能被用户使用的，甚至不为用户所知。最后一个块存放的是文件结束符。

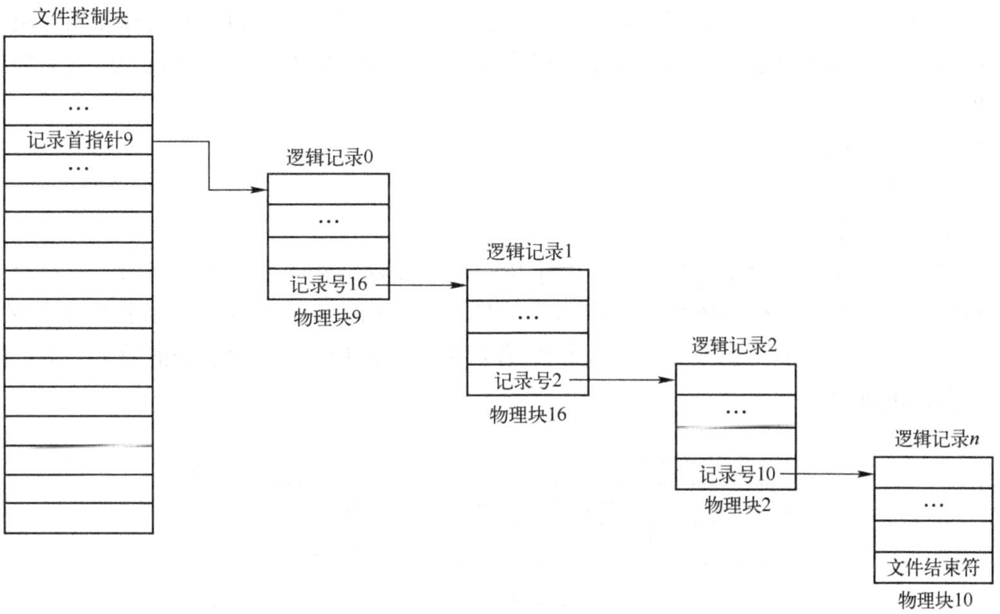

图 6-6　文件的链接结构

如果每个物理块的大小是 512 字，而一个物理块地址需要占用两个字，则用户看到的块长，即逻辑块长，是 510 字。链接指针需要占用一定的空间，在这个例子中，指针占用了约 0.39%的空间。

（2）链接结构的优缺点

链接结构的优点是，存储碎片问题迎刃而解了，有利于文件动态扩充，以及文件插入和删除，提高了磁盘空间利用率。

在建立链接结构的文件时，只需在文件目录中建立一个新的目录条目，并将该条目中的首块指针初始化为空，以说明该文件现在是空的，文件长度初始化为 0。

链接结构的文件动态扩充也很简单，从空闲空间中得到一个空闲块，亦即第一个空闲块，然后将该块链接到文件尾部，并改变文件的长度即可。只要还能申请到空闲块，文件就可以一直动态扩充。

链接结构的主要缺点是，存取速度慢，不适于随机存取文件；磁盘的磁头移动多，效率相对较低；存在文件的可靠性问题，比如指针出错，文件也就出错了；另外，链接指针需要占用一定的空间。

例如，要在链接结构的文件中寻找一个文件的第 i 块时，必须从该文件的首块开始沿着指针逐块寻找。每读一个指针就要读对应的物理盘块，一共要读 i 块，才能得到文件的第 i 块。

链接结构的文件所使用的物理块不是连续分配的，所以一个链接结构的文件的所有物理块在磁盘上是分散分布的。与顺序结构的文件相比，在访问一个链接结构的文件时需要更多的寻道次数和寻道时间。

使用链接结构的文件必须重视其可靠性问题。如果某一个文件中的某一个物理块中的指针丢了，则该文件中的指针所指的物理块后的所有物理块就都读写不到了。指针出问题的原因还可能是操作系统软件的一个隐藏错误或磁盘硬件故障，例如读写错了或指针所在的盘面坏了。

为了提高可靠性，可以采用双向链接，或者在每个物理块中存储文件名称和相对块号等办法改进。不过这些办法只能有限地提高可靠性，并不能从根本上解决问题，而且需要耗费更多的空间。

典型的链接结构是 FAT 文件系统。

3. 索引结构

（1）索引结构原理

索引结构的文件把每个物理块的指针字集中存放在称为索引表的数据结构中。在每个文件相应的目录条目中，包括该文件的索引表地址，而索引表中的第 i 个条目指向文件的第 i 块，如图 6-7 所示。这样，要读某个文件的第 i 块，只需从该文件索引表的第 i 个条目中得到该文件块的地址。

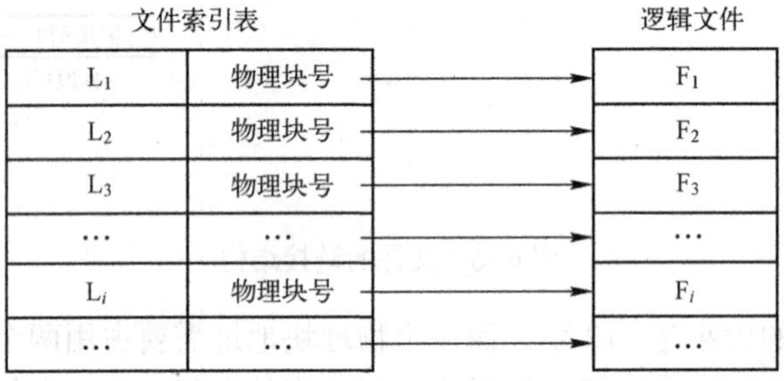

图 6-7　文件的索引结构

在开始建立索引结构的文件时，把索引表中的所有指针置为空。当第一次需要在文件的第 i 块写入信息时，从空闲块空间中申请任意一个空闲块，然后将该块的地址写入索引表的第 i 个条目。

（2）索引结构的优缺点

索引结构既保持了链接结构的优点，又解决了其缺点。索引结构文件既适于顺序存取，又适于随机存取。这是因为有关逻辑块号和物理块号的信息被全部保存在了一个集中的索引表中，而不是像链接结构文件那样分散在各个物理块中。

索引结构可以满足文件动态增长的要求，也满足了文件插入、删除的要求。索引结构还能充分利用外存空间。

索引结构的缺点：会引起较多的寻道次数和寻道时间；索引表本身增加了存储空间的开销。

显然，如果文件很大，它的文件索引表也就较大。如果索引表的大小超过了一个物理块，那么，在一个集中的索引表中就装不下了，需要额外的存放索引表的物理块，此时就必须考虑该额外索引表的物理存放方式。

如果索引表采用连续结构，则不利于索引表的动态增加。如果采用链接结构存放索引表，则会增加访问索引表的时间开销。一种较好的解决办法是间接索引，也称多级索引。间接索引是指在索引表所指的物理块中并不存放文件信息，而是装有存放这些信息的物理块的地址。这样，有了一级间接索引，还可以进行类似的扩充，即二级间接索引，等等。但是，多级索引显然会降低文件的存取速度。

其实，大多数文件是不需要进行多级索引的。当文件较小时，可利用直接寻址方式找到物理块号以节省存取时间。在实际的文件系统中，有一种做法是把索引表的前几项设计成直接寻址方式，也就是这几项所指向的物理块中存放的就是文件信息；而索引表的后几项设计成多级索引，也就是间接寻址方式。

在索引结构文件中查找文件时，要顺着指针进行查找，但是整个索引表都可以存放在内存中，不需要访问磁盘，不管文件有多大，在目录项中只需记录一个起始块号，按照它就可以找到文件的全部块。

另外，在索引结构文件中存取文件时，需要至少访问存储设备两次以上，一次是访问索引表，另一次是根据索引表访问存储设备上的文件信息。这样势必降低了对文件的存取速度。一种改进的方法是，在对某个文件进行操作之前，系统会预先把索引表放入内存。

索引分配技术继承了链接分配技术的优点，如没有存储碎片等，同时又解决了链接分配技术中的不支持直接存取和可靠性问题。索引分配技术支持直接存取，不会因为一个指针的错误就引起“全盘覆没”。当然，其他方面的可靠性问题还是存在的。

索引结构对空间的占用问题比较严重。这是因为大多数文件都是小文件，如果一个文件系统中索引表是定长的话，那么即使一个文件仅占一两个物理块，也同样需要一整个索引表。如果为了加快存取速度而把索引表放在内存，那么要占用的空间对内存来说是非常大的。

索引结构的上述缺点引出了一个问题：索引表应该多大？应该定长还是变长？解决该问题的办法有以下一些种类。

1）索引表的链接模式：一个索引表通常就是一个物理块。这样，读写索引表比较简单。对于大文件，就用多个索引表并将它们链接在一起。例如，一个索引表可能包括一个小的块头用来指出文件名，以及一组前 100 个物理块的地址，其中最后一个地址是空（对于小文件）或一个指向下一个索引表的指针（对于大文件）。这种模式下存取文件尾的块将需要读所有索引表，对于大文件，这可能需要读很多块。

2）多级索引：这是上述索引表链接模式的一种改善变种，即将一个大文件的所有索引表（二级索引）的地址放在另一个索引表（一级索引）中。这样，要存取文件中的一个块，操作系统使用一级索引找到二级索引表，再用后者找到所要的数据所在的物理块。这种方法可以扩展为三级索引或四级索引，但一般二级索引就足够了。如果一个索引表可放 256 个物理块地址指针，则二级索引允许文件有多达 65536 个物理块。如果一个物理块大小为 1 KB，则意味着文件最大长度为 67108864 B（64 MB）。

三、UNIX 的三级索引结构

UNIX 操作系统的 i 节点是一种多级索引文件结构，是多级索引结构文件在 UNIX 中的具体实现。i 节点在一般多级索引结构文件的基础上，进行了结构上的变化，克服了索引结构的缺点。掌握了 i 节点也就掌握了多级索引文件结构的工作原理。

i 节点的基本思想是，给每个文件赋予一张称为 i 节点的小表，在这张小表中列出了文件属性和文件中各数据块在磁盘上的地址，参见图 6-8。

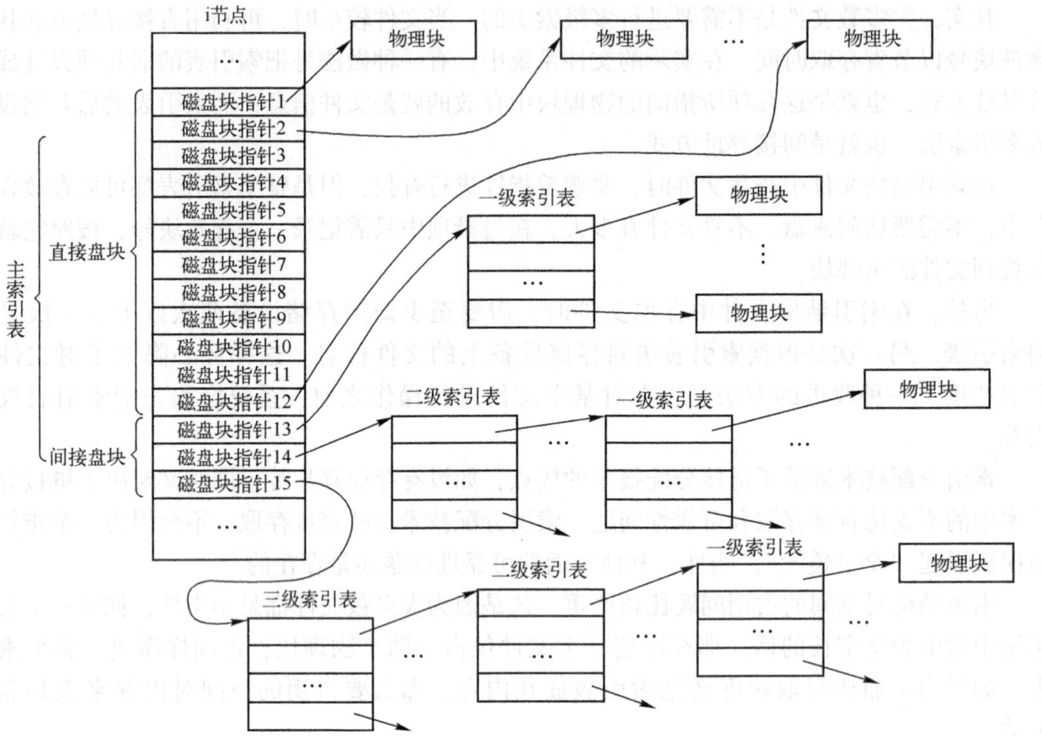

图 6-8　i 节点的三级索引结构

在采用 i 节点的文件中，文件的开始几个磁盘的物理块号存放在 i 节点内。比如，在图 6-8 中，i 节点内可记录 15 个物理块地址指针，其中前 12 个指针直接指向文件数据的物理块，称为直接盘块。而所有各级索引表则统称为间接盘块；在图 6-8 中，第 13 个指针指向一个索引表（一级索引表），该索引表指向文件数据的物理块称为一重间接盘块；第 14 个指针指向一个二级索引表，该索引表所指向的索引表指向的文件数据的物理块称为二重间接盘块；第 15 个指针指向一个三级索引表，该索引表所指向的索引表指向的文件数据的物理块称为三重间接盘块。

这样，对于不超过 12 块的小文件就不需要单独的索引表，所需信息均在 i 节点中。在打开文件时，这些信息将从磁盘读入内存。

对于稍大一些的文件，在 i 节点中有一个索引表，即一重间接盘块地址，这个磁盘块中含有附加的磁盘物理块地址。

如果文件再变大，就可以采用 i 节点中的二级索引表。如果这还不够的话，那么可以采用三级索引表。

这种文件结构占用的系统空间比一般多级索引结构的文件要小。使得 i 节点的文件结构，不仅适合小文件使用，也可供大型文件使用，灵活性比较强。

第三节　文 件 目 录

在一个计算机系统中保存了许多文件，用户在创建和使用文件时只需给出文件的名字，由文件系统根据文件名创建或找到指定文件。为了便于对文件进行管理，设置了文件目录，用于检索系统中的所有文件。

一、文件控制块

文件系统的一个特点是“按名存取”，即用户只要给出文件的符号名就能方便地存取在外存空间的该文件中的信息，而不必了解和处理文件的具体物理地址。

在操作系统中，为了管理大量的文件，为每个文件都设置一个描述性数据结构——文件控制块（File Control Block，FCB），把所有文件的文件控制块有机地组织起来，就构成了文件控制块的一个有序集合，称为文件目录。

文件目录实际上就是文件符号名到文件物理地址的一种映射机制。

文件控制块是系统为管理文件而设置的一个数据结构。文件控制块是文件存在的标志，它记录了系统管理文件所需的全部信息。

文件控制块通常应包括以下内容：文件名、文件号、用户名、文件物理位置、文件长度、记录大小、文件类型、文件属性、共享说明、文件逻辑结构、文件物理结构、文件建立日期和时间、最后访问日期和时间、最后修改日期和时间、口令、保存期限等，如图 6-9 所示。

文件控制块
文件名
文件号
用户名
文件物理位置
文件长度
记录大小
文件类型
文件属性
共享说明
文件逻辑结构
文件物理结构
文件建立日期和时间
最后访问日期和时间
最后修改日期和时间
口令
保存期限

图 6-9　文件控制块

文件控制块中的信息可以分成文件存取控制信息、文件结构信息和文件管理信息。下面对文件控制块中的主要表项说明如下。

1）文件名，用户给文件取的符号名称。

2）文件号，系统在文件创建时指定的一个编号。文件号唯一地标识一个文件，即在一个文件系统中，文件号是不能重复的。

3）用户名，记录了该文件创建者的名称。一般而言，一个文件的创建者就是该文件的所有者。

4）文件物理位置，记录了与文件在存储介质中的物理位置有关的信息。如果文件是链接结构，则该表项中保存了该文件记录的首指针；如果是索引结构，则该表项中保存了该文件的索引表地址。

5）文件长度和记录大小，分别保存该文件的长度和每个物理块的大小。

6）文件类型，它与该文件系统的文件类型的划分方法有关。一些常见的文件类型有源程序文件、可执行文件、字符文件、数据文件、语音文件和视频文件等。

7）文件属性，指出文件是只读式文件、可读写文件还是可执行文件。

8）共享说明，指出该文件是否允许其他用户使用，以及是仅允许组内用户使用，还是允许系统中的所有用户使用等。

9）文件逻辑结构，指出该文件是流式文件还是记录式文件。

10）文件物理结构，标识了该文件内部的物理结构是顺序结构、链接结构还是索引结构。

11）口令，为了文件的安全而设置的访问文件的密码。

12）保存期限是指预计该文件的保管时间。有些文件只是临时性使用，或只使用一次，就可以丢弃；有些文件需要保存几十年，比如一些重要的财务文件。

二、文件目录和当前目录

文件目录是实现用户按名存取文件的一种手段。在用户要求读一个文件时，系统便从文件目录中查找用户所指定的文件是否存在，并核对是否有权使用。一个好的目录结构应该既能方便用户的检索，又能保证文件的安全。

1. 目录结构

当文件数量较少时，在文件目录中查找文件比较简单。而在文件数量比较多时，文件目录的组织与管理的重要性就突出了。为了方便用户的检索和文件的管理，根据实际的需要，一般把文件目录设计成一级（单级）目录结构、二级目录结构和多级目录结构。

（1）一级目录结构

在系统中设置一张线性目录表，表中包括所有文件的文件控制块，每个文件控制块指向一个普通文件，这就是一级目录结构，如图 6-10 所示。

图 6-10　一级目录结构

一级目录结构是一种最简单、最原始的文件目录结构。通常该目录表存放在存储设备的某个固定区域。在系统初启或需要时，系统将该目录表调入内存，或部分调入内存。文件系统通过该目录表提供的信息，对文件进行创建、搜索、读写和删除等操作。例如，当建立一个文件时，首先从该目录表中申请一项，并存入该文件的有关信息；当删除一个文件时，就从该目录表中删去对应的目录项。

有了一级目录，文件系统就可实现对文件空间的管理和按名存取。例如，当用户进程要求对某个文件进行读写操作时，就可以调用有关的系统调用，通过事件驱动或中断控制方式进入文件系统，此时，处理器控制权在文件系统手中。文件系统首先根据用户给定的文件名搜索一级文件目录表，以查找该文件信息对应的物理块号。如果搜索不到对应的文件名，或者失败返回（在进行读操作时），或者由空闲块分配程序进行空闲块分配，然后修改一级目录表。如果已找到该文件的第一个物理块块号，则系统根据该文件对应的物理文件的结构信息，计算出所要读写的文件信息块的全部物理块块号，然后系统把处理器控制权交给设备管理系统，启动有关设备进行文件的读写操作。

一级目录结构的优点是简单，容易实现。

在一级目录表中，各个文件说明项都处于平等地位，只能按连续结构或顺序结构存放，因此，文件名与文件必须一一对应，限制了用户对文件的命名，即不能重名。如果两个不同的文件重名，则系统将把它们视为同一文件。

另外，由于一级目录必须对一级目录表中的所有文件信息项进行搜索，因此，搜索效率较低，文件平均检索时间长。

（2）二级目录结构

为克服一级目录中文件目录命名中的可能冲突，并提高对目录文件的检索速度，一级目录被改进扩充成二级目录。

在二级目录结构中，目录被分为两级，第一级称为主文件目录（Main File Directory，MFD），它给出了用户名和用户文件目录所在的物理位置；第二级称为用户文件目录（User File Directory，UFD）又称用户子目录，它给出了该用户所有文件的文件控制块。这样，由主文件目录和用户文件目录共同形成了二级目录。二级目录结构如图 6-11 所示。

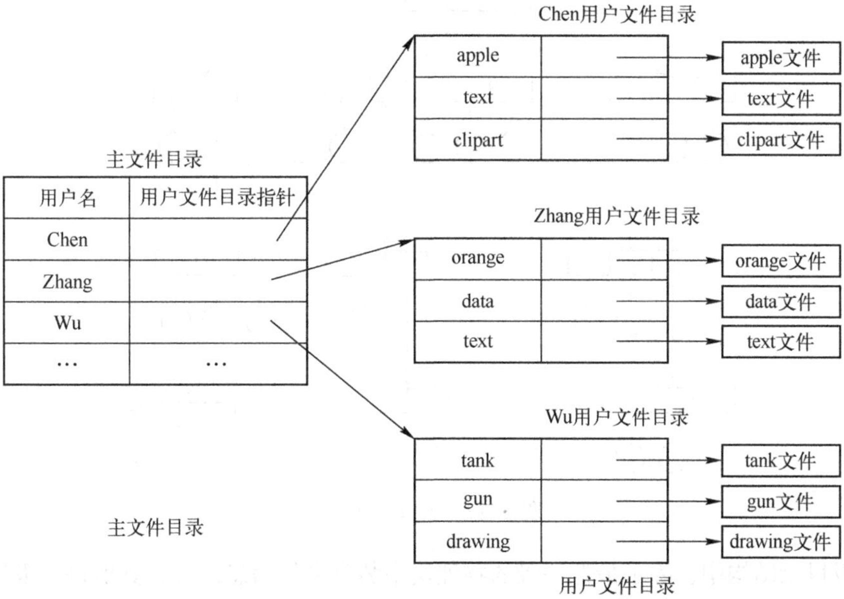

图 6-11　二级目录结构

在图 6-11 中，第一级主文件目录中有三个用户：Chen、Zhang 和 Wu，并且分别给出了指向这三个用户的用户文件目录的指针。在三个第二级用户文件目录中，分别有用户文件的文件控制块。比如，在 Chen 用户文件目录中，列出了 apple、text 和 clipart 三个文件的文件控制块。

当用户要对一个文件进行存取操作或创建、删除一个文件时，首先从第一级主文件目录中找到对应的目录名，并从用户名查找到该用户的第二级用户文件目录。余下的操作就与一级目录相同了。

二级目录解决了文件的重名问题，可以实现用户间的文件共享，查找时间也缩短了。二级目录的缺点是增加了系统的开销。

由于查找二级目录时首先从主文件目录开始搜索，因此，从系统管理的角度来看，文件名已演变成为“用户名/用户文件名”。这样，即使两个不同的用户具有同名文件，系统也会把它们区别开来。

再者，利用二级目录，也可以方便地解决不同用户间的文件共享问题。只要在被共享的文件说明信息中增加相应的共享管理项和把共享文件的文件说明项指向被共享文件的文件说明项即可。

另外，如果一级目录表的长度为 n，则在一级目录时的搜索时间与 n 成正比；与一级目录相比，在二级目录时，由于 n 的目录已被划分为 m 个子集，因此二级目录的搜索时间是与 $m+r$ 成正比的。这里的 m 是用户个数，r 是每个用户的文件的个数，一般有 $m+r\leqslant n$，从而二级目录的搜索时间要小于一级目录。

(3) 多级目录结构

把二级目录的层次关系加以推广，就形成了多级目录，又称树形目录结构，如图 6-12 所示。

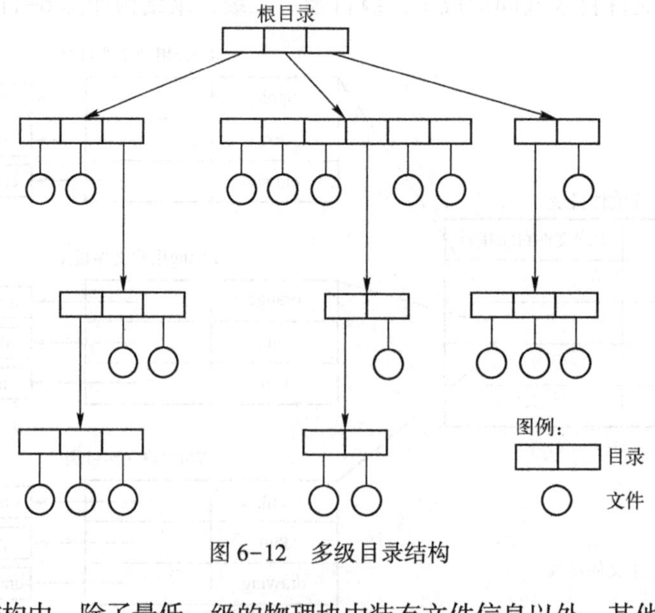

图 6-12　多级目录结构

在多级目录结构中，除了最低一级的物理块中装有文件信息以外，其他每一级目录中存放的都是下一级目录或文件的说明信息，由此形成层次关系，最高层为根目录，最低层为文件。

根目录是唯一的，由它开始可以查找到其他所有文件目录和普通文件。根目录一般可放在内存。从根结点出发到任一个非叶结点或叶结点（文件）都有且仅有一条路径，该路径上的全部分支组成了一个全路径名。

多级目录结构的优点是便于文件分类，且具有下列特点。

- 层次清晰。不同性质、不同用户的文件可以构成不同的子树，便于管理；不同层次、不同用户的文件可以被赋予不同的存取权限，有利于文件的保护。
- 解决了文件重名问题。文件在系统中的搜索路径是由从根目录开始到文件名为止的各文件名组成的，因此，只要在同一子目录下的文件名不发生重复，就不会由于文件重名而引起混乱。
- 查找的搜索速度快。可为每类文件建立一个子目录，由于对多级目录的查找每次只查找目录的一个子集，因此，其搜索速度较一级和二级目录时更快。

目前大多数操作系统，如 UNIX、Linux、Windows 等，都采用多级目录结构。图 6-13 中给出了 UNIX 操作系统中的一棵目录树。

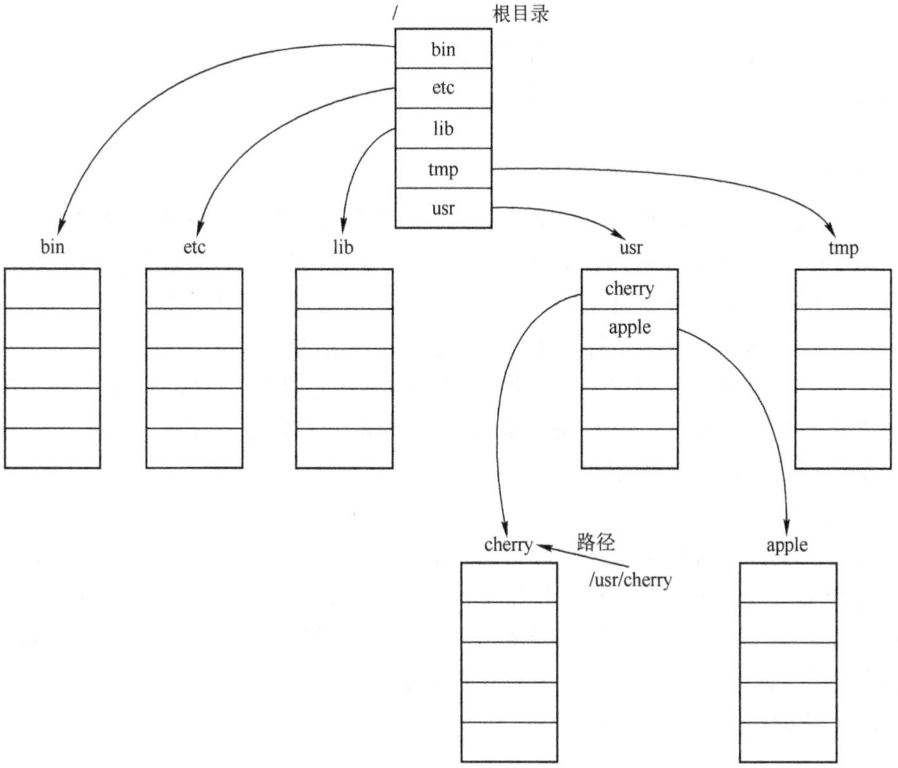

图 6-13　UNIX 系统中的一棵目录树

在图 6-13 中，一个 UNIX 系统的根目录由 bin、etc、lib、tmp 和 usr 构成。其中 bin 目录中一般存放系统文件，usr 目录中存放的是各个用户的子目录。在图 6-13 中，有两个用户：cherry 和 apple。访问用户 cherry 的文件的路径是/usr/cherry。

多级目录结构的优点是，层次结构清晰，便于管理和保护，解决了重名问题，查找速度快；其缺点是，查找一个文件时按路径名逐层检查，由于每个文件都放在外存，因此多次访盘会影响速度，结构相对比较复杂。

2. 当前目录与目录检索

文件系统向用户提供了一个当前正在使用的目录，称为“当前目录”，又称“工作目录”。如果需要，用户可随意更改当前目录。

用户在访问文件时，需要进行目录检索，这时用户给出文件名，系统按名寻找目录项。有两种根据路径名检索的方法：一种是使用全路径名，另一种是使用相对路径。

使用全路径名检索的方法，需要从根目录开始，列出由根目录到用户指定文件的全部有关子目录。全路径名又称为“绝对路径名”。但是，如果每次都从根目录开始检索，则很不方便，因为通常各目录文件都放在外存，故影响访问速度，尤其是当目录层次较多时，检索要耗费很多时间。

为克服这一缺点，引入“相对路径”的概念。相对路径的含义是，用于检索的路径名只是从当前目录开始到所要访问文件的一段路径，即以当前目录作为路径的相对参照点。这样，检索路径缩短，检索速度提高。

三、目录项和目录文件

目录项是用于管理目录的基本数据结构，一般而言，是定长的记录。简单文件系统的一个目录项对应一个文件控制块。目录文件就是目录项的有序集合，通常可以保存到外存储设备上。

1. 目录项

当用户建立一个新文件时，与该文件有关的一些信息与属性记录在该文件的文件控制块内。为了便于管理，通常将文件控制块设计成定长数据结构的一个记录，存放在目录文件中。而这样的每一个记录称为目录项。若文件控制块的数据量较大，则还可以采用目录项分解法来进行存放，即在目录项中存放重要的信息，其余信息放在其他数据块中。

所以，一个目录项必定对应一个文件。在一些操作系统中，例如 FAT 文件系统中，目录项就是文件控制块，而在另一些操作系统中，例如 UFS 文件系统中，目录项中只有文件名和索引指针，其余信息存放在基本文件目录中。

2. 目录文件

多个文件的文件控制块集中在一起组成了文件的目录。通常，文件目录以文件的形式保存起来，这个文件就称为目录文件。目录文件是每项记录长度固定的记录式文件。

在目录文件中，每一条定长的记录就是目录项。如果某个系统中的文件比较多，对应的目录文件显然会比较长。有时，为了节省内存的空间，就把目录文件保存在外存储器上，只有在需要时，才把目录文件调入内存。

四、目录项分解法

一个文件控制块一般要占用很多存储单元，这样往往导致目录文件也很大。在检索目录时，为了找到所需的目录项，常常要将存放目录文件的多个物理块逐块读入内存以进行查找，这就降低了检索速度。

为加快目录检索，可采用目录项分解法，即把目录项（文件控制块）分为两部分：符号目录项（次部）和基本目录项（主部）。其中，符号目录项包含文件名以及相应的文件号；而基本目录项包含除文件名以外的文件控制块的其他全部信息，参见图 6-14。

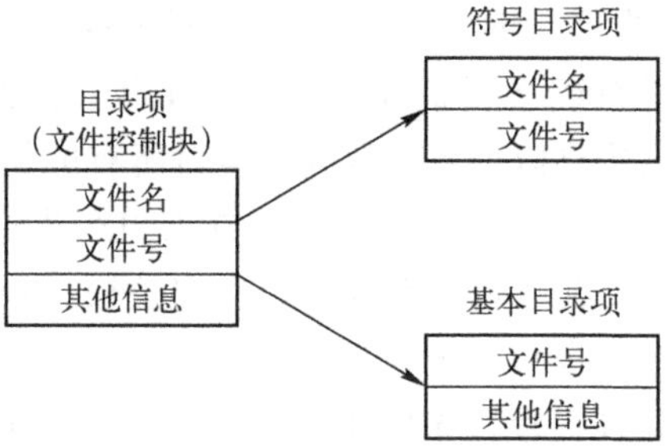

图 6-14　目录项分解法

假设一个文件控制块有 48 个字节，符号目录项占 8 字节，其中文件名占 6 字节，文件号占 2 字节；基本目录项占 48-8=40 字节。设物理块的大小为 512 字节。

在进行目录项分解前，一个物理块可以存放 512/48≈10 个文件控制块。在进行目录项分解后，一个物理块可以存放 512/8=64 个符号目录项，或者 512/40≈12 个基本目录项。

如果一个目录文件有 128 个目录项，那么分解前 128×48/512=12，即需要 12 个物理块存放该目录文件。

在进行目录项分解后，符号目录项占 128×8/512=2 个，即需要两个物理块存放符号目录项；基本目录项占 128×40/512=10 个，即需要 10 个物理块存放基本目录文件。

下面计算查找一个文件的平均访盘次数

分解前：(1+12)/2=6.5 次

分解后：(1+2)/2+1=2.5 次

可见，目录项分解法的优点是，减少了访问磁盘的次数，提高了文件目录的检索速度。

五、UNIX 的文件目录实现

即使是早期版本的 UNIX，也有一个相当复杂的多用户文件系统，因为它是从 MULTICS 继承下来的。下面讨论 V7 文件系统，它是为 PDP-11 创建的一个文件系统，也使得 UNIX 闻名于世。

在 V7 文件系统中，UNIX 目录中为每个文件保留了一个目录项，如图 6-15 所示。每个目录项包含两个域：文件名（14 个字节）和 i 节点号（两个字节）。

UNIX 的 i 节点包含一些属性：文件大小、三个时间（创建时间，最后访问时间，最后修改时间）、所有者、所在组、保护信息以及一个计数（用于记录指向 i 节点的目录项的数量）。最后一个域是为了连接而设的。当一个新的连接加到一个 i 节点上时，i 节点里的连接计数就会加 1。当移走一个连接时，该计数就减 1。当计数为 0 时，就收回该 i 节点，并将对应的物理块号放进空闲表。传统 UNIX 的外存一般采用磁盘，在磁盘上格式化出用于存放文件信息和数据的物理块，所以，这些物理块又称为磁盘块。

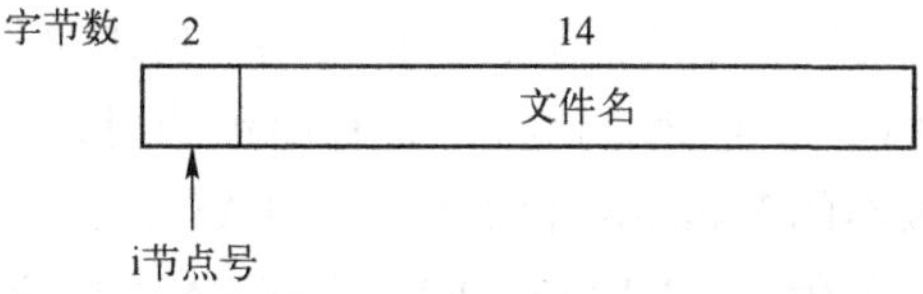

图 6-15　UNIX 的目录项

UNIX 普通文件的物理结构是三级索引结构，参见图 6-8。

当打开某个文件时，文件系统必须获得文件名并且定位它所在的磁盘块。下面介绍怎样查找路径名/usr/ast/mbox。虽然是以 UNIX 为例，但对所有的树形目录文件系统来说，这个算法是大致相同的。首先，文件系统定位根目录。在 UNIX 系统中，根目录的 i 节点存放于磁盘上的固定位置。从这个 i 节点开始，系统将可以定位根目录，虽然根目录可以放在磁盘上的任何位置，但假定它放在磁盘块 1 的位置。

接下来，系统读根目录并且在根目录中查找路径的第一个分量 usr，以获取/usr 目录的 i 节点号。由 i 节点号来定位 i 节点是很直接的，因为每个 i 节点在磁盘上都有固定的位置。根据这个 i 节点，系统定位/usr 目录并在其中查找下一个分量 ast。一旦找到 ast 的项，便找到了/usr/ast 目录的 i 节点。依据这个 i 节点，可以定位该目录并在其中查找 mbox。然后，这个文件的 i 节点被读入内存，并且在文件关闭之前会一直保留在内存中。图 6-16 展示了查找的过程。

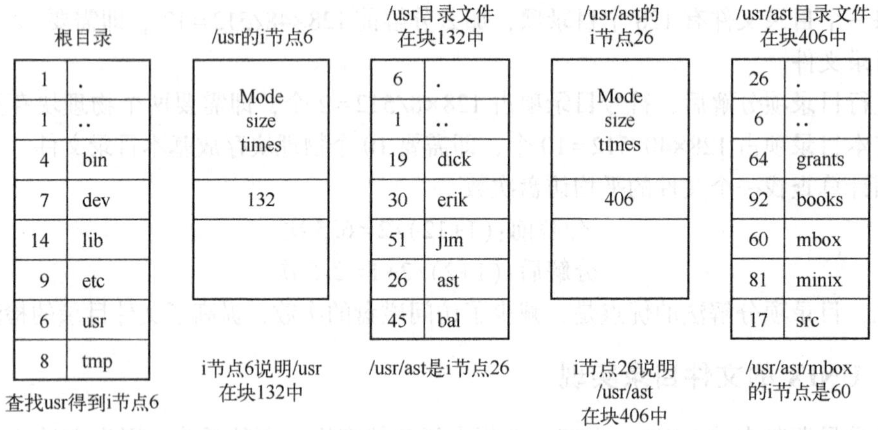

图 6-16　查找/usr/ast/mbox 的过程

相对路径名的查找方法与绝对路径相同，只不过前者是从当前工作目录开始查找而不是从根目录开始。每个目录都有“.”和“..”项，它们是在目录创建的时候同时创建的。“.”表项是当前目录的 i 节点号，而“..”表项是父目录（上一层目录）的 i 节点号。这样，查找 ../dick/prog.c 的过程就成为在工作目录中查找“..”，寻找父目录的 i 节点号，并查询 dick 目录。不需要专门的机制处理这些名字，目录系统把这些名字看作普通的 ASCII 字符串即可，如同其他的名字一样。这里唯一的巧妙之处是“..”在根目录中指向自身。

六、FAT 文件系统的实现

FAT 是 File Allocation Table（文件分配表）的缩写。FAT 是一个简单的文件系统，最初为 DOS 操作系统设计，适用于小容量的磁盘，具有简单的目录结构。为了向后兼容，也为了方便用户升级，目前新版本的 Windows 仍然提供对 FAT 的支持。

FAT 文件系统总共有三个版本：FAT12、FAT16 和 FAT32，取决于用多少二进制位表示磁盘块地址。因为 FAT 文件系统的物理块以簇为单位进行分配，所以 FAT16 文件系统表示用16位（2字节）表示簇号，亦称物理块号。

图6-17说明了FAT文件系统是如何组织一个卷的。文件分配表位于卷的开头，为了防止文件系统遭到破坏，FAT文件系统保存了两个文件分配表，这样，当其中一个遭到破坏时，可以保护卷。此外，文件分配表和根目录必须存放在磁盘上一个固定的位置，这样才可以正确地找到启动系统所需的文件。

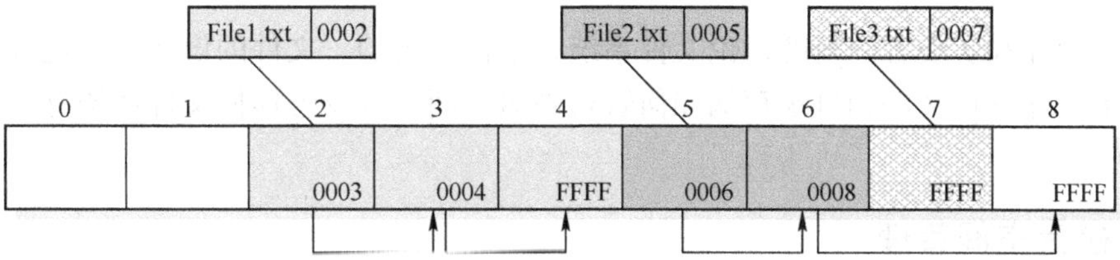

图6-17　FAT卷的结构

（1）引导扇区

引导扇区（Boot Sector）包含用于描述卷的各种信息，利用这些信息才可以访问文件系统。在基于x86的计算机上，主引导记录（Master Boot Record）使用系统分区上的引导扇区来加载操作系统的核心文件。

（2）文件分配表

文件分配表包含关于卷上每个簇的如下类型的信息，括号中是FAT16的样值。

1）未使用（0x0000）。

2）被文件所使用的簇。

3）坏簇（0xFFF7）。

4）文件中的最后一簇（0xFFF8~0xFFFF）。

在FAT目录结构中，每个文件都给出了它在卷上的起始簇号。起始簇号是文件所使用的第一个簇的地址，每个簇都包含一个指针，指向文件中的下一簇，或者包含一个指示符（0xFFFF），表明该簇是文件的结尾。这些链接以及文件结尾指示符如图6-17所示。

图6-17中有三个文件，其中文件File1.txt是一个比较大的文件，使用了三个连续的簇；第二个文件File2.txt是一个有碎片的文件，也需要三个簇；File3.txt是一个小文件，完全可以装在一个簇中。在每一种情况中，目录结构都指向文件的第一个簇。文件分配表的例子如图6-18所示。

（3）根目录

在FAT16文件系统中，位于根目录下的每个文件和子目录在根目录区中都包含一个目录项。根目录与其他目录之间的唯一区别是根目录位于磁盘上一个特殊的位置并且具有固定的大小。每个目录项的大小为32字节，其内容包括文件名、扩展名、属性字节、最后一次修改时间和日期、文件长度、第一簇的编号等。

引导扇区	FAT1	FAT2	根目录	其他目录和文件

图6-18　文件分配表的例子

第四节　文件存储空间管理

对于前面讨论的文件系统，主要是从用户的角度探讨问题。文件的使用者关心文件是如何命名的、可以进行哪些文件操作、文件目录是如何组织的、如何检索或查找文件目录等问题。

本节从设计和实现者的角度讨论文件系统是如何实现的。文件的设计和实现者感兴趣的是在磁盘上怎样安排文件和目录存储如何管理磁盘空间，以及怎样使文件系统有效而可靠地工作等。

一、磁盘空间管理

在计算机系统中，存储空间是一种宝贵的资源。虽然外存储设备中的空间容量比较大，但也不是无限的，故对于文件删除之后而不再使用的空间，必须加以回收，然后在建立文件等操作中重新利用。

对于只读式存储设备（如 CD-ROM），无所谓回收，也无所谓动态分配，这种存储设备在物理上就是不可重用的。

为了进行存储空间的分配与回收，在外存储设备上设置了空闲空间登记表，该表可以动态跟踪该外存储设备上所有还没有分配给任何文件的空闲块的数目和块号。

虽然该空闲空间登记表称为表，但不一定以一个二维表格的形式实现。从方便、高效和安全的角度考虑，通常把空闲空间登记表放在存储介质上。

对空闲空间表的访问与修改工作是经常发生的。在进行文件删除、文件建立、写文件等等操作时都会访问和修改空闲空间表。

二、磁盘空间的分配与回收算法

在设计空闲空间登记表的数据结构时，一般有以下方案可以考虑，下面分别介绍。

1. 位示图

采用位示图方法的基本思想是，利用一串二进制位（bit）的值来反映磁盘空间的分配使用情况。在位示图中，每一个磁盘中的物理块与一个二进制位对应，如果某个物理块为空闲，则相应的二进制位为 0；如果该物理块已分配，则相应的二进位为 1，如图 6-19 所示。

在图 6-19 中，假设行号代表磁道，那么第 0 行中的第 1 位是 1，第 0 行中的其他位都是 0，说明在第 0 磁道中块号为 1 的物理块已经被占用，而第 0 磁道中的其他物理块都是空闲的。同样，在第 1 磁道中，只有块号为 7 的物理块已经被占用，而第 1 磁道中的其他物理块都是空闲的。

在申请磁盘物理块时，可在位示图中从头查找为 0 的二进制位，如果发现了为 0 的二进制位，则将其改为 1，同时返回该二进制位对应的物理块号。在归还不再使用的物理块时，则在位示图中将该物理块所对应的二进制位改为 0，表示这个物理块恢复为空闲状态。

位示图对空间分配情况的描述能力强。一个二进制位就可以描述一个物理块的状态。另外，位示图占用空间较小，因此可以复制到内存，使查找既方便又快速。位示图适用于各种文件物理结构的文件系统。

	0	1	2	3	4	5	6	7	8	9	A	B	C	D	E	F
0	0	1	0	0	0	0	0	0	0	0	0	0	0	0	0	0
1	0	0	0	0	0	0	0	1	0	0	0	0	0	0	0	0
2	1	1	1	1	1	1	1	0	1	1	0	0	0	0	0	0
3	0	1	0	0	0	0	0	0	1	1	0	0	0	0	0	0
4	0	1	1	1	1	1	1	1	1	0	0	0	0	0	0	0
5	0	1	1	1	0	1	1	1	1	0	0	0	0	0	1	1
6	0	1	0	0	0	0	0	0	0	0	0	0	0	1	0	0
7	0	1	0	0	0	0	0	0	0	0	0	0	0	0	1	1

…

图 6-19　位示图

使用位示图能够简单有效地在磁盘上找到 n 个连续的空闲物理块（简称空闲块）。很多计算机提供了位操作指令，使位示图的查找能够高效进行。例如，Intel x86 微处理器系列就有这样的指令：返回指定寄存器的所有位中值为 1 的第一个位。

2. 空闲块表

空闲块表是专门为空闲块建立的一张表，该表记录了外存储设备全部空闲的物理块，包括第一个空闲块号和空闲块个数，如图 6-20 所示。空闲块表方式特别适合于文件物理结构为顺序结构的文件系统。

序号	第一个空闲块号	空闲块个数
0	10a8	12
1	9002	98
2	a6003	4096
⋮	⋮	⋮
n	899a08	2568
⋮	⋮	⋮

图 6-20　空闲块表

在建立新文件时，应该寻找一组连续的空闲块，其空闲块个数恰好等于所申请值，或接近于所申请值。系统首先查找空闲块表，主要查看该空闲块表项中是否有符合上述申请值的对应表项，如果有，就将该表项从空闲块表中删去，并把它所对应的一组连续的空闲块分配给申请者。

当删除文件时，系统会收回它所占用的物理块，并考虑所收回的物理块是否可以与原有空闲块相邻接，以便合并成更大的空闲区域，最后修改有关空闲块表项。

3. 空闲块链表

将外存储设备中所有的空闲块连成一个链表，用一个空闲块首指针指向第一个空闲块，随后的每个空闲块中都会含有指向下一个空闲块的指针，最后一块的指针为空，表示链尾，这样就构成了一个空闲块链表，如图 6-21 所示。

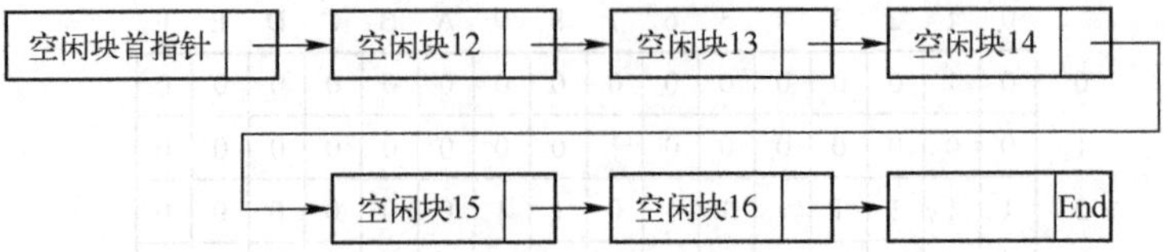

图 6-21　空闲块链表

在图 6-21 中，一个空闲块链表的首指针是一个指向空闲块 12 的指针，该块是第一个空闲块。空闲块 12 包含一个指向空闲块 13 的指针，空闲块 13 包含一个指向空闲块 14 的指针，如此等等。

空闲块链表模式的实现效率低。要遍历整张空闲块链表，必须读每一个空闲块，这就需要大量的 I/O 时间。

在空闲块链表模式中，对空间的申请和释放是以块为单位的。申请空间时从链首取空闲块。释放空间时将空闲块接入链尾。

空闲块链表法节省内存，但申请和回收空间的速度都较慢，实现效率较低。

4. UNIX 系统的空闲块成组链表

对空闲块链表的一个改进方案是将 n 个空闲块的地址存放在第一个空闲块中，如图 6-22 所示。其余 n-1 个空闲盘块实际是空闲的。假设每 100 个空闲块为一组。第一组的 100 个空闲块块号放在第二组的头一块中，而第二组的其余 99 块是完全空闲的。第二组的 100 个块号放在第三组的头一块中，依次类推，组与组之间形成链接关系。在最后一组的块号中，第 2 个单元填 0，表示该块中指出的块号是最后一组的块号，空闲块链到此结束。在这个空闲块链中，不足 100 个块的组的块号，通常放在内存的一个专用块中。这种方式称为成组链表。

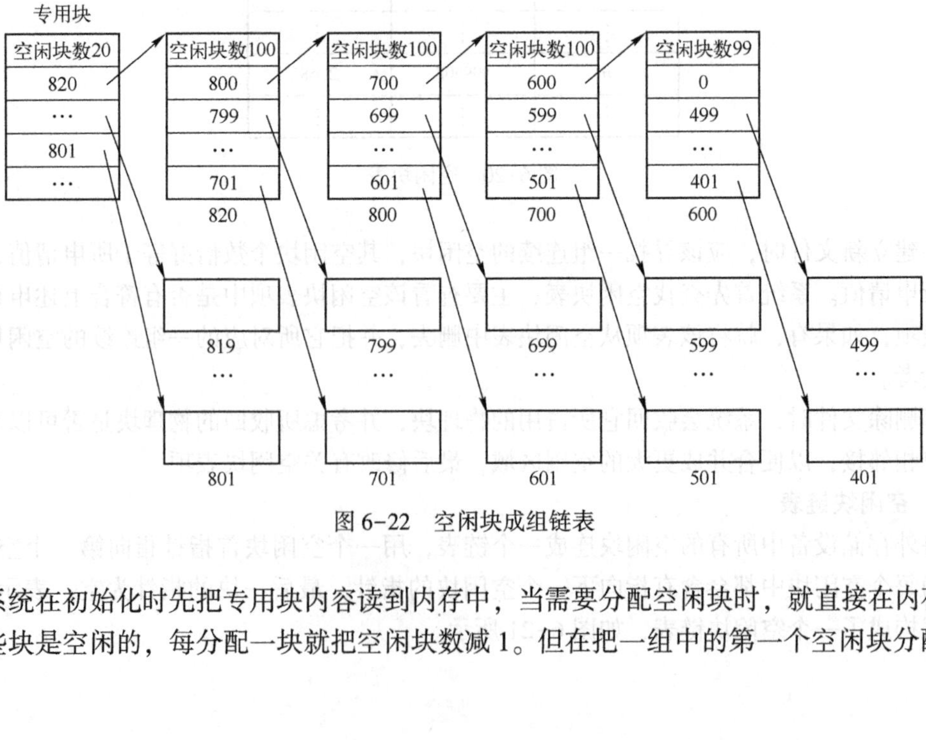

图 6-22　空闲块成组链表

系统在初始化时先把专用块内容读到内存中，当需要分配空闲块时，就直接在内存中找到哪些块是空闲的，每分配一块就把空闲块数减 1。但在把一组中的第一个空闲块分配出去之前，应把登记在该块中的下一组的块号及块数保存到专用块中（此时原专用块中的信息已经无用，因为它指出的一组空闲块都已被分配）。当一组空闲块被分配完后，再把专用块的内容读到内存中，指出另一组可供分配的空闲块。

在图 6-22 中，假设所有的空闲块是连续的，这在系统初始化时是可能的，所以这个例子仍有其通用性。在内存的专用块中记录了 20 个空闲块，首块号是 820，最后一块是 801 号，系统在分配空闲块时，先把 801 号分配出去，然后空闲块数减 1。

在分配编号为 820 的首块之前，先把 820 号中记录的空闲块数 100 和下一组空闲块号（即从 701 到 800 的这 100 个块号）都写入专用块中。最后把第 820 号空闲块分配出去。在这一组中，共分配了 20 个空闲块。

此时，再有空间分配的申请，则先分配第 701 号空闲块，然后依次分配，直至 799 号。在分配 800 号之前，与前面的操作一样，先把 800 号中记录的空闲块数 100 和下一组空闲块号（即从 601 到 700 的这 100 个块号）都写入专用块中。最后把第 800 号空闲块分配出去。在这一组中，共分配了 100 个空闲块。

后面的成组空闲块，也是运用同样的方法分配，每一组都分配了 100 个空闲块。

但是对于最后一组，由于其前一组的第一块中的第 2 个单元填 0，所以在这个空闲块中实际只记录了最后一组的 99 个空闲块的块号。

当归还一个空闲块时，只需要把归还块的块号登记到当前组中，且空闲块数加 1。如果当前组已满 100 块，则把这 100 个块号写到归还的那个块中，该归还块就成为新组的第一块。

假设初始化时系统已把专用块读入主存储器 L 单元开始的区域中，则分配和回收的算法如下。

（1）分配一个空闲块

1）查 L 单元内容（空闲块数）。

2）当空闲块数>1 时，i:=L+空闲块数；从 i 单元得到一个空闲块号；把该块分配给申请者；空闲块数减 1。

3）当空闲块数=1 时，取出 L+1 单元内容（一组的第一块块号或 0）

$$\text{取值}\begin{cases} =0,\text{无空闲块,申请者等待} \\ \neq 0,\text{把该块内容复制到专用块;该块被分配给申请者;} \\ \qquad \text{把专用块内容读到主存储器 L 单元开始的区域} \end{cases}$$

（2）归还一块

1）查 L 单元的空闲块数。

2）当空闲块数<100 时，空闲块数加 1；j:=L+空闲块数；归还块号填入 j 单元。

3）当空闲块数=100 时，把主存储器中登记的信息写入归还块中；把归还块号填入 L+1 单元；将 L 单元置 1。

在采用成组链表后，分配与回收空闲块时均在内存中查找和修改，只有在一组空闲块分配完或空闲块构成一组时，才需要启动磁盘读写。因此，成组链表的管理方式的效率要比普通的链接方式高。

成组链表这种方案能够迅速找到大量空闲块地址。有些版本的 UNIX 操作系统便采用了这种方案。

第五节　实现文件系统的表目

当用户申请打开一个文件时，系统要在内存中为该用户保存一些必要的信息，这些信息以表格栏目中内容的形式出现，被称为表目。在实现文件系统时，所需的表目有若干种，下面介绍一些在内存中所需的重要表目。

一、系统打开文件表

系统打开文件表专门用于保存已打开文件的文件控制块，通常放在内存中。除了保存已打开文件的文件控制块以外，该表格中还保存了共享计数、修改标志信息，参见图 6-23。其中，由于允许多个进程同时打开同一个文件，因此共享计数可以标出进程打开同一个文件的数量；修改标志指示文件控制块或 i 节点的内容是否被修改过，如果修改过，则关闭文件时要将文件控制块写回磁盘。

文件控制块（或i节点）信息	共享计数	修改标志
…	…	…

图 6-23　系统打开文件表

二、用户打开文件表

每个进程都有一个“用户打开文件表”。以 UNIX 为例，该表的内容有文件描述符、打开方式、读写指针、系统打开文件表入口，参见图 6-24。

文件描述符	打开方式	读写指针	系统打开文件表入口
…	…	…	…

图 6-24　用户打开文件表

另外，在进程的进程控制块中，还记录了“用户打开文件表”的位置。

显然，在系统打开文件表和用户打开文件表之间存在一种关系。实际上，用户打开文件表指向了系统打开文件表。如果多个进程共享同一个文件，则一定会有多个用户打开文件表的表目对应着系统打开文件表的同一入口，参见图 6-25。

用户的文件毫无疑问是由用户按自己的需要组织的。用户还可按信息的内在逻辑关系把文件划分成若干个逻辑记录。显然，逻辑记录的大小是由文件性质决定的。

另外，存储介质上的物理分块与存储介质的特性有关，尤其是磁盘。磁盘上的块的大小是在磁盘初始化时预先划分好的。因此，逻辑记录的大小往往与存储介质物理分块的大小不一致。

当用户文件的逻辑记录比存储介质的物理分块小得多时，把一个逻辑记录存入一个物理块中，就会造成存储空间的浪费。为此，可把多个逻辑记录存放在一个物理块中，当用户需要某个逻辑记录时，再从该物理块信息中将其分解出来。

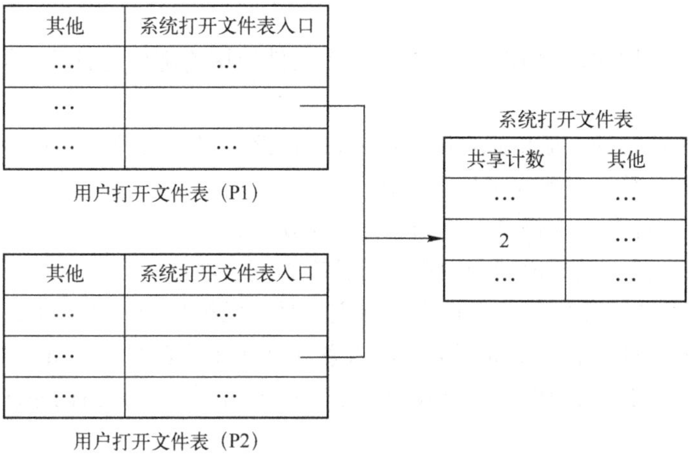

图 6-25　系统打开文件表和用户打开文件表之间的关系

第六节　文件和目录的操作

本节介绍文件和目录的操作。

一、典型的文件操作

文件系统是提供给用户使用的，用户可以进行按名存取所需的文件。在文件系统的实现中，为用户提供使用文件的手段是文件系统的重要任务。下面介绍几个常用的进行文件操作的系统调用。

1. 建立文件

用户首先调用文件系统的“建立文件”操作，在请求调用该操作时，提供所要创建的文件的文件名及若干参数：用户名、文件名、存取方式、存储设备类型、记录格式、记录长度等。

系统依据用户提供的文件名及若干参数，为这一新创建的文件分配一个文件控制块，填写文件控制块中的有关项。

建立文件的实质是建立文件的文件控制块，并建立必要的存储空间，分配空的文件控制块。从而建立系统与文件的联系。

建立文件系统调用的一般格式：create（文件名，访问权限，(最大长度))。

建立文件的具体步骤如下。

1）检查参数的合法性：检查文件名是否符合命名规则，若符合，则进行下一步，即第2）步；否则报错，返回。

2）检查同一目录下有无重名文件：若没有，则进行第3）步；否则报错，返回。

3）在目录中有无空闲位置：若有，则进行第4）步；否则，不成功，返回。有些系统可能要为此文件申请数据块空间（申请一部分或一次性全部申请)。

4）填写目录项内容：文件名、用户名、存取权限、长度置0、首地址等。

5）返回。

2. 打开文件

打开文件，是使用文件的第一步，任何一个文件使用前都要先打开，即把文件控制块送到内存。

打开文件系统调用的一般格式：fd=open（文件路径名，打开方式）。

在打开文件时，系统主要完成以下工作。

1）根据文件路径名查找目录，找到文件控制块主部。

2）根据打开方式、共享说明和用户身份检查访问合法性。

3）根据文件号查找系统打开文件表，看文件是否已被打开。如果是，则共享计数加1；否则，将外存中的文件控制块主部等信息填入系统打开文件表的空表项，共享计数置1。

4）在用户打开文件表中取一个空表项，填写打开方式等，并指向系统打开文件表的对应表项。

返回信息fd为文件描述符，是一个非负整数，用于以后读写文件。

3. 读文件

在打开文件后，就可以读取文件中的信息了。

读文件系统调用的一般格式：read（文件名，（文件内位置），要读的长度，内存目的地址）。

隐含参数：文件属主。

读写方式可为读、写和既读又写。

在读文件时，系统主要完成以下工作。

1）检查长度是否为正整数：若是，则进行第2）步；否则，转向第10）步。

2）根据文件名查找目录，确定该文件在目录中的位置。

3）根据隐含参数中的文件属主和目录中该文件的存储权限数据，检查是否有权读：若是，则进行第4）步；否则，转向第10）步。

4）由文件内位置与要读的长度计算最末位置，将其与目录中的文件长度比较，检查是否超过：若是，则转向第10）步；否则，进行第5）步。也可将参数中的长度修正为目录中的文件长度。

5）根据参数中的位置、长度和目录中的映射信息，确定物理块号、需要读出的块数等读盘参数（参数准备完毕后，进行物理的读盘操作，读盘操作可能要进行多次）。

6）根据下一块号读块至内存缓冲区。

7）取出要读的内容，也许要进行成组的分解，将取出的内容送至参数中的内存目的地址。

8）根据块内长度或起始块号+块数，确定是否还要读下一块，若是，则转向第5）步，同时确定下一块块号；否则，进行第9）步。

9）正常返回。

10）错误返回，返回相应错误号。

4. 写文件

写文件系统调用的一般格式：write（文件名，记录键，内存位置）。

把内存中指定单元的数据作为指定的一个记录写入指定文件中，系统还将为其分配物理块，以便把记录信息写到外存上。

5. 关闭文件

若文件暂时不用，则应将它关闭。文件关闭后一般不能存取，若要存取，则必须再次打开。

关闭文件系统调用的一般格式：close（文件名）。

系统根据用户提供的文件名或文件描述符，在该文件的文件控制块上进行修改。例如，将该文件的共享用户数减 1，若减 1 后值为 0，则将文件控制块置“非活跃”标志，若该文件控制块内容被修改过，则要写回外存。

6. 删除文件

删除文件系统调用的一般格式：delete（文件名）。

系统根据用户提供的文件名或文件描述符，检查此次删除的合法性，若合法，则收回该文件所占用的文件控制块及物理块等资源；否则，返回错误信息。

7. 指针定位

指针定位的一般格式：seek（fd，新指针的位置）。

在指针定位时，系统主要完成以下工作。

1）由 fd 检查用户打开文件表，找到对应的入口。

2）将用户打开文件表中文件读写指针位置设为新指针的位置，供后续读写命令存取该指针处文件内容。

在不同的文件系统中，文件操作的种类是不同的，文件操作的命令种类会有所变化，调用名和参数也都不同。上述这些类型，只是文件操作中的一些典型例子。其他的文件操作有读取文件属性、设置文件属性、修改文件名称等。

二、典型的目录操作

对目录的操作与文件类似，通常由系统调用实现。在不同系统中，管理目录的系统调用是不同的。为了能够与文件操作进行比较，下面给出 UNIX 的一个例子，以便考生具体了解这些系统调用及它们的工作方式。

注意，在 UNIX 中，“.”代表当前目录，“..”代表根目录。

- creat，创建目录。在新创建的目录中，除了目录项“.”和“..”以外，目录内容是空的。而目录项“.”和“..”是系统自动放在目录中的（有时通过 mkdir 程序完成）。
- delete，删除目录。只有当一个目录为空时，该目录方可删除。空目录的含义是，在一个目录中，只有目录项“.”和“..”。“.”和“..”这两类目录项是不能被删除的。
- opendir，打开目录，使内容可读取。例如，为列出目录中全部文件，程序须先打开该目录，然后读其中全部文件的文件名。与打开和读文件相同，在读目录前，必须打开目录。
- closedir，关闭目录。在读目录结束后，应关闭目录以释放内存空间。
- readdir，系统调用它返回打开目录的下一目录项。以前也采用 read 系统调用来读目录，但该方法有一个缺点：程序员须了解和处理目录的内部结构。相反，不论采用哪一种目录结构，readdir 总是返回目录项的一个标准格式。

- rename，文件可换名，目录也可换名。
- link，链接技术允许在多个目录中出现同一文件。这个系统调用指定一个存在的文件和一个路径名，并建立从文件到路径所指名字的链接。这样，可以在多个目录中出现同一文件。
- unlink，删除目录项。如果被解除链的文件只出现在一个目录中（通常情况），那么将它从文件系统中删除。如果它出现在多个目录中，则只删除指定路径名，依然保留其他路径名。在 UNIX 中，用于删除文件的系统调用实际上就是 unlink。

UNIX 中主要的有关目录的系统调用已在上文列出。当然，还有其他一些调用，如与目录相关的管理保护信息的系统调用。

第七节　文件系统的性能

文件系统的物理基础是磁盘设备，显然，磁盘存储器的服务效率，以及速度和可靠性，就成为体现文件系统性能和可靠性的关键。设计文件系统时应尽可能减少磁盘访问次数，这样，可以适当减少磁盘存储器性能对文件系统性能的影响。

除此之外，还应该从其他方面考虑，采取有效的措施，提高文件系统的性能。常见的技术措施有如下两种：磁盘高速缓存、RAID 技术。

一、磁盘高速缓存

磁盘高速缓存的基本思想是，系统在内存中保存一些磁盘块，这些磁盘块在逻辑上属于磁盘，内存的这一区域称为块高速缓存。运行时，系统检查所有的读请求，检查所需的文件块是否在块高速缓存中。如果在，则可直接在内存中进行读操作；否则，首先要启动磁盘，将所需块读到高速缓存中，再复制到其他内存区域。如果内存中的高速缓存已满，则需要按照一定的算法淘汰一些较少使用的磁盘块，让出块高速缓存空间。

块高速缓存的内容需要定期写回到磁盘上，以保存对磁盘块的修改。但是，如果文件系统在修改过的磁盘块写回磁盘之前出现故障，则有可能会处于不一致状态。特别是当一些未被写回的块是 i 节点块、目录块或者包含空闲表的磁盘块时，这个问题尤为严重。这一问题称为文件系统一致性问题。

缓存的一种应用是记录的成组。

1. 记录的成组

把若干个逻辑记录合成一组存放一个物理块的工作称为“记录的成组”，每块中的逻辑记录个数称为“块因子”。

记录的成组在不同存储介质上进行信息转储是很有用的。例如，某用户有一批早期的原始数据记录在一叠卡片上，共 6 张，每张卡片上最多记录 80 个字符。现在要把这批早期卡片上的数据转储到磁盘上。如果每当卡片输入机读取一张卡片上的信息之后就立即把它转储到磁盘上，则磁盘上一个物理块只不过就记录了仅仅 80 个字符。

假设磁盘上的一个物理块有 512 个字节，但是，一个物理块上只记录了 80 个字符，显然，磁盘空间的利用率太低了，只有约 15.6%。若把 6 张卡片的数据集中存放到磁盘的一个物理块中，则磁盘空间的利用率就可以提高到 $80\times6/512=93.75\%$。

由于信息交换以块为单位，因此，在进行成组操作时必须使用内存的缓冲区。该缓冲区的长度等于要进行成组的最大逻辑记录长度乘以成组的块因子。在上面卡片存储的例子中，最大逻辑记录长度为80，成组的块因子为6。成组转储操作如图6-26所示。

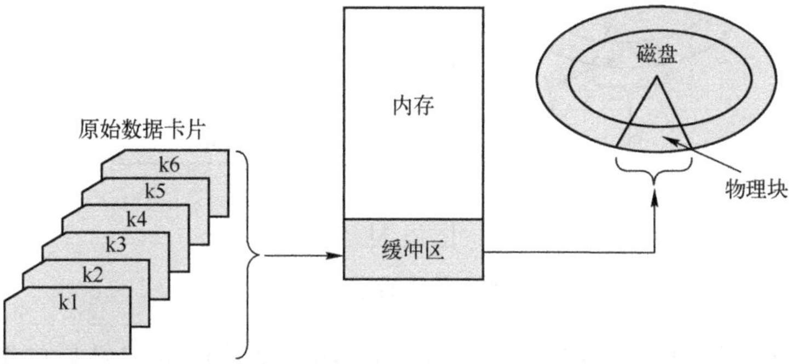

图6-26　记录的成组转储操作示例

在上面的例子中，共有6个逻辑记录k1、k2、k3、k4、k5和k6在内存缓冲区中被合成一组，然后启动磁盘把这6个逻辑记录同时写到磁盘块中。可以看到，如果把每个逻辑记录单独记录到磁盘上，不仅浪费空间，而且还要执行6次启动磁盘请求。合并以后，操作系统对用户的前5次读取记录请求都不需要启动磁盘。而在用户提出第6次读取记录请求后，缓冲区中存放了6个逻辑记录，再启动磁盘把这6个记录同时写入一个磁盘块中。可见，记录的成组不仅提高了存储空间的利用率，而且减少了启动外部设备的次数，提高了系统的工作效率。

在进行记录的成组时，还应考虑逻辑记录的格式，因为在记录式文件中，有“定长记录格式”和“不定长记录格式”。对定长记录格式的文件按记录成组的方式存储到存储介质上，则除最后一块以外，每块中存放的逻辑记录个数是相同的。因此，只要在文件目录中说明逻辑记录的长度和块因子，在需要使用某个记录时就能方便地将其找出。

如果是一个不定长记录格式的文件，各个逻辑记录的长度可能不相等，在进行记录的成组操作时，就应在每个逻辑记录前附加说明该记录长度的控制信息。

2. 记录的分解

对应上述记录的成组操作，有必要考虑从一组逻辑记录中把一个逻辑记录分离出来的操作，这种操作称为“记录的分解”。

显然，记录的分解操作也要使用内存缓冲区。

当用户请求读一个文件中的某个记录时，文件系统首先找出该记录所在物理块的位置，然后把含有该记录的物理块的全部信息读入内存缓冲区。由于读入内存缓冲区的物理块信息中含有多个逻辑记录，因此要再从内存缓冲区中分解出指定的记录，然后传送到用户工作区。

对于定长记录格式，只要知道逻辑记录的长度就可容易地进行分解。对于不定长记录格式，要根据描述逻辑记录长度的控制信息，计算出用户所指定的记录在内存缓冲区中的位置，然后把记录分解出来。

图6-27是记录的分解操作示例。

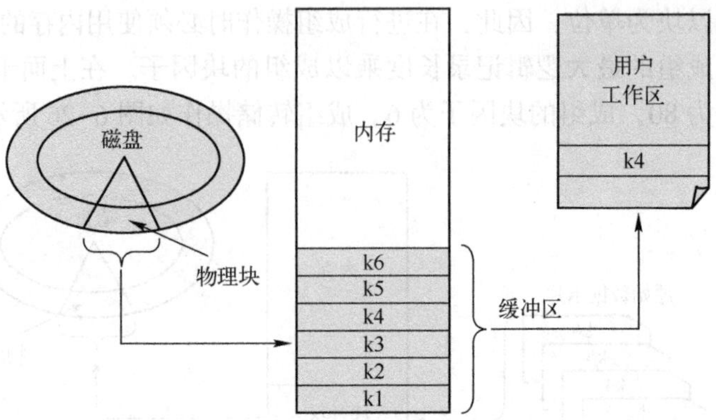

图 6-27　记录的分解操作示例

在图 6-27 中，用户要求读出逻辑记录 k4。用户文件中的记录是成组存放在磁盘上的，系统找出含有记录 k4 的物理块，从中读出了 6 个逻辑记录 k1、k2、k3、k4、k5 和 k6，并且知道这些逻辑记录的长度为 80，块因子为 6。在该块信息被读入内存缓冲区后，根据逻辑记录的长度和块因子，立即就能取出其中的逻辑记录 k4，并把 k4 传送到用户工作区。

从上面的讨论可以看出，为了提高存储空间的利用率和减少启动设备的次数，采用了记录的成组和分解技术。但是上述效果的获得也付出了代价，主要包括需要设立内存缓冲区、给操作系统增加了成组和分解操作的功能。

二、RAID 技术

磁盘是机械设备，一方面速度慢，另一方面会出现故障，可靠性较差。为解决这些问题，RAID 技术被提出。RAID 是 Redundant Arrays of Inexpensive Disks（廉价冗余磁盘阵列）的缩写，随着技术的发展和成本的降低，“廉价”已经失去了意义，因此，RAID 的含义变为 Redundant Arrays of Independent Disks（独立磁盘冗余阵列），但是其本质却没有变。

对于低速的磁盘，RAID 技术主要采用并行技术来提升数据的读写速度，而对于可靠性问题，RAID 技术主要采用镜像和数据校验的方法来解决，因此，在组成 RAID 的结构上有多种具体方案，这些方案在不同程度上提高了磁盘的性能，增加了可靠性和容错能力，也扩展了磁盘的容量。图 6-28 为 RAID 的各种模式。

RAID0 是一种简单的、无数据校验的数据块（条带化）技术，采用多个磁盘，将存储按块进行处理，数据被分散、并行地存储在所有磁盘中。它可以实现多块磁盘的并发读写，使总线带宽得到了充分利用，性能得以提升。但是，RAID0 不提供数据冗余保护，一旦数据损坏将无法恢复。

RAID1 用磁盘镜像的方法来提高存储的可靠性，它将数据完全一致地写到两块磁盘中，100%冗余，互为备份。RAID1 的磁盘利用率为 50%，写入数据时速度会有影响，但读取正常。RAID1 的安全性好，技术简单，管理方便，但是对提高磁盘性能却没有作用，成本还高。

RAID0+1 将 RAID0 和 RAID1 的技术综合起来，先做数据分块再做镜像，因此结合了 RAID0 和 RAID1 的优点。RAID0+1 同时将数据写入两个磁盘阵列中，如果其中一个阵列损坏，仍可继续工作，保证数据安全性的同时又提高了性能。相对 RAID1+0，RAID0+1 是对物理磁盘实现镜像，而 RAID1+0 则是先做镜像再做数据分块，本质上是对虚拟磁盘实现镜像。在相同配置下，RAID0+1 具有更好的容错能力。

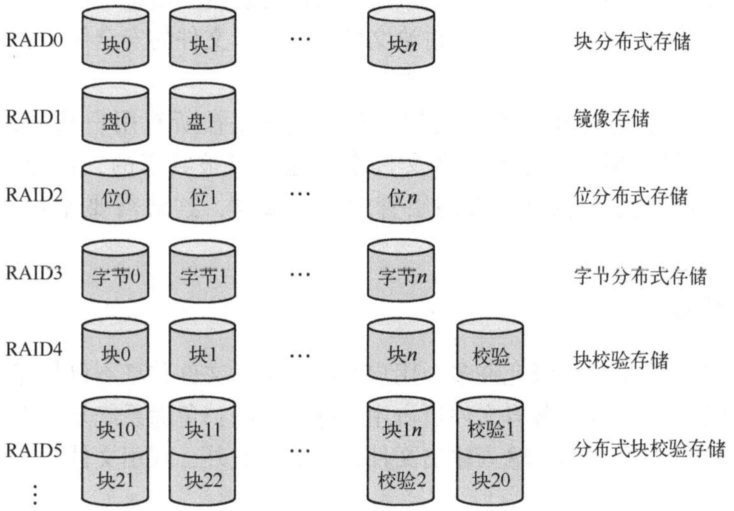

图 6-28　RAID 的各种模式

RAID2 和 RAID3 的工作原理与 RAID0 基本相似，分别是以“位”和“字节”作为并行单位，而 RAID2 的“位”是包含数据和海明码的所有位，其中第 2n 位是校验码，例如 64 位数据宽度，需要 71 块盘，其中 64 块存放数据，7 块存放校验码。由于海明码按位运算，数据重建非常耗时，故很少商业应用。由于 RAID2 是按位存储，性能受系统中最慢磁盘的拖累，因此 RAID3 采用了按字节进行数据拆分的方法。虽然 RAID3 的性能和可靠性得到了提升，但是其灵活性不足，因为数据增加了校验码以后，不一定能够形成整数倍字节数，例如同样是 64 位数据宽度，7 位校验码，按字节需要 9 块磁盘存放，在存储时，磁盘空间利用率较差，重建时也较慢。RAID3 在后期将校验码单独提出来存放到一块磁盘中，在正常读取情况下，能够为特定的高带宽提供高性能。

RAID4 是对 RAID3 的改进，并行单位采用的是“块”，在数据组织上更加灵活，它同样采用了 XOR 校验，保留了单独的校验盘，提供了非常好的读取性能，但单一的校验盘往往成为系统性能的瓶颈，特别是在写入时，RAID4 只能一个个磁盘地写，写入性能较差。

RAID5 与 RAID4 相同，但是检验码以“块”为单位与数据“块”一起随机存放在不同磁盘中，没有采用专用的校验盘，它们的写操作可以同时发生在不同的磁盘上，因此不存在 RAID4 中并发写入的瓶颈问题。该方法对磁盘无特定偏好，还具有很好的扩展性，当磁盘数量增加时，并行操作的能力也随之增长，可比 RAID4 支持更多的磁盘数量，支持更大的存储容量。因此，RAID5 成为最多应用的模式。RAID5 最少只需要 3 块磁盘便可以使用，从普通服务器到数据中心都能够得到广泛的应用。

随着存储设备的发展，RAID 技术也在不断发展中，上述技术都是在特定时期和特定应用中所采用的最佳方案。

第八节 文件共享、保护

文件系统中有对用户而言十分重要的信息。设法防止这些信息不被未授权使用、不被破坏，是所有文件系统的主要内容。本节讨论文件的共享、文件的安全保护和防范病毒有关的一些问题。

在计算机系统中，有各种类型的文件。有些文件是被所有用户共享的，比如编译系统中的编译程序文件。但是，还有一些文件不是随意可被共享的，比如，某个公司的一些内部文件，只希望被公司内部少数高层管理人士阅读，这就需要建立这些文件的存取权限。

一、文件共享

文件共享是指一个文件可以允许多个用户共同使用。文件共享不仅是完成共同任务所必需的，而且带来了许多好处：节省文件所占用的存储空间；免除系统复制文件的工作；减少用户大量重复性劳动；减少实际输入输出文件的次数。此外，利用文件共享可以实现进程间的相互通信。

在允许文件共享的系统中，必须对共享文件进行管理。从共享的时间段上看，共享文件的使用有以下两种情况。

（1）文件可以同时使用

允许多个用户同时使用同一个共享文件，但系统必须对该共享文件实施同步控制。一般来说，允许多个用户同时打开共享文件执行读操作，而不允许读者与写者同时使用共享文件，也不允许多个写者同时对共享文件执行操作，以确保文件信息的完整性。

（2）文件不允许同时使用

任何时刻只允许一个用户使用共享文件，即不允许两个或两个以上的用户同时打开一个文件。要待一个用户使用结束并关闭文件后，才允许另一个用户打开该文件。

在文件共享的具体方式上，有下列三种文件的共享形式。

- 文件被多个用户使用，由存取权限控制。
- 文件被多个程序使用，但分别用自己的读写指针。
- 文件被多个程序使用，但共享读写指针。

在多级目录结构中，连接法是常用的实现文件共享技术。对文件共享的连接法可以通过两种连接方式实现：一种是允许目录项连接到任一表示文件目录的结点上；另一种是只允许连接到表示普通文件的结点上，如图 6-29 所示。

在图 6-29 中，矩形表示目录，圆圈表示文件。

第一种连接方式表示可共享所连接的目录及其各个子目录所包含的全部文件。采用这种方式，则可以把所有要共享的文件放在一个公共目录中，所有要共享这些文件的用户与共享目录连接。例如，usr1 和 usr2 这两个用户目录都连接子目录 working ，则 working 目录下的三个文件（methods、routine 和 temp）都被 usr1 和 usr2 所共享。每个用户还可以在共享目录中建立自己的子目录。这样做便于共享，但对控制和维护造成困难，甚至有可能因使用不当而造成环路连接，产生目录管理上的混乱。

第二种连接方式只允许对单个普通文件连接，从而可以通过不同路径访问同一个文件，即一个文件可以有几个“别名”。在图 6-29 中，/usr1/map 和/usr2/map 分别表示两个不同的路径名，但它们指向同一个文件 map。这种连接方式较为可靠，且易于管理。UNIX 基本上采用第二种连接方式。

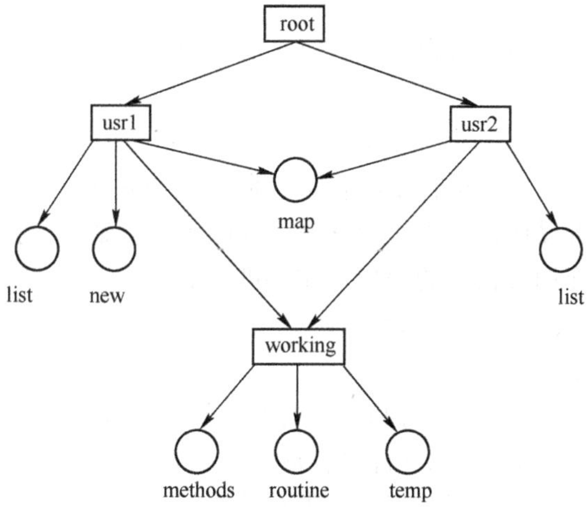

图 6-29　文件的共享

二、文件存取控制

计算机系统中的文件是非常“脆弱”的。如果系统发生故障，就有可能造成文件被破坏、受损或丢失的现象。而用户使用不当，也同样可能造成文件被破坏、受损或丢失的现象。这里列出一些引起文件被破坏、受损或丢失的可能原因。

1）灾祸：火灾、洪水、地震、战争、暴乱、老鼠啃坏磁带和软盘等。

2）硬件或软件故障：CPU 的错误操作、不能读取的磁盘或磁带、远程通信错误、程序故障等。

3）人为出错：错误数据的输入、磁带或磁盘安装错误、程序运行出错、丢失磁带或磁盘。

文件系统必须有防止硬、软件的各种意外可能破坏文件的能力。为此，文件系统经常采用建立副本和定时转储等方法来保护文件。

1. 建立副本

对文件建立副本，是保护文件不被破坏的有效方法。可以把同一个文件保存到多个存储介质上，这些存储介质可以是同类的，也可以是不同类型的。这样，当对某个存储介质保管不善而造成文件信息丢失时，或当某类存储设备故障暂不能读出文件时，就可用其他存储介质上的备用副本来替换。这种方法简单，但设备费用和系统开销增大。而且当文件需要修改或更新时，必须要改动所有的副本。因此，这种方法一般用于短小且极为重要的文件。

2. 定时转储

定时转储的含义是，每隔一定的时间就把文件转储到其他的存储介质上。当文件发生故障时，就用转储的文件来复原，把有故障的文件恢复到转储时刻文件的状态。这样，文件仅丢失了自上次转储以来新修改或增加的信息，可以从文件转储恢复后的状态开始重新执行。UNIX 系统就是采用定时转储的方法保护文件，以提高文件的可靠性。

3. 规定文件的存取权限

规定用户使用文件的权限的方法有以下两种。

（1）采用树形目录结构

凡能得到某级目录的用户就可得到该级目录所属的全部目录和文件，按目录中规定的存取权限使用目录或文件。

（2）存取控制表

列出每个用户对每个文件或子目录的存取权限。在该种机制中，对于拥有权限的用户，系统应该让其进行相应的操作；对于超越其操作权限者，应禁止其操作；系统同时还要防止其他用户以任何理由冒充拥有权限的用户对文件进行操作。

验证用户的存取操作的步骤大致如下。

1）审定用户的存取权限。

2）比较用户的本次存取要求是否和用户的存取权限一致。

3）将用户的存取要求和被访问文件的存取控制表进行比较，看是否有冲突。如果没有冲突，则允许用户对有关文件进行访问；如果有冲突，则处理冲突。

在上述验证用户的存取操作的步骤中，重要的是审查用户的权限和本次操作的合法性，这两步是验证用户的存取操作的关键。

三、UNIX 的文件使用权限管理方案

对文件设置一定存取权限，是一种常用的保护文件内容的方法。对文件存取权限的设置，有几种方法，如存取控制矩阵和二级存取控制等。

1. 存取控制矩阵

在存取控制矩阵方式中，系统以一个二维矩阵来实施文件的存取控制。在这个二维矩阵中，其中一维代表所有的用户，另一维代表所有的文件。两维交叉点所对应的矩阵元素则是某一个用户对一个文件的存取控制权限，包括读（R）、写（W）和执行（E），如图 6-30 所示。当然，还可以有其他的划分形式。

在图 6-30 中，水平方向是用户，图中列出了三个用户：用户 1、用户 2 和用户 3。在垂直方向是文件，图中列出了四个文件：文件 A、文件 B、文件 C 和文件 D。

可以看到，用户 1 对文件 A 具有读和执行的权限，但没有写的权限；而用户 2 和用户 3 对文件 A 则具有读、写和执行的权限。

用户 1 对文件 B 具有读和执行的权限，但没有写的权限。用户 2 对文件 B 没有任何权限。而用户 3 对文件 B 则只有执行的权限，没有读和写的权限。

而对于文件 C 和文件 D，用户 1、用户 2 和用户 3 对它们具有全部的权限。

与存取控制矩阵配套，系统中必须有存取控制验证模块。当用户向文件系统提出存取要求时，由存取控制验证模块根据该文件存取控制矩阵的内容对用户的本次存取要求进行比较，如果不匹配的话，则系统拒绝用户的本次存取要求。

存取控制矩阵的方法在概念上比较简单，实现起来也比较容易。

用户及其权限 / 文件名	用户1权限			用户2权限			用户3权限		
	R	W	E	R	W	E	R	W	E
文件A	✓	✗	✓	✓	✓	✓	✓	✓	✓
文件B	✓	✗	✓	✗	✗	✗	✗	✗	✓
文件C	✓	✓	✓	✓	✓	✓	✓	✓	✓
文件D	✓	✓	✓	✓	✓	✓	✓	✓	✓

图例:✓表示允许

✗表示禁止

图 6-30　存取控制矩阵

但是，当文件和用户较多时，存取控制矩阵会变得非常庞大，将导致占用太多内存空间。而且在使用文件而对矩阵进行扫描时，时间开销也比较大。因此，在实现存取控制矩阵时，往往采取某些辅助措施，以减少时间和空间的开销。

2. 二级存取控制

对文件实施存取控制的另一种方法是二级存取控制。二级存取控制方法中设立了两个存取级别。在第一级，把用户按某种关系划分为若干用户组，进行对访问者的识别；在第二级，进行对操作权限的识别。这样，所有用户组对文件的权限的集合就形成了对该文件的存取控制，如图 6-31 所示。

不同用户组及其权限 / 文件名	系统用户组权限			开发用户组权限			远程用户组权限		
	R	W	E	R	W	E	R	W	E
文件A	✓	✓	✓	✓	✓	✓	✓	✗	✓
文件B	✓	✗	✓	✗	✗	✓	✗	✗	✗
文件C	✓	✓	✓	✓	✗	✓	✓	✗	✓
文件D	✓	✓	✓	✓	✗	✓	✓	✗	✓

图例:✓表示允许

✗表示禁止

图 6-31　二级存取控制

在图 6-31 中，用户被划分为系统用户组、开发用户组和远程用户组。

对于文件 A，系统用户组拥有全部的权限，开发用户组也拥有全部的权限，而远程用户组只能进行读和执行操作，不能进行写操作。

对于文件 B，系统用户组只能进行读和执行操作，不能进行写操作，开发用户组只能进行执行操作，不能进行读和写操作，而远程用户组则没有任何操作权限。

对于文件 C，系统用户组拥有全部的权限，开发用户组只能进行读和执行操作，不能进行写操作，而远程用户组也只能进行读和执行操作，不能进行写操作。

对于文件 D，系统用户组拥有全部的权限，开发用户组只能进行读和执行操作，不能进行写操作，而远程用户组也只能进行读和执行操作，不能进行写操作。

3. UNIX 中的文件存取权限

下面以 UNIX 系统为例，进一步说明对文件的存取权限的控制设计。UNIX 中将文件的存取权限划分为两级。在第一级中，对访问者或者用户进行分类识别：

- 文件属主（owner）；
- 文件属主的同组用户（group）；
- 其他用户（other）。

在第二级中，对于文件操作权限的设置，则根据不同的操作内容进行权利限定，把对文件的操作分成如下类别：

- 读（read）操作（r）；
- 写（write）操作（w）；
- 执行（execute）操作（x）；
- 不能执行任何操作（-）。

由于对文件属主、组和其他用户均有上述三种权限设置，因此每个文件共有九个权限参数。在 UNIX 中，使用“ls -l”命令就能看到各个文件的权限设置，例如：

```
$ ls -l
drwx------     4 user  wheel   512   Nov 25  17:23  Mail
-rw-rw-r--     1 user  wheel   149   Dec 4   14:18  Makefile
-rwxr-xr-x     1 user  wheel   3212  Dec 4   12:36  a.out
drwxr-xr-x     1 user  wheel   512   Dec 14  17:03  bin
-rw-r--r--     1 user  wheel   143   Dec 4   12:36  hello.c
drwxr-xr-x     2 user  wheel   1024  Oct 16  19:97  public_html
drwxrwxrwx     2 user  wheel   512   Jan 3   14:07  tmp
```

从上面的例子中可以看到，文件的权限设置在列出的数据的第一列中显示。ls 命令执行结果的第一列中的第一个位置表示类别，例如，“d”表示目录，“c”表示该文件为字符设备文件，“b”表示块设备文件，“l”表示一个符号连接；其余九个位置表示三个组的三种权限设置：第二个到第四个位置表示属主的权限，可分别设置为读、写和执行，第五个到第七个位置可设置同组用户的权限，第八个到第十个位置可设置其他用户的权限。若指定位置上没有显示对应的权限，而是“-”，则表示没有对应的权限。

例如，文件 a. out 的属性是-rwxr-xr-x。因此 a. out 的权限设置：对于属主 user，权限为读、写和执行；对于同组用户，权限为读和执行；对于其他用户，权限也是读和执行。

对于目录，拥有读权限意味着用户可以列出这个目录下的文件内容，拥有写权限表示用户可以在这个目录下增、删文件和更改文件名，执行权限可保证用户使用 cd 命令进入这个目录。

UNIX 系统内部使用数值来表示上述的文件属性，每一个属性与文件属性中的一个二进制位相对应。如果设置了该存取权限，则对应的二进制位就是 1；如果没有设置该存取权限，则对应的二进制位是 0。这样，a. out 的权限属性 rwxr-xr-x 用二进制位来表示就是 111101101。在 UNIX 中常使用八进制的形式表示，于是 a. out 的这个权限是 755。

在 UNIX 中，文件的属主和管理员可以使用 chmod 命令来设置或改变文件的权限。chmod 有几种不同的使用方法，可以直接使用八进制的权限表示方式设置属性，或者使用属性字母来设置或更改文件的属性，不同的使用方法要求不同的 chmod 参数。

本章小结

本章首先介绍了文件系统的基本概念、分类以及功能。任何文件都有其内在的文件结构。用户看到的是文件的逻辑结构，有无结构的字符流式文件、有结构的定长记录文件和不定长记录文件构成的记录树。常用的文件物理结构有顺序结构、链接结构、索引结构和i节点结构。顺序结构最简单，它把逻辑上连续的文件信息依次存放在连续编号的物理块中，优点是一旦知道了文件在文件存储设备上的起始块号和文件长度，就能很快地进行存取；顺序结构的缺点在于文件不能动态增长，有碎片问题。文件的链接结构的实质就是为每个文件构造所使用磁盘块的链表，其优点是没有存储碎片问题，有利于文件动态扩充，有利于文件插入和删除，提高了磁盘空间利用率；主要缺点是存取速度慢，不适于随机存取文件，效率相对较低，存在文件的可靠性问题。索引结构的文件把每个物理块的指针字集中存放在称为索引表的数据结构，即内存索引表中，该结构保持了链接结构的优点，又克服了其缺点，既适于顺序存取，也适用于随机存取；其缺点是，较多的寻道次数和寻道时间增加了存储空间的开销。i节点是多级索引结构文件在UNIX中的具体实现。i节点克服了索引结构的缺点，其基本思想是给每个文件赋予一张称为i节点的小表，在这张小表中列出了文件属性和文件中各块在磁盘上的地址。i节点的文件结构，不仅适合小文件使用，也可供大型文件使用，灵活性比较强，占用的系统空间比多级索引结构的文件要小。

在计算机系统中，与内存相比较，外存储设备一般有容量大、断电后仍可保存信息、速度较慢、成本较低等特点。常见的外存储设备有顺序存取设备和随机存取设备。磁带是典型的顺序存取设备，其优点是容量大，缺点是存取速度太慢。磁盘是一种典型的随机存取设备，允许文件系统直接存取磁盘上的任意物理块。磁盘的物理地址具有如下的形式：柱面号（磁道号）、扇区号、磁头号（盘面号）。

文件的存取方式是实现文件的逻辑结构和物理结构之间的映射或变换机制，把用户对逻辑文件的存取要求，变换为对相关文件的物理存储块的读写请求。文件常用的存取方法有顺序存取和随机存取。文件的存取方式，既取决于用户使用文件的方式，又与文件所使用的存储介质有关。

文件系统的特点是“按名存取”，用户只要给出文件的符号名就能存取文件，而不必了解和处理文件的具体物理地址。每个文件有一个描述性数据结构——文件控制块。把所有文件的文件控制块组织起来就构成了文件目录。文件控制块是文件存在的标志，它记录了系统管理文件所需的全部信息，分成文件存取控制信息、文件结构信息和文件管理信息。文件目录以文件的形式保存起来，这个文件就称为目录文件。一般把文件目录设计成一级目录结构、二级目录结构和多级目录结构。一级目录结构是系统中的一张线性目录表，表中包括所有文件的文件控制块，每个文件控制块指向一个普通文件。在系统初启或需要时，系统将该一级目录表调入内存，或部分调入内存，通过该目录表提供的信息，对文件进行创建、搜索、读写和删除等操作。一级目录结构的优点是简单而容易实现，其缺点是只能按连续结构或顺序结构存放、限制了用户对文件的命名、不能重名、搜索效率较低、文件平均检索时间长。在二级目录结构中，目录被分为两级，其中第一级称为主文件目录，给出了用户名和用户子目录所在的物理位置；第二级称为用户文件目录，给出了该用户所有文件的文件控制块。二级目录结构解决了文件的重名问题，可以实现用户间的文件共享，也缩短了查找时间。二级目录结构的缺点是增加了系统的开销。把二级目录结构的层次关系加以推广，就形成了树形目录结构，其最高层为根目录，最低层为文件。根目录是唯一的，从根结点出发到任一非叶结点或叶结点都有且仅有一条路径，该路径上的全部分支组成了一个全路径名。树形目录结构的优点是便于文件分类、层次清晰、解决了文件重名问题、查找搜索速度快。多级目录结构的缺点是，查找一个文件时会多次访盘，影响速度，结构相对比较复杂。为加快目录检索，可采用目录项分解法，把目录项分为符号目录项和基本目录项。在不同系统中，管理目录的系统调用是不同的，常见的目录操作有创建目录、删除目录、打开目录、关闭目录、读取目录、目录换名、链接多个目录和删除目录项等。

为了进行存储空间的分配与回收，设置了空闲空间登记表，动态跟踪记录外存储设备上所有尚未分配给任何文件的空闲块的数目和块号。位示图法的基本思想是，利用一串二进制位的值来反映磁盘空间的分配使用情况。位示图对空间分配情况的描述能力强，查找既方便又快速，适用于各种文件物理结构的文件系统。空闲块表记录了外存储设备全部空闲的物理块，包括第一个空闲物理块号和空闲物理块的个数。空闲块表方式特别适合文件物理结构为顺序结构的文件系统。将外存储设备中所有的空闲物理块连成一个链表，用一个空闲块首指针指向第一个空闲块，随后的每个空闲块中都含有指向下一个空闲块的指针，最后一块的指针为空，表示链尾，就构成了一个空闲块链表。空闲块链表节省内存，但申请和回收空间的速度都较慢，实现效率较低。对链表的改进方案是将 n 个空闲块的地址存放在第一个空闲块中，第一组的空闲块块号放在第二组的头一块中，第二组的块号放在第三组的头一块中，依次类推，组与组之间形成链接关系。在最后一组块号的第 2 个单元中填 0，表示该块中指出的块号是最后一组的块号，空闲块链到此结束。在空闲块链中，不足一组的块号通常放在内存中。在采用成组链表后，分配与回收空闲块时均在内存中进行相关查找和修改，只有在一组空闲块分配完或空闲块构成一组时才需要启动磁盘读写，所以成组链表的管理方式的效率高，能够迅速找到大量空闲块地址。

当用户申请打开一个文件时，系统要在内存表目中为该用户保存一些必要的信息。系统打开文件表用于保存已打开文件的文件控制块，以及已打开文件的文件号、共享计数、修改标志等。在每个进程中有一个用户打开文件表，其内容有文件描述符、打开方式、读写指针、系统打开文件表入口等。

当用户文件的逻辑记录比存储介质的物理分块小时，可把若干个逻辑记录合成一组并存放于一个物理块，即记录的成组；从一组逻辑记录中把一个逻辑记录分离出来的操作，称为记录的分解。记录的成组和分解技术，提高了存储空间的利用率，减少了启动设备的次数，但需要付出一定的代价，如设立内存缓冲区和相关的操作系统功能等。

文件系统是提供给用户使用的，常用文件操作有建立文件、打开文件、读文件、写文件、关闭文件、撤销文件和指针定位等。

文件共享是指一个文件可以允许多个用户共同使用。文件共享节省了文件所占用的存储空间，可免除系统复制文件的工作，减少了实际输入输出文件的次数，并实现了进程间的相互通信。在多级目录结构中，连接法是常用的文件共享技术。文件系统必须有防止硬、软件的各种可能的意外而破坏文件的能力，为此文件系统要采用建立副本和定时转储的方法来保护文件。为了保护文件，要对用户的存取权限实施控制。对文件存取权限的设置的方法，有存取控制矩阵和二级存取控制等。在存取控制矩阵方式中，系统以一个二维矩阵来实施文件的存取控制。与存取控制矩阵配套，系统中有存取控制验证模块。当用户向文件系统提出存取要求时，存取控制验证模块会根据该文件存取控制矩阵的内容对用户的本次存取要求进行比较，如果不匹配，则系统拒绝用户的本次存取要求。存取控制矩阵比较简单，容易实现。但是，当文件和用户较多时，存取控制矩阵占用了太多空间，时间开销也比较大。二级存取控制方法将存取分为两个级别，在第一级，把用户划分为若干用户组，进行对访问者的识别；在第二级，进行对操作权限的识别，所有用户组对文件的权限的集合形成了对该文件的存取控制。

知　识　点

- 文件、目录、文件系统
- 文件的组成和文件类型
- 文件的逻辑结构和物理结构
- 文件的存取方式、文件管理、文件控制块
- 文件的分配和回收
- 磁盘的结构和磁盘空间管理
- 文件和目录的操作
- 文件共享和保护

习　　题

1. 什么是文件和文件系统？文件系统的功能是什么？

2. 文件按其用途和性能可分别分为哪几类？

3. 对于用户，有些系统把设备也看成“文件”，这样做有什么好处？会带来什么问题？

4. 什么是文件的逻辑结构（物理结构）？有哪几种典型的文件逻辑结构（物理结构）？这些结构各自有什么特点？

5. 怎样确定文件的存取方式？请总结文件的存取方式、文件物理结构和存储设备类型之间的联系。

6. 文件系统应由哪些部分组成？简述各部分的主要工作。

7. 请设计一个文件系统的 FCB，并说明为何要安排 FCB 中每一项内容。

8. 文件目录的作用是什么？为了实现按名存取，文件目录应包含哪些内容？

9. 多级目录结构的特点有哪些？建立多级目录的好处有哪些？

10. 用户 A 有名为 A1、A2 和 A3 的三个私有文件，用户 B 有名为 B1、B2 的两个私有文件，这两个用户都要使用共享文件 F。文件系统对所有用户提供按名存取功能，为保证存取的正确性，文件系统应设置合理的目录结构，请画出为文件系统设计的目录结构。

11. 有一个可以带 4 个终端的计算机系统，该系统配置了一个磁盘用来存储终端用户的程序和数据。现有 4 名上机实习的学生，他们在各自的终端上输入了自己的程序和数据，并都存储在磁盘上，巧合的是，他们给各自的程序取的文件名均为 F1，请问：

1）系统应采用什么样的目录结构才能区别这些学生的程序？画出这个目录结构。

2）系统怎样为这4名学生存取他们各自的程序？

12. 假定一个UNIX磁盘块能存放1048个磁盘地址。使用直接盘块指针的文件的最大尺寸是多少？一重间接盘块指针呢？二重间接盘块指针呢？三重间接盘块指针呢？

13. 假定需要一种机制，使得一个文件能被任何用户读，但只能被一个用户写。比如，全国高考成绩，可被高考学生读，但只能被有关工作人员修改成绩。请设计该文件的存取控制机制。

14. 在UNIX系统中，采用i节点方式给出一个文件的所在磁盘块的块号。假设每个磁盘块的大小为1024字节，并且每个间接盘块能容纳256个块号，试问：

1）如果进程要读取的某文件的字节偏移量为8192，应该如何找到它所在的磁盘块？

2）如果想要读取的某文件的字节偏移量为640000，又将如何？

15. 什么是当前目录？引入当前目录的好处是什么？实现当前目录时要考虑什么问题？

16. 为什么要划分符号文件目录与基本文件目录？这样做有什么好处？

17. 某文件系统中磁盘物理块的大小为512 B。假设文件A包含590个逻辑记录，每个记录的大小为255 B，每个磁盘块可以存放两个记录。文件A在该文件目录中的位置如图6-32所示。此树形文件目录结构由根目录结点、作为目录文件的中间结点和作为信息文件的叶子结点组成。每个目录项占127 B，每个磁盘块存放4个目录项。根目录常驻内存。

1）若文件的物理结构采用链接结构，要将文件A读入内存，那么至少要读取几次磁盘？为什么？

2）若文件的物理结构采用连续结构，要将文件A中逻辑记录号为480的记录读入内存，那么至少要读取几次磁盘？为什么？

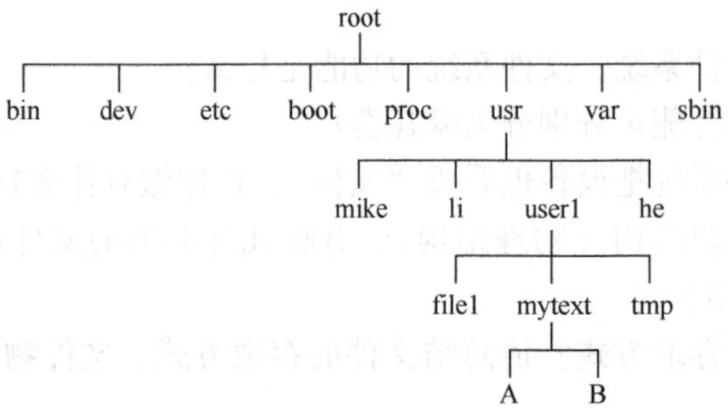

图6-32　习题17

18. 在实现文件系统时，为加快文件目录的检索速度，可利用“目录项分解法”。假设目录文件存放在磁盘上，每个物理块占512字节；每个文件目录占64字节，其中文件名占8字节，在文件目录分解后，第一部分占10字节（包括文件名和文件内部号），第二部分占56字节（包括文件内部号和文件其他信息）。

1）假设某一目录文件共有256个文件目录，试分别给出采用分解法前和分解法后，查找该目录文件的一个文件目录的平均访盘次数。

2）一般地，若目录文件分解前占用n个物理块，分解后改用m个物理块存放文件名和文件内部号部分，请给出访盘次数减少的条件。

19. 磁盘空间的管理有几种方法？

20. 文件分配所用的位示图应该保存在哪里？请说明原因。

21. 系统打开文件表和用户打开文件表的作用各是什么？为什么将它们分开处理？

22. 假设某文件由 100 个逻辑记录组成，每个逻辑记录的长度为 80 个字符。磁盘空间被划分为若干块，块长度为 2048 个字符。为了充分利用磁盘空间，采用成组方式把该文件保存在磁盘上。

1）该文件占用多少个磁盘块？每个磁盘块上存放了多少个逻辑记录？

2）若文件物理结构是链接结构，当用户要求处理第 56 个逻辑记录时，系统应为用户做哪些工作？

23. 假定磁带的记录密度为每英寸 1000 个字符，每一个逻辑记录长为 180 个字符，块与块之间的间隙为 0.5 英寸，现有 800 个逻辑记录需要存储到磁带上，请回答下列问题：

1）在没有采用成组操作时，磁带空间的利用率是多少？

2）在采用以 8 个逻辑记录为一组的成组操作时，磁带空间的利用率是多少？

3）为了使磁带空间的利用率大于 70%，采用记录成组操作时的块因子至少为多少？

24. 假定某文件系统把文件存储到磁盘上时采用链接结构，磁盘块大小为 512 个字符，而逻辑记录大小为 250 个字符。现有一个名为 F1 的文件，共 10 个逻辑记录。

1）怎样存放该文件才能有效利用磁盘空间？

2）画出文件 F1 在磁盘上的链接结构（磁盘块号自定）。

3）若用户要求读出包含第 1245 个字符的逻辑记录，系统完成的工作步骤有哪些？

25. 文件系统提供的主要文件操作有哪些？

26. 文件系统中建立、打开和关闭操作的主要目的是什么？建立和打开文件的主要区别是什么？能否只用一个命令就完成文件的建立和打开操作？

27. 文件系统是否允许用户关闭一个不是自己打开或建立的文件？

28. 什么是文件共享？可通过什么办法来实现用户之间共享某个文件？

29. 在设计文件系统的安全性机制时，应该考虑哪些方面的情况？

第七章 设备管理

学习目标：

1. 掌握输入输出设备管理的基本概念。
2. 掌握输入输出设备硬件的组成及其控制方式。
3. 理解输入输出设备驱动软件的组成、设备独立性的概念及设备驱动的层次结构。
4. 掌握输入输出设备的分配与回收、各种不同类型设备的分配原则和策略。
5. 理解磁盘驱动调度及信息优化分布的概念。
6. 掌握虚拟设备和缓冲技术的应用。

建议学时： 8 学时

教师导读：

1. 本章介绍操作系统设备管理的内容，阐述输入输出设备在计算机系统中的功能和作用。
2. 输入输出设备速度各异，电气联结方式繁多，控制方式各异，对适用场合有条件要求。
3. 设备的驱动程序与操作系统内核之间配合的模式和信息的交流方式。

操作系统中负责管理输入输出设备使用的部分，称为操作系统的设备管理。

在冯·诺依曼体系的计算机系统中，输入输出设备是其重要的组成部分，这些设备的种类极其繁多，传输速度不同，接口方式不同。而且新的输入输出设备也随着技术的发展不断地出现，这些输入输出设备的功能和性能存在着较大的差异。所以，在操作系统中，要为用户建立一个通用的、一致的设备访问接口，屏蔽每种设备各自的特性差异，使用户和应用程序开发人员能够方便地使用输入输出设备，而这也正是设备管理的主要目的。

第一节 设备管理的基本概念

输入输出设备（I/O 设备）也称为外部设备（Peripheral），有时简称为设备或外设，包括计算机系统中除 CPU 和内存储器以外的所有的硬件设备和装置，例如显卡、网络接口卡等。在不同的上下文中，输入输出设备一词有广义和狭义两种含义，广义的输入输出设备即上述定义，狭义的输入输出设备不包括外存储设备。

输入输出设备是计算机系统中的重要组成部分。如果说处理器和内存是计算机系统的“大脑”，那么，输入输出设备就是计算机系统的“五官”和“四肢”。各种需要处理的信息和操作人员对计算机系统的操作命令，都要通过输入设备输入计算机系统，处理后的信息和结果要通过输出设备从计算机系统中输出，如图 7-1 所示。

计算机系统中的输入输出设备种类繁多，从键盘、鼠标、打印机、显示终端、磁盘驱动器到各类网络设备，造就了计算机形态和应用的多样性。可以说，没有输入输出设备，就没有计算机的应用。

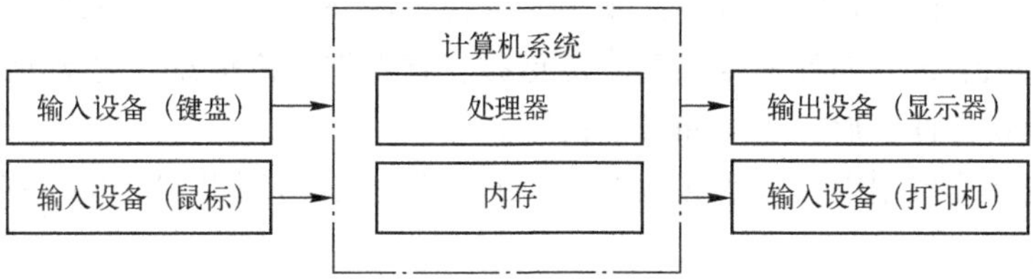

图 7-1　计算机系统与输入输出设备

然而，正如我们已经认识到的，操作系统复杂和庞大的主要原因是它所管理的资源庞杂和采用了并发技术；而输入输出设备的庞杂正是资源庞杂的主要原因，输入输出设备与处理器的性能鸿沟则是导致并发技术产生的直接原因。

各种输入输出设备在功能和速度上的差异以及工作过程的复杂多样性，导致了整个输入输出过程的复杂多样，再加上用户要求和 CPU 进程调度的多样性，最终导致了操作系统的设备管理相关的数据结构与算法的多样性。

因此，设备管理在操作系统中具有十分重要的地位，它是操作系统总体性能的重要决定因素和重要表现指标。

一、设备管理的任务

设备管理的任务主要表现在以下方面。

1）输入输出设备的性能经常成为制约系统性能的瓶颈。CPU 性能越高，输入输出设备性能与 CPU 性能不匹配的反差越大。如何解决这一矛盾，是设备管理的一项重要任务，操作系统主要通过缓冲技术、中断技术和虚拟技术来解决这一问题。

2）输入输出设备千变万化，怎样对它们实现统一的管理，从而方便用户使用设备是设备管理的另一项重要任务。为此，操作系统需要在设备管理和系统的其他部分之间提供简单易用的访问接口，这个接口对于所有设备都应该是相同的，这就是所谓的设备独立性。

3）用户对输入输出设备的使用必须是安全的。对于设备的使用者而言，由设备传送或管理的数据应该是安全的，不应破坏或泄露；对于设备的拥有者而言，多用户多任务环境中的设备使用应该通过协调而避免冲突，数据不能被破坏。因此，如何保证安全、正确地使用设备，也是设备管理的重要任务。

总之，输入输出设备是操作系统所管理的四大类资源之一，设备管理的各项任务是很繁重的。

二、输入输出设备的分类

输入输出设备种类繁多，因此对设备的分类，也有各种不同的角度。

1. 按设备的使用特性分类

按设备的使用特性分类，输入输出设备可分为输入设备、输出设备、交互式设备、存储设备等。

输入设备是计算机用以“感受”或“接触”外部信息的设备。如前所述，在输入设备中，依据要输入信息原始形态的不同，有接收各类信息形态的输入设备。有些输入设备可以接收数字、文字等抽象符号，如键盘、鼠标等装置；有些输入设备可以接收物理信号量，如视频设备、数码照相机、音频设备、无线接收设备、红外接收设备等物理传感设备；有些输入设备可以接收化学量，如各种可燃气体传感器、有毒物质传感器等化学传感器设备；有些输入设备可以接收各种有形介质，如扫描仪等。

输出设备是计算机用以产生普通人可感知的信息或输出用以“影响”或“控制”其他外部装置的设备。

信息的输出载体和输入信息类似，也是多种多样的。信息的输出载体不同，输出信息的形态也不同，相关的输出设备也就不同。有输出直接可见可保存介质的，如打印机、绘图仪、照片输出设备等；有输出可直接感知的信息形态但不保存的，如显示器、数字音响输出设备、数字视频显示设备等；有输出非可直接感知但可保存介质的，如数字磁带录音设备、数字录像带记录设备、光盘刻录设备等；另外，计算机系统还可能输出一些复杂、连续的控制命令和操作指令等。

交互式设备是用于与计算机进行交流的一类设备，其典型对象是各种显示器、键盘、鼠标、手写输入设备和语音输入设备等装置。交互设备的特点是，用户命令信息通过各种输入设备进入计算机系统，系统同步地在显示器上显示用户的命令信息以及执行命令后所得到的处理结果。计算机发展早期曾经使用过的非交互设备几乎完全从市场中消失，其最普遍的取代物就是各种交互式设备。交互式设备至少包含输入设备和输出设备，因此也称为交互终端或终端。

存储设备是计算机用来保存信息的装置。保存这些信息的记录介质，必须具有以下特性。

（1）可写入性

在计算机系统中的信息，可以被写入或记录到该种记录介质上。有些记录介质只能写入一次，如只能写入一次的光盘或只读存储器；有些记录介质可以多次写入，如常见的半导体存储器。

（2）可读出性

在记录介质上保存的信息，必须能够通过某种手段，在需要时准确、迅速、及时地取出（读出）。不能够读出的信息是没有意义的。

（3）可保存性

在记录介质上保存的信息，必须能够持续保存一段时间。而这段时间的长短，则取决于记录介质本身的特性。例如，常用的半导体动态随机存储器在持续供电和刷新的条件下，信息可以一直保存；一旦掉电，被保存的信息就全部丢失。而磁介质则保存时间较长，在正常情况下可保存信息达数月，甚至数年。CD-ROM 则号称可保存信息达一百年。

在计算机发展的历史上，也曾经使用过人类文明的象征之一，即纸张，来作为信息的记录介质。显然，纸张具有上述三种特性，可以用来写入信息，可以读出信息，当然也可以被保存。然而，要让计算机系统在纸张上准确、迅速、及时地写入或读出信息，并不是一件容易的事，这需要卡片或纸带穿孔机（写入信息），还需要卡片或纸带阅读机（读出信息）。这些老式的光、机、电结合的输入输出设备，速度慢、不可靠，只能在博物馆中见到了。

2. 按设备的信息组织方式分类

若以系统中信息组织方式来划分，可把输入输出设备划分为字符设备（Character

Device）和块设备（Block Device）。键盘、终端、打印机等以字符为单位组织和处理信息的设备称为字符设备；而磁盘、磁带等以信息块为单位组织和处理信息的设备称为块设备。

设备信息记录的大小决定了设备一次操作的数据传送单位的大小。通常划分字符设备和块设备的主要依据是设备中信息记录块的大小。

字符设备传递或接收一连串字符，不考虑任何块结构。它不寻址，并且没有查找操作。这样，终端、鼠标、键盘、打印机等设备，都可看作字符设备。

块设备的基本特性是，能够随时读写设备中的任何一个存储块。外存储类设备就是块设备，其记录长度通常以块为单位，如磁盘、磁鼓、光盘等。

通常，输入输出类设备都可看作字符设备，而存储类设备都可看作块设备。不过这种字符设备与块设备的分类方法是不严格与不完整的。有些设备就很难区分是字符设备还是块设备，例如，数字摄像头是一种外部设备，但是它接收的是一幅幅图像，既可按字符流访问，亦可按数据块访问。

这一类设备也称为混合设备，既可以以字符方式处理信息，又可以以块方式处理信息，例如普通显卡、网络接口卡之类的设备。

早期很多设备以中断方式传输字符，现在因为技术的发展，许多设备自身有高速缓存，主要以 DMA 方式与内存交换数据，例如 SCSI 接口卡等，都是典型的块设备。

3. 按设备使用时可共享性分类

按设备使用时可共享性分类，可分为独占设备、共享设备和虚拟设备等。

独占设备是指，在一个程序（作业、用户）的整个运行期间都必须由单个程序（作业、用户）独占，直至该程序（作业、用户）完成的设备。也就是说，这类设备在任一给定的时刻只能让一个进程使用。如果要广义共享，则只能实现顺序共享，即非并发共享。

例如，打印机、磁带驱动器等都是独占设备，共享它们就很困难。如果几个用户同时使用一台打印机，那么把几个用户的输出结果随机地交织在一台打印机上是不行的，因为打印机必须在完成了对一个进程的输出任务的完整处理后，才能为另一进程服务。

独占设备的存在给系统管理带来了一系列问题：如果计算机系统的输出作业管理不能够充分、连续地利用独占设备，那么对独占设备的使用就会是低效率的，甚至有可能造成死锁。

共享设备是指能够同时让许多程序（作业、用户）使用的设备。例如，磁盘就属于共享设备，多用户同时在同一磁盘上拥有打开的文件不致引起什么麻烦，不同进程向同一磁盘提出的读写操作一般能随便交叉。

注意，共享设备有两种含义。广义的共享设备是指非并发共享的设备，几乎所有的设备都是广义的共享设备，可以把独占设备解释为只能顺序共享（即非并发共享）。狭义的共享设备是指并发共享的设备，即操作系统中的共享设备的真正定义。

所谓虚拟设备是指在一类设备上模拟另一类设备，被模拟的设备称为虚拟设备。通常用共享设备模拟独占设备（如用磁盘的固定区域模拟打印机），用高速设备模拟低速设备。引入虚拟设备的目的是提高设备利用率。

三、设备管理与文件管理的关系

设备管理是对计算机系统中所有输入输出设备的管理，也是对资源的管理。它更多地是为用户提供标准的接口来使用这些设备。

文件管理针对的是这些设备里面存储的数据与信息，它提供了一整套的对数据信息资源的管理规则，并且以文件及其配套的概念来具体实施。

文件管理与设备管理之间明确分工，接口清晰，将物理的设备资源抽象为逻辑的文件资源，使得用户可以用统一、透明的方式访问物理设备和设备上的数据与信息，不必关心两者之间的对应关系。例如在图书馆里，对图书架和柜子的使用都是设备管理，对图书的摆放以及查找索引规则都是文件管理。

在 UNIX 系统中，为了便于管理，将所有的设备都当作文件对象来管理。通过 API 以及系统调用，可以对设备进行读、写和使用，对应文件的读、写和运行，这实际上是将设备的基本属性以及管理规则结合起来，为用户提供一个简单易用的接口平台，提高设备利用率，降低设备使用难度。

第二节　设备硬件和设备管理软件的组成

不同的人对外部设备硬件的理解是不同的。对于电子工程师，设备硬件就是芯片、导线、电源、电机和其他组成硬件的物理部件。对于程序员，他们则只注意设备硬件中软件的接口规则和使用方法，如设备硬件能够接收的软件命令、能够完成的功能以及能够报告的错误。本节主要介绍怎样对设备进行编程，而不是如何设计、制造和维护设备硬件。

一、设备硬件的组成

本小节从操作系统设备管理的角度分析外部设备的硬件组成。这种组成带有体系结构抽象化的意味，而并不是具体讨论设备的结构设计。

从硬件的角度来看，设备由物理设备和电子部件两部分组成。物理设备是达成设备功能的物质基础，对操作系统而言，更注重的是其电子部件的控制方式。

一个典型的计算机系统的硬件结构如图 7-2 所示。中心部分是 CPU 和主存，通过总线与第二层的接口部件（适配器）相连，第三层是各种外部设备控制器，最外层是外部设备。图 7-2 中的外部设备包括输入设备、输出设备、外存设备、数据通信设备和过程控制设备等几大类。每一种外部设备在它自己的设备控制器的控制下工作，而设备控制器则通过适配器和主机连接。设备控制器是一种电子部件。

每个设备控制器都有若干个寄存器用来与 CPU 进行通信，包括控制寄存器、状态寄存器和数据寄存器。

通过写入控制寄存器，操作系统可以控制设备发送数据、接收数据、开启或关闭。

通过读取状态寄存器，操作系统可以获悉设备的状态，如是否准备好接收新的数据。

数据寄存器通常作为操作系统发出或接收数据的缓冲区。

为了使 CPU 能够访问设备控制器中的寄存器，必须为每个寄存器分配唯一的地址，该地址称为 I/O 端口地址或 I/O 端口号。I/O 端口地址主要有两种编址方式：内存映射编址和 I/O 独立编址。

内存映射编址是指分配给系统中所有端口的地址空间与内存地址空间统一编址，处理器把设备控制器中的寄存器看作一个存储单元，对 I/O 的读写操作等同于对存储器的操作，这样的系统称为内存映射 I/O（Memory-mapped I/O）。大部分处理器采用内存映射 I/O。

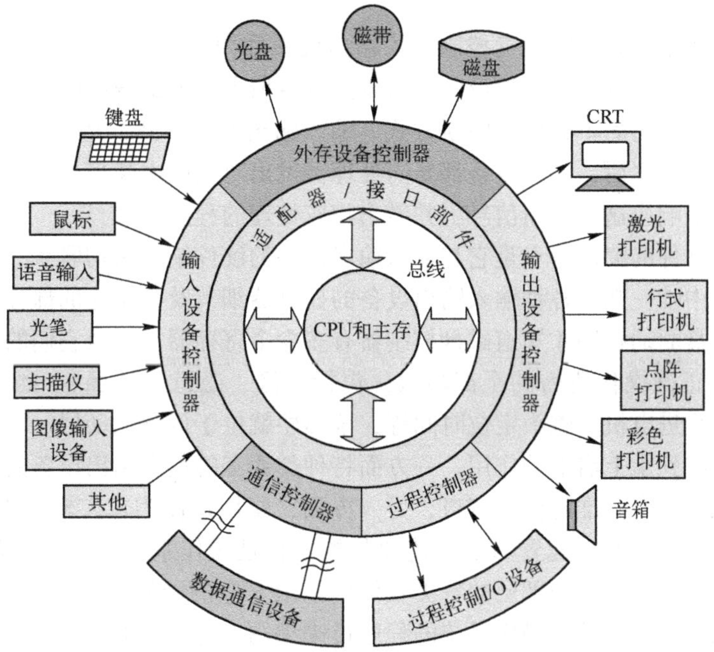

图 7-2 计算机硬件系统组织结构

I/O 独立编址是指分配给系统中所有端口的地址空间与内存地址空间完全独立。采用 I/O 独立编址的 CPU 需要使用专门的 I/O 指令对 I/O 端口进行操作。

操作系统并不直接与设备本身打交道，而是与设备控制器打交道，也就是说，操作系统通过对设备控制器中的寄存器进行读写操作与设备交换数据。

输入输出设备对设备控制器的控制方式有程序直接控制方式、中断控制方式、DMA 控制方式和通道控制方式，将在本章第三节中介绍这四种控制方式。

二、设备管理软件的组成

设备管理软件的基本设计思想在于，把设备管理软件组织成为一系列层次，较低的层处理与硬件有关的细节，并将硬件的特征与较高的层隔离；而较高的层则向用户提供一个友好、清晰而规整的程序接口。设备管理软件也称为 I/O 软件。

一般的 I/O 软件结构分为四层：中断处理层、设备驱动层、设备独立层和用户层，各层都有对应的软件，如图 7-3 所示。

从功能上来看，设备独立层是 I/O 软件的主要部分；从代码量上来看，设备驱动层是 I/O 软件的主要部分。

注意，上述分层是相对灵活和有一定模糊性

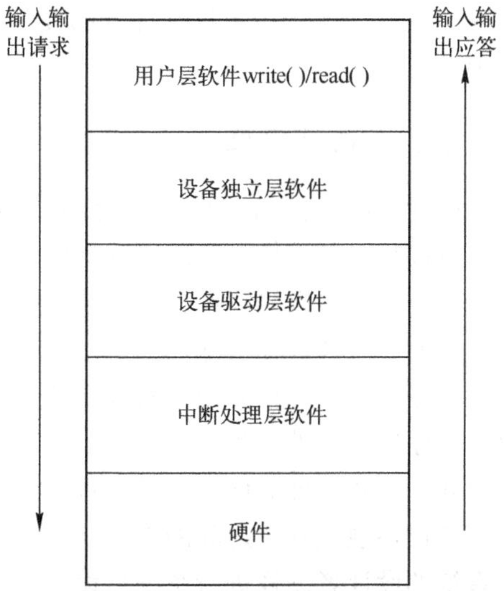

图 7-3 I/O 软件的结构

的。在不同的操作系统中，各层之间的界面划分并不相同，各层之间的确切界面是依赖于系统的。

在这四层中，中断处理层负责控制输入输出设备和内存与 CPU 之间的数据传送。进程在需要输入输出设备服务时，通过设备中断发出设备请求，外部设备响应中断，进行输入输出的操作。无论是采用简单的程序中断方式、输入输出通道方式，还是 DMA 方式，在设备的输入输出处理结束之后，外部设备都要向处理器发出对应的中断信号以结束本次服务，而中断处理程序就是响应这些中断信号，并做出相应处理的程序。

设备驱动层软件的突出特点是它与输入输出设备的硬件结构密切联系。各设备驱动程序是操作系统底层中唯一知道各种输入输出设备的控制器细节及其用途的部分。例如，在操作系统中，只有磁盘驱动程序才知道磁盘控制器有多少个寄存器，以及它们的用途。磁盘驱动程序知道使磁盘正确操作所需的全部参数，包括扇区、磁道（柱面）、磁头、磁头臂的移动、交叉系数、步进电机、磁头定位时间等，该程序就位于设备驱动层。

设备独立层起到承上启下的作用，一方面将种类繁多的输入输出设备的驱动方法屏蔽起来，对用户呈现出一个标准的调用接口，另一方面，将用户使用输入输出设备的需求简化，只需要按照设备驱动的要求配置参数并传递数据。它是操作系统中设备管理的一个重要层面，如果设备驱动层和中断处理层的各类软件可以由对应的硬件开发工程师来编写，那么，设备独立层的软件必须由编写操作系统的程序员来编写，它是操作系统中不能缺少的部分。“设备独立性”将在下文详细讨论。

一般来说，大部分 I/O 软件都包含在操作系统中，例如处理独占设备的 SPOOLing 系统，但是用户层软件仍有部分是与库函数连接在一起的，甚至还有在内核之外运行的程序。

通常的系统调用，包括 I/O 系统调用，先是库函数的实现。标准的 I/O 库函数包含了许多涉及 I/O 的过程，它们都是作为用户程序的一部分运行的。例如，C 语言中的 printf( ) 函数以一个格式串和可能的一些变量作为输入，构造一个 ASCII 字符串，然后调用“write”这个系统调用输出字符串到显示适配器的显存中，通过后面的硬件电路在屏幕上显示出来。对输入而言，类似的过程是 gets( )，它调用“read”系统调用从键盘适配器的缓存中读入一行并返回一个字符串（键盘有自己的硬件扫描电路，会将按键的扫描码存入键盘适配器的缓存中）。

三、设备独立性

设计 I/O 软件的一个最关键的目标是设备独立性（Device Independence），也就是说，除了直接与设备硬件打交道的低层软件以外，其他部分的软件并不依赖于硬件。I/O 软件独立于设备，就可以提高设备管理软件的设计效率，当输入输出设备更新时，没有必要重新编写全部 I/O 软件。在实际应用中，可以看到，在一些操作系统中，只要安装了相对应的设备驱动程序，就可以很方便地安装新的输入输出设备，甚至不必重新编译操作系统就能将设备驱动程序移到他处执行。

除了一些特殊 I/O 软件与设备硬件相关以外，大部分软件是设备独立的。至于设备驱动程序与设备独立软件之间的界限如何划分，则随操作系统的不同而变化。具体划分原则取决于系统的设计者怎样进行系统与设备的独立性、驱动程序的运行效率等诸多因素的权衡。对于一些按照设备独立方式实现的功能，出于效率和其他方面的考虑，也可以由设备驱动程序实现。图 7-4 给出了常见的设备独立层软件实现的一些功能。

设备需要的 I/O 软件功能可以在与设备独立的软件中实现。这类软件面向用户层并提供一个统一的接口。

设备驱动程序的统一接口
设备命名
设备保护
提供一个与设备无关的逻辑块
缓冲
存储设备的块分配
独占设备的分配和释放
错误处理

图 7-4　常见的设备独立层软件实现的一些功能

1. 设备命名

在操作系统的 I/O 软件中，对输入输出设备借用了与文件统一的命名方法，即采用文件系统路径名的方法来命名设备。那么，谁来区分这些命名与文件一样的输入输出设备呢？这就需要设备独立层的软件把设备的符号名映射到相应的设备驱动程序上。

举例来说，在 UNIX 系统中，像/dev/tty00 这样的设备名，唯一确定了一个特殊文件，其中包含了主设备号和次设备号。主设备号用于寻找对应的设备驱动程序，而次设备号提供了设备驱动程序的有关参数，用来确定要读写的具体设备。

2. 设备保护

对设备进行必要的保护，可以防止无授权的应用或用户的非法使用。

设备保护是与设备的命名机制密切相关的。那么，在操作系统中，如何防止无授权的用户存取设备呢？这取决于具体的系统，比如在 MS-DOS 操作系统中，基本没有对设备设计保护机制。不过，在大型安装有 UNIX 的计算机系统中，用户进程对输入输出设备的直接访问是被完全禁止的。而 UNIX 系统则采用一种存取权限的模式，对于系统中的设备，借用文件系统中的“rwx”位进行保护，系统管理员可以根据需要为每一个设备设置适当的 r（读）、w（写）、x（运行）权限。

3. 提供一个与设备无关的逻辑块

在各种输入输出设备中，有着不同的存储设备，其空间大小、读取速度和传输速率各不相同。比如，台式机和服务器中常用的硬盘，其空间大小为若干 GB 或者 TB。而在平板电脑和数码照相机这一类设备中，则使用闪存这种存储器，其容量一般为若干 MB 或者 GB。因此，与设备无关的软件就有必要向较高层软件屏蔽各种外部设备的空间大小、处理速度和传输速率各不相同这一事实，而向上层提供大小统一的逻辑块尺寸。

这样，较高层的软件只与抽象设备打交道，不考虑物理设备空间和数据块大小而使用等长的逻辑块。这些差别在这一层都隐藏起来了。

4. 缓冲

常见的块设备和字符设备一般都使用缓冲区。对于块设备，由于硬件一般一次读写一个完整的块，而用户进程是按任意单位读写数据的，因此，如果用户进程只写了半块数据，则操作系统通常将数据保存在内部缓冲区，等到用户进程写完整块数据后才将缓冲区的数据写到磁盘上。对于字符设备，当用户进程把数据写到设备的速度快于系统输出数据的速度时，必须使用缓冲。

5. 存储设备的块分配

在创建一个文件并向其中填入数据时，通常在磁盘中要为该文件分配新的存储块。为完成这一分配工作，操作系统需要为每个磁盘设置一张空闲块表或位图，这种查找一个空闲块的算法是与设备无关的，因此可以放在设备驱动程序之上、设备独立层的软件中处理。

6. 独占设备的分配和释放

有一些设备，如打印机，在某一时刻只能被单个进程使用。这就要求操作系统对设备使用请求进行检查，并根据申请设备的可用状况来决定是接收该请求还是拒绝该请求。一个简单的处理这些请求的方法是，要求进程直接通过调用 open 方法打开设备的特殊文件来提出请求。若设备不能用，则 open 方法执行失败。释放设备时可以采用关闭这种独占设备的方法，关闭的同时释放该设备。

7. 错误处理

一般来说，错误处理是由设备驱动程序来完成的。大多数错误是与设备密切相关的，因此，只有设备驱动程序知道如何处理（比如，重试、忽略或放弃）。但也有一些典型的错误不是输入输出设备的错误造成的，例如由于磁盘块受损而不能再读，设备驱动程序将尝试重读一定次数，若仍有错误，则放弃重读并通知与设备无关的软件，这样，如何处理这个错误就与设备无关了。如果在读一个用户文件时出现错误，则操作系统会将错误信息报告给调用者。若在读一些关键的系统数据结构时出现错误，比如读磁盘的空闲块位示图时出错，则操作系统需要显示错误信息，并向系统管理员报告相应错误。

第三节　I/O 设备的控制方式

I/O 设备的控制方式取决于 I/O 设备硬件与处理器和内存的联结方式，以及其相应的设备驱动程序，主要有以下四种：程序直接控制方式、中断控制方式、DMA 控制方式和通道控制方式。

一、程序直接控制方式

程序直接控制方式也称为 PIO（Programmed I/O，程控 I/O）方式，是指由用户进程直接控制处理器进行内存和外部设备之间信息传送的方式，也称为“忙-等”方式、轮询方式或循环测试方式，这种方式的控制者是用户进程。

当用户进程需要从外部设备输入数据时，它通过 CPU 发出设备准备数据的启动命令（通常是把一个启动位为 1 的控制字通过数据总线写入设备的控制寄存器中），然后，用户进程进入测试等待状态。在等待时，CPU 不断地用一条测试指令检查设备的状态寄存器是否为完成状态（通常是检测状态寄存器的完成位是否为 1），而外部设备只有在将输入数据送入数据缓冲寄存器之后，才能将该寄存器置为完成状态。当 CPU 检测到设备的状态寄存器为完成状态时，则从设备的数据缓冲寄存器读取数据到内存或 CPU。

反之，当用户进程需要向输出设备输出数据时，也必须同样发出启动命令和等待设备准备好之后才能输出数据。

程序直接控制方式的传送结构如图 7-5 所示。

程序直接控制方式的优点是 CPU 和外设的操作能通过状态信息得到同步，而且硬件结构比较简单；其缺点是 CPU 效率较低，传输完全在 CPU 控制下完成，对外部出现的异常事件无实时响应能力。

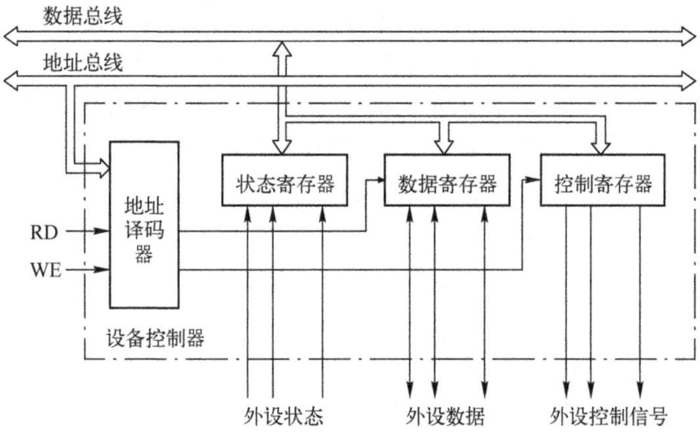

图 7-5　程序直接控制方式的传送结构

所以，程序直接控制方式只适用于那些 CPU 执行速度较慢，而且外部设备较少的系统，如单片机系统。

二、中断控制方式

中断是一种在发生了一个异常事件时，调用相应处理程序（通常称为中断服务程序）进行服务的过程。中断源一旦需要 CPU 为其服务，就向 CPU 发出请求，CPU 一般在当前指令执行完，且状态为允许中断的情况下响应该请求，并由硬件自动关中断（防止在保留断点和程序转移过程中又有新的中断请求发生）、保留断点、转到相应的中断服务程序入口处。然后执行中断服务程序，由软件完成中断服务。在中断服务程序结束时，执行中断返回指令返回断点处，继续执行原程序。

中断服务程序与中断时 CPU 正在执行的进程是相互独立的，相互不传递数据。

采用中断控制方式，可以做到如下几点。

1）CPU 与外设在大部分时间内并行工作，有效地提高了计算机的效率。CPU 启动外设后，不需要去查询其工作状态，可继续执行主程序，因此两者可并行工作。等外设将数据准备好后，主动申请中断 CPU 的工作，请求服务。

2）具有实时响应能力，可适用于实时控制场合。外部中断源始终处于主动地位，随时可请求 CPU 为其服务。可保证实时控制中现场的许多实时信息随时得到响应。

3）及时处理异常情况，提高计算机的可靠性。计算机在运行过程中，往往出现一些意想不到的情况或发生一些故障。利用中断功能就可以及时进行处理，而不至于造成无可挽回的局面。

如果要采用中断控制方式进行数据传送，则 CPU 和设备控制器就应具备中断机构。CPU 一侧应具备的功能：具备识别中断请求的能力，在每条指令执行结束时，应检测有无中断请求发生；具备响应中断的能力（自动关中断、保留断点、转中断处理程序）；当需要时，能拒绝响应外部中断请求；具备按优先级响应中断请求的能力。上述功能需要相应的电路支持，即需要设置记录中断状态的“中断请求寄存器”、能保留断点和恢复断点的具有先进后出功能的栈、中断判优电路及其他相关电路。

设备控制器一侧应具备的功能：具备锁存外设中断请求的能力——通常中断源发出的中

断请求信号是随机的，而 CPU 并不能立即给予响应，因此每个中断源均需设置一个中断请求触发器，将中断请求信号锁存下来；具备可屏蔽本级中断请求的能力——为了能动态改变优先级，通常每个中断源设置一个中断屏蔽触发器，由 CPU 执行指令读写其状态，只有当该触发器信号处于未屏蔽状态时，本中断源的中断请求信号才能被送往 CPU，通过编程来屏蔽不同优先级的请求信号，就可动态地改变中断源的优先级了。中断控制方式的传送结构如图 7-6 所示。

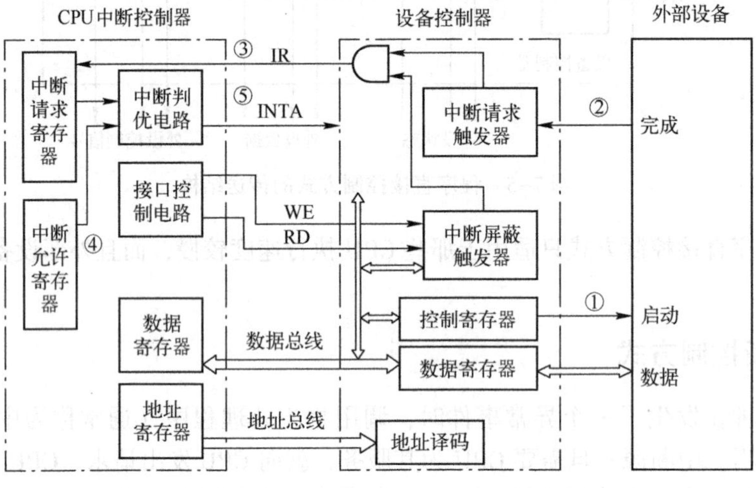

图 7-6　中断控制方式的传送结构

中断控制方式的处理过程如下：

① 在 CPU 上运行的进程通过总线发出命令请求，启动外设工作，当前进程阻塞，调度程序调度其他进程；

② 外设数据准备好，置位中断请求触发器；

③ 若此时中断屏蔽触发器状态为非屏蔽状态，则 I/O 接口向 CPU 发送中断请求（IR）；

④ CPU 接受中断请求，且中断为允许中断状态，则中断判优电路工作；

⑤ 中断判优电路对到达的优先级最高的中断请求给予响应（INTA），CPU 中断正在执行的其他进程，转而执行中断服务程序。

三、DMA 控制方式

与程序直接控制方式相比，中断控制方式的 CPU 利用率大大提高。但是，在用中断控制方式交换数据时，每处理一次 I/O 数据交换，都会耗去一定的 CPU 处理时间，对于一些高速的外部设备，以及成组大量交换数据的情况，仍然显得速度太慢。采用 DMA 控制方式可以解决这一问题。

DMA 是一种完全由硬件执行 I/O 数据交换的工作方式。在这种方式中，DMA 控制器（DMA Controller，DMAC）从 CPU 完全接管对总线的控制，数据交换不经过 CPU，而直接在内存和外部设备之间进行。在采用 DMA 控制方式工作时，由 DMA 控制器占用系统总线并向内存发送地址和控制信号，对传送信息的个数计数，并且以中断控制方式向 CPU 报告传送操作的结束。

DMA 控制方式的传送结构如图 7-7 所示。

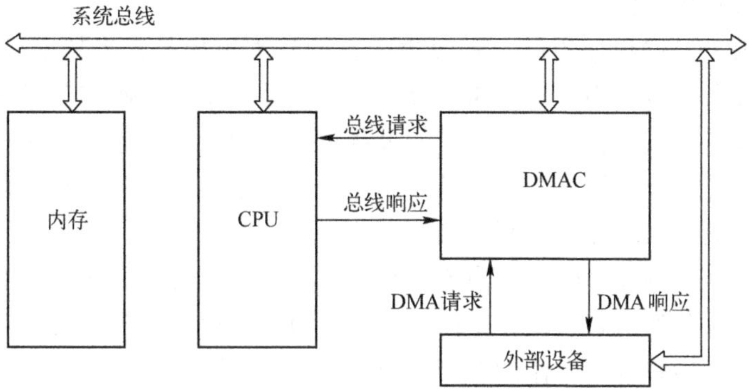

图 7-7　DMA 控制方式的传送结构

DMA 控制方式的数据块传送过程可分为三个阶段：传送前预处理、数据传送、传送后处理。

1）传送前预处理阶段——由 CPU 执行 I/O 指令，对 DMAC 进行初始化与启动。

2）数据传送阶段——由 DMAC 控制总线进行数据传送。当外设数据准备好后，发出 DMA 请求，当 CPU 当前机器周期结束时，响应 DMA 请求，DMAC 从 CPU 接管总线的控制权，完成对内存寻址，确定数据传送的源和目的内存单元地址，传送数据，同时对数据传送量进行计数，执行数据传送的操作。

3）传送后处理阶段——传送结束，DMAC 向 CPU 发中断请求，报告 DMA 操作的结束。CPU 响应，转入中断服务程序，完成 DMA 结束处理工作，包括校验数据、决定是否结束传送等。

DMA 控制方式一般用于高速传送成组的数据。其优点是操作均由硬件电路实现，传输速度快；CPU 仅在初始化和结束时参与，对数据传送基本上不干预，可以减少大批量数据传输时 CPU 的开销；CPU 与外设并行工作，效率高。但是 DMA 控制方式也有一定的局限性，这是因为该方式在初始化和结束时仍由 CPU 控制，因此，在大型计算机系统中，为了进一步减轻 CPU 的负担和提高计算机系统的并行工作程度，除了设置 DMA 器件以外，还设置了专门的硬件装置——通道。

四、通道控制方式

通道（Channel）是一个具备特殊功能的处理器，它有自己的指令和程序，可以实现对外部设备的统一管理，以及外部设备与内存之间的数据传送。引入通道的目的是进一步减少数据输入输出对整个系统运行效率的影响。与 DMA 控制方式相比，通道控制方式增加了 CPU 与通道操作的并行能力，增加了通道之间以及同一通道内各设备之间的并行操作能力，为用户提供了灵活增加外设的可能性。

按照信息交换方式的不同，一个系统中可以设立三种类型的通道，即选择通道、数组多路通道和字节多路通道。

选择通道是一种高速通道，在物理上，它可以连接多个设备，但是这些设备不能同时工作，在某一段时间内，通道只能选择一个设备进行工作。选择通道主要用于连接高速外部设备，如磁盘、磁带等，信息以成组方式高速传输。其优点是以数据块为单位进行传输，传输率高；缺点是通道利用率低。

数组多路通道是对选择通道的一种改进，它的基本思想是，当某个设备进行数据传送时，通道只为该设备服务；当设备在执行寻址等控制性动作时，通道会暂时断开与这个设备的连接，挂起该设备的通道程序，去为其他设备服务，即执行其他设备的通道程序。其优点与选择通道一样，也是以数据块为单位进行传输，传输率高；另外，又具有多路并行操作的能力，通道利用率高。其缺点是控制复杂。

字节多路通道是一种简单的共享通道，在分时的基础上为多台低速和中速设备服务。它的主要特点：各设备与通道之间的数据传送是以字节为单位交替进行的，各设备轮流占用一个很短的时间片；其多路并行操作能力与数组多路通道相同。

由这三种通道组成的数据传送控制结构如图 7-8 所示。

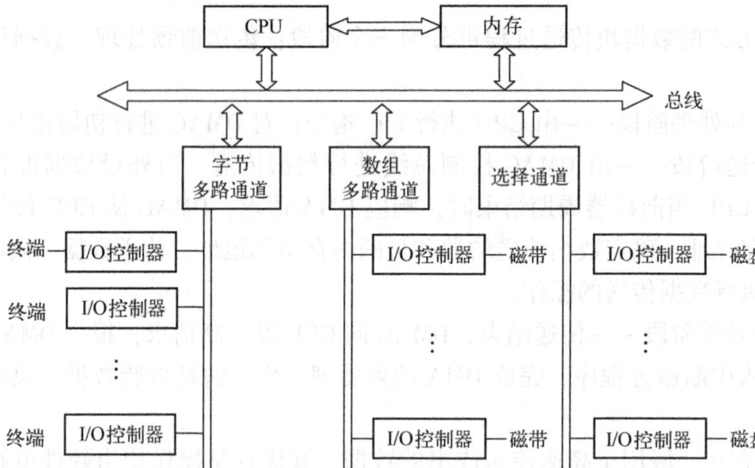

图 7-8　通道控制方式的数据传送结构

通道具有如下功能：

- 接受 CPU 的指令，按指令要求与指定的外部设备进行通信；
- 从内存读取属于该通道的指令，并执行通道程序，向设备控制器和设备发送各种命令；
- 组织外部设备和内存之间进行数据传送，并根据需要提供数据缓存的空间，以及提供数据存入内存的地址和传送的数据量；
- 从外部设备得到设备的状态信息，形成并保存通道本身的状态信息，根据要求将这些状态信息送到内存的指定单元，供 CPU 使用；
- 将外部设备的中断请求和通道本身的中断请求，按序及时报告 CPU。

第四节　设备的分配与回收

前面几节在讨论外部设备时，事实上已经做了如下假定：每一个准备传送数据的进程都已申请到了它所需的外部设备和控制器。事实上，由于设备和控制器资源的有限性，不是每一个进程都能随时随地得到这些资源。进程必须首先向设备管理程序提出资源申请，然后，由设备分配程序根据相应的分配算法为进程分配。如果申请进程得不到它所申请的资源，就将被放入资源等待队列中等待，直到所需的资源释放为止。

一、设备分配的相关数据结构和策略

为了合理、高效、安全地分配和回收设备，下面从数据结构、分配原则、分配策略方面进行分析。

1. 数据结构

任何算法的实现都离不开数据结构的支撑，设备分配算法也不例外。为了记录系统内所有设备的情况，以便对它们进行有效的管理，引入了一些表结构，如为每个设备（通道、控制器）配置的设备（通道、控制器）控制表等。由于系统的管理、分配方式不同，实际采用的表结构也不相同，例如通道控制表就只有在采用通道控制方式的系统中才会出现。

在设备分配算法的实现中，常采用的数据结构主要含四张表，即系统设备表（System Device Table，SDT）、设备控制表（Device Control Table，DCT）、控制器控制表（COntroler Control Table，COCT）和通道控制表（CHannel Control Table，CHCT）。这四张表在分配算法中形成了一个有机整体，有效地记录了外设资源在系统中的情况。设备的每一次分配调用都与这四张表有关，下面将详细介绍它们的构成。

1）SDT。在 SDT 中，每个接入系统的设备都占有一个表项，记录了该设备的名称、标识及 DCT 的入口地址等相关信息。SDT 在整个系统中只有一张，全面反映了系统中外设资源的类型、数量、占用情况等。

2）DCT。系统中的每台设备都有一张 DCT。DCT 充分体现了设备的各方面特征，以及与该设备相连的设备控制器的情况，并保存了控制器块的入口位置。

3）COCT。每个控制器都有一张 COCT，用于记录某控制器的使用分配情况及与该控制器相连的通道的情况。

4）CHCT。该表反映了通道的情况。系统中的每个通道都有一张 CHCT。

与设备分配有关的数据结构如图 7-9 所示。

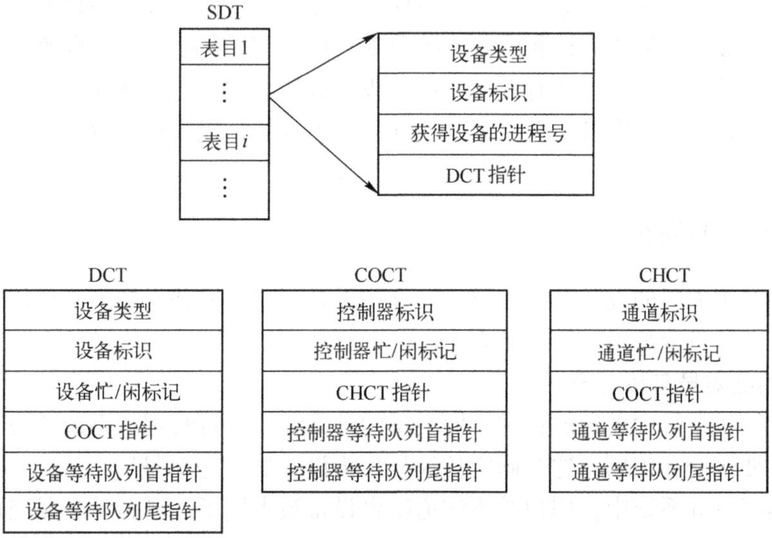

图 7-9　与设备分配有关的数据结构

设备（通道、控制器）等待队列也是与设备分配有关的数据结构，它由等待分配资源的进程控制块组成，其组织方式可以按照先来先服务（FIFO）的顺序，也可以按照优先级顺序。

2. 分配原则

设备分配的总体原则：要充分发挥设备的使用效率，尽可能地让设备忙碌，但又要避免由于不合理的分配方法而造成进程死锁；要做到把用户程序和具体物理设备隔离开来，即用户程序面对的是逻辑设备，而分配程序将在系统把逻辑设备转换成物理设备之后，再根据要求的物理设备号进行分配。

设备分配方式有两种，即静态分配和动态分配。

静态分配方式是在用户作业开始执行前，由系统一次分配该作业所要求的全部设备、控制器（和通道）。一旦分配完成，这些设备、控制器（和通道）就一直为该作业所占用，直到该作业被撤销为止。静态分配方式是安全分配方式，不会出现死锁，但设备的使用效率低。因此，静态分配方式并不符合分配的总体原则。

动态分配在进程执行过程中根据执行需要进行。当进程需要设备时，通过系统调用命令向系统提出设备请求，由系统按照事先规定的策略给进程分配所需的设备、I/O 控制器（和通道），一旦用完，便立即释放。动态分配方式有利于提高设备的利用率，但如果分配算法使用不当，则有可能造成进程死锁。

3. 分配策略

在多道程序系统中，由于进程数多于资源数，会引起资源的竞争，因此，要有一套合理的分配原则。主要的考虑因素：外部设备的固有属性、外部设备的分配算法、设备分配的安全性，以及设备独立性。

与进程调度相似，设备的分配策略通常采用先来先服务（FIFO）和高优先级优先等。

先来先服务就是当多个进程同时对一个设备提出 I/O 请求时，系统按照进程提出请求的先后次序，把它们排成一个设备请求队列，并且总是把设备首先分配给排在队首的进程使用。

高优先级优先就是给每个进程提出的 I/O 请求分配一个优先级，在设备请求队列中把优先级高的排在前面，如果优先级相同，则按照 FIFO 的顺序排列。这里的优先级与进程调度中的优先级往往是一致的，这样有助于高优先级的进程优先执行、优先完成。

对于独占设备或共享设备，会根据其特性采用不同的分配策略，以期达到合理、高效和安全的目的。

二、独占设备的分配

计算机系统中大量的设备是独占设备，这些设备不能采取并发的方式使用，只能交替地使用，因此，在设备分配中采用如下方法。

1. 设备的绝对号与相对号

为了对计算机系统中配置的各种不同类型的外部设备进行管理，系统为每一台设备确定一个编号，以便区分和识别，这个确定的编号称为设备的“绝对号”。

在多道程序设计系统中，用户并不知道哪台设备被占用了，哪台设备是空闲的。在一般情况下，用户不直接使用设备的绝对号。在需要使用设备时，用户向系统申请所要使用的设备类型。至于实际使用哪一台设备，由系统根据该类设备的分配情况来决定。有时用户可能要求同时使用几台同类设备，为了避免使用时的混乱，用户可以对自己要求使用的若干台设备进行编号，由用户在程序中定义的设备编号称为设备的“相对号”。

规定用户使用“设备类、相对号”来提出使用设备的要求。而系统在为用户分配具体设备的同时，可以建立设备的“绝对号”与用户使用的“设备类、相对号”的对应关系。这样，系统根据用户程序执行时给出的使用要求就能知道实际应启动哪台设备。

2. 设备的指定方式

用户在申请独占设备时，应指定需要什么设备。指定设备的方式可以有两种，一种是指定设备的绝对号，另一种是指定设备类、相对号。

如果用绝对号来指定设备，则系统应该把与绝对号对应的那台设备分配给作业。如果指定的这台设备已经被其他作业占用或者有故障，则作业的申请要求得不到满足，于是，该作业就阻塞，暂不能执行。

通常，申请设备时不是指定要哪台设备，而是提出要申请某类设备多少台。使用这种方式时，在用户程序中通过“设备类、相对号”提出使用设备的要求。这种方式使设备分配的适应性好、灵活性强。这是因为：

- 系统只从指定的某一类设备中提供“好的且尚未分配的”设备来进行分配；
- 如果分配给用户的设备在使用中出现故障，则系统可以从同类设备中找另一台“好的且尚未分配的”设备来替换。

可见，在采用“设备类、相对号”的方式使用设备时，用户编制程序时不必指定特定的设备，只需要在程序中使用“设备类、相对号”来确定需要使用的逻辑设备。在程序执行时，系统把用户指定的逻辑设备转换成与其对应的具体物理设备，并启动该物理设备工作。在这种工作方式中，用户编制程序时使用的逻辑设备与程序实际执行时使用的那台物理设备无关。

3. 独占设备的分配和释放

独占设备通常是指打印机、磁带机、扫描仪、绘图仪等，这类设备在一段时间内只能由一个进程所占有。

在执行申请命令之后和执行释放命令之前，用户独占该设备。操作系统设置“设备分配表”，用来记录计算机系统所配置的独占设备类型、台数以及分配情况等。设备分配表可由“设备类表”和“设备表”两部分组成。

“设备类表”记录系统中的各类设备，每类设备占一个登记栏，指出该类设备的总台数、当前尚未分配的设备及该类设备在设备表中的起始地址。每一台设备在“设备表”中占一个登记项，同类的若干台设备连续地登记在设备表中，每一台设备都有一个绝对号，并设置该台设备“好与坏”“已分配与未分配”的标志，当设备分配给某作业后，则需要指出占用设备的作业名，以及用户定义的相对号，如图 7-10 所示。

在图 7-10 所示的设备类表中列出了两类设备：扫描仪和打印机。现在考察“设备类”为扫描仪的设备。系统拥有 1 台扫描仪，现存 0 台，其在设备表中的起始地址指向设备表中绝对号为 001s 的设备；该设备的完好状态为“好”，分配状态为“已分配”，作业 J2 目前正占有这台设备，在作业 J2 中，该设备的“相对号”为 001。

再考察“设备类”为打印机的设备。系统拥有 3 台打印机，现存两台，其在设备表中的起始地址指向设备表中绝对号为 002p 的设备；该设备的完好状态为“好”，分配状态为“已分配”，作业 J1 目前正占有这台打印机设备，在作业 J1 中，该设备的“相对号”为 001。

设备类	拥有设备台数	现存台数	在设备表中的起始地址
扫描仪(s)	1	0	→ 001s
打印机(p)	3	2	→ 002p
…	…	…	…

a) 设备类表

绝对号	设备完好状态	分配状态	占用作业名	相对号
001s	好	已分配	J2	001
002p	好	已分配	J1	001
003p	好	未分配		
004p	好	未分配		
…	…	…	…	…

b) 设备表

图 7-10　设备类表和设备表

用户作业申请某类外部设备的过程如下。

1）用户作业提出某类外部设备申请。

2）系统首先检查设备类表，如果该类设备的现存台数可以满足申请要求，则取得该类设备在设备表中的起始地址；如果该类设备的现存台数不能满足申请要求，则用户作业进入等待队列。

3）系统通过该类设备在设备表中的起始地址，进入该类设备的设备表，开始依次检查该类设备在设备表中的登记项。

4）在设备表的登记项中找出“设备完好状态”为“好”且“分配状态”是“未分配”的设备。若有符合条件的设备，则准备进行设备的分配；若没有符合条件的设备，则用户作业进入等待队列。

5）进行设备分配，在设备类表和设备表中进行如下修改：

- 修改设备类表中该类设备的现存台数；
- 把该台设备在设备表中的“分配状态”标志改成“已分配”；
- 在设备表中填上拟占用该设备的作业名和作业程序中定义的该设备相对号。

6）把已分配的设备的绝对号与相对号的对应关系通知给用户程序，以便用户在分配到的设备上进行相关的操作。

例如，在图 7-11 中，若作业 J3 要申请 1 台打印机，系统先查设备类表，发现现存台数为 2，可以满足申请要求，则从该类设备在设备表中的起始地址开始依次检查该类设备在设备表中的登记项。在设备表中的起始地址指向的第一台打印机的绝对号为 002p，分配状态为“已分配”，再检查第二台打印机，即绝对号为 003p 的设备，设备状态是“好”，且分配状态为“未分配”，于是可以把这台绝对号为 003p 的打印机设备分配给该作业，参见图 7-11a。分配后要修改设备类表中打印机现存台数，即从两台改为 1 台，把 003p 设备的分配状态改成“已分配”，且填上占用该设备的作业名 J3 和作业程序中定义的相对号 001，参考图 7-11b。

当作业 J3 执行时，系统通过相关的作业名和相对号，就可以从设备表的登记项中得到设备的绝对号，然后启动该设备进行需要的打印作业。

设备类	拥有设备台数	现存台数	在设备表中的起始地址
扫描仪(s)	1	0	
打印机(p)	3	2	
…	…	…	…

设备类表

绝对号	设备完好状态	分配状态	占用作业名	相对号
001s	好	已分配	J2	001
002p	好	已分配	J1	001
003p	好	未分配		
004p	好	未分配		
…	…	…	…	…

设备表

a) 打印机分配前

设备类	拥有设备台数	现存台数	在设备表中的起始地址
扫描仪(s)	1	0	
打印机(p)	3	1	
…	…	…	…

设备类表

绝对号	设备完好状态	分配状态	占用作业名	相对号
001s	好	已分配	J2	001
002p	好	已分配	J1	001
003p	好	已分配	J3	001
004p	好	未分配		
…	…	…	…	…

设备表

b) 打印机分配后

图 7-11　独占设备的分配

在用户作业使用完某台外部设备时，会发出释放设备的命令，把设备归还给系统。系统在收回设备时，需要对该台设备的设备表中有关的登记项进行相应的修改，即把该台设备在设备表中的“分配状态”标志改成“未分配”，同时在设备表中撤销占用该设备的作业名和设备相对号。最后，在该类设备的设备类表中，把该类设备的现存台数增加 1。

三、共享设备的分配

共享设备可被多个进程所共享，但在每个 I/O 传输的单位时间内只由一个进程所占有。

与独占设备不同，用户在使用共享设备时并没有明显的设备申请与设备释放活动。不过，在每一个使用命令之前都隐含一个申请命令，在每一个使用命令之后都隐含一个释放命令；在隐含的申请命令和隐含的释放命令之间，执行了一次 I/O 传输，例如，对于磁盘而言，是对一个磁盘数据块的读、写。

通常，共享设备的 I/O 请求来自文件系统、虚拟存储系统或输入输出管理程序，其具体设备已经确定。因而设备分配比较简单，即当设备空闲时分配，占用时等待。

共享设备的具体使用方法如下。

1）申请设备。如果设备被占用，则进入设备等待队列，否则分配设备。

2）启动设备。I/O 传输。

3）释放设备。当设备使用结束，发出中断信号时，系统唤醒一个等待设备的进程。

可以看出，共享设备是指这样的设备：对于此类设备来说，不同进程的 I/O 传输以块为单位，并且可以交叉进行。

由于独占设备的分配和回收必须遵守“独占”的要求，使得设备的利用率低，死锁的概率增大，不利于调度，因此，将独占设备改造为共享设备便被提上了日程。能将独占设备转变为共享设备的技术称为 SPOOLing（Simultaneous Peripheral Operation On Line，外部设备同时联机操作）技术，也称为虚拟设备技术或假脱机技术，将在本章第七节详细介绍。

第五节　磁盘驱动调度

本节讨论磁盘驱动的调度策略。

几乎所有计算机都使用磁盘来存储信息。从存储角度来看，与内存比较起来，磁盘有三个主要的优点：

- 可用的存储容量非常大；
- 每位的价格非常低；
- 电源关闭后信息不会丢失。

磁盘的结构决定了对磁盘的访问需要通过移动磁头所在的磁臂、驱动磁盘旋转以及选择适当的磁头来确定数据存放在磁盘面上的空间位置。如何快速找到上述位置便是磁盘驱动调度要做的工作。

一、信息传输时间

有关磁盘的结构，已经在前面的章节中简要介绍过。在启动磁盘执行输入输出操作时，要把磁臂移动到指定的磁道（柱面），再等待需要访问的扇区旋转到磁头位置之下，然后让指定的磁头进行读写，完成信息传送。因此，执行一次输入输出操作所花的时间有：

- 寻道时间，磁头在磁臂带动下移动到指定磁道（柱面）所花的时间；
- 延迟时间，需要访问的扇区旋转到磁头下所需的时间；
- 传送时间，由磁头进行读写以完成信息传送的时间。

其中，传送信息所花的时间是在硬件设计时就固定下来的。而寻道时间和延迟时间则与信息在磁盘上的位置有关。图 7-12 是访问磁盘的操作时间示意图。

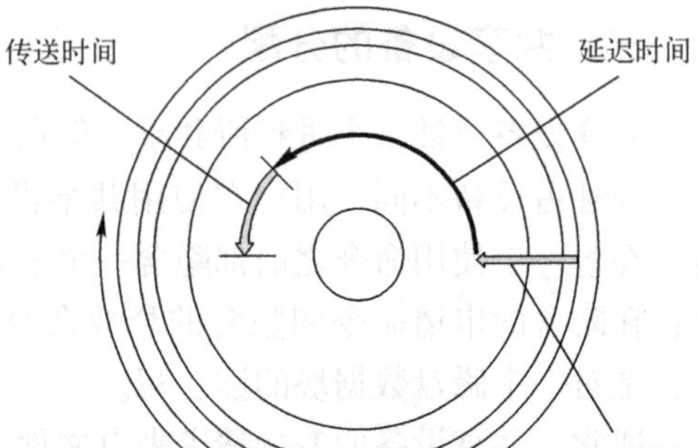

图 7-12　访问磁盘的操作时间示意图

为了减少移动磁臂所花费的时间，每个文件的信息不是按盘面上的磁道顺序存放满一个盘面后，再放到下一个盘面上，而是按磁道（柱面）存放，同一磁道（柱面）上的各磁道被放满信息后，再放到下一个磁道（柱面）上。例如，对于单张磁盘，有上下两个面，对应两个磁头，当寻道至目标磁道位置后，上下两个磁头同时读取所在的磁道并缓存起来，再通过选择器依次选择相应的缓冲区内的数据；在写入数据时，先对缓冲区填入数据，然后只允许相应磁头进行写操作，其他磁头不进行写入。所以对各磁盘块的编号，首先是按相同磁道（柱面）的磁头（盘面）顺序（从 0 号开始编址），其次是按相同磁道（柱面）的扇区顺序，最后是按磁道（柱面）号的顺序。在访问时，反过来进行寻址，即先寻道，再等待扇区，最后选择磁头。

假定用 t 表示每个磁道（柱面）上的磁头总数（或者称为一个柱面上的总磁道数），用 s 表示每个磁道（柱面）上的扇区数，则第 i 个磁道、第 j 个磁头、第 k 个扇区所对应的块 b 由式（7-1）确定

$$b=k+s\times(j+i\times t) \tag{7-1}$$

同样地，根据块号也可确定该块在磁盘上的位置。在上述假定条件下，每个磁道（柱面）上的磁盘块有 $s\times t$ 个，为了计算第 p 块在磁盘上的位置，可以令

$$d=s\times t$$
$$m=[p\,|\,d]$$
$$n=p \bmod d$$

于是，第 p 块在磁盘上位置为

$$柱面号=m$$
$$磁头号=[n\,|\,s]$$
$$扇区号=n \bmod s$$

二、移臂调度及调度算法

磁盘是一种高速旋转的存储设备。磁臂上的磁头沿着盘片直径的方向移动，同时对指定磁道上的扇面中的数据进行读写操作。

在一系列访问的读写请求到来时，应该采用一定的调度策略来决定各等待访问的执行次序，使寻道和延迟时间都尽可能小（综合后最小）的那个访问者可以优先得到服务，并降低若干个访问者的总访问时间，增加磁盘单位时间内的操作次数。

根据访问者指定的柱面位置来决定执行次序的调度，称为“移臂调度”。移臂调度的目的是尽可能减少操作中的寻道时间。

在磁盘盘面上，0 磁道在盘面的外沿；号数越大，磁道越靠近盘片的中心。磁盘在关机时，磁头停放在最内圈柱面之内的停放区。

常用的移臂调度算法有先来先服务调度算法、最短寻道时间优先调度算法、电梯调度算法和单向扫描调度算法。

1. 先来先服务调度算法

最简单的移臂调度算法是“先来先服务”调度算法，这个算法实际上不考虑访问者要求访问的物理位置，而只是考虑访问者提出访问请求的先后次序。例如，如果现在读写磁头正在 50 号磁道（柱面）上执行输出操作，而等待访问者依次要访问的磁道（柱面）为 130、199、32、159、15、148、61、99，那么，当 50 号磁道（柱面）上的操作结束后，磁臂将按请求的先后次序先移到 130 号磁道（柱面），最后到达 99 号磁道（柱面），如图 7-13 所示。共移动了 845 个磁道。

从图 7-13 中可以看到，在采用先来先服务调度算法决定等待访问者执行输入输出操作的次序时，磁臂来回移动。因为先来先服务调度算法花费的寻道时间较长，所以执行输入输出操作的总时间也很长。

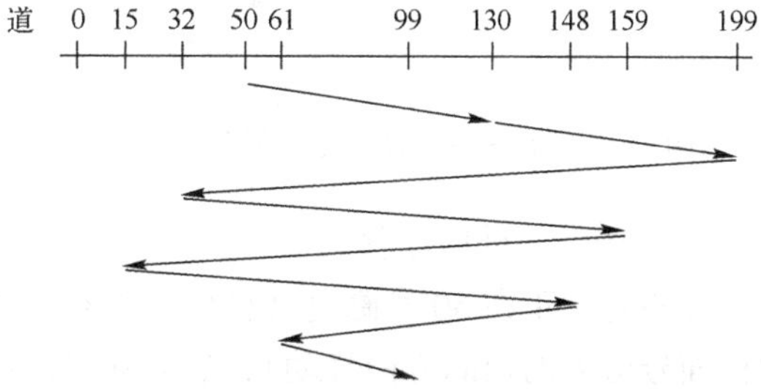

图 7-13　先来先服务调度算法

2. 最短寻道时间优先调度算法

最短寻道时间优先调度算法总是从等待访问者中挑选寻道时间最短的那个请求先执行，而不管访问者到来的先后次序。现在仍利用同一个例子来讨论，当访问 50 号磁道（柱面）的操作结束后，应该先处理 61 号磁道（柱面）的请求，然后到达 32 号磁道（柱面）执行操作，随后处理 15 号磁道（柱面）的请求，后续操作的次序应该是 99、130、148、159、199，如图 7-14 所示。

从图 7-14 中可以看到，在采用最短寻道时间优先调度算法决定等待访问者执行操作的次序时，读写磁头总共移动了 200 多个磁道（柱面）的距离，与先来先服务调度算法比较，大幅减少了寻道时间，因而缩短了为各访问者请求服务的平均时间，也就提高了系统效率。

3. 电梯调度算法

“电梯调度”算法是从磁臂当前位置开始沿着臂的移动方向去选择离当前磁臂最近的那个磁道（柱面）访问者，如果沿臂的移动方向无请求访问，就改变臂的移动方向后再选择。这好比乘电梯，假如电梯已向上运动到 4 层，有 3 位乘客（陈生、伍生、张生）在等候乘电梯。他们的要求：陈生在 2 层等待去 10 层，伍生在 5 层等待去 1 层，张生在 8 层等待去 15 层。由于电梯目前的运行方向是向上，因此电梯的行程是先把乘客张生从 8 层带到 15 层，然后电梯换成下行方向，把乘客伍生从 5 层带到 1 层，电梯最后再调换方向，把乘客陈生从 2 层送到 10 层。

仍用前述的同一例子来讨论采用电梯调度算法的情况。因为磁臂的初始方向有两个，且该算法与磁臂的移动方向有关，所以分成两种情况来讨论。

（1）磁臂由里向外移动

开始时，在 50 号磁道（柱面）执行操作的读写磁头的磁臂移动方向是由里向外，趋向 32 号磁道（柱面）的位置，因此，当访问 50 号磁道（柱面）的操作结束后，沿臂移动方向最近的磁道（柱面）是 32 号磁道（柱面）。所以应先为 32 号磁道（柱面）的访问者服务，然后为 15 号磁道（柱面）的访问者服务。之后，由于在向外移动方向上已无访问等待者，故改变磁臂的方向，由外向里依次为各访问者服务。在这种情况下，为等待访问者服务的次序是 61、99、130、148、159、199，如图 7-15 所示。

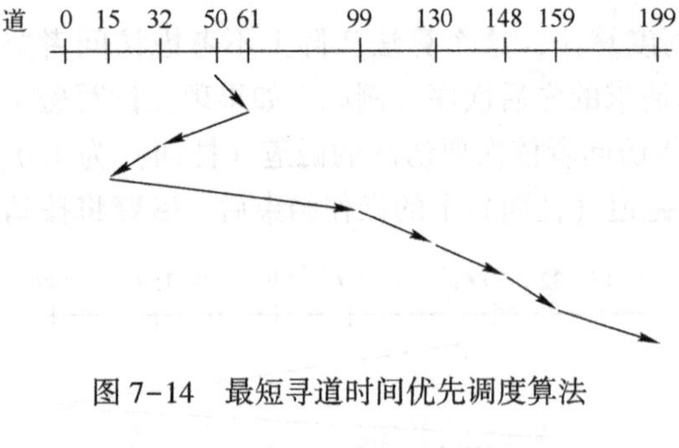

图 7-14　最短寻道时间优先调度算法

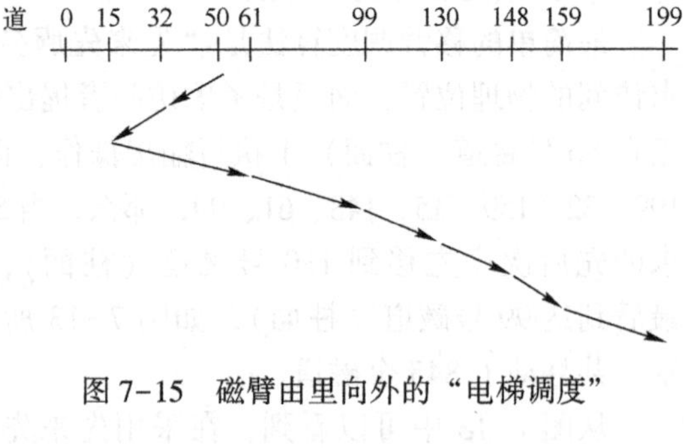

图 7-15　磁臂由里向外的“电梯调度”

（2）磁臂由外向里移动

开始时，正在 50 号磁道（柱面）执行操作的读写磁头的磁臂移动方向是由外向里（即向柱面号增大的内圈方向移动），趋向 61 号磁道（柱面）的位置，因此，当访问 50 号磁道（柱面）的操作结束后，沿臂移动方向最近的柱面是 61 号磁道（柱面）。所以，应先为 61

号磁道（柱面）的访问者服务，然后按磁臂由外向里移动的方向，依次为 99、130、148、159、199 号磁道（柱面）的访问者服务。当访问 199 号磁道（柱面）的操作结束后，向里移动的方向上已经无访问等待者，所以改变磁臂的前进方向，由里向外依次为 32、15 号磁道（柱面）的访问者服务，如图 7-16 所示。

电梯调度算法与最短寻道时间优先调度算法都是要尽量减少磁臂移动时所花的时间。二者不同的是，最短寻道时间优先调度算法不考虑磁臂的移动方向，总是选择离当前读写磁头最近的那个磁道（柱面），这种选择可能导致磁臂来回改变移动方向；电梯调度算法是沿着磁臂的移动方向去选择离当前读写磁头最近的那个磁道（柱面）的访问者，仅当沿当前磁臂移动的方向上无访问等待者时，才改变磁臂的前进方向。由于磁臂改变方向是机械动作，速度相对较慢，因此，电梯调度算法是一种简单、实用且高效的调度算法。

电梯调度算法在实现时，不仅要记住读写磁头的当前位置，还必须记住磁臂的当前前进方向。

4. 单向扫描调度算法

单向扫描调度算法的基本思想是，不考虑访问者等待的先后次序，总是从 0 号磁道（柱面）开始向里道扫描，按照各自所要访问的磁道（柱面）位置的次序来选择访问者。在磁臂到达最后一个磁道（柱面）后，立即快速返回到 0 号磁道（柱面），返回时不为任何的等待访问者服务。在返回到 0 号磁道（柱面）后，再次进行扫描。

对上述相同的例子采用单向扫描调度算法的执行次序如图 7-17 所示。

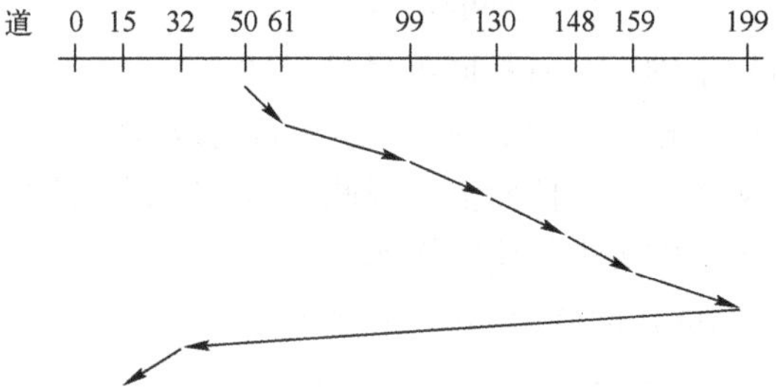

图 7-16　磁臂由外向里的“电梯调度”

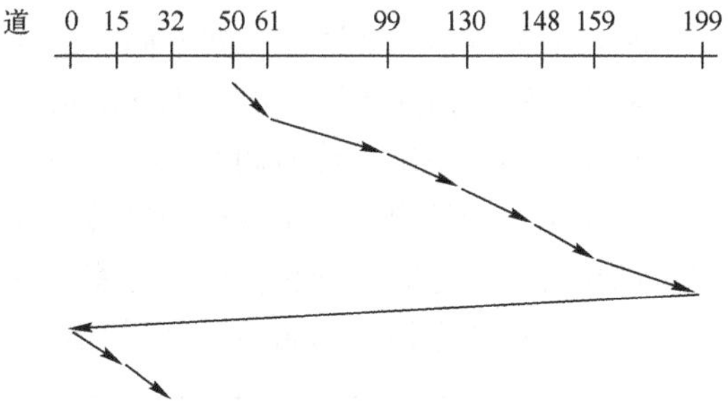

图 7-17　单向扫描调度算法

在图 7-17 中，因为该例中已假定读写的当前位置在 50 号磁道（柱面），所以，指示了从 50 号磁道（柱面）继续向里扫描，依次为 61、99、130、148、159、199 号磁道（柱面）的访问者服务，此时磁臂已经处于最内圈的磁道（柱面）（图中为 199 号磁道（柱面）），于是立即返回到 0 号磁道（柱面），重新扫描，再依次为 15、32 号磁道（柱面）的访问者服务。

除了先来先服务调度算法以外，其余三种调度算法都是根据欲访问的磁道（柱面）位置来进行调度的。在调度过程中，可能有新的请求访问者加入。在这些新的请求访问者加入时，如果读写磁头已经超过了它们所要访问的柱面位置，则只能在以后的调度中被选择执行。

所以，在进行移臂调度时，按照某种算法把磁臂定位到某个磁道（柱面）后，应该在等待访问这个磁道（柱面）的各个访问者的输入输出操作都完成之后，再改变磁臂的位置。

5. 调度算法的比较

以上各种调度算法各有优缺点，对不同的应用宜采用与之相适应的调度算法。表 7-1 是对上述各种调度算法的比较。

表 7-1　移臂调度算法比较

算法名称	优　点	缺　点
先来先服务调度算法	公平、简单、易于实现	平均寻道时间较长
最短寻道时间优先调度算法	改善了平均寻道时间	可能出现“饥饿”问题
电梯调度算法	寻道性能好，无“饥饿”问题	“歧视”边缘磁道
单向扫描调度算法	消除了不公平现象	回程不读写

三、旋转调度优化

对于在同一个磁道（柱面）中多个访问者的读写请求，需要有调度算法，用来确定为这些等待访问者服务的次序。

在磁臂定位后，有若干个访问者等待访问该磁道（柱面）的情况下，若以减少输入输出操作总时间为目标，那么显然应该优先选择延迟时间最短的访问者去执行。根据延迟时间来决定执行次序的调度称为“旋转调度”。

进行旋转调度时应分析下列情况：

- 若干等待访问者请求访问同一磁道（柱面）上的不同扇区；
- 若干等待访问者请求访问不同磁道（柱面）上的不同编号的扇区；
- 若干等待访问者请求访问不同磁道（柱面）上的、具有相同编号的扇区。

对于前两种情况，旋转调度总是为首先到达读写磁头位置下的扇区进行读写操作。

对于第三种情况，由于这些扇区编号相同，又在同一个柱面上，因此它们同时到达读写磁头的位置下。这时，旋转调度可任意选择一个读写磁头进行读写操作。

例如，有 4 个访问第 88 号柱面的请求者，它们的访问要求如图 7-18 所示。

请求次序	柱面号	磁头号	扇区号
①	88	6	2
②	88	2	6
③	88	6	6
④	88	3	8

图 7-18　旋转调度示例

图 7-18 中的 4 个访问的执行次序有两种可能：①、②、④、③或①、③、④、②。

从图中可以看到，③和②两个请求都是访问 6 号扇区。但是每一时刻只允许一个读写磁头进行操作，所以当 6 号扇区旋转到磁头位置下时，只有其中的一个请求可执行，另一个请求必须等磁盘下一次把 6 号扇区旋转到读写磁头位置下时才能得到服务。如果按照①、②的执行次序，在 6 号扇区执行结束之后，就应该访问 8 号扇区，即执行④的请求。在这一圈执行完毕之后的下一圈，再执行另一个 6 号扇区的访问，即③的请求。所以整个执行次序是①、②、④、③。

如果在①的请求执行之后执行③的请求，类似地，后面应该去访问 8 号扇区，即执行④的请求，而在这一圈执行完毕之后的下一圈，再执行另一个 6 号扇区的访问，即②的请求。所以整个执行次序是①、③、④、②。

四、磁盘信息的优化分布

记录在磁道上的排列方式也会影响磁盘的输入输出操作的时间。现在举一个假想的简单例子给予说明。

假设某个系统在磁盘初始化时把磁盘的盘面分成 8 个扇区，现有 8 个逻辑记录被存放在同一个磁道上的这 8 个扇区中，供处理程序使用。处理程序要求顺序处理这 8 个记录，从 1 至 8。每次处理程序请求从磁盘上读出一个逻辑记录，然后程序对每个读出的记录花费 10 ms 的时间进行运算处理，接着读出下一个记录以进行类似的处理，直至这 8 个记录都处理结束为止。假定磁盘转速为 40 ms/周，8 个逻辑记录依次存放在磁道上，如图 7-19a 所示。

由磁盘转速可知，读一个记录要花 5 ms 的时间。当花了 5 ms 的时间读出第 1 个记录，并花费 10 ms 时间进行处理后，第 4 个记录的位置已经转到读写磁头下面。为了顺序处理第 2 个记录，必须等待磁盘把第 2 个记录旋转到读写磁头位置下面，即需要 30 ms 的延迟时间。于是，处理这 8 个记录所要花的时间为

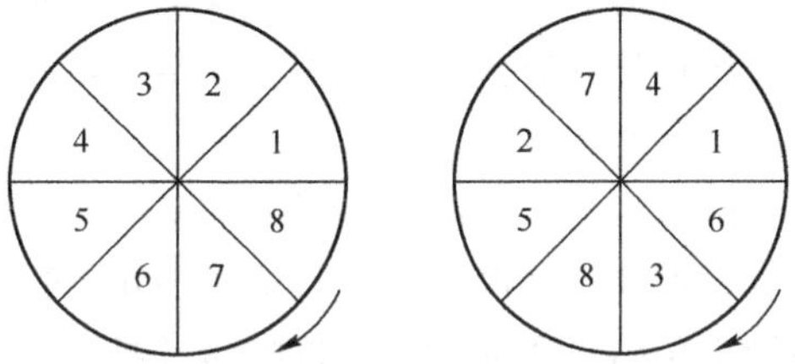

a) 采用优化分布之前　　b) 采用优化分布之后

图 7-19　磁盘信息的优化分布

$$8\times(5+10)+(8-1)\times30=330\,\text{ms}$$

如果把上述 8 个逻辑记录在磁道上的位置重新进行优化安排，使得当读出一个记录并对其处理完毕之后，读写磁头正好处于需要读出的下一个记录位置上，于是可立即读出该记录，这样就不必花费那些延迟时间。图 7-19b 是对这 8 个逻辑记录进行优化分布处理后的示意图。于是，按图 7-19b 中的安排，程序处理这 8 个记录所要花费的时间变为

$$8\times(5+10)=120\,\text{ms}$$

这个结果说明，在对磁盘上的信息分布进行优化之后，整个程序的处理时间从 330 ms 降低为 120 ms。可见，优化分布有利于减少延迟时间，从而缩短了整个输入输出操作的时间。所以，对于一些能预知处理要求的信息在磁盘上的记录位置，采用优化分布可以提高系统的效率。

第六节　缓 冲 技 术

1. 缓冲的引入

中断、DMA 和通道控制技术使得系统中各 I/O 设备之间、I/O 设备与 CPU 之间可以并行工作。但是，I/O 设备和 CPU 的处理速度不匹配问题是客观存在的。这限制了和 CPU 连接的 I/O 设备台数，而且在中断方式下容易造成数据丢失。可见，I/O 设备和 CPU 的处理速度不匹配问题制约了计算机系统性能的进一步提高，限制了系统的应用范围。

例如，当计算进程间歇性地把大批量数据输出到打印机上打印时，由于 CPU 输出数据

的速度大大高于打印机的打印速度，因此，CPU 只好停下来等待。反之，在计算进程进行计算时，打印机又因无数据输出而空闲无事。

I/O 设备与 CPU 的处理速度不匹配问题可以采用设置缓冲区的方法解决。在设置了缓冲区之后，计算进程可把数据首先输出到缓冲区，然后继续执行后面的工作；而打印机则可以从缓冲区取出数据慢慢打印。

再者，从减少中断次数的角度来看，也存在着引入缓冲区的必要性。举例来说，在中断方式下，如果某个 I/O 控制器中原有的数据缓冲区只有一个字符的容量，那么每次读入一个字符之后，就要发生中断，请求 CPU 处理，这将耗去大量的 CPU 处理时间。如果增加一个 100 个字符容量的数据缓冲区，那么 I/O 控制器对 CPU 发出中断的次数将降低到原来的 1/100，即每次字符缓冲区装满 100 个字符之后，才向 CPU 发送一次中断。显然，该数据缓冲区大大减少了 CPU 的中断处理时间。

在使用 DMA 方式或通道方式控制数据传送时，如果不划分专用的内存区或专用数据缓冲区来存放数据，就会因为要求数据传输的进程所拥有的内存区空间不够，或存放数据的内存起始地址计算困难等原因，而造成某个进程长期占有通道或 DMA 控制器及设备，从而产生所谓的瓶颈问题。

因此，为了匹配 I/O 设备与 CPU 之间的处理速度，减少外部中断的次数和 CPU 进行中断处理所花费的时间，并且解决 DMA 或通道方式中可能出现的瓶颈问题，通常都需要在设备管理中引入用来暂存数据的缓冲技术。

根据 I/O 控制方式的不同，实现缓冲区的方法有两种。一种方法是采用专用的硬件来设置数据缓冲区。这种方法常常应用在外部设备的 I/O 控制器中。在现代外部设备，无论是喷墨打印机、激光打印机还是普通的键盘中，都设有采用专用硬件设置的数据缓冲区。另一种方法是在内存中划出一定容量的专用数据缓冲区，以便存放输入/输出的数据，这种设置在内存的缓冲区又称为“软件缓冲”。

2. 缓冲的种类

根据系统设置的缓冲区的个数，可把缓冲技术分为单缓冲、双缓冲、多缓冲以及缓冲池。

单缓冲是在 I/O 设备和 CPU 之间设置一个缓冲区。I/O 设备和 CPU 交换数据时，先把被交换数据写入缓冲区，然后，需要数据的设备或 CPU 从缓冲区取走数据。由于缓冲区属于临界资源，即不允许多个进程同时对一个缓冲区进行操作，因此，尽管单缓冲能匹配设备和 CPU 的处理速度，但是，I/O 设备和 I/O 设备之间仍不能通过单缓冲实现并行操作。

解决两台 I/O 设备或者打印机和终端之间的并行操作问题的办法是设置双缓冲区。有了两个缓冲区之后，CPU 可把输出到打印机的数据放入其中一个缓冲区，让打印机慢慢打印；然后，它又可以从另一个为终端设置的缓冲区中读取所需的输入数据。

双缓冲只是一种说明设备和设备、CPU 和设备并行操作的简单模型，并不能用于实际系统中的并行操作。这是因为计算机系统中的外部设备较多，而且很难匹配设备和 CPU 的处理速度。因此，现代计算机系统中一般使用多缓冲或缓冲池结构。

多缓冲是指一种具有多个缓冲区，其中一部分缓冲区专门用于输入，另一部分缓冲区专门用于输出的缓冲结构。

而缓冲池则是一种把多个缓冲区连接起来统一管理，缓冲池中的每个缓冲区既可用于输入又可用于输出的缓冲结构。下面着重介绍缓冲池管理的原理。

3. 缓冲池管理

无论是多缓冲，还是缓冲池，由于缓冲区是一种临界资源，因此，在使用缓冲区时都有一个关于申请、释放和互斥的问题需要考虑。

首先考察缓冲池的组成。缓冲池由多个缓冲区组成，而一个缓冲区由两部分组成：一部分是用来标识和管理该缓冲区的缓冲首部，另一部分是用于存放数据的缓冲体。这两部分有一一对应的映射关系。对缓冲池的管理是通过对每一个缓冲区的缓冲首部进行操作实现的。

缓冲首部包括设备号、设备上的数据块号（使用块设备时）、互斥标识位，以及缓冲队列连接指针和缓冲区号等。

系统把各缓冲区按其使用状况连成三种队列：

- 空闲缓冲队列 em，其队首指针为 F（em），队尾指针为 L（em）；
- 装满输入数据的输入缓冲区队列 in，其队首指针为 F（in），队尾指针为 L（in）；
- 装满输出数据的输出缓冲区队列 out，其队首指针为 F（out），队尾指针为 L（out）。

系统（或用户进程）从这三种队列中申请和取出缓冲区，并用申请得到的缓冲区进行存数、取数操作。在存数、取数操作结束后，再将缓冲区放入相应的队列。这些缓冲区称为工作缓冲区。

在缓冲池中，有四种工作缓冲区：

- 用于收容设备输入数据的收容输入缓冲区 hin；
- 用于提取设备输入数据的提取输入缓冲区 sin；
- 用于收容 CPU 输出数据的收容输出缓冲区 hout；
- 用于提取 CPU 输出数据的提取输出缓冲区 sout。

缓冲池中的工作缓冲区如图 7-20 所示。

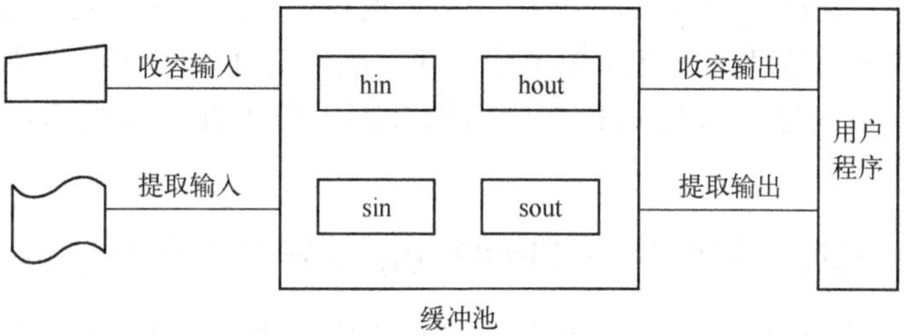

图 7-20　缓冲池中的工作缓冲区

对缓冲池的管理由如下几个操作组成：

- 从三种缓冲区队列中按一定的选取规则取出一个缓冲区的过程 take_buf(type,number)；
- 把缓冲区按一定的选取规则插入相应的缓冲区队列的过程 add_buf(type,number)；
- 供进程申请缓冲区用的过程 get_buf(type,number)；
- 供进程将缓冲区放入相应缓冲区队列的过程 put_buf(type,work_buf)。

其中，参数 type 表示缓冲队列类型，number 为缓冲区号，而 work_buf 则表示工作缓冲区类型。

使用这几个操作，缓冲池的工作过程可描述如下。

对于输入进程，首先调用过程 get_buf(em,number)从空白缓冲区队列中取出一个缓冲号为 number 的空白缓冲区，将其作为收容输入缓冲区 hin，当 hin 中装满了由输入设备输入的数据之后，系统调用过程 put_buf(in,hin)将该缓冲区插入输入缓冲区队列 in 中。

对于输出进程，先调用过程 get_buf(em,number)从空白缓冲区队列中取出一个编号为 number 的空白缓冲区作为收容输出缓冲区 hout，待 hout 中装满输出数据之后，系统再调用过程 put_buf(out,hout)将该缓冲区插入输出缓冲区队列 out。

对缓冲区的输入数据和输出数据的提取是由过程 get_buf 与 put_buf 实现的。get_buf(out,number)从输出缓冲队列中提取装满输出数据的第 number 号缓冲区，将其作为 sout。当 sout 中数据输出完毕时，系统调用过程 put_buf(em,sout)将该缓冲区插入空白缓冲队列。而 get_buf(in,number)则从输入缓冲队列中取出装满输入数据的第 number 号缓冲区作为输入缓冲区 sin，当 CPU 从中提取完所需数据之后，系统调用过程 put_buf (em,sin)将该缓冲区释放，并插入空白缓冲队列 em 中。

显然，对于各缓冲区的排列以及每次取出和插入缓冲队列的顺序都应有一定的规则。最简单的方法是 FIFO，即先进先出的排列方法。采用 FIFO 方法，过程 put_buf 每次把缓冲区插入相应缓冲队列的队尾，而过程 get_buf 则取出相应缓冲队列的第一个缓冲区，因此 get_buf 中的第二个参数 number 可以省略。而且，采用 FIFO 方法省略了对缓冲队列的搜索时间。

过程 add_buf(type,number)和 take_buf(type,number)分别用来把缓冲区 number 插入 type 队列和从 type 队列中取出第 number 号缓冲区，并分别被过程 get_buf 和 put_buf 调用，其中，take_buf 返回第 number 号缓冲区的指针，而 add_buf 则将给定的第 number 号缓冲区的指针链入队列。

第七节　虚拟设备技术

虚拟设备技术，又称为 SPOOLing 技术，是多道程序设计系统中处理独占外部设备的一种方法，它可以提高设备利用率并缩短单个程序的响应时间。SPOOLing 技术之所以被称为虚拟设备技术，是因为它可以使进程在所需的外部设备不存在或被占用的情况下使用该设备。

一、虚拟设备的实现原理——SPOOLing 系统工作原理

SPOOLing 系统主要包括输入程序模块、输出程序模块、作业调度程序三部分。其工作原理如下。

利用 SPOOLing 系统中的输入程序模块，在作业执行前就利用慢速设备将作业预先输入到后援存储器（如磁盘、磁鼓。此时，这些磁盘、磁鼓称为输入井）中，称为预输入。

作业进入内存运行后，使用数据时，直接从输入井中取出。

另外，作业执行时不必直接启动外部设备输出数据，只需要将这些数据写入输出井（专门用于存放将要输出信息的磁盘、磁鼓）中，称为缓输出。

待作业全部运行完毕，再由外部设备输出全部数据和信息。

按照上述工作方式，就实现了对作业的输入、组织调度和输出的统一管理。同时，使外部设备在 CPU 的直接控制下，又与 CPU 并行工作（故称为假脱机）。

二、SPOOLing 系统的组成和实现

前面描述了 SPOOLing 系统的原理，下面描述其组成并以一个实例来说明其实现方法。

1. SPOOLing 系统的组成

SPOOLing 系统的组成如图 7-21 所示。

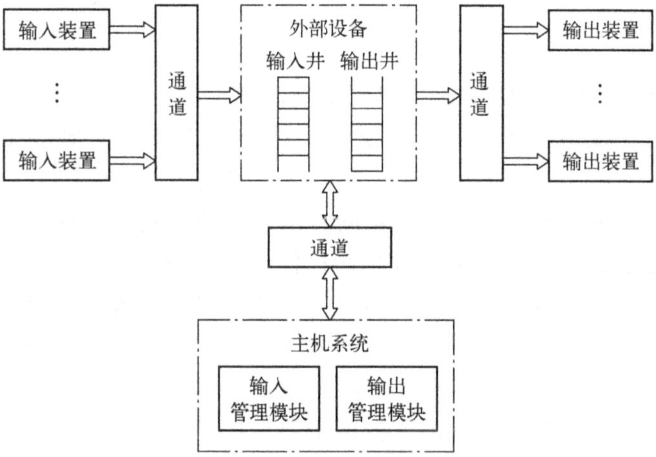

图 7-21　SPOOLing 系统

在图 7-21 中，输入装置和输出装置为独占的 I/O 设备，通过通道连接到外部设备，这个外部设备通常是一个外存储设备，例如磁盘。其中划分了许多输入井和输出井，每一个独占设备对应一个井（也是一个存储块）。外存储设备通过通道连接到主机系统中。因为磁盘可以作为共享设备使用，所以所有的独占设备被映射到输入井或输出井上以当作共享设备使用。其中输入管理模块和输出管理模块是两个位于主机中的软件程序，当输入井或输出井发出中断请求时进行响应，并服务相应的用户进程，从而完成输入输出任务。

2. SPOOLing 系统的实现——打印机的值班进程

SPOOLing 系统通常分为输入 SPOOLing 和输出 SPOOLing，二者工作原理类似。下面就以常见的打印机共享为例，说明输出 SPOOLing 的基本原理。

打印机是一种典型的独占设备，引入 SPOOLing 技术后，用户的打印请求被传递给 SPOOLing 系统，而并不是真正把打印机分配给用户。SPOOLing 系统的输出管理模块在磁盘上申请一个空闲区，把需要打印的数据传送到里面，再把用户的打印请求挂到打印队列上。如果打印机空闲，后台打印程序就会从打印队列中取出一个请求，再从磁盘上的对应输出井取出数据，执行打印操作。由于磁盘是共享的，SPOOLing 系统可以随时响应打印请求并把数据缓存起来，这样就把独占设备改造成了共享设备，从而提高了设备的利用率和系统效率。并不是所有的独占设备都能通过 SPOOLing 系统改造为共享设备的，例如摄像机等一些需要实时响应的设备就不适合这样做，所以应该具体情况具体分析。

本 章 小 结

本章首先概述设备管理工作的重要性，然后叙述 I/O 设备的分类。I/O 设备由物理设备和电子部件两部分组成。物理设备泛指 I/O 设备中为执行所规定的操作而必须有的物理装

置。电子部件是指接收和发送计算机与I/O设备之间的控制命令以及数据的设备，一部分是I/O设备控制器，另一部分是设备接口。

系统对I/O设备的控制有程序直接控制方式、中断控制方式、DMA控制方式和通道控制方式。程序直接控制方式定时对各种设备轮流询问有无处理要求，有要求，则加以处理，在处理完I/O设备的要求之后，CPU返回继续工作。查询占据了CPU部分处理时间，导致该控制方式效率较低。

为了提高整体效率，支持多道程序和I/O设备的并行操作，可采用中断方式控制I/O设备和内存与CPU之间的数据传送。但是中断次数的增加会造成CPU无法响应中断和数据丢失。如果I/O数据缓冲区较小，发生中断的次数较多，则将耗费大量CPU处理时间。

DMA技术是指数据在内存与I/O设备间直接进行成块传输。DMA在内存与I/O设备间传送一个数据块的过程中，不需要CPU的任何中间干涉，只需要CPU在过程开始时向设备发出“传送块数据”的命令，然后通过中断来得知过程是否结束和下次操作是否准备就绪，实际的操作由DMA硬件直接完成，CPU可去进行其他的处理而不会被此传送打扰。在CPU发出DMA命令之后，DMA实际上采用了“窃取”总线控制权的方法进行工作。DMA控制方式与中断控制方式的主要区别是，中断控制方式是在数据缓冲寄存器满后发出中断，而DMA控制方式则在数据块全部传送结束时要求中断处理，减少了中断次数。另外，中断控制方式的数据传送是在中断处理时由CPU控制完成的，而DMA控制方式则是在DMA控制器的控制下，不经过CPU控制完成的。DMA技术提高了I/O效率，减轻了CPU负担。

输入/输出通道是一个独立于CPU的、专门管理I/O的CPU，它控制设备与内存直接进行数据交换。它有自己的通道指令，这些通道指令由CPU启动，并在操作结束时向CPU发出中断信号，是一种以内存为中心，实现设备和内存直接交换数据的控制方式。通道对系统整体性能的提高起了相当重要的作用。

I/O软件的设计目标是提供设备的独立性以及对设备的统一命名。I/O软件采用层次化结构，低层与硬件相关，把硬件与较高层次软件隔离，高层的软件向应用提供友好、清晰而统一的I/O设备接口。I/O软件结构分为中断处理层、设备驱动层、设备独立层和用户层，各层都有对应的软件。I/O设备中断处理层软件要考虑到I/O设备操作的正常结束和异常结束，配以必要的处理。设备驱动层软件直接与硬件打交道，接受来自于设备独立层软件的抽象请求，进行与I/O硬件设备相关的处理。设备驱动层软件的突出特点是，它与I/O设备的硬件结构密切联系，其代码依赖于设备，是系统底层中唯一知道各种I/O设备控制器细节及其用途的部分。设备独立层软件的功能包括那些所有设备都需要的I/O功能，为应用层提供一个统一的接口，对设备进行保护，防止无授权的应用或非法使用，屏蔽各种I/O设备不相同的细节，向高层软件提供统一的逻辑块、缓冲区，实现存储设备的块分配，进行独占设备的分配和释放，出错处理。

设备分配的原则是，充分发挥设备的使用效率，但要避免死锁；用户程序面对逻辑设备时，分配程序在系统把逻辑设备转换成物理设备之后，再根据物理设备号进行分配。静态分配方式是指在用户作业开始执行前，由系统一次分配该作业所要求的全部设备。动态分配根据执行需要进行分配，当进程需要设备时，通过系统命令提出请求，系统按照策略分配设备，用完之后立即释放。动态分配可提高设备的利用率，但有可能造成死锁。

为了对外部设备进行管理，系统为每一台设备确定一个编号，即设备的“绝对号”。用户对在程序中定义的、要求使用的若干设备给出的编号称为设备的“相对号”。独占设备在一段时间内只能由一个进程所占有。操作系统通过设置“设备类表”和“设备表”来记录计算机系统所配置的独占设备的类型、台数以及分配情况等。用户作业提出某类外部设备申请后，系统首先检查设备类表，如果现存台数可以满足要求，则取得该类设备在设备表中的起始地址，否则进入等待队列；修改设备类表中该类设备的现存台数；把该台设备在设备表中的“分配状态”标志改成“已分配”；在设备表中填上拟占用该设备的作业名和作业程序中定义的该设备相对号。

共享设备可被多个进程所共享，但在每个I/O传输的单位时间内只由一个进程所占有。用户在使用共享设备时没有明显的设备申请与设备释放活动。不过，在每一个使用命令之前都隐含一个申请命令，在每一个使用命令之后都隐含一个释放命令，在隐含的申请命令和隐含的释放命令之间，执行了一次I/O传输。

在启动磁盘时，要把磁臂移动到指定的柱面，再等待指定的扇区旋转到磁头位置下，然后让指定的磁头进行读写，完成信息传送。执行一次输入输出所花的时间包括寻道时间、延迟时间和传送时间。在读写请求到来时，应采用调度策略决定执行次序，使寻道时间和延迟时间都尽可能小的那个访问者可优先得到服务，降低访问者的总访问时间。磁盘驱动调度由“移臂调度”和“旋转调度”两部分组成。常用的移臂调度算法包括先来先服务调度算法、最短寻道时间优先调度算法、电梯调度算法和单向扫描调度算法。当磁臂定位后，旋转调度应该优先选择延迟时间最短的访问者去执行。记录在磁道上的排列方式会影响磁盘的操作时间，优化分布有利于减少延迟时间，缩短整个输入输出操作的时间。

为了匹配I/O设备与CPU间的处理速度，减少外部中断的次数和CPU中断处理所花费的时间，并解决DMA或通道方式中可能出现的瓶颈问题，需要使用暂存数据的缓冲技术。实现缓冲区的方法有两种，一种是采用专用的硬件设置数据缓冲区，另一种是在内存中划出专用数据缓冲区，即“软件缓冲”。缓冲技术包括单缓冲、双缓冲、多缓冲以及缓冲池。单缓冲能匹配设备和CPU的处理速度，但是，I/O设备之间不能通过单缓冲实现并行操作。双缓冲是一种设备和设备、CPU和设备并行操作的简单模型，但不能用于实际的并行操作。多缓冲是一种具有多个缓冲区，其中一部分专门用于输入，另一部分专门用于输出的缓冲结构。而缓冲池则把多个缓冲区连接起来统一管理，缓冲池中的每个缓冲区既可用于输入，又可用于输出。缓冲区是一种临界资源，所以需要考虑使用缓冲区时的申请、释放和互斥问题。

虚拟设备技术，又称为SPOOLing技术，是多道程序设计系统中处理独占I/O设备的一种方法。SPOOLing系统主要包括输入程序模块、输出程序模块、作业调度程序三部分。利用输入程序模块，在作业执行前就用慢速设备将作业预先输入到输入井中；作业进入内存运行后，使用数据时，直接从输入井中取出；作业执行时不直接启动外部设备输出数据，只需要将数据写入输出井；待作业全部运行完毕，再由外部设备输出全部数据和信息。SPOOLing技术提高了设备利用率，缩短了用户程序执行时间，但并不会提高CPU利用率。

知　识　点

- 设备管理和设备分类
- 设备控制方式
- 设备的分配与回收
- 设备分配的数据结构
- 设备独立性和设备驱动
- 磁盘结构
- 磁盘调度算法
- 缓冲技术
- SPOOLing 技术

习　题

1. 设备管理的目标和功能是什么？

2. 解释设备的绝对号与相对号。

3. 用户程序中采用“设备类、相对号”的方式来使用设备有什么优点？

4. 为什么要提出“设备独立性”的概念？实现设备独立性的好处是什么？

5. 什么是设备的静态分配方式？什么是设备的动态分配方式？各有什么特点？

6. CPU 与外部设备之间有哪几种输入/输出控制方式？它们各自的特点是什么？

7. 启动磁盘执行一次输入输出操作所花费的时间由哪几部分组成？

8. 什么是移臂调度？什么是旋转调度？它们各有哪些主要的调度算法？

9. 假设一个磁盘有 200 个磁道，编号为 0~199。当前磁头正在 54 号磁道上服务，并且刚刚完成了 39 号磁道的请求。现有如下访盘请求序列（磁道号）

86,147,91,173,95,148,101,26,169,80,129,22

试给出采用下列算法后磁头移动的顺序和移动总量（总磁道数）。

1）最短寻道时间优先调度算法。

2）单向扫描调度算法（当沿磁头移动方向不再有访问请求时，磁头沿相反方向移动）。

10. 假设磁盘的磁臂现在第 8 号柱面上，有 6 个访盘请求在等待，如下所示。请给出最省时间的响应次序。

序号	柱面号	磁头号	扇区号
①	9	6	3
②	7	5	6
③	15	20	6
④	9	4	4
⑤	20	9	5
⑥	7	15	2

11. 假定某磁盘的旋转速度是 20 ms/圈，格式化后，每个盘面被分成 10 个扇区，现有 10 个逻辑记录存放在同一磁道上，安排如下所示

扇区号	逻辑记录
1	A
2	B
3	C
4	D
5	E
6	F
7	G
8	H
9	I
10	J

处理程序要顺序处理这些记录，每读出一个记录，处理程序要花 4 ms 的时间进行处理，然后顺序读下一个记录并处理，直到处理完这些记录为止，回答：

1）顺序处理完这 10 个记录总共花费了多少时间？

2）请给出一种记录优化分布方案，使处理程序能在最短时间内处理完这 10 个记录，并计算优化分布时需要花费的时间。

12. 假定一个磁盘有多个盘片，共有 100 个磁道（柱面），每个磁道（柱面）上有 8 个磁头，每个磁道（柱面）被分成 8 个扇区。现有一个含有 6400 个逻辑记录的文件，逻辑记录的大小与扇区大小一致，该文件以顺序结构的形式被存放到磁盘上，柱面、磁头、扇区的编号均从 0 开始，逻辑记录的编号也从 0 开始，文件信息从 0 柱面、0 磁头、0 扇区开始存放，试问：

1）该文件的第 3680 个逻辑记录应存放在哪个磁道（柱面）的第几个磁头的第几个扇区中？

2）第 78 号磁道（柱面）的第 6 个磁头的第 6 个扇区中存放了该文件的第几个逻辑记录？

13. 为什么引入通道技术？有哪几类通道？它们各自的特点是什么？

14. 解释通道命令、通道程序、地址字和通道状态字。

15. 中央处理器与通道之间是怎样配合工作的？

16. 设备驱动程序的主要功能是什么？

17. SPOOLing 技术的基本实现思想是什么？SPOOLing 系统由哪些部分组成？简述它们的功能。

18. SPOOLing 系统中输入井和输出井的作用各是什么？

19. 实现虚拟设备的主要条件是什么？

20. 为什么说 SPOOLing 技术实现了虚拟设备？SPOOLing 系统为什么能提高独占设备的利用率？

21. 在什么条件下要使用缓冲技术？

22. 相比单缓冲，为什么双缓冲可以提高 I/O 的性能？

23. DMA 技术和通道技术的共同点与不同点分别是什么？

第八章　进程同步机制与死锁

学习目标：

1. 理解进程间的相互作用，以及临界区的概念和使用准则。
2. 掌握进程同步、进程互斥的概念和实例。
3. 掌握信号量及P、V操作。
4. 掌握经典的进程同步、进程互斥问题的解决方案。
5. 掌握死锁的基本概念、死锁的定义。
6. 掌握死锁发生的原因和四个必要条件。
7. 掌握死锁的检测与解除方法、避免及预防死锁的各种方法。

建议学时：16 学时

教师导读：

1. 本章内容是关于进程同步与进程互斥问题的产生及解决方法，是操作系统中的一个重要知识单元。
2. 信号量及P、V操作是一种方便有效的同步互斥机制，可以解决各种应用场景下进程间的同步互斥问题。
3. 生产者-消费者问题和读者-写者问题都是典型的进程同步互斥模型。
4. 死锁随着操作系统的复杂度增加而产生，每一种处理方式总是与当前操作系统的发展相关联，并随着技术的发展而发展。
5. 在应对死锁的策略中，平衡系统运行效率、资源利用率与发生死锁的风险是关键。

在一个计算机系统中，存在着多个进程（线程），这些进程（线程）之间可能有逻辑上的关系，也可能没有逻辑上的关系。无论进程（线程）之间是否存在逻辑上的关系，由于并发的存在，它们都要共享或竞争计算机系统中的资源，因此不可避免地会发生相互作用。本章主要分析进程（线程）间的相互关系。

第一节　进程的同步与互斥

在一个多道程序系统中，同时运行的并发进程通常有多个。在逻辑上具有某种联系的进程称为相关进程。

如果一个进程的执行不会影响其他进程的执行，且与其他进程的进展情况无关，则认为这些并发进程相互之间是无关的。显然，无关的并发进程一定没有共享的变量，它们分别在各自的数据集合上操作。

如果一个进程的执行依赖其他进程的进展情况，或者一个进程的执行可能影响其他进程的执行结果，则认为这些并发进程是相关的。

一、与时间有关的错误

一个进程由于自身或外界的原因而可能被中断，且断点是不固定的。至于一个进程被中断后，哪个进程可以先运行，而被中断的那个进程在什么时候再去占用处理器等问题，则与进程调度策略有关。

进程执行的速度是不能由进程自身控制。对于相关进程，可能有若干并发进程同时使用共享资源，即一个进程一次使用未结束，另一进程也开始使用，形成交替使用共享资源的情形。

例如，两个并发程序 A 和 B 共享一个公共变量 n，程序 A 每执行一次循环都要进行 $n=n+1$ 的操作，程序 B 则在每一次循环中输出 n 的值并将 n 重新置 0。程序描述见程序 8-1。

程序 A：

```
…
while (true) {
    n= n+1;              //①
…
};
…
```

程序 B：

```
…
while (true) {
    print(n);              //②
    n=0;                   //③
…
 };
…
```

程序 8-1　程序的运行与时间有关

由于程序 A 和 B 的执行都以各自独立的速度向前推进，它们的语句在时间上可任意穿插或交叉执行，故程序 A 的①“n=n+1”操作可能在程序 B 的②“print(n)”和③“n=0”操作之前，也可能在它们之后或它们之间（即①出现在②之后，而在③之前），设在开始某个循环之前 n 的值为 5，则对于上面三种情形，执行完一个循环后，打印机输出的值分别为 6、5 和 5，而执行后的 n 值分别为 0、1、0。相同的程序在可能的三种情况下，分别产生了三组不同的结果，显然，这不是我们所希望的。

产生这种情形的根本原因：在并发程序中共享了公共变量，使得程序的计算结果与并发程序执行的速度有关。这种错误的结果又往往是与时间有关的（如上例中的三种情形，其结果时对时错，随执行速度的不同而异），所以，把它称为“与时间有关的错误”。

另一个售票系统的例子也是类似的。假设一个售票系统有 n 个售票处（或者有 n 个网络客户端）。在售票系统的公共数据库存放着一段时间内各个车次的票数，这些票数用单元

$A_j(j=1,2,3,\cdots,n)$表示。每个客户端访问系统的公共数据库。用 $P_1,P_2,\cdots,P_n$ 表示各订票处理进程；而 $R_1,R_2,\cdots,R_n$ 为各进程执行时所使用的存储单元。

当某个售票处有乘客买票时，进程如程序 8-2 那样工作。

```
PROCESS Px(x=1,2,3,…,n)
{
    【按乘客的订票要求找到 Aj】;
    Rx := Aj;
    if (Rx >= 1) {
        Rx := Rx - 1;
        Aj := Rx;
        【输出一张票】;
    } else【输出"票已售完"】
}
```

程序 8-2　订票过程

由于订票进程的执行时间以及用户要求购买的车票的日期和车次都是随机的，因此存在着若干乘客在几乎相同的时刻、不同的终端要求购买同一天同一车次的可能。于是，若干个进程都要访问同一个 A_j，进程并发执行时可能出现图 8-1 所示的情况。

进程＼操作＼时期	t_1	t_2	t_3	t_4	t_5	t_6
P_i	$R_i:=A_j$		$R_i:=R_i-1$	$A_j:=R_i$		
P_k		$R_k:=A_j$		$R_k:=R_k-1$	$A_j:=R_k$	
…	…	…	…	…	…	

图 8-1　售票处理进程的并发

在图 8-1 中，两个并发进程执行的相对速度是无法控制的，进程 P_i 读出的 A_j 值与进程 P_k 读出的 A_j 值相同，当 $A_j \geq 1$ 时，P_i 和 P_k 这两个进程都认为有票可售给乘客。于是，进程继续执行，各自都在进行余票数减 1 的操作，然后把当前的余票数存回 A_j。这样，售票系统的公共数据库中的票数记录就出错了。

其中，x 分别等于 i、k。

如果在这些进程处理之前，$A_j=1$，即刚好只剩下一张票，那么这一张票就卖给了两个乘客，甚至多个乘客。

显然，这也是与时间有关的错误。

由于多进程在操作系统中的并发执行，因此它们之间存在着相互制约的关系。竞争资源就是进程间的互斥关系，使用其他进程生成的数据就是进程间的同步关系。下面讨论如何实现进程的同步和互斥。

二、进程同步与进程互斥

解决进程同步与互斥问题的方法有两种，一是由竞争各方平等协商；二是引入进程管理者，由管理者来协调竞争各方对互斥资源的使用。这两种方法在操作系统中都存在，下面首先讨论第一种方法，即基于进程间平等协商的互斥算法。

从多道系统开始，程序的运行环境就存在资源共享问题。多个进程之间需要对有限的资源进行共享，各进程在运行时是否能得到所需的资源，是受其他进程影响的。如果一个进程所需的资源已被其他进程占用，该进程就无法正常运行下去。临界资源是指计算机系统中需要互斥使用的硬件或软件资源，如外设、共享代码段、共享数据结构等。多个进程在对临界资源进行访问时，特别是进行写入或修改操作时，必须互斥地进行。计算机系统中也有一些可以同时访问的共享资源，它们并不是临界资源，如只读数据。

在多进程系统中，可把进程间的相互制约关系按相互感知程度分成如表 8-1 所列的三种类型。可以把计算机系统中资源共享的程度分成三个层次：互斥（Mutual Exclusion）、死锁（Deadlock）和“饥饿”（Starvation）。保证资源的互斥使用是指多个进程不能同时使用同一个资源，这也是正确使用资源的最基本要求。避免死锁是指避免因多个进程互不相让，而都得不到足够的资源的情况出现，从而保证系统功能的正常运行。避免“饥饿”是指避免某些进程一直得不到资源或得到资源的概率很小，从而保证系统内资源使用的公平性。

表 8-1　进程间的相互制约关系

相互感知的程度	交互关系	一个进程对其他进程的影响	潜在的控制问题
相互不感知（完全不了解其他进程的存在）	竞争（Competition）	一个进程的操作对其他进程的结果无影响	互斥、死锁、“饥饿”
间接感知（双方都与第三方交互，如共享资源）	通过共享进行协作	一个进程的结果依赖于从其他进程获得的信息	互斥、死锁、“饥饿”
直接感知（双方直接交互，如通信）	通过通信进行协作	一个进程的结果依赖于从其他进程获得的信息	死锁、“饥饿”

为了保证临界资源的正确使用，把对临界资源的访问过程分成如图 8-2 所示的 4 个部分。

1）进入区（Entry Section）：为了进入临界区使用临界资源，在进入区中要检查可否进入临界区；如果可以进入临界区，则通常设置相应的“正在访问临界区”标志，以阻止其他进程同时进入临界区。

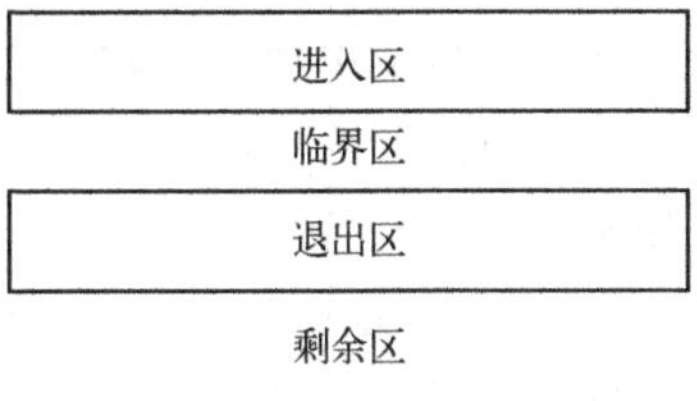

图 8-2　对临界资源的访问过程

2）临界区（Critical Section）：进程中访问临界资源的一段代码。

3）退出区（Exit Section）：将“正在访问临界区”标志清除。

4）剩余区（Remainder Section）：代码中的其余部分。

为了合理使用计算机系统中的资源，操作系统中采用的进程同步机制应遵循以下 4 条准则。

1）空闲则入：任何同步机制都必须保证任何时刻最多只有一个进程位于临界区。当有进程位于临界区时，任何其他进程均不能进入临界区。

2）忙则等待：当已有进程处于其临界区时，后到达的进程只能在进入区等待。

3）有限等待：为了避免死锁等现象的出现，等待进入临界区的进程不能无限期地“死等”。

4）让权等待：对于因在进入区等待而不能进入临界区的进程，应释放处理机，转换到阻塞状态，以使其他进程有机会得到处理机的使用权。

1. 进程互斥的软件方法

通过平等协商方式实现进程互斥的最初方法是软件方法。其基本思路是在进入区检查和设置一些标志，如果已有进程在临界区，则在进入区通过循环检查进行等待；在退出区修改标志。其中的主要问题是设置什么标志和如何检查标志。

彼得松算法（Peterson's Algorithm）是一种软件实现的临界区访问算法，其做法是先修改临界区标志，再检查，最后修改者等待。

以两个进程为例，假设有两个进程 P_i 和 P_j，其中一个公用整型变量为 turn，它描述允许进入临界区的进程标志；当 turn 为 i 时，进程 P_i 可进入，否则不可进入；标志 flag[i]表示进程 i 想进入临界区，若 flag[i]为 TRUE，则进程 i 准备进入临界区，反之则不进入。

彼得松算法的基本思想：每个进程都在进入区先将其 flag 修改为 TRUE，而将 turn 设置为另一个进程，所以，当另一个进程想进入临界区时，就可以进入。如果两个进程同时希望进入临界区，那么 turn 会几乎同时被设置成 i 和 j，但是只有后一个赋值语句的结果会被保持，因此 turn 的最终值决定了先到的（先赋值的）进程能进入临界区。

图 8-3 为进程 P_i 的代码。

```
flag[i]=TRUE; turn=j;
while(flag[j]&&turn==j);
```

临界区

```
flag[i]=FALSE;
```

剩余区

图 8-3　彼得松算法（先修改临界区标志，再检查，最后修改者等待）

彼得松算法可实现同步机制要求的四条准则中的前两条：空闲则入和忙则等待。但从上面的软件实现方法中可以发现，P_i 和 P_j 会形成乒乓效应，也就是当 P_i 希望进入临界区而 P_j 无响应时，P_i 会出现“饥饿”现象。另外，对于三个以上进程间的互斥，其标志设计更为复杂，实际上，这里的根本问题就是修改标志和检查标志不能作为一个整体来执行。

2. 进程互斥的硬件方法

完全利用软件方法实现进程互斥有很大的局限性，如不适用于数目很多的进程间的互斥。现在已很少单独采用软件方法。利用硬件方法的主要思路是用一条指令完成读和写两个操作，因而保证读操作与写操作不被打断。依据所采用的指令的不同，硬件方法分成 TS 指令和 Swap 指令两种。

（1）Test-and-Set（TS）指令

TS 指令的功能是读出指定标志后把该标志设置为 TRUE。TS 指令的功能可描述成程序 8-3。

```
boolean TS(boolean *lock) {
  boolean old;
  old = *lock;  *lock = TRUE;
  return old;
}
```

程序 8-3　TS 指令

利用 TS 指令实现的进程互斥算法是，每个临界资源设置一个公共布尔变量 lock，表示资源的两种状态：TRUE 表示正被占用，FALSE 表示空闲。初值为 FALSE。在进入区中利用 TS 进行检查和修改标志 lock。有进程在临界区时，重复检查；直到其他进程退出时，检查通过。如图 8-4 所示，所有要访问临界资源的进程的进入区和退出区代码是相同的。

```
while TS[&lock];
```

临界区

```
lock=FALSE;
```

剩余区

图 8-4　互斥算法（TS 指令）

（2）Swap 指令（或 Exchange 指令）

Swap 指令的功能是交换两个字（字节）的内容。可用程序 8-4 所示的函数描述 Swap 指令的功能。

```
void SWAP(int *a, int *b) {
  int temp;
  temp = *a;  *a = *b;  *b = temp;
}
```

程序 8-4　Swap 指令

利用 Swap 指令实现的进程互斥算法是，每个临界资源设置一个公共布尔变量 lock，初值为 FALSE；每个进程设置一个私有布尔变量 key，用于与 lock 间的信息交换。在进入区利用 Swap 指令交换 lock 与 key 的内容，然后检查 key 的状态；有进程在临界区时，重复交换和检查过程，直到其他进程退出时，检查通过。图 8-5 为所有要访问临界资源的进程的相关代码。

与前面的软件方法相比，硬件方法由于采用处理机指令很好地把修改和检查操作结合成一个不可分的整体而具有明显的优点。具体而言，硬件方法的优点体现在以下几个方面。

1）适用范围广：硬件方法适用于任意数目的进程，在单处理器和多处理器环境中完全相同。

2）简单：硬件方法的标志设置简单，含义明确，容易验证其正确性。

3）支持多个临界区：在一个进程内有多个临界区时，只需要为每个临界区设立一个布尔变量。

```
key=TRUE;
do
{
SWAP(&lock,&key);
}while(key);
```

临界区

```
lock=FALSE;
```

剩余区

图 8-5　互斥算法（Swap 指令）

虽然硬件方法有许多优点，但也有一些自身无法克服的缺点。这些缺点主要包括：

1）进程在等待进入临界区时，处理机为“忙等”，不能实现“让权等待”。

2）由于进入临界区的进程是从等待进程中随机选择的，有些进程可能一直选不上，从而导致“饥饿”现象。

三、信号量和 P、V 原语

前面的互斥算法都是平等进程间的协商机制，它们存在的问题是平等协商无法解决的，需要引入一个地位高于进程的管理者来解决公有资源的使用问题。操作系统可以从进程管理者的角度来处理互斥的问题，信号量就是由操作系统提供的管理公有资源的有效手段。信号量代表可用资源实体的数量。

信号量（Semaphore）是荷兰学者 Dijkstra 于 1965 年提出的一种卓有成效的进程同步机制。信号量机制所使用的 P、V 原语就来自荷兰语中的 proberen（test）和 verhogen（increment）。所谓“原语”，是指执行中不被进程调度和执行打断的语句，恰如一条指令。每个信号量 s 除一个整数值 s. count（计数）以外，还有一个进程等待队列 s. queue，其中存放的是阻塞在该信号量上的各个进程的标志。信号量只能通过初始化和两个标准的原语（即 P 原语和 V 原语）来访问。作为操作系统核心代码的一部分，P、V 原语的执行很好地解决了操作的整体性问题。信号量的初始化可指定一个非负整数值，表示空闲资源总数。若信号量为非负整数值，则表示当前的空闲资源数；若信号量为负值，则其绝对值表示当前等待临界区的进程数。

依据对临界区访问过程的分析，信号量机制中的 P 原语相当于进入区操作，V 原语相当于退出区操作。下面分析操作系统对这两个原语操作的处理过程。

P 原语所执行的操作可用下面的函数 wait(s)来描述，见程序 8-5。

```
wait(s)
{
    --s.count;              //表示申请一个资源
    if (s.count < 0)        //表示没有空闲资源
    {
        调用进程进入等待队列 s.queue;
        阻塞调用进程;
    }
}
```

程序 8-5　P 原语

V 原语所执行的操作可用下面的函数 signal(s)来描述，见程序 8-6。

```
signal(s)
{
    ++s.count;              //表示释放一个资源
    if (s.count <= 0)       //表示有进程处于阻塞状态
    {
        从等待队列 s.queue 中取出第一个进程 P;
        进程 P 进入就绪队列;
    }
}
```

程序 8-6　V 原语

利用操作系统提供的信号量机制，可实现临界资源的互斥访问。如图 8-6 所示，为临界资源设置一个互斥信号量 mutex（Mutual Exclusion），其初值为 1；在每个进程中，将临界区代码置于 P(mutex)和 V(mutex)原语之间。

在使用信号量进行共享资源访问控制时，必须成对使用 P 和 V 原语。若遗漏 P 原语则不能保证互斥访问，而遗漏 V 原语则不能在使用临界资源之后将其释放给其他等待的进程。P、V 原语的使用不能次序错误、重复或遗漏。

利用操作系统提供的信号量机制，可实现进程间的同步，即所谓的前趋关系。如图 8-7 所示，前趋关系是指并发执行的进程 P1 和 P2 中，分别有代码 C1 和 C2，要求 C1 在 C2 开始前完成执行。可为每个前趋关系设置一个互斥信号量 S12，其初值为 0。这样，只有在 P1 执行到 V(S12)后，P2 才会结束 P（S12）的执行。

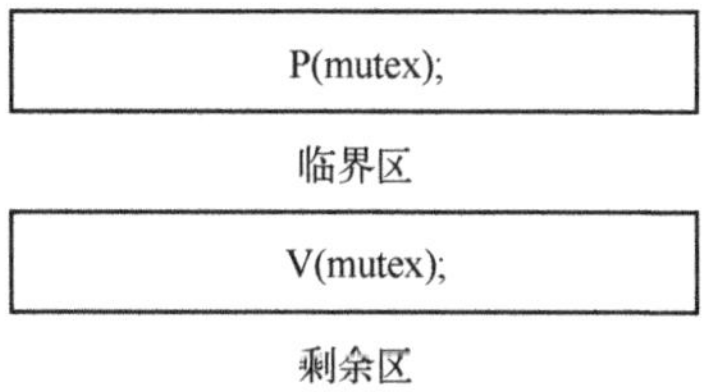

图 8-6　互斥算法（信号量）

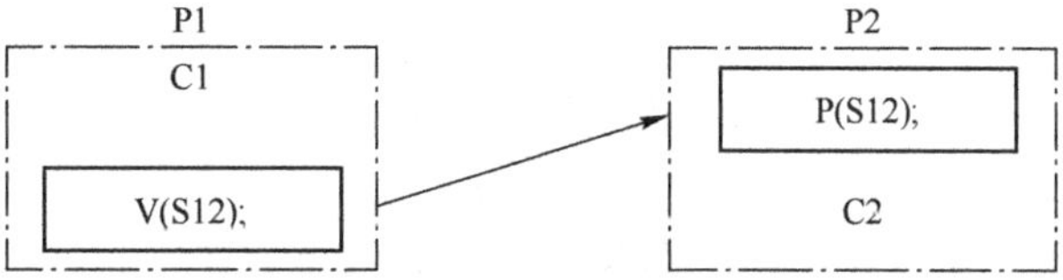

图 8-7　利用信号量描述前趋关系

第二节　经典的进程同步问题

下面介绍两个经典的同步互斥的例子。这两个例子及其解法都是很有名的，深入分析和透彻理解这两个例子，对于全面解决操作系统内的同步、互斥问题将有很大的启发。

Dijkstra 把同步问题抽象成一种“生产者-消费者关系”。生产者-消费者问题是计算机中各种实际的同步、互斥问题的一个抽象模型。计算机系统中的许多问题都可归结为生产者-消费者关系，例如，处理并生成数据是生产者进程，输出结果是消费者进程；在输入时，输入进程是生产者进程，处理并生成数据是消费者进程。

一、简单生产者-消费者问题

有关简单生产者-消费者问题的描述是这样的：设有一个生产者进程 P 和一个消费者进程 Q，它们通过一个缓冲区联系起来，如图 8-8 所示。缓冲区只能容纳一个产品，生产者不断地生产产品，然后往空缓冲区送产品；而消费者则不断地从缓冲区中取出产品，并消费掉。

现在对生产者-消费者问题中的同步互斥关系进行分析，并设置相应的信号量。显然，P 进程不能往已经“满”的缓冲区中放入产品，设置信号量 empty，其初值为 1，用于指示空缓冲区数量；同样，Q 进程也不能从已经“空”的缓冲区中取出产品，设置信号量 full，初值为 0，用于指示满缓冲区数量。

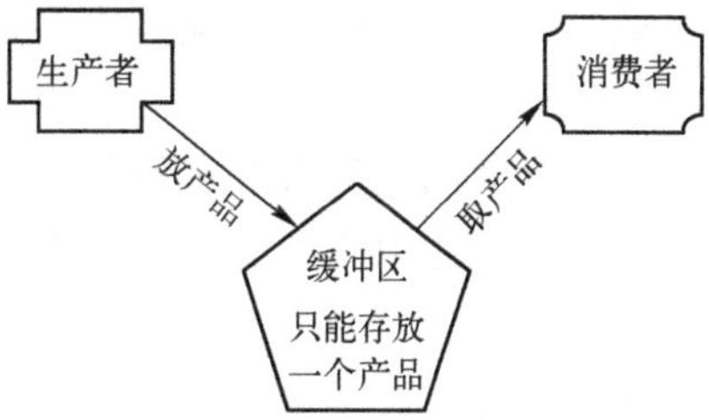

图 8-8　简单生产者-消费者问题

生产者-消费者同步问题的解决方案如程序 8-7 所示。

```
生产者进程 P:
        while (true) {
```

```
            P(empty);
            生产一个产品;
            送产品到缓冲区;
            V(full);
        };

    消费者进程 Q:
        while (true) {
            P(full);
            从缓冲区取产品;
            V(empty);
            消费产品;
        };
```

程序 8-7　生产者-消费者同步问题

在这个方案之中，产品在生产出来之后立即被送往缓冲区中存放，因为刚开始时缓冲区是空的，一定可以存放一个产品。

二、多个生产者-消费者问题

可以把上面介绍的简单生产者-消费者问题推广为多个生产者-消费者问题。

下面是有关多个生产者-消费者问题的描述：设有若干个生产者进程 $P_1, P_2, \cdots, P_n$，若干个消费者进程 $Q_1, Q_2, \cdots, Q_m$，它们通过一个环形缓冲池联系起来，如图 8-9 所示。该环形缓冲池由 k 个大小相等的缓冲区组成，每个缓冲区能容纳一个产品，生产者每次往空缓冲区送一个产品；消费者每次从满缓冲区取出一个产品。生产者进程不断地生产产品并把它们放入缓冲池内，消费者进程不断地从缓冲池内取产品并消费之。这里既存在同步问题，又存在互斥问题。

当整个缓冲池满时，出现了供大于求的现象。此时生产者必须暂缓生产，而消费者应该大力消费。当整个缓冲池空时，出现了供不应求的现象。此时消费者必须等待，而生产者必须努力生产。很明显，在上述生产者和消费者之间存在一定的合作关系。

在生产者向空的缓冲区里放入产品，或者消费者从满的缓冲区里取出产品之后，有关的缓冲区就改变了它的状态。

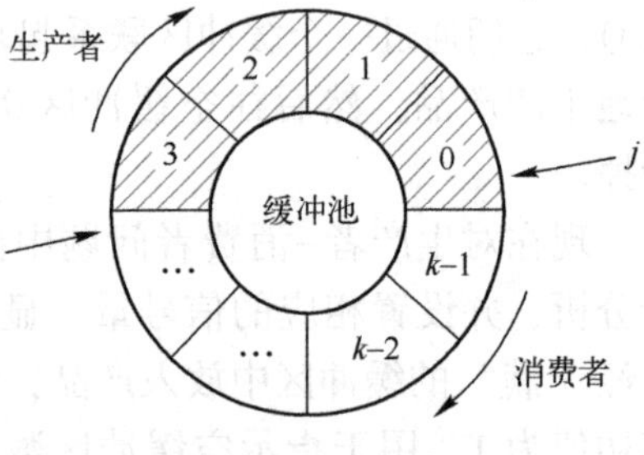

图 8-9　环形缓冲池

另外，环形缓冲池是临界资源，因为生产者和消费者都要使用它。在某个缓冲区为空时，消费者不能从这个空的缓冲区里取出产品；同样，在某个缓冲区为满时，生产者不能向这个满的缓冲区里放入产品。可见，在生产者和消费者之间还存在着互斥关系。

1. 同步问题

P 进程不能往“满”的缓冲区中放产品，设置信号量 empty，初值为 k，用于指示缓冲池中空缓冲区数目。

Q 进程不能从“空”的缓冲区中取产品，设置信号量 full，初值为 0，用于指示缓冲池中满缓冲区数目。

2. 互斥问题

设置信号量 mutex，初值为 1，用于实现临界区（环形缓冲池）的互斥。

另设整型量 i、j，初值均为 0。i 用于指示空缓冲区的头指针；j 用于指示有产品的满缓冲区的头指针。

3. 算法

该同步互斥问题的解决方案如程序 8-8 所示。

```
P1,P2,…,Pn:
i:= 0;
while (true) {
    生产产品;
    P(empty);
    P(mutex);
    往 Buffer [i]中放产品;
    i:=(i+1)  mod  k;
    V(mutex);
    V(full);
};

Q1,Q2,…,Qm:
j:= 0;
while (true) {
    P(full);
    P(mutex);
    从 Buffer[j]中取产品;
    j:=(j+1)mod  k;
    V(mutex);
    V(empty);
    消费产品;
};
```

程序 8-8　多个生产者-消费者问题

三、读者-写者问题

在计算机系统中，一个数据对象（例如一个文件或记录）是可以供若干进程共享的。

1. 读者-写者问题的描述

假定有某个共享文件 F，系统允许若干进程对文件 F 进行读或写。这里把要读文件的进程称为读者，把要写文件的进程称为写者。读者和写者必须遵守如下规定：

1）多个进程可以同时读文件 F；

2）在任一进程对文件 F 进行写时，不允许其他进程对文件进行读或写；

3）当有进程正在读文件时，不允许任何进程写文件。

当有多个读者和写者都要读写文件 F 时，按规定每次只允许一个进程执行写操作，且在有进程执行写操作时不允许进程读文件。显然，写者与写者之间要互斥，写者与读者之间也要互斥，但按规定，多个读者可同时读文件，也就是说，只要第一个读者取得了读文件的权利，则其他读者可以跟着读文件。所以，写者与读者之间的互斥就变成了写者与第一个读者之间的互斥。

设 read_count 记录当前正在读的读者进程个数，由于多个读者都对 read_count 进行修改，因此 read_count 是一个共享变量，需要互斥使用，故设置信号量 mutex。再设置信号量 write，用于写者之间的互斥，或第一个读者和最后一个读者与写者的互斥。

2. 读者-写者问题的解决方案

程序 8-9 给出了读者-写者问题的解决方案。

```
读者进程:
while (true) {
    P(mutex);
    read_count:= read_count+1;
    if(read_count = 1)  P(write);
    V(mutex);
    读文件;
    P(mutex);
    read_count:= read_count - 1;
    if(read_count = 0)  V(write);
    V(mutex);
}

写者进程:
while (true) {
    P(write);
    写文件;
    V(write);
}
```

程序 8-9　读者-写者问题的解决方案

这里对上面的解决方案做一些具体的说明。

read_count 是一个计数器，初值为 0。而 mutex 和 write 都是信号量，它们的初值都是 1。

read_count 是一个共享变量，需要互斥使用，在每个读者进入时，对 read_count 的计数不能出错。另外，如果第一个读者进入，就不能再允许写者进入，这就是“if(read_count = 1) P(write)”语句的作用；第一个读者负责禁止任何写者进入。以上这两个操作都要放在互斥区内。

其他的读者可以随着第一个读者的进入而陆续进入。

当有读者完成读操作之后，相应地要对 read_count 进行减 1 操作。而且，如果 read_

count = 0，则表明已经没有读者了，写者可以随时进入。

对于读者，只要有一个写者已经在临界区执行写操作，所有的读者就必须等待。

第三节 死 锁

一、死锁的定义

死锁现象并不是计算机操作系统环境下所独有的，在日常生活乃至各个领域中都是屡见不鲜的。例如，没有交通灯的十字路口出现了死锁，如图 8-10 所示。

所谓死锁，是指在多道程序系统中的一种现象，一组进程中的每一个进程均无限期地等待被该组进程中的另一个进程所占有且永远不会释放的资源。系统发生这种现象称为系统处于死锁状态，简称死锁。处于死锁状态的进程称为死锁进程。

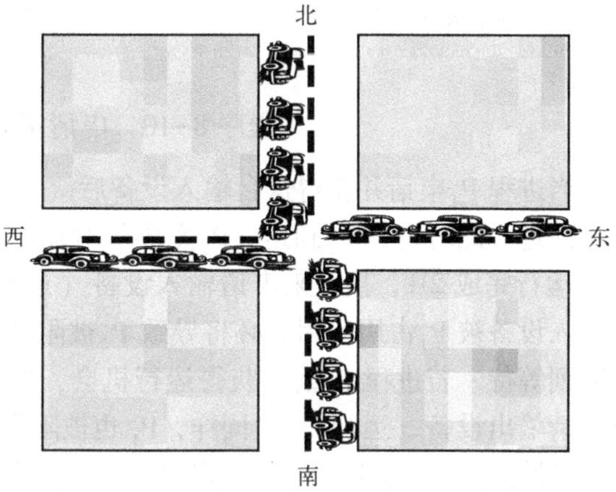

图 8-10 生活中交通死锁的例子

当死锁发生后，死锁进程将一直等待下去，除非有来自死锁进程之外的某种干预。在系统发生死锁时，死锁进程的个数至少为两个；所有死锁进程都在等待资源，并且其中至少有两个进程已占有资源。系统发生死锁不只是浪费了大量的系统资源，甚至会导致整个系统崩溃，带来灾难性的后果。所以，在操作系统设计中必须高度重视死锁问题。

二、死锁产生的原因

产生死锁的原因主要有两个：一是竞争资源，系统资源在分配时出现失误，进程间对资源的相互争夺而造成僵局；二是多道程序运行时，进程推进顺序不合理。

1. 资源的概念

死锁是若干进程因使用资源不当而造成无法推进的现象。按照资源的使用性质，一般把系统中的资源分成两类：永久性资源（可重用资源），是指系统中那些可供进程重复使用、长期存在的资源，如内存、外部设备、CPU 等硬件资源，以及各种数据文件、表格、共享程序代码等软件资源；临时性资源（消耗性资源），是指由某个进程所产生、只为另一个进程使用一次，或经过短暂时间后便不再使用的资源，如 I/O 和时钟中断信号、同步信号、消息等。

永久性资源和临时性资源都可能导致死锁的发生。

2. 死锁的例子

下面举几个例子，并通过它们来分析归纳出产生死锁的必要条件。

程序 8-10 为申请不同类资源产生死锁。

进程 P_1 和 P_2 在运行中都使用输入、输出设备，假定系统中只有一台输入设备和一台输出设备，则进程 P_1 和 P_2 可有如下形式（见程序 8-10）。

P_1		P_2	
…		…	
申请一台输入设备；	①	申请一台输出设备；	②
申请一台输出设备；	③	申请一台输入设备；	④
…		…	
使用各设备；		使用各设备；	
…		…	
释放输入设备；		释放输出设备；	
释放输出设备；		释放输入设备；	
…		…	

程序 8-10　申请不同类资源产生死锁

当进程 P_1 申请并获得这台输入设备后（运行完成①），由于进程切换或其他某种原因，停止前进。此时进程 P_2 到达，P_2 完成了对输出设备的申请（运行完成②），接下来申请输入设备（运行④），由于输入设备被 P_1 占用，因此必将导致 P_2 被阻塞且进入等待队列等待。若进程 P_1 重新获得运行机会，则接下来便要申请输出设备（运行③），同样，P_1 也被阻塞且进入等待输出设备的等待队列。进程 P_1 和 P_2 彼此无期限地等待对方释放资源从而唤醒自己，于是形成了僵局，如图 8-11 所示。

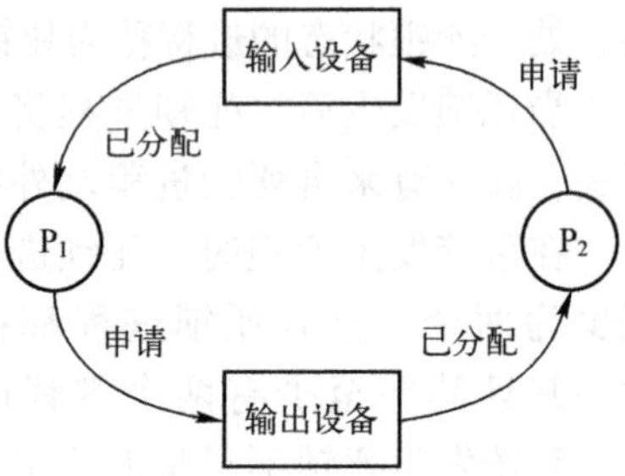

图 8-11　申请不同类资源产生死锁

程序 8-11 为申请同类资源产生死锁。

假设有一类可重用资源 R，如主存（或磁盘），它包含 m 个页面（或扇区），由 n 个进程 $P_1,P_2,\cdots,P_n$（$2\leqslant m\leqslant n$）共享。假定每个进程按下述顺序（见程序 8-11）依次申请和释放页面（或扇区）。

申请一页 (或扇区)	①
…	
申请一页 (或扇区)	②
…	
释放一页 (或扇区)	③
…	
释放一页 (或扇区)	④
…	

程序 8-11　申请同类资源产生死锁

这里每次申请和释放只涉及 R 的一个分配单元（页面或扇区）。因此，当所有单元全部分配完毕时，很容易发生死锁；占有 R 的单元的所有进程（前 m 个进程）会永远封锁在第二次申请②上，而有些进程（$n-m$ 个进程）会类似地封锁在它们的第一次申请①上。图 8-12 说明了 $n=3$、$m=2$ 时系统的状态。这类死锁是相当普遍的。例如，在若干输入和输出进程竞争磁盘空间的 SPOOLing 系统中，就可能发生这类死锁。如果磁盘空间完全分配给等待装入的作业输入文件和已部分运行的作业输出记录，则系统就有可能发生死锁。

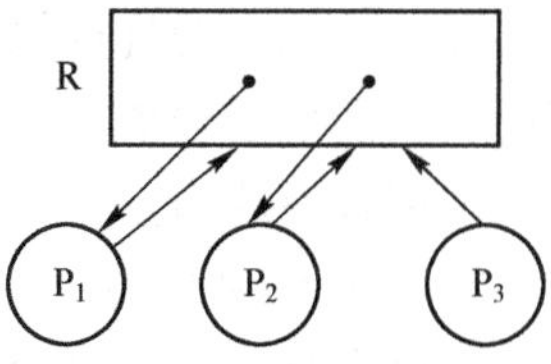

图 8-12　同类资源共享时的死锁现象

程序 8-12 为 P、V 操作使用不当产生死锁。

进程在相互同步与通信中也可能产生死锁现象。例如，对于前面描述的生产者-消费者问题，若把生产者和消费者程序（程序 8-8）中前两个 P 操作的顺序颠倒，则形成如程序 8-12 所示的两个序列。

```
生产者进程:            消费者进程:
…                      …
P(mutex);              P(mutex);
P(empty);              P(full);
…                      …
```

程序 8-12　P、V 操作使用不当产生死锁

当进行了 n 次生产（或有 n 个生产者，每个生产者都往缓冲区送了一个产品）后，缓冲区被全部占满，此时 empty=0。若生产者执行 P(mutex)后（此时 mutex=0），又继续执行 P(empty)，则此刻 empty=-1，使生产者因无可用缓冲区而在 empty 上等待。若又有一个消费者进程到达，并执行 P(mutex)，则结果使 mutex=-1。因此，消费者也阻塞，并且在 mutex 上等待。此时，生产者、消费者都彼此等待对方来唤醒自己，处于循环等待状态。生产者等待消费者释放一个空缓冲区，而消费者则等待生产者释放互斥信号量 mutex。这样便形成了死锁局面。

程序 8-13 为对临时性资源的使用不加限制而引起的死锁。

在进程通信时使用的“信件”可以看作一种临时性资源，如果对信件的发送和接收不加限制，则可能引起死锁。比如，进程 P_1 等待进程 P_3 的信件 s_3 到来后再向进程 P_2 发送信件 s_1，P_2 又要等待 P_1 的信件 s_1 到来后再向 P_3 发送信件 s_2，而 P_3 也要等待 P_2 的信件 s_2 到来后才能发出信件 s_3。在这种情况下，就形成了循环等待，永远结束不了，从而产生死锁。

```
进程 P1          进程 P2          进程 P3
…                …                …
receive(s3);     receive(s1);     receive(s2);
…                …                …
send(s1);        send(s2);        send(s3);
…                …                …
```

程序 8-13　对临时性资源的使用不加限制而引起的死锁

三、死锁产生的必要条件

死锁的产生与各并发进程的相对速度有关，它涉及进程的并发执行、资源共享和资源分配等因素。对于永久性资源，产生死锁有四个必要条件（Coffman 等，1971）。

1. 互斥条件

资源是独占的且排他使用。进程互斥使用资源，即任一时刻，一个资源只能给一个进程使用，若其他进程请求一个资源，而该资源被另一个进程占有，则申请者只能等待，直到资源被占用者释放为止。

2. 不可剥夺条件

不可剥夺又称不可抢占或不可强占。进程所获得的资源在未使用完毕之前，不能被其他进程强行剥夺，而只能由获得该资源的进程自愿释放。

3. 请求和保持条件

请求和保持又称部分分配或占有申请。进程先申请它所需的一部分资源，得到后再申请新的资源，在申请新的资源的同时，继续占用已分配到的资源。

4. 循环等待条件

循环等待又称环路等待。在发生死锁时，必然存在一个进程等待队列$\{P_1,P_2,\cdots,P_n\}$，其中P_1等待P_2占有的资源、P_2等待P_3占有的资源……P_n等待P_1占有的资源，形成一个进程等待环路。环路中每一个进程已占有的资源同时被另一个进程所申请，即前一个进程占有后一个进程所请求的资源。

以上给出了导致死锁的四个必要条件。只要系统发生死锁，以上四个条件就一定成立。解决死锁的方法有很多，一类是不让死锁发生；另一类是检测死锁是否发生，若发生，则加以解决。

四、死锁发生后的处理方法

以下列出的四种方法对进程的限制由严到宽，并发程度由低到高。

1. 死锁预防

死锁预防的方法是防患于未然，通过设置某些严格的限制，破坏产生死锁的必要条件以防止死锁发生。这一方法可能会导致系统资源利用率过低。

操作系统在系统设计时事先确定资源分配的算法，限制进程对资源的申请，从而保证不发生死锁。具体的做法是破坏产生死锁的四个必要条件之一。其中，打破四个必要条件中的第 2、3 和 4 个条件是一种保证系统不进入死锁状态的静态分配策略。

对于条件 1，要区别对待不同的资源情况。若某些资源是由于资源数量不足而造成的，则可以通过增加资源数量的方法来进行预防。例如内存是可重用资源，进程在使用有限的内存时一般通过分时交替使用来实现资源共享。若系统能提供足够多的内存，使得各个进程均可以独享自己的内存存储空间，就不需要互斥使用内存了，也就打破了死锁的四个必要条件之一。但是这种死锁预防的方法代价高昂。数量有限和互斥使用是资源的固有特性，例如系统中的共享写数据、各种信号量等，这些资源不能通过增加资源数量的方式来解决，所以这种情况下通过破坏互斥条件来预防死锁是不现实的。

在预防死锁的静态分配策略中，资源分配的原则：一个进程在申请新资源的要求不能立即得到满足时，便处于等待状态。而一个处于等待状态的进程的全部资源可以被剥夺。也就是说，这些资源隐式地释放了，被剥夺的资源重新加入资源表中。仅当该进程重新获得它原有的资源以及得到新申请的资源时，才能重新启动执行。这种方法破坏了不可剥夺条件。

具体实施方法如下。

1）假设一个进程已占用某些资源，又要申请一个新的资源，在申请新的资源时，若不能立即得到满足，则在变为等待状态之前，该进程必须释放已占有的所有资源，即阻塞前释放资源。

2）假设一个进程要申请某些资源，首先系统应检查这些资源是否可用，如果可用，就分配给该进程。否则，系统检查这些资源是否分配给了另外某个等待进程，若是，则系统将剥夺所需资源，分配给这个进程；如果资源没有被某个等待进程占有，那么，该进程必须等待。在该进程等待过程中，其资源也有可能被剥夺。

破坏不可剥夺条件以预防死锁的方法适用于这样一些资源，即它们的状态是容易保存和恢复的，例如 CPU、内存等。

这种策略实现起来较复杂，而且代价太大，因为一个资源在使用一段时间后被强行剥夺，会造成前一阶段工作失效。而且，在极端情况下，可能出现某个进程反复申请和释放资源，使进程执行无限推迟的情况，增加了系统开销，延长了进程的周转时间，降低了系统的吞吐量和性能。

在预防死锁的静态分配策略中，还可以采用以下方法，但该方法破坏了请求和保持条件。

3）每个进程必须在开始执行前就申请它所需的全部资源，仅在系统能满足进程的资源申请要求且把资源一次性分配给进程后，该进程才能开始执行。

在采用该方法后，进程在执行过程中不再申请资源，故不可能出现占有某些资源后再等待其他资源的情况，即“请求和保持”的条件不成立，从而预防死锁的发生。

这种方法的优点是简单、安全、容易实施；其缺点是严重浪费系统资源，会造成一些资源在很长时间内得不到使用，降低了资源利用率。另外，只有进程获得其所需全部资源后才能开始运行，但由于有些进程长期占用资源，致使进程推迟，甚至得不到运行。

实现这种静态分配资源策略还有一个问题，即大部分进程在运行开始时不能确定所需的全部资源，那么就按以下方法处理。

4）只有当进程没有占用资源时才允许它去申请资源，如果进程已经占用了某些资源而又要申请资源，则它应先归还所占的资源，再申请新资源。

这种资源分配策略仍会使进程处于等待状态，这是因为进程所申请的资源可能已被其他进程占用，只能等占用者归还资源后才可以分配给申请者，但是，申请者是在归还资源后才申请新资源的，故不会出现占有部分资源后再等待其他资源的现象。这种方法也存在着资源利用率低的缺点。

资源有序分配策略打破了循环等待的条件，其基本思想是将系统中所有资源顺序编号。编号的一般原则是，较为紧缺、稀少的资源的编号较大。在进程申请资源时，必须严格按照资源编号的顺序进行，否则系统不予分配。一个进程只有得到编号小的资源，才能申请编号较大的资源；释放资源时，应按编号递减的次序进行。

例如，设扫描仪（输入设备）、打印机（输出设备）、绘图机（输出设备）的编号依次为 1、2、3。这样，所有进程对资源的申请，严格地按编号递增的次序提出。这种申请方式不会出现死锁的现象。

2. 死锁避免

在资源的动态分配过程中，可采取某种方法防止系统进入不安全状态，从而避免死锁的发生。这种方法只需要以较弱的限制条件为代价，但可获得较高的资源利用率。

死锁避免的基本思想：系统对进程发出的每一个系统能够满足的资源申请进行动态检查，并根据检查结果决定是否分配资源；如果分配后系统可能发生死锁，则不予分配，否则予以分配。这是一种保证系统不进入死锁状态的动态策略。

死锁避免和死锁预防的区别在于，死锁预防是设法至少破坏产生死锁的四个必要条件中的一个，严格地防止死锁的出现；而死锁避免则不那样严格地限制产生死锁的必要条件的存在，因为即使死锁的必要条件存在，也不一定发生死锁。死锁避免是在系统运行过程中注意避免死锁的最终发生。

由于在避免死锁的策略中允许进程动态地申请资源，因此，系统需要提供某种方法，在进行资源分配之前，先分析资源分配的安全性。当估计到可能有死锁发生时，就应设法避免死锁的发生。

如果操作系统能保证所有的进程在有限时间内得到需要的全部资源，则称系统处于“安全状态”，否则说系统是不安全的。

安全状态是指，如果存在一个由系统中所有进程构成的安全序列{ $P_1,\cdots,P_n$ }，则系统处于安全状态。假设一个进程序列{$P_1,\cdots,P_n$}是安全的，则对于其中每一个进程 $P_i(1\leqslant i\leqslant n)$，它以后尚需的资源量不超过系统当前剩余资源量与所有进程 $P_j(j<i)$ 当前占有资源量之和。系统处于安全状态则不会发生死锁。

如果不存在任何一个安全序列，则系统处于不安全状态。不安全状态不一定导致死锁，但死锁状态一定是不安全状态。若系统处于不安全状态，则可能发生死锁，它们的关系如图 8-13 所示。

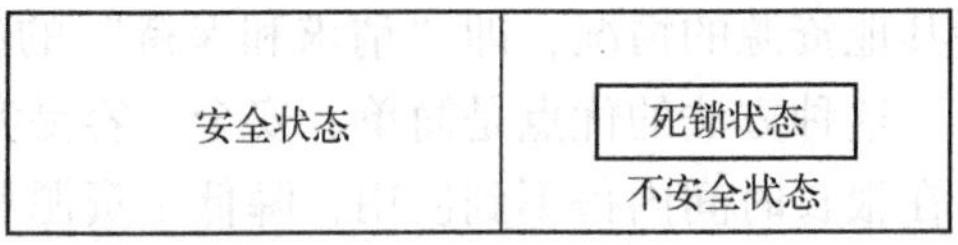

图 8-13　系统状态示意图

最著名的死锁避免算法是由 Dijkstra 和 Habermann 提出来的银行家算法。这一算法名称的来历是基于该算法将操作系统比作一个银行家，将操作系统的各种资源比作周转资金，将申请资源的进程比作向银行贷款的顾客。那么操作系统的资源分配问题就如同银行家利用其资金贷款的问题，一方面银行家能贷款给若干顾客，满足顾客对资金的要求；另一方面，银行家可以安全地收回其全部贷款而不至于破产。类比一下，操作系统能满足每个进程对资源的要求，同时整个系统不会产生死锁。为保证资金的安全，银行家规定：

1）当一个顾客对资金的最大需求量不超过银行家现有的资金时，就可接纳该顾客；

2）顾客可以分期贷款，但贷款的总数不能超过最大需求量；

3）当银行家现有的资金不能满足顾客尚需的贷款数额时，对顾客的贷款可推迟支付，但总能使顾客在有限的时间里得到贷款；

4）当顾客得到所需的全部资金后，一定能在有限的时间里归还所有的资金。

假定某系统有三类资源 A、B、C，A 类资源共有 10 个资源实例，B 类资源共有 5 个资源实例，C 类资源共有 7 个资源实例，现有 5 个进程 P_1、P_2、P_3、P_4、P_5，它们对各类资源的最大需求量和第一次分配后已占有的资源量如图 8-14 所示。

应用银行家算法，找到一个进程安全序列{P_2,P_4,P_5,P_3,P_1}，可以得出结论：图 8-14

中的系统状态是安全状态。在此状态下，进程 P_2提出新的资源申请：A 类 1 个、B 类 0 个、C 类两个，进行试探性分配后，系统状态如图 8-15 所示。

资源申请进程	目前占有量	最大需求量	尚需要量
	A B C	A B C	A B C
P_1	0 1 0	7 5 3	7 4 3
P_2	2 0 0	3 2 2	1 2 2
P_3	3 0 2	9 0 2	6 0 0
P_4	2 1 1	2 2 2	0 1 1
P_5	0 0 2	4 3 3	4 3 1
系统剩余资源量	A B C		
	3 3 2		

图 8-14　银行家算法应用例子：第一次分配后的系统状态

资源申请进程	目前占有量	最大需求量	尚需要量
	A B C	A B C	A B C
P_1	0 1 0	7 5 3	7 4 3
P_2	3 0 2	3 2 2	0 2 0
P_3	3 0 2	9 0 2	6 0 0
P_4	2 1 1	2 2 2	0 1 1
P_5	0 0 2	4 3 3	4 3 1
系统剩余资源量	A B C		
	2 3 0		

图 8-15　银行家算法应用例子：新的系统状态

应用银行家算法，仍然可以找到一个进程安全序列$\{P_2, P_4, P_5, P_1, P_3\}$，表明该系统状态是安全状态，可以真正实施资源分配。

在图 8-15 所示状态下，进程 P_5又申请资源：A 类 3 个、B 类 3 个、C 类 0 个，此时系统不能实施分配，因为该申请已经超过了系统当前剩余的资源量。若进程 P_1提出新的资源申请：A 类 0 个、B 类两个、C 类 0 个，那么也不能实施资源分配，因为根据银行家算法，若进行了分配，则在新的系统状态下找不到进程安全序列，这将导致系统进入不安全状态。

不安全状态并非死锁状态，只是有死锁的可能性。例如，对于图 8-15 所示新的系统状态，假设不进行试探性分配，而是强行分配的话，系统会进入不安全状态。而此时，并不是所有进程的推进均按最大需求量进行，若发生某进程（例如 P_5进程）由于内部分支转向某一段代码而不再需要最大资源数(4,3,3)的情况，假设仅需要(3,3,1)，那么可以找到安全序列，系统重回安全状态。在这个过程中，系统并未发生死锁。也就是说，不安全状态不一定导致死锁，而是有可能导致死锁。

3. 死锁的检测与解除

死锁的检测与解除是指，在系统运行过程中，通过在系统中设置检测机构，定时检测死锁是否真的发生，并能精确地确定与死锁有关的进程与资源，然后采取措施解除死锁，将进程从死锁状态下“解脱”出来。

死锁预防和死锁避免的方法都比较保守，并且都是以牺牲系统效率和浪费资源为代价的，这恰恰与操作系统的设计目标相违背。假如系统为进程分配资源时，不采取任何限制性措施来避免和预防死锁，减少因使用避免和预防死锁策略而带来的开销，同时本着提高资源利用率的原则分配资源，但操作系统在运行过程中，不断地监督进程的执行和资源占用状态，判定死锁是否真的发生，一旦死锁发生，就采取专门的措施解除死锁，并以最小代价使整个系统恢复正常，这就是死锁的检测和解除。

操作系统可定时运行一个“死锁检测”程序，该程序按一定的算法检测系统中是否存在死锁。检测死锁的实质是确定是否存在“循环等待”条件。检测算法确定死锁的存在并识别出与死锁有关的进程和资源，以方便系统采取适当的解除死锁措施。

死锁检测可以发生在任何一次资源分配后，也可以发生在每次调度后。可利用定时器定时运行检测。另外，当系统中某个进程长期处于阻塞态或阻塞进程过多时，可启动死锁检测程序。

死锁检测的算法依不同的系统而不同，下面介绍一种死锁检测的算法。

1）为每个进程和每个资源指定唯一编号。

2）设置一张资源分配状态表，每个表目包含“资源号”和占有该资源的进程的“进程号”两项，资源分配状态表中记录了每个资源正在被哪个进程所占有。

3）设置一张进程等待分配表，每个表目包含“进程号”和该进程所等待资源的“资源号”两项。

4）当任一进程 P_j 申请一个已被其他进程占用的资源 r_i 时，进行死锁检测。检测算法通过反复查找资源分配状态表和进程等待分配表，确定进程 P_j 对资源 r_i 的请求是否导致形成环路，若是，便确定出现死锁。

例如，图 8-16 所示系统中有进程 P_1、P_2 和 P_3 共享资源 r_1、r_2 与 r_3。在某一时刻，资源使用情况如图 8-16a 所示。此后依次发生 P_1 请求 r_2、P_2 请求 r_3 和 P_3 请求 r_1 的情况。当执行死锁检测算法后，得到图 8-16b；再执行死锁检测算法，得到图 8-16c；再执行死锁检测算法，得到图 8-16d。检查图 8-16d 与图 8-16a，确定是否出现死锁。

一旦检测到死锁，便要立即设法解除死锁。一般来说，只要让某个进程释放一个或多个资源，就可以解除死锁。在死锁解除后，释放资源的进程应恢复到它原来的状态，这样才能保证该进程的执行不会出现错误。因此，死锁解除实质上就是如何让释放了资源的进程能够继续运行。为解除死锁，就要剥夺资源，此时，需要考虑以下几个问题。

1）选择一个牺牲进程，即要剥夺哪个进程的哪些资源。

2）重新运行或回退到某一点开始继续运行。若从一个进程那里剥夺了资源，那么要为该进程做些什么事情？显然，这个进程是不能继续正常执行了，必须将该进程回退到起点或某个状态，以后再重新开始执行。令进程“夭折”的方法虽然简单，但代价大；而更有效的方法是只让它退回到足以解除死锁的地步。那么，问题转换成进程回退的状态由什么组成，以及怎样才能方便地确定该状态，这就要求系统保持更多的有关进程运行的信息。

3）怎样保证不发生“饥饿”现象，即如何保证并不总是剥夺同一进程的资源，而导致该进程处于“饥饿”状态。

资源分配状态表

资源号	进程号
r_1	P_1
r_2	P_2
r_3	P_3
⋮	⋮

a)

进程等待分配表

进程号	资源号
P_1	r_2
⋮	⋮

b)

进程等待分配表

进程号	资源号
P_1	r_2
P_2	r_3
⋮	⋮

c)

进程等待分配表

进程号	资源号
P_1	r_2
P_2	r_3
P_3	r_1
⋮	⋮

d)

图 8-16　死锁检测的例子

4）“最小代价”，即最经济合算的算法，使得进程回退带来的开销最小。但是，“最小开销”是很不精确的，进程重新运行的开销包括下列很多方面。

- 进程的优先级。
- 进程已运行时间，进程完成其任务还需要的时间。
- 进程使用资源的种类和数量，以及这些资源能否被简单地剥夺。
- 为完成其任务，进程还需要的资源。
- 要被撤销的进程数。
- 进程被重新启动运行的次数。

一旦决定一个进程必须回退，就一定要确定这个进程回退多少。最简单的办法是从头开始，让进程重新运行，但这将会使该进程之前的工作“前功尽弃”。

死锁的解除方法可归纳为以下两大类。

（1）剥夺资源

使用挂起/激活机制挂起一些进程，剥夺它们占有的资源给死锁进程，以解除死锁，待以后条件满足时，再激活被挂起的进程。

由于死锁是由进程竞争资源而引起的，因此，可以从一些进程那里强行剥夺足够数量的资源并分配给死锁进程，以解除死锁状态。剥夺的顺序可以花费资源数为依据，从小到大。在每次剥夺后，需要再次调用死锁检测算法。资源被剥夺的进程为了再得到该资源，必须重新提出申请。为了安全地释放资源，进程必须返回到分配资源前的某一点，经常使用的方法如下。

1）还原算法，即恢复资源分配前的计算结果和状态。

2）建立检查点，主要用来恢复分配前的状态。这对实时操作系统和长时间运行的数据处理来说是一种常用技术。在实时操作系统中，经常在某些程序地址中插入检查的程序段，即采用检查点的技术来验证系统的正确性，如果发现故障，则可从检查点重新启动。因此，在有些实时操作系统中，一旦发现死锁，就可以在释放某进程的资源后，从检查点重新启动。

（2）撤销进程

撤销一些死锁进程，将它们占有的资源分配给另一些死锁进程，直到死锁解除为止。

可以撤销所有死锁进程，或者逐个撤销死锁进程，每撤销一个进程，就检测死锁是否还存在，若已没有死锁，就停止进程的撤销。

如果按照某种顺序逐个地撤销已发生死锁的进程，直到获得为解除死锁所需的足够可用的资源为止，那么在极端情况下，这种方法可能造成除一个死锁进程以外，其余的死锁进程全部被撤销的局面。

按照什么原则撤销进程？较实用而又简便的方法是撤销那些代价最小的进程，或者使撤销进程的数目最小。以下几点可作为衡量撤销代价的标准。

1）进程优先数，即被撤销进程的优先数。

2）进程类的外部代价。不同类型的进程可以规定各自的撤销代价。系统可根据这些规定，撤销代价最小的进程，以达到解除死锁的目的。

3）运行代价，即重新启动进程并运行到当前撤销点所需付出的代价。这一点可由系统记账程序给出。

撤销进程法的优点是简单明了，但有时可能会撤销一些甚至不影响死锁的进程。

当死锁的进程中包含操作系统的进程单元时，死锁会变得复杂，采用上述方法可能会导致系统重新启动，从而付出较高代价。

4. 忽略死锁

对于那些死锁发生概率极低，而解决死锁的方法的代价极大或暂时没有办法解决的死锁问题，可暂时不予理睬。

第四节　哲学家就餐问题及其他实例

一、哲学家就餐问题

哲学家就餐问题是操作系统中关于进程同步与互斥的经典问题，也是涉及死锁的关键问题。下面以解决经典的进程同步问题——哲学家就餐问题来介绍如何利用资源有序分配法防止死锁。

问题的描述是这样的，5 个哲学家以思考、用餐交替进行的方式生活，他们围坐在一张圆桌边，桌子上有 5 个盘子和 5 支筷子，如图 8-17 所示。

当一个哲学家思考时，他与邻座的哲学家没有任何联系。当一个哲学家饥饿时，他就试图拿起他左右两边的筷子用餐。如果他的邻座已经拿到筷子，则他可能只拿到一支甚至一支筷子也拿不到。当一个饥饿的哲学家得到两支筷子后，他就可以用餐（例如吃意大利通心粉）了。当他用餐完毕，他就放下筷子并再次开始思考。

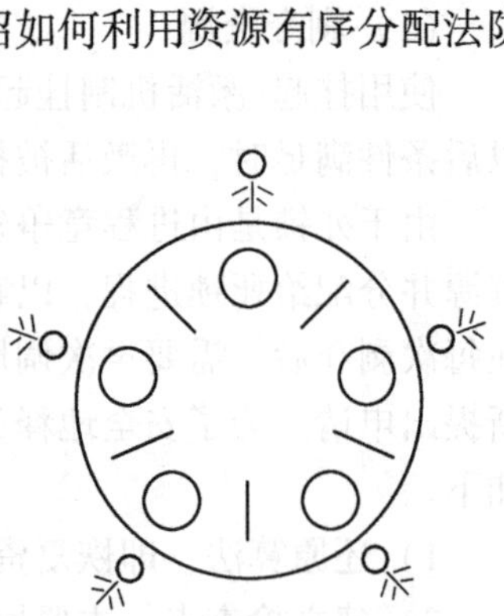
图 8-17　哲学家就餐问题

对上述问题的一个简单的解决方案是为每支筷子设置一个信号量，一个哲学家通过在相应信号量上执行 P 操作拿起一支筷子，通过执行 V 操作放下一支筷子。5 个信号量构成一个数组：

```
VAR chopstick ARRAY[0…4] OF semaphore;  //每个信号量都置初值为 1
```

于是，哲学家 $i(1\leqslant i\leqslant 5)$ 就餐问题可描述成程序 8-14。

```
Repeat
…
   思考;
…
   P(chopstick[i]);                 {拿左侧筷子}
   P(chopstick[(i+1)  MOD 5]);      {拿右侧筷子}
        …
   用餐;
        …
   V(chopstick[i]);                 {放左侧筷子}
   V(chopstick[(i+1)  MOD 5]);      {放右侧筷子}
…
Until false;
```

程序 8-14　哲学家进餐过程

虽然以上解法可以保证互斥地使用筷子，但有可能产生死锁。假设 5 个哲学家同时拿起各自左边的筷子，于是 5 个信号量的值都为 0，此时，如果每一个哲学家都企图拿起他右边的筷子，便出现了循环等待的局面——死锁。

为了防止死锁的产生，可以采用资源的有序分配法，规定每个哲学家想用餐时总是先拿编号小的筷子再拿编号大的筷子，这样就不会出现死锁现象。因此，哲学家 $i(1\leqslant i\leqslant 4)$ 进程的程序仍然不变，而第 5 个哲学家就餐的程序可做如程序 8-15 所示的改进。

```
Repeat
…
   思考;
…
   P(chopstick[1]);             {拿右侧筷子}
   P(chopstick[5]);             {拿左侧筷子}
        …
   用餐;
        …
   V(chopstick[1]);             {放右侧筷子}
   V(chopstick[5]);             {放左侧筷子}
…
Until false;
```

程序 8-15　哲学家进餐过程的改进

分析一下，当每个哲学家都想就餐时，可能有4个哲学家都已拿到了自己左边的一支筷子，而剩下的第5个哲学家因拿不到编号小的筷子（一定被某个哲学家拿走了）而等待，该哲学家不可能去拿另一支筷子。因此，4个哲学家中的一个就有机会拿起其右边的筷子而可以用餐，就餐后放下一双筷子，以使另一个哲学家又可得到右边的筷子去用餐，同样地，其他哲学家也都先后可吃到饭，从而防止了死锁。

为了提高资源的利用率，通常按照大多数进程使用资源的次序对资源进行编号。先使用者编号小，后使用者编号大。

这种硬性规定申请资源的方法，会给用户编程带来限制，按照编号顺序申请资源增加了资源使用者的不便；此外，如何合理编号是一件困难的事情，特别是当系统添加新设备类型时，会造成不灵活、不方便的问题；如果有进程违反规定，则仍可能发生死锁。资源有序分配法与资源静态分配策略相比，显然提高了资源利用率，但进程实际需要申请的资源不可能完全与系统所规定的统一资源编号一致，为遵守规定，暂不需要的资源也要提前申请，仍然会造成资源的浪费。

二、其他实例

生活和工作中经常发生的一些事情也充满了同步与互斥关系，还夹杂着死锁现象，下面以物流系统中的物品分拣问题来看计算机系统是如何处理这类问题的。

1. 问题描述

在某个物流系统中，有一个位于上海的集装箱中转枢纽。从不同方向进入枢纽的集装箱运输车会在这里卸下集装箱，然后依据其来自方向的不同，这些集装箱又被装到其他运输工具上以继续各自的行程。根据物流的整体规划，从沿长江一线进入枢纽的集装箱，要从这里直接吊装到上海至广州的列车上；而从沪杭高速公路上进入枢纽的集装箱，则要从这里换装到上海至北京的列车上。现在需要设计供该物流系统上海集装箱中转枢纽使用的物流软件。为简化问题，假设该中转枢纽的场地一次只能接收一个方向来的同一批集装箱。

2. 分析

这个物流问题可以看作一个有两个生产者和两个消费者的问题。沿长江一线进入的集装箱卸货是第一个生产者，从沪杭高速公路上进入的集装箱卸货是第二个生产者。

这两个生产者都要使用中转枢纽的场地。由于该场地每次只能接收来自一个方向的同一批集装箱，因此沿长江一线进入的集装箱卸货生产者和从沪杭高速公路进入的集装箱卸货生产者必须互斥。

去广州的列车和去北京的列车，是两个消费者，它们分别消费沿长江一线进入的集装箱卸货生产者和从沪杭高速公路进入的集装箱卸货生产者提供的产品——集装箱。这样，两个生产者在把集装箱卸到枢纽的场地之后，应该分别通知去广州的列车和去北京的列车。另外，在列车分别装完货物之后，还应该通知中转枢纽的管理部门，场地清空又可以接收新的集装箱了。可见，沿长江一线进入的集装箱卸货生产者和去广州的列车消费者之间要同步，从沪杭高速公路进入的集装箱卸货生产者和去北京的列车消费者之间也要同步。

下面对有关的信号量进行定义。

首先，定义一个是否允许进入的信号量 Site，其初值为1，表示允许存放一批集装箱。

其次，沿长江一线进入的集装箱卸货生产者和从沪杭高速公路进入的集装箱卸货生产者需要分别向去广州的列车和去北京的列车消费者发送消息，分别用 Arrive_Y 和 Arrive_H 信号量表示，它们的初值都为 0，表示还没有到货。

在去广州的列车和去北京的列车消费者分别装完货物之后，可以调用 V(Site)，于是中转枢纽的场地又可以接收新集装箱了。

至于是沿长江一线进入的集装箱卸货生产者还是从沪杭高速公路进入的集装箱卸货生产者能够把集装箱卸到枢纽的场地上，则需要两个生产者通过调用 P(Site)来竞争。如上所述，安排三个信号量：

1）Site，指示能否在中转枢纽的场地上卸下集装箱；

2）Arrive_Y，指示场地上的集装箱是否来自沿长江一线；

3）Arrive_H，指示场地上的集装箱是否来自沪杭高速公路。

3. 算法

在该算法中，安排了“沿长江一线集装箱卸货”“沪杭高速公路集装箱卸货”“去广州的列车装货”和“去北京的列车装货”四个进程，通过对上述三个信号量的 P、V 操作，实现这四个进程的并发执行。

```
沿长江一线集装箱卸货进程:
    while (true) {
        沿长江一线集装箱准备卸货;
        P(Site);
        沿长江一线集装箱卸货;
        V(Arrive_Y);
};

沪杭高速公路集装箱卸货进程:
    while (true) {
        沪杭高速公路集装箱准备卸货;
        P(Site);
        沪杭高速公路集装箱卸货;
        V(Arrive_H);
};

去广州的列车装货进程: //广州列车检查场地上的集装箱是否来自沿长江一线
    while (true) {
        P(Arrive_Y);
        去广州的列车装货;
        V(Site);
};

去北京的列车装货进程: //北京列车检查场地上的集装箱是否来自沪杭高速公路
    while (true) {
        P(Arrive_H);
```

```
        去北京的列车装货;
        V(Site);
    };
```

4. 说明

从该算法中可以看出，进程“沿长江一线集装箱卸货”和“沪杭高速公路集装箱卸货”在卸下集装箱之前，都分别调用了 P(Site)。这个调用有以下两个作用。

首先，由于 Site 的初值为 1，P(Site)起到互斥作用，因此，无论谁先卸下集装箱，另一个物流方向上的集装箱不能再卸下，只能等待。

其次，在集装箱已经卸下，但是还没有被装运到对应的运输工具之前，Site 的值为 0。在集装箱被装运到对应的运输工具上之后，Site 的值恢复为 1，场地上又可以卸下新的货物。所以 P(Site)起到测试“又可以接收新集装箱的消息”是否到达的同步作用。

再者，进程“去广州的列车装货”和“去北京的列车装货”在装完集装箱之后，都调用 V(Site)，并发出可以接收新集装箱的消息。

可见，在本算法中，Site 信号量既作为互斥的信号量，又起着同步信号量的作用。

如果不能协调列车的同步，例如去广州的列车不进行 P(Arrive_Y)操作而直接进场装货，但发现此时中转枢纽的场地上堆满了从沪杭高速公路过来的集装箱，去广州的列车就会就地等待，占用装载站台，那么此时去北京的列车无法进站装货，系统发生死锁。此时，若没有外部力量进行干预，则整个系统将无法推进。

本章小结

并发进程相互之间可能是无关的，也可能是相关的。如果一个进程的执行依赖其他进程的进展，或者一个进程的执行可能影响其他进程的执行结果，则这些并发进程是相关的。由于在并发程序中存在共享公共变量，使得程序的计算结果与并发程序执行的时间有关，因此这种“与时间有关的错误”需要依靠进程的同步处理来解决。

进程同步是指进程之间一种直接的协同工作关系，是指一些进程相互合作，共同完成一项任务。在系统中，许多进程需要共享资源，而这些资源的使用往往要求排他性，进程间的这种关系就是进程的互斥。若系统中某些资源一次只允许一个进程使用，则这类资源称为临界资源，而在进程中访问临界资源的程序称为临界区。系统对临界区的使用规则为空闲则入、忙则等待、有限等待和让权等待。

信号量及 P、V 操作是一种有效处理进程同步与互斥问题的机制，但是在使用不正确时会导致一些错误且难以检测出来。

本章还介绍了死锁的基本概念、发生死锁的原因、死锁产生的必要条件，然后讨论了解决死锁问题的各种方法。

死锁是指，在多道程序系统中，一组进程中的每一个进程均无限期地等待被该组进程中的另一个进程所占有且永远不会释放的资源。若系统中出现这种现象，就称系统处于死锁状态，简称死锁。处于死锁状态的进程称为死锁进程。

产生死锁的原因主要有两个：一是竞争资源，系统提供的资源数量有限，不能满足每个进程的需求；二是多道程序运行时，进程推进顺序不合理。

解决死锁问题一般有四种方法：死锁预防、死锁避免、死锁检测和解除，以及死锁忽略。

总之，死锁是人们不希望发生的，因为对计算机系统的正常运行有较大的损害，但又是不可避免的随机现象。每个人对死锁的看法都是不同的。数学家认为，要彻底防止死锁的产生，不论代价有多大；工程师想要了解死锁发生的频率、系统因各种原因崩溃的频率以及死锁的严重程度，以便进行综合考虑，从而采取不同的解决方法。

知　识　点

- 进程同步和进程互斥
- 信号量与 P、V 操作
- 生产者-消费者问题
- 读者-写者问题
- 死锁的定义
- 死锁发生的原因
- 发生死锁的四个必要条件
- 处理死锁的四种对策
- 银行家算法
- 死锁和“饥饿”现象
- 哲学家就餐问题

习　　题

1. 何谓与时间有关的错误？举例说明。并发进程执行时一定会产生与时间有关的错误吗？为什么？

2. 什么是临界区？

3. 若用 P、V 操作管理某一组相关临界区，其信号量 S 的值在[-1,1]区间变化，当 S=-1、S=0 和 S=1 时，它们各自的物理含义是什么？

4. 两个并发执行的进程 A 和 B 的程序如下：

```
进程 A
    While(true){
        N=N+5;
    };
进程 B
    While(true){
        输出 N 的值;
        N=0;
    };
```

其中，N 为整数，初值为 4。若进程 A 在先执行了三个循环后，又和进程 B 并发执行了一个循环，那么请写出可能出现的输出值。正确的输出值应该是多少？请用 P、V 操作进行管理，使进程 A 和 B 并发执行时不会出现与时间有关的错误。

5. a、b 两点之间有一段单行车道，现在设计一个自动管理系统，管理规则如下：允许同方向的车同时驶入 ab 段，但另一方向的车必须在 ab 段外等待；当 a、b 点之间无车辆在行驶时，到达 a 点（或 b 点）的车辆可以进入 ab 段，但不能从 a 点和 b 点同时驶入；当某方向上在 ab 段行驶的车辆驶出了 ab 段且暂无同方向车辆进入 ab 段时，应让另一方向等待的车辆进入 ab 段行驶。请编写程序，用 P、V 操作实现对 ab 段的正确管理，以保证行驶安全。

6. 有三个并发进程 R、M、P，它们共享一个缓冲器 B。进程 R 负责从输入设备读信息，每读出一个记录就把它存放在缓冲器 B 中，进程 M 在缓冲器 B 中加工进程 R 存入的记录，进程 P 把加工后的记录输出。缓冲器 B 中每次只能存储一个记录，当记录被加工并输出后，缓冲器 B 中又可存储一个新记录。请用 P、V 操作为同步机制写出上述 3 个进程并发执行时能正确工作的程序。

7. 在公共汽车上，驾驶员和售票员的工作流程如下所示。为保证乘客的安全，驾驶员和售票员应密切配合、协调工作，请编写程序，用 P、V 操作来实现驾驶员与售票员之间的同步。

驾驶员	售票员
起动车辆；	关门；
正常行驶；	售票；
到站停车；	开门；

8. 某银行有储蓄业务，由 n 个柜台人员负责。每个顾客进入银行后先取一个号，并且等着叫号。当一个柜台人员空闲下来时，就叫下一个号。试利用 P、V 操作正确编写柜台人员和顾客进程的程序。

9. 设有 A、B、C 三个进程共享一个存储资源 F。A 对 F 只读不写，B 对 F 只写不读，C 对 F 先读后写。当一个进程写 F 时，其他进程既不能读 F，也不能写 F，但多个进程同时读 F 是允许的。试利用 P、V 操作，写出 A、B、C 三个进程的程序框图，要求：①执行正确；②正常运行时不产生死锁；③使用 F 的并发度要高。

10. 设有两个优先级相同的进程 P1 和 P2，如下所示。信号量 S1 和 S2 的初值均为 0。在 P1、P2 并发执行后，x、y、z 的值各是多少？

```
进程 P1:            进程 P2:
y=1;                x=1;
y=y+2;              x=x+1;
V(S1);              P(S1);
z=y+1;              x=x+y;
P(S2);              V(S2);
y=z+y;              z=x+z;
```

11. 设缓冲区大小为 n，指出以下生产者-消费者问题解法中的错误，并改正。

```
Producer()                          //生产者进程
{
    while(true)
    {
        P(mutrx);
        P(empty);
        Buffer(in)=nextp;
        in=(in+1)%n;
        V(mutex);
    }
}
Consumer()                          //消费者进程
{
    while(true)
    {
        P(mutex);
        P(full);
        nextc=buffer(out);
        out=(out+1)%n;
        V(mutex);
        消费产品 nextc;
    }
}
```

12. 有一间阅览室，读者进入时必须先在一张登记表上进行登记，该表为每一个座位列出一个表目，包括座位号、姓名，读者离开时撤销登记信息。该阅览室有 100 个座位。试用 P、V 操作描述这些进程间的同步关系。

13. 有两个合作进程 P1、P2，它们从一台输入设备上读入数据，P1 进程读入数据 a，P2 进程读入数据 b，该输入设备是一台独占设备。两个进程做如下计算

```
P1:x=a+b;
P2:y=a-b;
```

在计算完成后，结果 x、y 由进程 P1 输出到屏幕。用信号量实现进程 P1、P2 的同步算法。

14. 结合交通死锁情况，说明产生死锁的四个必要条件；给出一种可以避免死锁发生的简单方法。

15. 死锁和“饥饿”现象有什么相同点与不同点？

16. 叙述死锁产生的原因、必要条件和解决死锁的方法。

17. 试举出日常生活中死锁的例子，并说明之。

18. 有 3 个进程共享 4 个资源，进程对资源的分配与释放只能一次一个，每个进程最多

需要两个资源。该系统会发生死锁吗？

19. 假设系统中有 6 个资源：r_1、r_2、r_3、r_4、r_5和 r_6，有 3 个进程：P_1、P_2和 P_3，其活动分别为

```
P1              P2              P3
申请 r1;        申请 r2;        申请 r3;
申请 r2;        申请 r3;        申请 r4;
释放 r1;        释放 r2;        释放 r3;
释放 r2;        释放 r3;        释放 r4;
申请 r5;        申请 r4;        申请 r6;
申请 r6;        申请 r1;        申请 r5;
释放 r5;        释放 r4;        释放 r6;
释放 r6;        释放 r1;        释放 r5;
```

当三个进程并发执行时，是否会发生死锁现象？请给出原因。

20. 考虑这样一种资源分配策略：对资源的申请和释放可以在任何时刻进行。如果一个进程的资源得不到满足，则考察所有由于等待资源而被阻塞的进程，如果它们有申请进程所需的资源，则把这些资源取出并分给申请进程。

例如，考虑一个有三类资源的系统，即 Available=(4,2,2)。进程 A 申请(2,2,1)，可以满足；进程 B 申请(1,0,1)，可以满足；若 A 再申请(0,0,1)，则被阻塞（无资源可分）。此时，若 C 申请(2,0,0)，它可以分得剩余资源(1,0,0)，并从 A 已分得的资源中获得一个资源，那么，进程 A 的分配向量变成 Available=(1,2,1)，而需求向量变成 Need=(1,0,1)。

1）这种分配方式会导致死锁吗？若会，则举一个例子；若不会，则说明死锁的哪一个必要条件不成立。

2）会导致某些进程的无限等待吗？

21. 假定一个系统有四种资源，即 R={6,4,4,2}，当前系统状态如图 8-18 所示。该状态安全吗？请阐述理由。

资源申请进程	目前占有量	最大需求量	尚需要量
	A B C D	A B C D	
P_1	2 0 1 1	3 2 1 1	
P_2	1 1 0 0	1 2 0 2	
P_3	1 1 0 0	1 1 2 0	
P_4	1 0 1 0	3 2 1 0	
P_5	0 1 0 1	2 1 0 1	
系统剩余资源量	A B C D		

图 8-18 习题 21 图

22. 一个计算机系统有某种资源 6 个，供 n 个进程使用，每个进程至少需要两个资源。当 n 为何值时，系统不会发生死锁？

23. 设系统有三种类型的资源，数量为(4,2,2)。系统中有进程 P_1、P_2、P_3，它们按如下顺序请求资源

```
进程 P1申请(2,2,1)
进程 P2申请(1,0,1)
进程 P1申请(0,0,1)
进程 P3申请(2,0,0)
```

该系统按照死锁预防中破坏“不可剥夺”条件的方案二，对上述申请序列给出资源分配过程。指出哪些进程需要等待资源，哪些资源被剥夺。进程可能进入无限等待状态吗？

24. 在实际的计算机系统中，资源数和进程数是动态变化的。当系统处于安全状态时，如下变化是否可能使系统进入非安全状态？

（1）增加 Available　（2）减少 Available　（3）增加 Max

（4）减少 Max　（5）增加进程数　（6）减少进程数

25. 假设一条河上有一座由若干个桥墩组成的“桥”，若一个桥墩上一次只能站一个人，想要过河的人总是沿着自己过河的方向前进而不后退，且没有规定河两岸的人应该谁先过河。显然，如果有两个人 P_1 和 P_2 同时从两岸沿此“桥”过河，就会发生死锁。请给出解决死锁的各种可能的方法，并阐述理由。

26. 有 3 个进程 P_1、P_2 和 P_3 并发执行，进程 P_1 需要顺序使用资源 r_3 和 r_1，进程 P_2 需要顺序使用资源 r_1 和 r_2，进程 P_3 需要顺序使用资源 r_2 和 r_1。

1）若对资源分配不加限制，会发生什么情况？为什么？

2）为保证进程能执行到结束，应采用怎样的资源分配策略？

27. 某系统当前有同类资源 10 个，进程 P、Q、R 所需资源总数分别为 8、4、9。进程向系统申请资源的次序和数量如图 8-19 所示。

1）系统采用银行家算法分配资源，请给出系统完成第 6 次分配后各进程的状态及所占资源量。

2）在以后的各次申请中，哪次的申请要求可先得到满足？

次序	进程	申请量	次序	进程	申请量
1	R	2	6	Q	2
2	P	4	7	R	3
3	Q	2	8	P	2
4	P	2	9	R	3
5	R	1			

图 8-19　习题 27 图

28. 某个计算机系统有 10 台可用的磁带机。在这个系统上运行的所有作业最多要求 4 台磁带机。此外，这些作业在开始运行的很长时间内只需要 3 台磁带机；它们只在自己工作接近结束时才短时间地要求另一台磁带机。这些作业是连续不断到来的。

1）若作业调度策略是静态分配资源，那么最多能同时运行几个作业？作为这种策略的

结果，实际上空闲的磁带机最少有几台？最多有几台？

2）若采用银行家算法，那么将怎样进行调度？最多能同时运行几个作业？作为这种策略的结果，实际上空闲的磁带机最少有几台？最多有几台？

29. 设有三个进程 P_1、P_2、P_3，各自按下列顺序执行程序代码（其中，s_1、s_2、s_3是信号量，且初值均为1）：

```
进程P1    进程P2    进程P3
  ↓         ↓         ↓
P(s1)     P(s3)     P(s2)
P(s2)     P(s1)     P(s3)
  ⋮         ⋮         ⋮
V(s1)     V(s3)     V(s2)
V(s2)     V(s1)     V(s3)
  ↓         ↓         ↓
```

在执行时，是否会产生死锁？如果产生死锁，请说明在什么情况下会产生死锁，并给出一个防止死锁产生的修改办法。

30. 某系统有同类资源 m 个，可供 n 个进程共享，如果每个进程最多能申请 x（$1 \leqslant x \leqslant m$）个资源且各个进程的最大需求量之和小于 $m+n$，那么请证明该系统不会发生死锁。

后　　记

经全国高等教育自学考试指导委员会同意，由电子、电工与信息类专业委员会负责高等教育自学考试《操作系统》教材的审稿工作。

本教材由北京大学陈向群教授和首都师范大学孙卫真副研究员负责编写。全国考委电子、电工与信息类专业委员会组织了本教材的审稿工作，参与本教材审稿并提出修改意见的有重庆邮电大学李伟生教授、上海交通大学刘功申教授，谨向他们表示诚挚的谢意。

全国考委电子、电工与信息类专业委员会最后审定通过了本教材。

全国高等教育自学考试指导委员会
电子、电工与信息类专业委员会
2023 年 5 月